Baubetriebswesen und Bauverfahrenstechnik

Reihe herausgegeben von

Jens Otto, Dresden, Deutschland

Peter Jehle, Dresden, Deutschland

Die Schriftenreihe gibt aktuelle Forschungsarbeiten des Instituts Baubetriebswesen der TU Dresden wieder, liefert einen Beitrag zur Verbreitung praxisrelevanter Entwicklungen und gibt damit wichtige Anstöße auch für daran angrenzende Wissensgebiete.

Die Baubranche ist geprägt von auftragsindividuellen Bauvorhaben und unterscheidet sich von der stationären Industrie insbesondere durch die Herstellung von ausgesprochen individuellen Produkten an permanent wechselnden Orten mit sich ständig ändernden Akteuren wie Auftraggebern, Bauunternehmen, Bauhandwerkern, Behörden oder Lieferanten. Für eine effiziente Projektabwicklung unter Beachtung ökonomischer und ökologischer Kriterien kommt den Fachbereichen des Baubetriebswesens und der Bauverfahrenstechnik eine besonders bedeutende Rolle zu. Dies gilt besonders vor dem Hintergrund der Forderungen nach Wirtschaftlichkeit, der Übereinstimmung mit den normativen und technischen Standards sowie der Verantwortung gegenüber eines wachsenden Umweltbewusstseins und der Nachhaltigkeit von Bauinvestitionen.

In der Reihe werden Ergebnisse aus der eigenen Forschung der Herausgeber, Beiträge zu Marktveränderungen sowie Berichte über aktuelle Branchenentwicklungen veröffentlicht. Darüber hinaus werden auch Werke externer Autoren aufgenommen, sofern diese das Profil der Reihe ergänzen. Der Leser erhält mit der Schriftenreihe den Zugriff auf das aktuelle Wissen und fundierte Lösungsansätze für kommende Herausforderungen im Bauwesen.

Weitere Bände in der Reihe http://www.springer.com/series/16521

Cornell Weller

Zustandsbeurteilung von Ingenieurbauwerken

Methodik zur Reduzierung subjektiver Bewertungseinflüsse

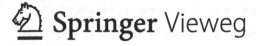

Cornell Weller
Dresden, Deutschland

Dissertation an der Technischen Universität Dresden, 2020

Das vorliegende Werk der Schriftenreihe des Instituts für Baubetriebswesen wurde durch die Fakultät Bauingenieurwesen der Technischen Universität Dresden als Dissertationsschrift Zustandsbeurteilung von Ingenieurbauwerken, Methodik zur Reduzierung subjektiver Bewertungseinflüsse angenommen und am 13.07.2020 in Dresden verteidigt.

ISSN 2662-9003 ISSN 2662-9011 (electronic)
Baubetriebswesen und Bauverfahrenstechnik
ISBN 978-3-658-32679-1 ISBN 978-3-658-32680-7 (eBook)
https://doi.org/10.1007/978-3-658-32680-7

Die Deutsche Nationalbibliothek verzeichnet diese Publikation in der Deutschen Nationalbibliografie; detaillierte bibliografische Daten sind im Internet über http://dnb.d-nb.de abrufbar.

In diesem Buch werden subjektive Einflüsse der Schadensbewertung in Bauwerksprüfungen nach DIN 1076 untersucht

Springer Vieweg ist ein Imprint der eingetragenen Gesellschaft Springer Fachmedien Wiesbaden GmbH und ist ein Teil von Springer Nature.
Die Anschrift der Gesellschaft ist: Abraham-Lincoln-Str. 46, 65189 Wiesbaden, Germany

Geleitwort der Herausgeber

Ingenieurbauwerke, insbesondere Brücken, stellen in vielerlei Hinsicht besondere bauliche Anlagen dar. Neben ihrer Bedeutung für die Trassierung von Straßen- und Bahnanlagen und dem hohen gesellschaftlichen Verlangen nach einer sicheren Nutzung, verursachen Brücken vergleichsweise hohe Kosten für deren Unterhaltung und Instandsetzung. In diesem Zusammenhang kommt der Beurteilung des Bauwerkszustandes aus Sicht der Sicherheit sowie der Kosten für die Instandhaltung außerordentlich große Bedeutung zu. In Deutschland gibt es für diese Beurteilung mit der DIN 1076 und der RI-EBW-PRÜF anerkannte Regelwerke, die den Zustand von Brücken abstrakt in einem Zustandsnotensystem von 1 bis 4 einordnen. Auf Grundlage dieser Benotung werden erforderliche Baumaßnahmen der Instandhaltung konstruktiv, zeitlich und damit auch monetär festgelegt. Oft liegt es im menschlichen Ermessen der Prüfingenieure, die erkannten Schadensbilder zu werten und einer konkreten Zustandszahl zuzuordnen. Dabei führen die Bewertungen verschiedener Prüfer oft zu signifikant unterschiedlichen Ergebnissen.

Dieser Schwäche des Bewertungssystems könnte durch eine Abänderung der zu Grunde liegenden Notenabstufung entgegengewirkt werden. Eine modifizierte Notenabstufung sollte den Bauwerkszustand mit größerer Sicherheit widergeben, Schäden eher erkennbar machen und durch frühzeitiger eingeleitete Instandhaltungsmaßnahmen, oft mit geringerem Umfang, die Gesamtkosten in der Nutzungsphase reduzieren.

Die hier gegenständliche Arbeit weist exakt in diesem Kontext dezidiert nach, dass allein eine geringfügige Modifizierung der Notenabstufung des Bewertungssystems, hochgerechnet auf den Finanzbedarf für die Instandhaltung der Brücken aller deutschen Bundesfernstraßen, deutliche Einsparungen mit sich bringt.

Die vorliegende Schrift wurde erstellt im Rahmen der Promotionsarbeit von Herrn Dr. Cornell Weller. Der Aufbau, die fundierte Nachweisführung sowie die vielen Beispiele belegen die hohe Qualität der Arbeit. Daher bleibt zu hoffen, dass die fachlichen und politischen Entscheidungsträger die richtigen Rückschlüsse aus den Inhalten dieses Werkes ziehen. Die Herausgeber wünschen in diesem Zusammenhang maximalen Erkenntnisgewinn beim Lesen des Buches und bedanken sich beim Autor für die gute Zusammenarbeit.

Dresden, im Oktober 2020

Prof. Dr.-Ing. Peter Jehle   Prof. Dr.-Ing. Dipl.-Wirt.-Ing. Jens Otto

Geleitwort des Doktorvaters

Alle baulichen Anlagen unterliegen einem natürlichen Verschleiß. Aus volkswirtschaftlicher Sicht sollte darauf geachtet werden, dass Schäden an Bauwerken rechtzeitig erkannt, richtig klassifiziert und notwendige Erhaltungsmaßnahmen zügig ergriffen werden.

Bei der Infrastruktur stehen die Brückenbauwerke häufig im besonderen Focus der Öffentlichkeit, da das Versagen von Brücken tragische Folgen haben kann. So kamen zum Beispiel beim Einsturz des Polcevera-Viadukts in Genua am 14.08.2018 insgesamt 43 Menschen ums Leben. Die Ursachen für den Einsturz sind sicherlich vielschichtig. Es kann jedoch konstatiert werden, dass der Unterhalt der Tragstruktur über Jahre vernachlässigt wurde.

Alle Länder haben daher Strukturen entwickelt, um die Sicherheit von Ingenieurbauwerken zu überwachen. In Deutschland ist die Überwachung von Brückenbauwerken in der DIN 1076 und dazugehörenden weiteren Regelwerken festgelegt. Im Prinzip kann davon ausgegangen werden, dass diese Regelungen in Deutschland ihr Ziel erreichen. Die Überwachungen haben in den vergangenen Jahren dazu geführt, dass verschiedene Brücken rechtzeitig gesperrt oder deren Nutzungen begrenzt wurden, um einen Einsturz zu verhindern. Zu nennen sind hier an vorderster Stelle die Schiersteiner Brücke im Zuge der A 643 und die Rheinbrücke Leverkusen im Zuge der A 1.

Vor diesem Hintergrund stellt sich jedoch die Frage, ob nicht durch eine Weiterentwicklung der DIN 1076 früher Mängel an Brückenbauwerken erkannt und klassifiziert werden können, die Verkehrsinfrastruktur damit in einem besseren Zustand gehalten und Kosten hätten eingespart werden können.

Hinweise hierzu ergaben sich aus einem Forschungsprojekt an der TU Dresden. Diese Erkenntnisse haben Herrn Weller bewogen, Vorschläge zu einer moderaten Weiterentwicklung der DIN 1076 in seiner Dissertation zu erarbeiten. Die Forschungsergebnisse führen dazu, dass Unsicherheiten bei der Bewertung besser erfasst und somit zeitiger Sanierungen veranlasst werden können. Herr Weller konnte darüber hinaus nachweisen, dass die vorgeschlagenen Modifikationen bei der DIN 1076 zu maßgeblichen Kosteneinsparungen führen können.

Es bleibt somit zu hoffen, dass diese Arbeit die Grundlage für weitere Untersuchungen und für eine Weiterentwicklung der DIN 1076 bildet.

Dresden, im September 2020

Prof. Dr.-Ing. Rainer Schach
Direktor des Instituts für Baubetriebswesen der Technischen Universität Dresden i. R.

Vorwort des Verfassers

Eine der größten Herausforderungen unserer Zeit ist die Anpassung der Verkehrsinfrastruktur an das stetig wachsende Verkehrsaufkommen im europäischen Personen- und Warenverkehr. Dabei sind Erhaltungs- und Ausbaumaßnahmen von baulichen Anlagen der bestehenden Verkehrswege von elementarer Bedeutung, um Störungen im Verkehrsfluss zu minimieren. Zur Erfüllung dieser Aufgabe und zur Gewährleitung der Sicherheitsanforderungen sind detaillierte Kenntnisse des aktuellen Bauwerkszustands der Ingenieurbauwerke unerlässlich. Dafür wurden in Deutschland mit der DIN 1076 und den zugehörigen Richtlinien geeignete Instrumentarien zur kontinuierlichen Überwachung der baulichen Anlagen des Straßenverkehrs geschaffen.

Ein wesentliches Element dieser Vorschriften ist der Einsatz von Bauwerksprüfern zur Bestimmung des Schädigungszustands eines Ingenieurbauwerks. Die Bewertungsentscheidungen der Bauwerksprüfer sind dabei Grundlage für sämtliche Maßnahmen im Erhaltungsmanagement. Vor diesem Hintergrund war es Ziel dieser Arbeit, die subjektiven Einflüsse auf die Zustandsbewertung zu analysieren und eine Methodik zur Reduzierung dieser Einflüsse zu entwickeln.

Die Untersuchungen zeigen eindrucksvoll, wie durch eine geringe Modifikation des aktuellen Bewertungsverfahrens Unsicherheiten bei der Bewertungszuordnung von identifizierten Schädigungen abgebaut und Schadensverschlechterungen frühzeitiger in der Zustandsbewertung erfasst werden können. Außerdem wird aufgezeigt, wie die vorgenommenen Anpassungen dazu beitragen Kosten in der Instandhaltung einzusparen.

Die vorliegende Arbeit entstand während meiner Anstellung als wissenschaftlicher Mitarbeiter am Institut für Baubetriebswesen an der Technischen Universität Dresden. Mein besonderer Dank gilt meinem Doktorvater Herrn Univ.-Prof. Dr.-Ing. Rainer Schach, der mich in allen Belangen meiner Promotion stets fördernd unterstützte und immer bereit war, mich in konstruktiven Diskussionen fachlich und methodisch herauszufordern. Weiterhin danke ich Herrn Univ.-Prof. Dr.-Ing. Jens Otto für die inhaltlichen Anmerkungen und die Bewertung meiner Arbeit sowie für die konstruktive Zusammenarbeit am Institut. Bei Herrn Prof. Dr.-Ing. Roland Fink bedanke ich mich für seine Bereitschaft meine Arbeit zu begutachten. Einen herzlichen Dank möchte ich an meine Kolleginnen und Kollegen am Institut richten, die mir in teilweise heftigen Diskussionen und freundschaftlichen Gesprächen immer aufmunternd zur Seite standen. Weiterhin danke ich meinen Freunden, die mir besonders in schwierigen Phasen Rückhalt gaben. Schließlich danke ich meiner Familie und meinen beiden Kindern, die mir auf dem Weg des Promotionsvorhabens eine wertvolle Stütze waren.

Dresden, im Oktober 2020   Cornell Weller

Inhaltsverzeichnis

Abbildungsverzeichnis

Tabellenverzeichnis

Abkürzungsverzeichnis

AASHTO	American Association of State Highway and Transportation Officials
ABBV	Ablösebeträge-Berechnungsverordnung
Abs.	Absatz
Add-in	Zusatzmodul zu einem Anwendungsprogramm
ADFEX	Adaptive föderative 3D-Exploration mit Multi-Roboter-Systemen (Forschungsprojekt)
AEG	Allgemeines Eisenbahngesetz
AEUV	Vertrag über die Arbeitsweise der Europäischen Union
AG	Aktiengesellschaft
allg.	allgemein
ArbSchG	Arbeitsschutzgesetz
ARS	Allgemeines Rundschreiben
Art.	Artikel
ASB-ING	Anweisung Straßeninformationsbank, Teilsystem Bauwerksdaten
ATV	Allgemeine Technische Vertragsbedingung
Aufl.	Auflage
B	Besichtigung
BASt	Bundesanstalt für Straßenwesen
BEM-ING	Regelungen und Richtlinien für die Berechnung und Bemessung von Ingenieurbauten
Bew.	Bewertung
BFS	Bundesfernstraßen
BG	Bauteilgruppe
BGB	Bürgerliches Gesetzbuch
BGI	Berufsgenossenschaftliche Informationen
BGR	Berufsgenossenschaftliche Regeln für Sicherheit und Gesundheitsschutz bei der Arbeit
BGV	Berufsgenossenschaftliche Vorschriften
BIRM	Bridge Inspector Reference Manual
BISStra	Bundesinformationssystem Straße
BKI	Baukosteninformationszentrum
BME	Bridge Management Elements
BMJV	Bundesministeriums der Justiz und für Verbraucherschutz
BMS	Bauwerk-Management-System
BMVBS	Bundesministerium für Verkehr, Bau und Stadtentwicklung
BMVI	Bundesministerium für Verkehr und digitale Infrastruktur
BPI	Baupreisindex
BSP	Beispiel
bspw.	beispielsweise
BVOS	Bergverordnung für Schacht- und Schrägförderanlagen
BW	Bauwerk
Bwnr.	Bauwerksnummer
BZZ	Basiszustandszahlen
CD	Compact Disc
CFR	Code of Ferderal Regulations
CR	Condition Rating
D	Dauerhaftigkeit
DAfStb	Deutscher Ausschuss für Stahlbeton e. V.
DB	Deutsche Bahn
Destatis	Statistisches Bundesamt
DGNB	Deutsche Gesellschaft für nachhaltiges Bauen e. V.
DGUV	Deutsche Gesetzliche Unfallversicherung

DIN	Deutsches Institut für Normung e. V.
DS	Nachfolgebezeichnung für Dienstvorschrift der Deutschen Bundesbahn
dyn.	dynamisch
E	Einfache Prüfung
Ebd.	Ebenda
EBO	Eisenbahn-Bau- und Betriebsordnung
EG	Einführungsgesetz
EN	Europäische Norm
EPI	Erzeugerpreisindex
EP-Kennzeichnung	Einfache Prüfung-Kennzeichnung
et al.	et alii
etc.	et cetera
EU	Europäische Union
e. V.	eingetragener Verein
f.	folgende [Seite]
ff.	folgende [Seiten]
FGSV	Forschungsgesellschaft für Straßen- und Verkehrswesen
FHWA	Federal Highway Administration
FO	Functionally Obsolete
FStrG	Bundesfernstraßengesetz
GEFMA	Deutscher Verband für Facility Management
ggf.	gegebenenfalls
GmbH & Co. KG	Gesellschaft mit beschränkter Haftung & Compagnie Kommanditgesell-schaft
GNK	Gesamtnutzungskosten
GUV	Gesetzliche Unfallversicherung
H	Hauptprüfung
H_1	Erste Hauptprüfung (vor Abnahme des Bauwerks)
H_2	Zweite Hauptprüfung (vor Ablauf der Gewährleistung)
HBRRP	Highway Bridge Replacement and Rehabilitation Program
HOAI	Honorarordnung für Architekten und Ingenieure
Hrsg.	Herausgeber
HVA F StB	Handbuch für die Vergabe und Ausführung von freiberuflichen Leistun-gen im Straßen- und Brückenbau
ID	Identifikation, Kennzeichen
i. d. R.	in der Regel
IEC	International Electrotechnical Commission
i. M.	im Mittel
IQOA	Image de la qualité des ouvrages d'art
ISO	International Organization for Standardization
IT	Informationstechnik
ITSEOA	Instruction technique pour la surveillance et l'entretien des ouvrages d'art
Jg.	Jahrgang
KIT	Karlsruher Institut für Technologie
LASuV	Landesamt für Straßenbau und Verkehr
LB	Laufende Beobachtung
LISt	Gesellschaft für Verkehrswesen und ingenieurtechnische Dienstleitun-gen mbH
LHS	Latin-Hypercube-Simulation
MBE	Manual for Bridge Evaluation
M-BÜ-ING	Merkblatt für die Bauüberwachung von Ingenieurbauten
MCS	Monte-Carlo-Simulation
Mio.	Millionen
MIZ	Militärische Infrastruktur und Zivile Verteidigung
mod.	modifiziert

NaBrü	Ganzheitliche Bewertung von Stahl- und Verbundbrücken nach den Kriterien der Nachhaltigkeit (Forschungsprojekt)
NBE	National Bridge Elements
NBIS	National Bridge Inspection Standards
NCEESFE	National Council of Examiners for Engineering and Surveying Fundamentals of Engineering
neg.	negativ
Nr.	Nummer
orig.	original
OSA	Objektbezogene Schadensanalyse
p. a.	per annum
pH-Wert	Maß für den sauren oder basischen Charakter einer wässrigen Lösung
PONTIS	Bridge Management System
pos.	positiv
PPP	Public Private Partnership
PTFE	Polytetrafluoräthylen
RAB-ING	Richtlinien für das Aufstellen von Bauwerksentwürfen für Ingenieurbauten
RABT	Richtlinie für die Ausstattung und den Betrieb von Straßentunneln
RBA-BRÜ	Richtlinie für die bauliche Durchbildung und Ausstattung von Brücken zur Überwachung, Prüfung und Erhaltung
RE-ING	Richtlinie für den Entwurf, die konstruktive Ausbildung und Ausstattung von Ingenieurbauten
RE-Tunnel	Bau, Ausstattung und Betrieb von Straßentunneln
RI-EBW-PRÜF	Richtlinie zur einheitlichen Erfassung, Bewertung, Aufzeichnung und Auswertung von Ergebnissen der Bauwerksprüfungen nach DIN 1076
RI-ERH-ING	Regelwerke zur Erhaltung von Ingenieurbauten im Straßenverkehr
RI-ERH-KOR	Richtlinie für die Erhaltung des Korrosionsschutzes von Stahlbauten
RIL	Richtlinie (bei der Deutschen Bahn)
RI-LEI-BRÜ	Richtlinien für das Verlegen und Anbringen von Leitungen an Brücken
RI-WI-BRÜ	Richtlinie zur Durchführung von Wirtschaftlichkeitsuntersuchungen im Rahmen von Instandsetzungs-/Erneuerungsmaßnahmen bei Straßenbrücken
RIZ-ING	Richtzeichnungen für Ingenieurbauten
RPE-ING	Richtlinie zur Planung von Erhaltungsmaßnahmen an Ingenieurbauten
RQ	Regelquerschnitt
RSA	Richtlinie für die Sicherung von Arbeitsstellen an Straßen
RÜV	Richtlinie für die Überwachung der Verkehrssicherheit
RVP	Richtlinie zur Ermittlung der Vergütung für die statische und konstruktive Prüfung von Ingenieurbauwerken für Verkehrsanlagen
S	Standsicherheit
S.	Seite
SD	Structurally Deficient
Sétra	Service d'études techniques des routes et autoroutes
SIB	Straßeninformationsbank
SK	Schadensklasse, Sächsische Staatskanzlei
SKB	Substanzkennzahlbasis
SKZ	Substanzkennzahl
SMWA	Staatsministerium für Wirtschaft, Arbeit und Verkehr
SPSS	Statistik- und Analysesoftware der Softwarefirma IBM
SR	Sufficiency Rating
TBW	Teilbauwerk
TBWNR	Nummer des Teilbauwerks
TLBV	Thüringer Landesamt für Bau und Verkehr

TL/TP-ING	Technische Lieferbedingungen und Technische Prüfvorschriften von Ingenieurbauten
TMB	Institut für Technologie und Management im Baubetrieb
TT-SIB	Straßeninformationssystem
TU	Technische Universität
TÜV	Technischer Überwachungsverein
UA	Unterhaltung und Ausbau
UAV	unmanned aerial vehicle
überarb.	überarbeitet
UI	Unterhaltung und Instandsetzung
Üko	Fahrbahnübergangskonstruktion
URL	Uniform Resource Locator
USA	United States of America
V	Verkehrssicherheit
V-BWNR	eindeutige Bauwerksnummer
VDI	Verein Deutscher Ingenieure
VEB	Volkseigener Betrieb
Verl.	Verlag
VFIB	Verein zur Förderung der Qualitätssicherung und Zertifizierung der Aus- und Fortbildung von Ingenieurinnen/Ingenieuren der Bauwerksprüfung
vgl.	vergleiche
VOB	Vergabe- und Vertragsordnung für Bauleistungen
VoFi	vollständiger Finanzplan
VPI	Verbraucherpreisindex
VZ	Verkehrszeichen
WPM	Beratende Ingenieure für das Bauwesen (Eigenname)
WU	wasserundurchlässig
WZ	Wirtschaftszweig
z. B.	zum Beispiel
ZTV-Asphalt-StB	Zusätzliche Technische Vertragsbedingungen und Richtlinien für den Bau von Verkehrsflächenbefestigungen aus Asphalt
ZTV-ING	Zusätzliche Technische Vertragsbedingung und Richtlinien für Ingenieurbauten
ZW	Zwischenwert

Formelzeichenverzeichnis

ΔZ_1	Zu- oder Abschlag zur Berücksichtigung des Schadensumfangs
ΔZ_2	Zu- oder Abschlag zur Berücksichtigung der Schadensanzahl
ΔZ_3	Zu- oder Abschlag zur Berücksichtigung der Schädigung unterschiedlicher Bauteilgruppen
BZZ	Basiszustandszahl
$CaCO_3$	Kalziumkarbonat
$Ca(OH)_2$	Kalziumhydroxid
CO_2	Kohlendioxid
E_i	Einfache Prüfung zum Zeitpunkt i
E_j	Einfache Prüfung zum Zeitpunkt j
$E(x)$	Erwartungswert
H_i	Hauptprüfung zum Zeitpunkt i
H_j	Hauptprüfung zum Zeitpunkt j
K_0	Realisierungskosten
$k_{i,TBW}$	Anzahl Bauwerksprüfungen je Teilbauwerk
K_n	Gesamtnutzungskosten (Endwert)
$\max Z_1$	maximale Zustandszahl Z_1
$\max Z_{BG}$	maximale Zustandsnote der Bauteilgruppe
$m_{BP,TBW}$	Anzahl auswertbare Bauwerksprüfungen für alle Teilbauwerke
Mod.	Modifizierte Zustands- oder Substanznote
$Mod_{pos.}$	Positiv modifizierte Zustands- oder Substanznote
$Mod_{neg.}$	Negativ modifizierte Zustands- oder Substanznote
m_{TBW}	Anzahl Teilbauwerke der Bundesfernstraßen
$m_{TBW,3b}$	Anzahl Teilbauwerke nach Bedingung 3b
n	Schadensanzahl
Orig.	Ursprüngliche Zustands- oder Substanznote
$r_{i,TBW}$	prozentualer Anteil je Altersklasse
r_{3b}	prozentualer Anteil Zustands-/Substanznote für Bedingung 3b
r_{GNK}	Kostenzins
S_{Ges}	Substanznote des Gesamt- oder Teilbauwerks
$S_{Ges\ mod}$	Modifizierte Substanznote des Gesamt- oder Teilbauwerks
$S_{Ges\ mod,i}$	Modifizierte Substanznote des Gesamt- oder Teilbauwerks zum Zeitpunkt i
$S_{Ges\ mod,j}$	Modifizierte Substanznote des Gesamt- oder Teilbauwerks zum Zeitpunkt j
$S_{Ges\ mod\ neg.,i}$	Negativ modifizierte Substanznote des Gesamt- oder Teilbauwerks zum Zeitpunkt i
$S_{Ges\ mod\ pos.,i}$	Positiv modifizierte Substanznote des Gesamt- oder Teilbauwerks zum Zeitpunkt i
$S_{Ges\ orig}$	Ursprüngliche Substanznote des Gesamt- oder Teilbauwerks
$S_{Ges\ orig,i}$	Ursprüngliche Substanznote des Gesamt- oder Teilbauwerks zum Zeitpunkt i
$S_{Ges\ orig,j}$	Ursprüngliche Substanznote des Gesamt- oder Teilbauwerks zum Zeitpunkt j
SKZ_1	Substanzkennzahl des Einzelschadens
SR	Sufficiency Rating
t_i	Zeitpunkt i (Bauwerksalter)
t_j	Zeitpunkt j (Bauwerksalter)
t_n	Betrachtungszeitraum in der Nutzungsphase
Z_{BG}	Zustandsnote der Bauteilgruppe
Z_1	Zustandszahl des Einzelschadens

Z_{Ges}	Zustandsnote des Gesamt- oder Teilbauwerks
$Z_{Ges,i}$	Zustandsnote des Gesamt- oder Teilbauwerks zum Zeitpunkt i
$Z_{Ges,j}$	Zustandsnote des Gesamt- oder Teilbauwerks zum Zeitpunkt j
$Z_{Ges\ orig,i}$	Ursprüngliche Zustandsnote des Gesamt- oder Teilbauwerks zum Zeitpunkt i
$Z_{Ges\ orig,j}$	Ursprüngliche Zustandsnote des Gesamt- oder Teilbauwerks zum Zeitpunkt j
$Z_{Ges\ mod,i}$	Modifizierte Zustandsnote des Gesamt- oder Teilbauwerks zum Zeitpunkt i
$Z_{Ges\ mod,j}$	Modifizierte Zustandsnote des Gesamt- oder Teilbauwerks zum Zeitpunkt j
$Z_{Ges\ mod\ pos.,i}$	Positiv modifizierte Zustandsnote des Gesamt- oder Teilbauwerks zum Zeitpunkt i
$Z_{Ges\ mod\ neg.,i}$	Negativ modifizierte Zustandsnote des Gesamt- oder Teilbauwerks zum Zeitpunkt i

Formelverzeichnis

1 Einleitung

1.1 Motivation und Problemstellung

Die Verkehrsinfrastruktur ist vergleichbar mit dem Blutgefäßsystem des Menschen. Der Blutkreislauf in diesem System versorgt den Menschen mit Sauerstoff und Nährstoffen und transportiert Stoffwechselprodukte in andere Teile des Körpers.[1] Damit ist dieses System das „Verkehrswegenetz" für den Stofftransport im menschlichen Körper. Punktuelle Störungen, wie Gefäßverengungen, führen zu „Staus" in den Blutbahnen. Bei Gefäßverstopfungen droht sogar der Kollaps. In gleicher Weise funktioniert das Verkehrswegenetz einer Volkswirtschaft. Es stellt die Verkehrswege bereit, auf denen alle Bereiche einer Gesellschaft mit Waren und Dienstleistungen versorgt werden. Schäden an den Verkehrswegen (z. B. marode Ingenieurbauwerke) oder Störungen im Verkehrsfluss (z. B. Fahrbahnverengungen bei Baumaßnahmen) behindern den Transport und verursachen einen volkswirtschaftlichen Schaden.[2] Daher ist es notwendig, solche Störstellen[3] zu erkennen und rechtzeitig gezielt Gegenmaßnahmen einzuleiten.

Die kontinuierliche Beurteilung des Bauwerkszustandes von Ingenieurbauwerken ist dabei von elementarer Bedeutung, um den Instandhaltungsaufwand einschätzen zu können. Nur wenn Bauwerksschäden erkannt und kontinuierlich instandgesetzt werden, ist die geplante Nutzungsdauer der Bauwerke weitestgehend störungsfrei[4] erreichbar. Die Überwachung und Prüfung von Ingenieurbauwerken des Straßenverkehrs regelt in Deutschland die DIN 1076.[5] Sie definiert die zu erstellenden Unterlagen, die für die Bauwerksprüfung und -überwachung anzufertigen und fortzuschreiben sind, sowie die Prüfintervalle für Prüfungen mit unterschiedlicher Prüfintensität. Die Norm wird ergänzt durch Vorschriften zur Durchführung und Bewertung von Erhaltungsmaßnahmen, die in den „Richtlinien für die Erhaltung von Ingenieurbauwerken" (RI-ERH-ING)[6] zusammengefasst werden. Als Teil dieser werden in der „Richtlinie zur einheitlichen Erfassung, Bewertung, Aufzeichnung und Auswertung von Ergebnissen der Bauwerksprüfungen nach DIN 1076" (RI-EBW-PRÜF)[7] Bewertungsvorschriften festgelegt. Danach sind alle festgestellten Mängel und Schäden der Bauwerksprüfungen nach den Bewertungsparametern Standsicherheit, Verkehrssicherheit und Dauerhaftigkeit zu bewerten.[8] Aus den Schadensbewertungen[9] aller

---

[1] Vgl. STIMPEL (2018) Leben mit Herzerkrankungen, S. 14 f.
[2] Vgl. Bundesministerium für Verkehr und digitale Infrastruktur (2016) Bundesverkehrswegeplan 2030, S. 31.
[3] Störstellen der Verkehrsinfrastruktur (z. B. Schäden an Fahrbahn, Knotenpunkten, Ingenieurbauwerken sowie Unfälle und Überlastungen durch zu hohe Verkehrsdichte) behindern den reibungslosen Ablauf auf den Verkehrswegen und verursachen Verzögerungen sowie zusätzliche Kosten.
[4] Temporäre Einschränkungen sind unvermeidbar. Diese treten durch Unfälle, Inspektions- und Instandsetzungsmaßnahmen im Nutzungszeitraum punktuell auf, gefährden aber nicht die dauerhafte Nutzung im geplanten Nutzungszeitraum.
[5] Vgl. DIN 1076:1999-11 Ingenieurbauwerke im Zuge von Straßen und Wegen, S. 1 ff.
[6] Die RI-ERH-ING enthält aktuell fünf Vorschriften (RI-EBW-PRÜF, RPE-ING, OSA, RI-WI-BRÜ und RI-ERH-KOR) (siehe Abschnitt 2.2.3.3).
[7] Vgl. BMVBS (2017) Richtlinie zur einheitlichen Erfassung, Bewertung, Aufzeichnung und Auswertung von Ergebnissen der Bauwerksprüfungen nach DIN 1076.
[8] Vgl. BMVBS (2017) Richtlinie zur einheitlichen Erfassung, Bewertung, Aufzeichnung und Auswertung von Ergebnissen der Bauwerksprüfungen nach DIN 1076, S. 6 ff.
[9] Der Begriff „Schadensbewertung" beinhaltet nach RI-EBW-PRÜF gleichermaßen die Bewertung von Mängeln und Schäden.

Einzelschäden wird nach den „Algorithmen zur Zustandsbewertung von Ingenieurbauwerken"[10] die Zustandsnote für das Bauwerk (Teilbauwerk)[11] berechnet. Mit Zuordnung dieser Zustandsnote zu einem von sechs Notenbereichen gehen Maßnahmen zur Sicherung und Aufrechterhaltung der Nutzung des Verkehrsweges einher.[12]

Grundlage für die Bestimmung der Zustandsnote eines Ingenieurbauwerks ist eine detaillierte Schadensidentifikation und Schadensbewertung. Beide Vorgänge sind von einem „sachkundigen Ingenieur [...]" durchzuführen, „[...] der auch die statischen und konstruktiven Verhältnisse der Bauwerke beurteilen kann."[13] Somit ist die Zustandsnote maßgeblich vom Urteil des Prüfers[14] abhängig. In der RI-EBW-PRÜF sind die einzelnen Bewertungsstufen der Schadensbewertung für die Kriterien Standsicherheit (S), Verkehrssicherheit (V) und Dauerhaftigkeit (D) verbal beschrieben[15] und in der Anlage sind umfangreiche Schadensbeispiele mit Bewertungsvorgaben definiert. Der Grundgedanke, die Bewertungsvorschriften für Bauwerksprüfungen zu objektivieren ist notwendig, um subjektive Einflüsse des Faktors „Mensch" zu reduzieren und dadurch vergleichbare Zustandsnoten bestimmen zu können. Nur wenn die Bewertungen reproduzierbar und vergleichbar sind, kann die Zustandsnote als ein objektives Kriterium in der Erhaltungsplanung des gesamten Verkehrswegenetzes genutzt werden.[16]

Es ist offenkundig, dass Prüfer mit unterschiedlicher Erfahrung, Qualifikation und Persönlichkeit bei wechselnden äußeren Einflüssen (z. B. Wetter, Lichtverhältnisse, Ausrüstung) unterschiedliche Prüfergebnisse erzielen können. Dies geschieht, indem Schäden nicht erkannt oder aufgrund von Bewertungsspielräumen in den Prüfvorschriften unterschiedlich bewertet werden. Veröffentlichungen zu diesem Thema sind kaum dokumentiert. Lediglich von MOORE et al.[17] und ÄKERMAN[18] sowie im Forschungsprojekt ADFEX[19] der Technischen Universität Dresden wurden Bewertungsunterschiede von Bauwerksprüfern ausgewertet.

In den USA hat die Federal Highway Administration eine Studie zur Zuverlässigkeit von visuellen Brückeninspektionen durchgeführt. Im Endbericht zu dieser Untersuchung beschreiben

---

[10]   Vgl. HAARDT (1999) Algorithmen zur Zustandsbewertung von Ingenieurbauwerken, S. 33 ff.

[11]   Die Zustandsnote von Ingenieurbauwerken bezieht sich immer auf das geprüfte Teilbauwerk. Vgl. RI-EBW-PRÜF, S. 7. Nach ASB-ING, S. 6 besteht jedes Bauwerk „aus mindestens einem Teilbauwerk", wobei „räumlich oder konstruktiv zusammengehörende Teilbauwerke [...] zu einem Bauwerk mit einer Bauwerksnummer zusammengefasst werden" können.

[12]   Die Maßnahmen werden umfänglich und zeitlich eingeordnet. Diese umfassen: Warnhinweise, Nutzungseinschränkungen und/oder Instandsetzungen (mittelfristig, kurzfristig, umgehend). Vgl. BMVBS (2017) Richtlinie zur einheitlichen Erfassung, Bewertung, Aufzeichnung und Auswertung von Ergebnissen der Bauwerksprüfungen nach DIN 1076, S. 13 f.

[13]   Vgl. DIN 1076:1999-11 Ingenieurbauwerke im Zuge von Straßen und Wegen, S. 3.

[14]   Der mit der Bauwerksprüfung beauftragte sachkundige Ingenieur wird zur Vereinfachung im Folgenden als Prüfer bezeichnet.

[15]   Die Schadensbewertung für jedes Kriterium ist mit einer natürlichen Zahl zwischen 0 und 4 zu bewerten. Bei „0" hat der Schaden keinen Einfluss auf die Standsicherheit (S), Verkehrssicherheit (V) oder Dauerhaftigkeit (D) des Bauteils bzw. Bauwerks und bei „4" ist der Schaden so groß, dass S, V, D nicht mehr gegeben sind. Vgl. BMVBS (2017) Richtlinie zur einheitlichen Erfassung, Bewertung, Aufzeichnung und Auswertung von Ergebnissen der Bauwerksprüfungen nach DIN 1076, S. 11 f.

[16]   Im Bauwerk-Management-System (BMS) der Bundesrepublik Deutschland ist die Zustandsnote der Ingenieurbauwerke ein Kriterium für die Erhaltungskonzeption im gesamten Verkehrswegenetz. Vgl. Bundesanstalt für Straßenwesen (2018) Bauwerk-Management-System (BMS), [Stand: 11.09.2018].

[17]   Vgl. MOORE et al. (2001) Reliability of Visual Inspection for Highway Bridges.

[18]   Vgl. ÄKERMAN (2008) Über die Bedeutung objektiver Prüfergebnisse für das Bauwerkmanagement.

[19]   Das Forschungsprojekt „Adaptive föderative 3D-Exploration mit Multi-Roboter-Systemen" (ADFEX) wurde an der TU Dresden von 2013 bis 2015 durchgeführt.

MOORE et al.,[20] wie 49 Prüfer jeweils sieben Brücken im Rahmen einer einfachen Prüfung und drei Brücken in einer Hauptprüfung untersuchten. Die visuellen Prüfergebnisse der Prüfer wurden mit dem tatsächlichen Bewertungszustand der Brücken, welcher zuvor durch intensive Untersuchungen bestimmt wurde, verglichen. Im Ergebnis wurde festgestellt, dass mit einer Wahrscheinlichkeit von 95 % die Prüfbewertungen mit ± 2 Bewertungsstufen um den tatsächlichen Mittelwert schwanken.[21, 22] Außerdem wurde die Sorgfalt der Prüfer bei der Durchführung der Prüfung bewertet. Die Auswertung zeigte, dass 45 % der Prüfer sehr gründlich und strukturiert bei der Schadenserkundung und -analyse vorgingen, von weiteren 18 % der Prüfer wurden nicht alle wesentlichen Schäden erkannt und bei 36 % der Prüfer wurden erhebliche Schwächen in der Identifikation und Durchführung festgestellt.

In Deutschland hat bisher lediglich ÄKERMAN[23] Untersuchungen zur Zuverlässigkeit von Zustandsnoten durchgeführt. In diesem Beitrag wurden Daten aus dem Jahr 2005 der staatlichen Bauämter des Freistaates Bayern miteinander verglichen. Ziel war es, die Streuung der Zustandsnoten bei der Beurteilung durch verschiedene Prüfer aufzuzeigen. ÄKERMAN beurteilte unter der Annahme, dass der Brückenbestand in Bayern nach Altersstruktur und Bauzustand annähernd gleich ist, die Zuverlässigkeit vergebener Zustandsnoten. Danach wurden Streuungen von bis zu 25 % ermittelt.[24] Außerdem zeigen die Ergebnisse, dass Bauwerke bei durchgeführten Bauwerksprüfungen externer Ingenieurbüros deutlich schlechter bewertet werden, als es bei Bauwerksprüfungen durch eigene Prüfer des Bauherren der Fall ist.

Im Forschungsprojekt ADFEX[25, 26, 27, 28] der Technischen Universität Dresden wurde aufgezeigt, dass Schäden bei Bauwerksprüfungen auch in Deutschland sehr subjektiv bewertet werden können. In diesem Forschungsprojekt sollten Bauwerksschäden durch Flugroboter identifiziert und anhand spezifischer Sensorik in Umfang und Ausprägung beurteilt werden. Dafür war es notwendig, den Bauwerkszustand an einer Testbrücke im Vorfeld der Flugroboteruntersuchungen eingehend bewerten zu lassen. Für eine möglichst objektive Beurteilung sollten drei Brückenprüfer unabhängig voneinander den Bauwerkszustand in einer Hauptprüfung nach DIN 1076 bewerten.[29] Dabei sollte der tatsächliche Bauwerkszustand aufgenommen und mit einer Zustandsnote dokumentiert werden. Die ermittelten Zustandsnoten variierten dabei von 1,5 (guter Zustand) bis 2,5 (ausreichender Zustand). Der Notenbereich 2,0 bis 2,4 des befriedigenden Zustandes wurde sogar in Gänze übersprungen. Das Ergebnis zeigt eindrucksvoll, dass es auch in Deutschland zu beträchtlichen Unterschieden in der Zustandsbeurteilung von Ingenieurbauwerken kommen kann.

[20]   Vgl. MOORE et al. (2001) Reliability of Visual Inspection for Highway Bridges.
[21]   Die Zustandsnote je Bauteilgruppe ermittelt sich aus der schlechtesten Bewertung aller Einzelelemente einer Bauteilgruppe. Für die Zustandsbeurteilung wird eine Bewertungsskala von 0 bis 9 (0 = gescheiterter Zustand, 9 = ausgezeichneter Zustand) verwendet. Vgl. FHWA (1995) Recording and Coding Guide for the Structure Inventory and Appraisal of the Nation's Bridges, S. 38. Ausführlichere Angaben sind Abschnitt 2.3 zu entnehmen.
[22]   Vgl. MOORE et al. (2001) Reliability of Visual Inspection for Highway Bridges, S. 169.
[23]   Vgl. ÄKERMAN (2008) Die Bedeutung objektiver Prüfergebnisse für das Bauwerkmanagement.
[24]   Vgl. ÄKERMAN (2008) Die Bedeutung objektiver Prüfergebnisse für das Bauwerkmanagement.
[25]   Vgl. SCHACH et al. (2017) Bauwerksinspektion mit unbemannten Flugsystemen.
[26]   Vgl. SCHACH et al. (2015) Bauwerksüberwachung mit Flugrobotern.
[27]   Vgl. OTTO et al. (2018) Einsatz unbemannter Flugsysteme im Brückenbau.
[28]   Vgl. MADER et al. (2016/07) Potential of UAV-Based Laser Scanner and Multispectral Camera Data in Building Inspection.
[29]   Alle drei Prüfer besitzen langjährige Erfahrung beim Identifizieren und Bewerten von Schäden und Mängeln in Bauwerksprüfungen nach DIN 1076.

Durch diese Untersuchung entstand die Motivation, die Ursachen für Abweichungen in der Zustandsbeurteilung zu analysieren und Möglichkeiten aufzuzeigen, wie subjektive Entscheidungen
bei der Schadensbewertung reduziert werden können.

Die bisherigen Ausführungen haben gezeigt, dass Zustandsbewertungen durch verschiedene Prüfer nach DIN 1076 und RI-EBW-PRÜF einer großen Bewertungsbandbreite unterliegen können.
Somit besteht der Bedarf an einer Modifikation des Bewertungsverfahrens[30] zur Reduzierung dieser Einflüsse, insbesondere, um die Sicherheit für einheitliche Prüfergebnisse zu erhöhen.

1.2   Zielstellung, Vorgehensweise und Abgrenzung

Ziel der vorliegenden Arbeit ist es, durch die *Modifikation des Bewertungsverfahrens nach RI-*
EBW-PRÜF für Bauwerksinspektionen nach DIN 1076, *subjektive Einflüsse auf die Bewertungs-*
entscheidungen des Prüfingenieurs zu reduzieren. Durch die Anpassung des Bewertungs- und
Prüfalgorithmus sollen Unsicherheiten bei der Schadensbewertung für Bauwerksschäden (Standsicherheit, Verkehrssicherheit, Dauerhaftigkeit) verringert werden. Damit wird sich die Bewertungsbandbreite durch verschiedene Prüfer reduzieren und die Verlässlichkeit der ermittelten Zustandsnoten erhöhen.

Die Modifikation des Bewertungsverfahrens soll außerdem dazu beitragen, *Schäden mit der Ten-*
denz zur Ausbreitung oder Fortschreitung frühzeitiger als solche zu erkennen und zu bewerten.
Dies eröffnet die Möglichkeit, *derartige Schäden eher sanieren zu können und dadurch volks-*
wirtschaftliche Mittel einzusparen.

Aus den Zielen der vorliegenden Arbeit leiten sich folgende zentrale Aufgabenstellungen ab:

- Im ersten Schritt ist zu klären, welche Faktoren die Bewertungsentscheidungen des Bauwerksprüfers beeinflussen und wie diese zur Variation der Schadensbewertung führen
  können. Für die Beantwortung dieser Aufgabe sind zunächst die Regelwerke und die Einflussfaktoren aus der Organisation und dem Verfahrensablauf von Bauwerksprüfungen
  zu untersuchen, um Bereiche mit Defiziten oder Interpretationsspielräumen zu identifizieren. Aus den Bereichen die Bewertungsabweichungen[31] begünstigen, werden Verbes-
  serungspotenziale für ein modifiziertes Bewertungsverfahren abgeleitet.

- Im folgenden Schritt werden die aktuelle Bewertungsvorschrift RI-EBW-PRÜF und die
  Zustandsnotenermittlung mit dem vorgegebenen Berechnungsalgorithmus[32] nach Inter-

---

[30]   Das Bewertungsverfahren ist geregelt in der RI-EBW-PRÜF. Vgl. BMVBS (2017) Richtlinie zur ein-
       heitlichen Erfassung, Bewertung, Aufzeichnung und Auswertung von Ergebnissen der Bauwerksprü-
       fungen nach DIN 1076.

[31]   In diesem Zusammenhang ist als Bewertungsabweichung die Bandbreite möglicher Schadensbewer-
       tungen anzusehen, die bei verschiedenen Prüfern für den gleichen Schaden zu unterschiedlichen Noten
       in der Schadensbewertung führen kann.

[32]   Der Berechnungsalgorithmus nach HAARDT (vgl. HAARDT (1999) Algorithmen zur Zustandsbewer-
       tung von Ingenieurbauwerken) liegt dem Programmsystem SIB-Bauwerke (Straßeninformationsbank-
       Bauwerke) zugrunde. Diese Software ist für *„die Erfassung, Verwaltung und Auswertung der Bau-*
       werksdaten [...] bei Bund und Ländern" vorgeschrieben. Vgl. BMVBS (2017) Richtlinie zur einheit-
       lichen Erfassung, Bewertung, Aufzeichnung und Auswertung von Ergebnissen der Bauwerksprüfun-
       gen nach DIN 1076, S. 5.

pretationsspielräumen analysiert. Darauf aufbauend werden Verbesserungsmöglichkeiten zur Reduzierung von Bewertungsspannen diskutiert und Anpassungsvorschläge für den Berechnungsalgorithmus erarbeitet.

- Im Folgenden werden die Anpassungsvorschläge in die Berechnungsvorschrift integriert. Dazu wird das aktuelle Bewertungsverfahren um zusätzliche Bewertungsstufen erweitert und der Berechnungsalgorithmus modifiziert.

- Im nächsten Schritt wird die Anwendbarkeit des modifizierten Bewertungsverfahrens analysiert. Dafür werden charakteristische Schadensdaten durchgeführter Bauwerksprüfungen[33] mit dem modifizierten Verfahren nachempfunden und mit den ursprünglichen Zustandsnoten verglichen. Dafür ist es notwendig, die ursprünglichen Einzelschadensbewertungen an die möglichen Bewertungsfälle des modifizierten Verfahrens anzupassen. Als Ergebnis werden die Zustands- und Substanznoten beider Verfahren ermittelt und gegenübergestellt. Anschließend werden die Abweichungen in statischen und dynamischen Vergleichsanalysen[34] beurteilt, um Erkenntnisse zur Zuverlässigkeit der Zustandsnote und zum frühzeitigeren Erkennen von Schadensverschlechterungen zu gewinnen.

- Im letzten Schritt wird in einer exemplarischen Anwendung untersucht, in welchem Umfang monetäre Haushaltsmittel durch eine frühzeitigere Instandsetzung von Schäden mit der Tendenz zur Ausbreitung oder Fortschreitung eingespart werden können.

Es ist nicht Ziel dieser Arbeit das historisch gewachsene Prüf- und Überwachungskonzept für Ingenieurbauwerke in Deutschland grundlegend zu überarbeiten oder gar in Frage zu stellen. Vielmehr sollen Optimierungspotenziale aufgezeigt und durch die geringfügige Modifikation des Bewertungsverfahrens Einsparpotenziale volkswirtschaftlicher Mittel für die Bauwerksunterhaltung abgeleitet werden.

1.3 Aufbau der Arbeit

Zur Untersuchung der thematischen Schwerpunkte wird die Arbeit in 7 Kapitel gegliedert.

In *Kapitel 1* werden das Thema und die zentrale Problemstellung vorgestellt. Dabei werden die Ziele, die Abgrenzung und die Vorgehensweise der Untersuchung sowie der Aufbau der Arbeit erläutert.

Kapitel 2 beschäftigt sich mit der Vorstellung und Analyse der Grundlagen von Zustandsbeurteilungen bei Bauwerksprüfungen. Nach der begrifflichen Eingrenzung der Thematik wird das deutsche Prüf- und Überwachungskonzept für Ingenieurbauwerke im Zuge von Straßen und Wegen vorgestellt. Dabei werden die wesentlichen Regelwerke nach subjektiven Einflussmöglichkeiten untersucht. Anschließend werden die Zulassungsvoraussetzungen deutscher Bauwerksprüfer mit Anforderungen anderer ausgewählter Länder verglichen. In einem detaillierten Vergleich werden

---

[33] Von der Bundesanstalt für Straßenwesen wurden dem Bearbeiter anonymisierte Bauwerks- und Prüfdaten ausgewählter Teilbauwerke zur Verfügung gestellt. Detaillierte Ausführungen zur Datengrundlage der Stichprobe sind in Abschnitt 5.1 enthalten.

[34] In der statischen Vergleichsanalyse werden Unterschiede zwischen der ursprünglichen und modifizierten Zustandsnote zum Zeitpunkt t_i beurteilt. In der dynamischen Vergleichsanalyse werden außerdem Veränderungen über zwei aufeinanderfolgende Prüfperioden (zum Zeitpunkt t_i und t_j) erfasst.

beispielhaft die Vor- und Nachteile des deutschen Verfahrens zum US-amerikanischen System herausgearbeitet.

In *Kapitel 3* werden die Einflussfaktoren, die zu unterschiedlichen Zustandsnoten bei Bauwerksprüfungen führen können, analysiert. In Unterkapiteln wird, neben der Organisation von Bauwerksprüfungen und dem Bauwerkszustand, vor allem der Mensch als Bauwerksprüfer und dessen Einflussnahme auf Bewertungsentscheidungen beurteilt. Außerdem wird das Bewertungsverfahren zur Bestimmung der Zustandsnote nach RI-EBW-PRÜF als zentrales Untersuchungselement dieser Arbeit vorgestellt. Abschließend werden in Kapitel 3 verfahrenstechnische Ursachen für Bewertungstoleranzen aufgezeigt und Anpassungsvorschläge zur Reduzierung dieser Toleranzen beschrieben.

In *Kapitel 4* werden die in Kapitel 3 erläuterten Anpassungsvorschläge in ein modifiziertes Bewertungsverfahren überführt. Das grundlegende Vorgehen im modifizierten Verfahren wird vorgestellt und die Änderungen zum ursprünglichen Bewertungsverfahren münden in die zwei zentralen Hypothesen dieser Arbeit.

Kapitel 5 dient der Analyse des modifizierten Bewertungsverfahrens. Zur Untersuchung der ersten Hypothese wird das Verfahren anhand einer Stichprobe von Einzelschadensdaten untersucht. Dafür wird zunächst die Repräsentativität der Stichprobe nachgewiesen. Anschließend werden in einem Modell die ursprünglichen Zustandsnoten nachgebildet und in Simulationen auf das modifizierte Bewertungsverfahren adaptiert. In statischen und dynamischen Auswertungen werden die Simulationsergebnisse diskutiert und die aufgestellte erste Hypothese verifiziert.

Kapitel 6 untersucht die wirtschaftlichen Auswirkungen des modifizierten Bewertungsverfahrens. Nach der Verfahrensauswahl zur Beurteilung der Wirtschaftlichkeit werden die Eingangsgrößen des Untersuchungsmodells und der Betrachtungshorizont vorgestellt. Die anschließende Szenarioanalyse berücksichtigt verschiedene Instandhaltungsfälle und Kostenszenarien, die in Simulationsexperimenten ausgewertet werden. Abschließend wird die Stabilität der Simulationsergebnisse in Sensitivitätsanalysen bewertet und die zweite Hypothese verifiziert.

In *Kapitel 7* werden die Ergebnisse zusammengefasst und für eine Umsetzung in die vorhandenen Prüfvorschriften kritisch beurteilt. Die Arbeit schließt mit einem Ausblick für die weiterführende Forschung ab.

2.1   Vorüberlegung

In der Arbeit wird untersucht, welche Faktoren eine „objektive" Zustandsbeurteilung[35] von Ingenieurbauwerken beeinflussen. Neben der Analyse von Prüfprozessen und den Anforderungen an das Prüfpersonal wird maßgeblich das Bewertungsverfahren untersucht (siehe Abschnitt 3.4). Als Ergebnis von Bauwerksprüfungen wird eine Zustandsnote für das gesamte Bauwerk ermittelt, die dem Betrachter den aktuellen Bauwerkszustand symbolisiert. Anhand der Merkmalsausprägung innerhalb des Wertebereichs der Zustandsnote[36] kann der Betrachter den Schädigungszustand des Bauwerks einschätzen.

In diesem Kapitel wird zunächst der theoretische Rahmen zur Ermittlung der Zustandsnote festgelegt. Der Begriff *Zustandsbeurteilung* wird eingegrenzt und für die spätere Modifikation des Bewertungsverfahrens strukturell untersucht. *Ingenieurbauwerke* sind besonders durch Zuordnungsvariationen unterschiedlicher Bauwerkstypen geprägt. Für diese Arbeit erfolgt die Abgrenzung des Begriffs nach den Vorschriften zur Erhaltung von Ingenieurbauwerken (siehe Abschnitt 2.2.3.3).[37]

2.1.1   Begriffserklärungen und Merkmale

2.1.1.1   Ingenieurbauwerk

Der Begriff *Ingenieurbauwerk* ist eine Klassifizierung des Begriffs *Bauwerk*. Nach SEIDL[38] stammt der Begriff Bauwerk aus dem Althochdeutschen und bedeutet sinngemäß das „*Geschaffene*" und ist „*[...] Oberbegriff für oft größere, standortgebundene und meist dauerhafte Konstruktionen.*" Im GABLER[39] Wirtschaftslexikon sind Bauwerke „*[...] mit dem Erdboden verbundene Sachen, für die Bauleistungen erbracht werden bzw. die aus Baustoffen und -teilen hergestellt sind*".

Ingenieurbauten werden im DUDEN[40] als entworfene Bauwerke bezeichnet, „*[...] zu dessen Errichtung besondere technisch-konstruktive und statische Berechnungen erforderlich sind*". Im BERTELSMANN[41] sind „*[...] Bauwerke hauptsächlich technisch-konstruktiver Art [...]*" und im MEYERS[42] gelten „*Bauwerke mit schwierigen Konstruktionen und komplizierten statischen,*

---

35 Eine objektive Beurteilung/Einschätzung von Schädigungen an Bauwerken ist durch die Beteiligung von Personen, die Schäden identifizieren und bewerten de facto nicht gegeben. Unter einer objektiven Zustandsbeurteilung ist in diesem Zusammenhang die Einhaltung aller Prüfanforderungen und der Minimierung von subjektiven Faktoren zu verstehen. Bei veränderlichen Bedingungen soll annähernd das gleiche Ergebnis in der Zustandsbeurteilung erzielt werden.
36 Die RI-EBW-PRÜF definiert sechs Zustandsnotenbereiche, die Zustandsbeschreibungen und Maßnahmen der Bauwerksunterhaltung enthalten (siehe Abschnitt 3.4.2.2, Tabelle 13).
37 Vgl. BMVBS (2010) Richtlinien für die Erhaltung von Ingenieurbauten.
38 Vgl. SEIDL (2012) Lexikon der Bautypen, S. 69 f.
39 Vgl. ALISCH et al. (2004) Gabler-Wirtschafts-Lexikon // A-Z, S. 329.
40 Vgl. Duden (2018) Begrifflichkeiten, [Stand: 11.10.2018].
41 Vgl. Verlagsgruppe Bertelsmann (1991) Die große Bertelsmann-Lexikothek, S. 171.
42 Vgl. VEB Bibliographisches Institut Leipzig (1973) Meyers neues Lexikon, S. 560.

© Der/die Autor(en), exklusiv lizenziert durch
Springer Fachmedien Wiesbaden GmbH, ein Teil von Springer Nature 2021
C. Weller, *Zustandsbeurteilung von Ingenieurbauwerken*, Baubetriebswesen
und Bauverfahrenstechnik, https://doi.org/10.1007/978-3-658-32680-7_2

technologischen oder bodenmechanischen Problemen [...]" als Ingenieurbauten. Der BROCK-HAUS[43] definiert diese als *„[...] alle Bauten die aufgrund technisch-konstruktiver Überlegungen und gründlicher Kenntnisse der Statik, Hydraulik, Baustoffkunde, Geologie und anderer Naturwissenschaften entworfen werden [...]"*. Ingenieurbauwerke sind damit von Ingenieuren erdachte, geplante und berechnete, anspruchsvolle Konstruktionen. Des Weiteren enthält die ISO 6707-1[44] normierte Begrifflichkeiten für Gebäude, Verkehrswege und Ingenieurbauwerke. Die Aufzählung der Ingenieurbauwerke umfasst Bauwerke des Erdbaus, konstruktiven Ingenieurbaus und Verkehrswegebaus. Diese allgemeingültige Strukturierung ist nur teilweise in den deutschen Normen der Bauplanung, Baudurchführung und Bauerhaltung wiederzufinden. Vielmehr ist eine Gliederung in Bauwerkstypen von den definierten Geltungsbereichen abhängig. Diese werden durch die verschiedenen Regelwerksanforderungen der Normen konzipiert. In Abbildung 1 sind die wichtigsten Regelwerke dargestellt, die im Rahmen von Bauwerksüberwachungen relevant sind und Ingenieurbauwerke in Bauwerkstypen gliedern.

DIN 1076

Die DIN 1076 *„[...] regelt die Prüfung und Überwachung von Ingenieurbauwerken im Zuge von Straßen und Wegen [...]"*.[45] Die Norm ist Grundlage für die Prüf- und Überwachungspflichten der Baulastträger. Sie enthält Vorschriften, die gewährleisten sollen, dass Bauwerksmängel und Bauwerksschäden rechtzeitig erkannt und frühzeitig Maßnahmen zur Beseitigung ergriffen werden.[46] Sie definiert und untergliedert Ingenieurbauwerke (siehe Abbildung 1), beschreibt Regelungen zur Durchführung von Bauwerksprüfung und Bauwerksüberwachung und gibt an, welche Unterlagen zu erstellen sind. Die Norm enthält Bestimmungen zum Erstellungszeitpunkt sowie zur Fortschreibung und Strukturierung dieser Unterlagen (Bauwerksverzeichnis, Bauwerksbuch und Bauwerksakte).[47] Die detaillierte Untersuchung der Norm und der zugehörigen Richtlinien wird in Abschnitt 2.2.3 durchgeführt.

ZTV-ING

Die *Zusätzlichen Technischen Vertragsbedingungen und Richtlinien für Ingenieurbauten (ZTV-ING)* stellen Ergänzungen zur VOB/B[48] und den Allgemeinen Technischen Vertragsbedingungen (ATV) im Teil C der VOB dar. In den zehn Teilen der ZTV-ING wird die Bauausführung von Ingenieurbauwerken beschrieben und es wird auf Normen und sonstige technische Regelwerke verwiesen.[49] Die Inhalte der ZTV-ING orientieren sich an langzeitig bewährten Bauweisen und können dadurch als „Allgemein anerkannte Regeln der Technik" (AaRdT) angesehen werden.[50]

---

43 Vgl. F. A. Brockhaus (2002) Der Brockhaus.
44 Vgl. ISO 6707-1:2014-03 Buildings and civil engineering works – Vocabulary – Part 1: General terms, S. 2 ff.
45 Vgl. DIN 1076:1999-11 Ingenieurbauwerke im Zuge von Straßen und Wegen, S. 2.
46 Vgl. DIN 1076:1999-11 Ingenieurbauwerke im Zuge von Straßen und Wegen, S. 2.
47 Vgl. DIN 1076:1999-11 Ingenieurbauwerke im Zuge von Straßen und Wegen, S. 2 f.
48 Vgl. BERNER et al. (2013) Grundlagen der Baubetriebslehre 1, S. 103.
49 Vgl. Bundesanstalt für Straßenwesen (2014) Zusätzliche Technische Vertragsbedingungen und Richtlinien für Ingenieurbauten, Teil 10 Anhang.
50 In der juristischen Literatur sind die AaRdT, „[...] alle maschinen- und baurechtlichen Normen, die in der Wissenschaft als theoretisch richtig anerkannt sind und sich in der Baupraxis bewährt haben." Förmlich veröffentlichte Regelwerke, wie DIN-Normen oder die ZTV-ING gelten im Regelfall nur

Durch die kontinuierliche Fortschreibung wird das Vertragswerk an die aktuelle Vorschriftenlage angepasst. Fehlen praktische Erfahrungen für Bauweisen neu aufgenommener Regelungen, stellen diese den aktuellen „Stand der Technik" dar.[51] Die Herstellungsvorgaben der ZTV-ING sind für die Erhaltung von Ingenieurbauwerken und die Prüfvorschriften bedeutsam, da sie neben der Leistungsbeschreibung, den besonderen und den zusätzlichen Vertragsbedingungen weitere Sollvorgaben für die Ausführungsqualität festlegen. Im Teil 1 Allgemeines, Abschnitt 1 Geltungsbereich wird die Einteilung von Ingenieurbauwerken mit dem Verweis auf die DIN 1076 vorgenommen. Lediglich Wasserbauwerke werden nicht dem Geltungsbereich der ZTV-ING zugeordnet. Diese unterliegen dem Geltungsbereich der Zusätzlichen Vertragsbedingungen – Wasserbau (ZTV-W).[52]

RIL 804

Die Deutsche Bahn hat für die eigenen Betriebsanlagen und für sicherheitsrelevante Bauwerke Dritter eine gesonderte Richtlinie zur Bauwerksüberwachung geschaffen.[53] Dabei erweitert die Richtlinie 804 – Eisenbahnbrücken (und sonstige Ingenieurbauwerke) planen, bauen und instand halten (RIL 804) die Zuordnung der Ingenieurbauwerke gegenüber den anderen Regelwerken in Abbildung 1. Bauwerke, die in Verbindung mit den Betriebsanlagen der Deutschen Bahn stehen oder deren Sicherheit betreffen, definiert der Konzern als Ingenieurbauwerke.[54] Gründe für die erweiterte Begriffsdefinition lassen sich aus dem Allgemeinen Eisenbahngesetz (AEG) und der Eisenbahn-Bau- und Betriebsordnung (EBO) ableiten. Danach sind: *„[...] die Eisenbahnen verpflichtet, ihren Betrieb sicher zu führen und die Eisenbahninfrastruktur, Fahrzeuge und Zubehör sicher zu bauen und in betriebssicherem Zustand zu halten."[55]* Die Zuordnung ist für die Deutsche Bahn zweckmäßig, denn dadurch werden alle Bauwerke, die sicherheitsrelevante Bereiche betreffen, regelmäßig inspiziert.[56]

---

dann als AaRdT, wenn sie kontinuierlich an den allgemeinen Prüfstand angepasst werden. Jedoch geht mit ihnen rechtstechnisch die Vermutung einher, dass sie die allgemeinen Regeln der Technik wiedergeben. Vgl. ZANNER (2015) Die allgemein anerkannten Regeln der Technik – Bedeutung in der Praxis, S. 223.

[51] Vgl. BERNER et al. (2013) Grundlagen der Baubetriebslehre 2, S. 24 f.
[52] Vgl. BMVBS (2012) Zusätzliche Technische Vertragsbedingungen – Wasserbau für Wasserbauwerke aus Beton und Stahlbeton (Leistungsbereich 215), S. 3.
[53] Vgl. DB AG (2015) Richtlinie 804 – Eisenbahnbrücken (und sonstige Ingenieurbauwerke) planen, bauen und instandhalten, S. 1 ff., Modul 804.8001, S. 1 ff.
[54] Vgl. DB AG (2015) Richtlinie 804 – Eisenbahnbrücken (und sonstige Ingenieurbauwerke) planen, bauen und instandhalten, S. 1 f., Modul 804.8001, Anlage 1, S. 1 f.
[55] Vgl. DB AG (2015) Richtlinie 804 – Eisenbahnbrücken (und sonstige Ingenieurbauwerke) planen, bauen und instandhalten, S. 3, Modul 804.8001, nach BMJV (2017) Allgemeines Eisenbahngesetz, S. 6 und BMJV (2015) Eisenbahn-Bau- und Betriebsordnung, S. 5.
[56] Vgl. DB AG (2015) Richtlinie 804 – Eisenbahnbrücken (und sonstige Ingenieurbauwerke) planen, bauen und instandhalten, Modul 804.8001 Anlage 2, Seite 1.

Ingenieurbauwerke	DIN 1076	• Brücken • Verkehrszeichenbrücken • Tunnel • Trogbauwerke • Stützbauwerke • Lärmschutzwände • Sonstige Ingenieurbauwerke
	ZTV-Ing	Geltungsbereich analog DIN 1076, jedoch ohne Wasserbauwerke
	RIL 804	Geltungsbereich analog DIN 1076 und zusätzlich Bauwerke die Betriebsanlagen der Deutschen Bahn betreffen: • Überführungen von Betriebsanlagen der Deutschen Bahn (Straßen, Wege, Plätze, sonstige Verkehrsflächen) • Überbauungen mit Aufbauten • Sonstige Ingenieurbauwerke (Hallen, Überdachungen, Rampen, Bühnen, Wasserbehälter, Abwasseranlagen, Antennentragwerke)
	HOAI	• Bauwerke und Anlagen der Wasserversorgung • Bauwerke und Anlagen der Abwasserentsorgung • Bauwerke und Anlagen des Wasserbaus außer Freianlagen • Bauwerke und Anlagen für Ver- und Entsorgung mit Gasen, Feststoffen und wassergefährdenden Flüssigkeiten außer Anlagen der Technischen Ausrüstung • Bauwerke und Anlagen der Abfallentsorgung • Konstruktive Ingenieurbauwerke für Verkehrsanlagen • Sonstige Einzelbauwerke außer Gebäude und Freileitungsmaste
	DIN 276	Geltungsbereich analog HOAI inklusive der Ausnahmen

Abbildung 1:   Gliederung von Ingenieurbauwerken

HOAI

Die *Honorarordnung für Architekten und Ingenieure (HOAI)* stellt ein Vertragswerk zur Regelung von Entgelten und von Planungsleistungen der Architekten und Ingenieure in Deutschland dar.[57] Sie ist aktuell noch verbindliches Preisrecht.[58] Die in der Honorarordnung beschriebenen Leistungen beziehen sich auf Objekte und ihre Maßnahmen.[59] Der Begriff *Objekt* umfasst dabei Gebäude, Innenräume, Freianlagen, Ingenieurbauwerke, Verkehrsanlagen, Tragwerke und Anlagen der technischen Ausrüstung.[60] In Abschnitt 3 Ingenieurbauwerke § 41 Anwendungsbereich werden Bauwerke benannt, die im Sinne dieser Honorarordnung als Ingenieurbauwerk gelten

---

[57] Vgl. SPRINGER FACHMEDIEN WIESBADEN, (Hrsg.) (2013) HOAI 2013-Textausgabe/HOAI 2013-Text Edition, S. 5.

[58] Der Europäische Gerichtshof hat mit seinem Urteil vom 04.07.2019 verkündet, dass verbindliche Mindest- und Höchstsätze mit dem EU-Recht nicht vereinbar sind. Vgl. Europäischer Gerichtshof (2019) Vertragsverletzung – Dienstleistungen im Binnenmarkt – Richtlinie 2006/123/EG – Art. 15 – Art. 49 AEUV – Niederlassungsfreiheit – Honorare für Architekten und Ingenieure für Planungsleistungen – Mindest- und Höchstsätze. Urteil vom 04.07.2019 – C-377/17. Somit sind die bisherigen Regelungen der HOAI zu den Honorarsätzen EU-rechtskonform anzupassen. Bis dahin ist die HOAI 2013 weiter anzuwenden.

[59] Vgl. KALUSCHE, (Hrsg.) (2013) BKI Handbuch HOAI 2013, S. 49.

[60] Vgl. SPRINGER FACHMEDIEN WIESBADEN, (Hrsg.) (2013) HOAI 2013-Textausgabe/HOAI 2013-Text Edition, S. 5.

(vgl. Abbildung 1).[61] Davon ausgenommen sind Freianlagen, Anlagen der technischen Ausrüstung, Gebäude und Freileitungsmaste.[62] Diese Bauwerke sind in andere Leistungsbilder der Norm integriert.[63]

DIN 276

Die DIN 276 regelt die Ermittlung und Gliederung von Kosten im Bauwesen.[64] Sie dient der Kostenplanung und berücksichtigt *„[…] Kosten für den Neubau, den Umbau und die Modernisierung von Bauwerken und Anlagen […] sowie die damit zusammenhängenden projektbezogenen Kosten."*[65] Mit der Zusammenführung getrennter Teile der Norm in einem einheitlichen Teil wurden verschiedene Definitionen nicht mit übernommen.[66] So wurde auch die Begriffsdefinition *Ingenieurbauwerk* der DIN 276-4:2009-08 nicht in die aktuelle DIN 276:2018-12 integriert. Deshalb sind Ingenieurbauwerke im Kontext der DIN 276:2018-12 formal nicht definiert. Da in der DIN 276:2018-12 weiterhin Begrifflichkeiten der DIN 276-4 verwendet werden und durch die Zusammenführung keine Änderungen in den Definitionen vorgenommen wurden, hat die Einteilung von Ingenieurbauwerken nach DIN 276-4 immer noch Bestand. Sie unterscheidet in Bauwerke oder Anlagen der Wasserversorgung, der Abwasserentsorgung oder des Wasserbaus, in Bauwerke der Ver- und Entsorgung mit Gasen, Feststoffen und Flüssigkeiten, in Bauwerke der Abfallentsorgung oder des konstruktiven Ingenieurbaus für Verkehrsanlagen und sonstige Einzelbauwerke (z. B. Türme oder Schächte).[67]

In der vorliegenden Arbeit wird die Zustandsbeurteilung von Ingenieurbauwerken im Straßenverkehr nach den Vorschriften der DIN 1076 und der RI-EBW-PRÜF untersucht. Die Ergebnisse und die Empfehlungen der Arbeit gelten deshalb nur für Ingenieurbauwerke dieses Wertebereichs.

2.1.1.2 Zustandsbeurteilung und Geltungsbereich

Der Begriff *Zustandsbeurteilung* setzt sich aus den Worten *Zustand* und *Beurteilung* zusammen. Als Zustand einer Sache, eines Lebewesens oder Gegenstandes kann dessen Verfassung oder Beschaffenheit zu einem bestimmten Zeitpunkt verstanden werden. Synonyme für den Begriff Zustand sind beispielsweise Qualität, Situation, Status oder Konstellation.[68] Angewendet auf das Bauwesen wird der Zustand eines Ingenieurbauwerks im Vergleich zum geplanten Soll-Zustand oder zum Abnahme-Zustand festgestellt. Der (Bauwerks)zustand wird durch die Beurteilung des

---

61 Vgl. SPRINGER FACHMEDIEN WIESBADEN, (Hrsg.) (2013) HOAI 2013-Textausgabe/HOAI 2013-Text Edition, S. 33.

62 Vgl. BMJV (2013) Verordnung über die Honorare für Architekten- und Ingenieurleistungen (Honorarordnung für Architekten und Ingenieure – HOAI), S. 27.

63 Freianlagen werden im § 39, Anlagen der technischen Ausrüstung im § 53 und Gebäude im § 34 der HOAI (2013) behandelt. Freileitungsmaste sind in der HOAI nicht geregelt. Das Honorar kann für diese Leistung frei verhandelt werden. Vgl. EBERT et al. (2015) Praxiskommentar zur HOAI 2013, S. 565.

64 Vgl. DIN 276:2018-12 Kosten im Bauwesen.

65 Vgl. DIN 276:2018-12 Kosten im Bauwesen, S. 4.

66 Die DIN 276-1:2008-12 und die DIN 276-4:2009-08 wurden zur DIN 276:2018-12 zusammengefasst. Vgl. DIN 276:2018-12 Kosten im Bauwesen, S. 3.

67 Vgl. DIN 276-4:2009-08 Kosten im Bauwesen – Teil-4: Ingenieurbau, S. 4.

68 Vgl. Universität Leipzig (2018) Wortschatz-Lexikon, [Stand: 11.10.2018].

Betrachters festgelegt. Nach der Sachgruppengliederung im DORNSEIFF[69] ist der Begriff Beurteilung in den Sachgruppen 11.20 „Ansicht" und 11.48 „Urteil, Bewertung" zu finden. Synonyme sind beispielsweise Bewertung, Stellungnahme, Gutachten oder Einschätzung.[70] Die Definition der Zustandsbeurteilung von Bauwerken impliziert eine gewisse Subjektivität der Beurteilung. Auch wenn einheitliche Bewertungskriterien existieren (siehe Abschnitt 2.2.3.3), können innere Einflüsse und äußere Randbedingungen eine Bewertung beeinflussen. Innere Einflüsse sind beispielsweise die Fachkompetenz und die Erfahrung eines Prüfers oder Gutachters, die Qualität von Prüfunterlagen und die Komplexität einer Bewertungssituation. Äußere Randbedingungen einer Zustandsbeurteilung sind beispielsweise das Wetter, die Tageszeit der Durchführung oder die verwendeten Hilfsmittel (siehe Abschnitt 3.2).

Für die Zustandsbeurteilung von Ingenieurbauwerken des Straßenverkehrs sind die Überwachungs- und Prüfvorschriften der DIN 1076 anzuwenden. Regelwerke zur Bauwerkserhaltung ergänzen die Norm und sind in den „Richtlinien für die Erhaltung von Ingenieurbauten" (RI-ERH-ING) zusammengefasst. Diese beinhalten Bestimmungen zu Bauwerksdaten, zur Schadensbeurteilung bei Bauwerksprüfungen und zur Durchführung von Wirtschaftlichkeitsanalysen.[71] Die einzelnen Richtlinien sind in Abschnitt 2.2.3.3 detailliert beschrieben.

Außerdem sind die „Anweisung Straßeninformationsbank Teilsystem Bauwerksdaten" (ASB-ING),[72] die „Richtlinie für die bauliche Durchbildung und Ausstattung von Brücken zur Überwachung, Prüfung und Erhaltung (RBA-BRÜ)[73] und die „Richtzeichnungen für Ingenieurbauten" (RIZ-ING)[74] zu beachten. Der Bauwerkszustand ist gemäß RI-EBW-PRÜF nach den Merkmalen *Standsicherheit*, *Verkehrssicherheit* und *Dauerhaftigkeit* zu beurteilen.[75] Dafür müssen zunächst Schäden[76] identifiziert, erfasst und nach vorgegebenen Bewertungsstufen – zwischen den Grenzzuständen „gegeben" und „nicht gegeben" – bewertet werden (siehe Abschnitt 2.2.3).[77]

---

[69]   Vgl. DORNSEIFF et al. (2004) Der deutsche Wortschatz nach Sachgruppen, S. 204 ff.
[70]   Vgl. DORNSEIFF et al. (2004) Der deutsche Wortschatz nach Sachgruppen, S. 204 ff.
[71]   Vgl. BMVBS (2013) Bauwerksprüfung nach DIN 1076 Bedeutung, Organisation, Kosten, S. 11.
[72]   Vgl. BMVBS (2013) Anweisung Straßeninformationsbank Teilsystem Bauwerksdaten ASB-ING.
[73]   Vgl. BMV (1997) Richtlinie für die bauliche Durchbildung und Ausstattung von Brücken zur Überwachung, Prüfung und Erhaltung (RBA-BRÜ).
[74]   Vgl. BMVI (2019) RIZ-ING – Richtzeichnungen für Ingenieurbauten.
[75]   Vgl. BMVBS (2017) Richtlinie zur einheitlichen Erfassung, Bewertung, Aufzeichnung und Auswertung von Ergebnissen der Bauwerksprüfungen nach DIN 1076, S. 6.
[76]   Schäden im Sinne der RI-EBW-PRÜF sind Veränderungen des Bauwerks- oder Bauteilzustandes die zu einer Beeinträchtigung der Standsicherheit, Verkehrssicherheit und/oder Dauerhaftigkeit führen. Vgl. BMVBS (2017) Richtlinie zur einheitlichen Erfassung, Bewertung, Aufzeichnung und Auswertung von Ergebnissen der Bauwerksprüfungen nach DIN 1076, S. 6.
[77]   Nicht jede identifizierte Abweichung vom Sollzustand ist ein Schaden im Sinne der Prüfvorschriften und Erhaltungsrichtlinien. Die Unterscheidung in „Identifizieren" und „Erfassen" wird eingeführt, um Einzelkriterien subjektiver Einflüsse auf Zustandsbewertungen in Kapitel 3.3 unterscheiden zu können. Nach den Prüfvorschriften ist jeder erfasste Schaden nach den Merkmalen Standsicherheit, Verkehrssicherheit und Dauerhaftigkeit zu bewerten. Die Bewertungsstufen nach RI-EBW-PRÜF sind ganzzahlig, von „0", Schaden hat keinen Einfluss auf das Merkmal bis „4" Schaden erfüllt nicht die Anforderungen der Merkmalsausprägung, vorzunehmen. Vgl. BMVBS (2017) Richtlinie zur einheitlichen Erfassung, Bewertung, Aufzeichnung und Auswertung von Ergebnissen der Bauwerksprüfungen nach DIN 1076, S. 6 ff.

2.2 Überwachungskonzepte in Deutschland

2.2.1 Rechtliche Einordnung

Die Prüf- und Überwachungspflichten für Ingenieurbauwerke im Zuge von Straßen, Wegen und Plätzen liegen im Verantwortungsbereich der Straßenbauverwaltungen. Nach dem Bundesfernstraßengesetz (FStrG) § 5 ist der Bund Träger der Straßenbaulast für Bundesfernstraßen (BFS).[78] Dazu zählen Bundesautobahnen und Bundesstraßen mit Ortsdurchfahrten.[79] Für alle übrigen Straßen ist die Straßenbaulast in den Straßengesetzen der Länder geregelt. Diese unterteilen die öffentlichen Straßen in Staats-, Kreis-, Gemeindeverbindungs- oder Ortsstraßen und sonstige öffentliche Straßen, Wege und Plätze.[80] Träger der Straßenbaulast und damit verwaltungszuständig sind:[81]

- die Länder für die Staatsstraßen,

- die Landkreise und Kreisfreien Städte für die Kreisstraßen und

- die Gemeinden für Gemeindestraßen und sonstige öffentliche Straßen.

Die Träger der Straßenbaulast sind (z. B. nach § 9 des Straßengesetzes für den Freistaat Sachsen) verpflichtet, *„[...] Straßen in einem den regelmäßigen Verkehrsbedürfnissen genügenden Zustand zu bauen, zu unterhalten, zu erweitern oder sonst zu verbessern [...]"* und *„[...] die Erfordernisse der öffentlichen Sicherheit und Ordnung insbesondere die allgemeinen Regeln der Baukunst und der Technik [...]"* einzuhalten.[82] Die Prüf- und Überwachungspflichten nach DIN 1076 dienen der fortlaufenden Zustandserfassung und sind damit Grundlage für Unterhaltungsmaßnahmen an Ingenieurbauwerken. Deshalb haben der Bund und die Länder die DIN 1076 verbindlich eingeführt.[83] Für kommunale Straßenbaulastträger ist die Norm zwar nicht verbindlich vorgeschrieben, jedoch geht von ihr eine rechtliche Wirkung aus. Da rechtstechnisch anzunehmen ist, dass DIN-Normen die allgemein anerkannten Regeln der Technik wiedergeben,[84] können Abweichungen von der Norm (z. B. Auslassen von Prüfungen) die nachweislich zu Schäden der Nutzer des Bauwerks führen, Schadenersatzforderungen begünstigen.[85]

---

[78] Als „Bund" wird der Gesamtstaat der Bundesrepublik Deutschland bezeichnet. Vgl. Deutscher Bundestag (2018) Gesetzgebungszuständigkeiten, [Stand: 11.10.2018] und vgl. BMJV (2017) Bundesfernstraßengesetz, S. 3 (neugefasst durch Bek. v. 28.06.2007 und zuletzt geändert am 31.08.2015).

[79] Vgl. BMJV (2017) Bundesfernstraßengesetz, S. 1.

[80] Vgl. Sachsen (2016) Straßengesetz für den Freistaat Sachsen (Sächsisches Straßengesetz), S. 1 f.

[81] Vgl. Sachsen (2016) Straßengesetz für den Freistaat Sachsen (Sächsisches Straßengesetz), S. 19.

[82] Vgl. Sachsen (2016) Straßengesetz für den Freistaat Sachsen (Sächsisches Straßengesetz), S. 5 (§ 9 Abs. 1 und § 10 Abs. 2).

[83] Die einzelnen Bundesländer haben die DIN 1076 nach Aufforderung durch das BMBS verbindlich eingeführt. In Sachsen beispielsweise durch die SK (2009) Sächsische Straßenunterhaltungs- und -instandsetzungsverordnung.

[84] Vgl. Oberlandesgericht Hamm (1994) Entscheidung zu Mängeln der Werkleistung. Urteil vom 13.04.1994 – 12 U 171/93 und vgl. ZANNER (2015) Die allgemein anerkannten Regeln der Technik – Bedeutung in der Praxis, S. 226.

[85] Die allgemein anerkannten Regeln der Technik sind auch von privaten Eigentümern zu beachten. Damit haften sie gegebenenfalls auch für Schäden Dritter, wenn sie öffentlichen Verkehr zulassen. Vgl. BMVBS (2013) Bauwerksprüfung nach DIN 1076 Bedeutung, Organisation, Kosten, S. 16 f.

Im Abschnitt 2.2.2 wird ein Überblick über Maßnahmen der Bauwerksüberwachung und Instandhaltung gegeben. Die Arbeit wird damit thematisch und rechtlich eingeordnet und der Untersuchungshorizont abgegrenzt.

2.2.2 Überblick zur Bauwerksüberwachung und Instandhaltung

Abhängig von Nutzung, Bauwerksart und Eigentumsverhältnissen sind verschiedene Vorschriften für die Überwachung von Ingenieurbauwerken zu beachten (siehe Abbildung 2).[86] Für Straßenverkehrsbauwerke ist die Prüfung und Überwachung in der DIN 1076 geregelt. Kunstbauwerke der Deutschen Bahn sind nach der *Vorschrift für die Inspektion von Kunstbauten* (DS 803) zu überprüfen. Für Nichtverkehrsbauwerke des öffentlichen Sektors hat das Bundesministerium für Verkehr, Bau und Stadtentwicklung die *Richtlinie für die Überwachung der Verkehrssicherheit* (RÜV) herausgegeben.[87] Für alle übrigen Bauwerke – vorwiegend des privaten Sektors – sind die Vorschriften der VDI Richtlinie 6200 *Standsicherheit von Bauwerken* maßgebend.[88]

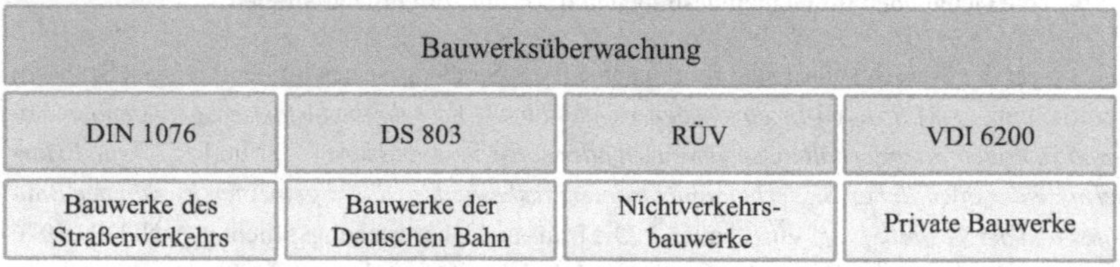

Bauwerksüberwachung			
DIN 1076	DS 803	RÜV	VDI 6200
Bauwerke des Straßenverkehrs	Bauwerke der Deutschen Bahn	Nichtverkehrs-bauwerke	Private Bauwerke

Abbildung 2:   Vorschriften der Bauwerksüberwachung

Da sich diese Arbeit ausschließlich mit den Prüfvorschriften für Ingenieurbauwerke im Zuge von Straßen und Wegen nach DIN 1076 auseinandersetzt, wird auf die Prüf- und Überwachungsvorschriften für alle anderen Bauwerke nicht detailliert eingegangen. Insbesondere betrifft dies Vorschriften für spezielle Bauwerkstypen.[89]

Zentraler Bestandteil in der Bauwerkserhaltung ist die Überwachung und Prüfung der Bauwerkssubstanz von Ingenieurbauwerken. Die Bauwerkserhaltung hat als Aufgabe, die Planung, Organisation und Durchführung von Prüf- und Überwachungsvorschriften effizient zu gestalten.[90] Dies gelingt allerdings nur, wenn alle Bauwerksdaten in einem Bauwerksmanagement zusammengefasst und fortgeschrieben werden. In Deutschland wurde dafür ein Bauwerk-Management-System

---

[86] Vgl. KOHLBREI (2012) Messen ist Wissen, S. 32.

[87] Vgl. BMVBS (2008) Richtlinie für die Überwachung der Verkehrssicherheit von baulichen Anlagen des Bundes, S. 3 ff.

[88] Vgl. VDI (2010) VDI Richtlinie: Standsicherheit von Bauwerken, Regelmäßige Überprüfung (VDI 6200), S. 2 f.

[89] Exemplarisch sind Prüfpflichten in folgenden Vorschriften enthalten: Bauwerksprüfungen für Schornsteine in der DIN EN 13084-1:2007-05 Freistehende Schornsteine – Teil 1: Allgemeine Anforderungen, S. 22; Abnahme- und Verlängerungsprüfungen für fliegende Bauten in den Landesbauordnungen der Länder oder beispielsweise die Prüfung von Schachtförderanlagen nach der Bergverordnung für Schacht- und Schrägförderanlagen (BVOS). Vgl. TÜV Nord Systems GmbH & Co. KG (2015) Prüfpflichtige Anlagen – Prüfungen – Prüffristen, [Stand: 11.10.2018].

[90] Vgl. BMVBS (2017) Richtlinie zur einheitlichen Erfassung, Bewertung, Aufzeichnung und Auswertung von Ergebnissen der Bauwerksprüfungen nach DIN 1076, S. 5.

(BMS) entwickelt (siehe Abschnitt 2.2.4). Ziel der Bauwerksüberwachung ist es, Abweichungen und Veränderungen des Bauwerkszustandes zu festgelegten Anforderungen der Bauwerksplanung und unter Berücksichtigung von Spezifikationen in der Bauwerkserrichtung zu ermitteln.[91] Durch die Bewertung der festgestellten Beeinträchtigungen wird festgelegt, ob ein Ingenieurbauwerk weiterhin nach seiner Zweckbestimmung genutzt werden kann. Falls Schädigungen festgelegte Sicherheitsniveaus in den Merkmalen Standsicherheit, Verkehrssicherheit oder Dauerhaftigkeit überschreiten, sind Maßnahmen der Instandhaltung einzuleiten und gegebenenfalls Nutzungseinschränkungen vorzunehmen.[92] Bestandteil der Instandhaltung sind alle Maßnahmen der Erhaltung, die den funktionsfähigen Zustand im Lebenszyklus eines Bauwerks sicherstellen.[93] In Abbildung 3 ist die Gliederungsstruktur für Maßnahmen der Instandhaltung nach DIN 31051 dargestellt. Danach wird die Instandhaltung in die vier Grundmaßnahmen Wartung, Inspektion, Instandsetzung und Verbesserung unterteilt. Außerdem werden diesen Grundmaßnahmen Maßnahmen der Zustandserhaltung zugeordnet.

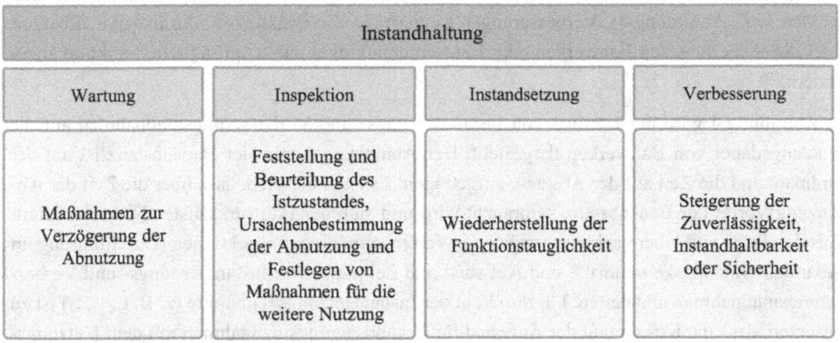

Instandhaltung			
Wartung	Inspektion	Instandsetzung	Verbesserung
Maßnahmen zur Verzögerung der Abnutzung	Feststellung und Beurteilung des Istzustandes, Ursachenbestimmung der Abnutzung und Festlegen von Maßnahmen für die weitere Nutzung	Wiederherstellung der Funktionstauglichkeit	Steigerung der Zuverlässigkeit, Instandhaltbarkeit oder Sicherheit

Abbildung 3: Maßnahmen der Instandhaltung[94]

Maßnahmen der Wartung verzögern den Verschleiß des Bauwerks und verhindern eine beschleunigte Abnutzung.[95] Inspektionen sind Maßnahmen zur Bestimmung und Beurteilung des Ist-Zustandes eines Bauwerks oder Bauelements. Sie beinhalten außerdem eine Ursachenanalyse zur Ermittlung der Abnutzung und der Ableitung von Nutzungskonsequenzen.[96] Im Rahmen der

---

[91] Im Sinne der Bauwerksprüfung nach DIN 1076:1999-11 Ingenieurbauwerke im Zuge von Straßen und Wegen werden Abweichungen vom Sollzustand als Mängel und Veränderungen vom Bauwerks- oder Bauteilzustand als Schäden definiert. Vgl. BMVBS (2017) Richtlinie zur einheitlichen Erfassung, Bewertung, Aufzeichnung und Auswertung von Ergebnissen der Bauwerksprüfungen nach DIN 1076, S. 6.

[92] Vgl. BMVBS (2017) Richtlinie zur einheitlichen Erfassung, Bewertung, Aufzeichnung und Auswertung von Ergebnissen der Bauwerksprüfungen nach DIN 1076, S. 10 ff.

[93] Der Lebenszyklus eines Bauwerks beginnt „[...] mit der Konzeption und endet mit der Entsorgung". Vgl. DIN 31051:2019-06 Grundlagen der Instandhaltung, S. 11.

[94] Vgl. DIN 31051:2019-06 Grundlagen der Instandhaltung, S. 4.

[95] Nach Auffassung der DIN 31051, S. 5 verzögern Wartungsmaßnahmen den Abbau des vorhandenen Abnutzungsvorrates. Diese Aussage wird für die Arbeit dahingehend präzisiert, dass planmäßige Wartungsarbeiten für technische Anlagen, bewegliche Teile und sonstige Verschleißelemente in der planmäßigen Abnutzung bereits berücksichtigt sind. Der Abnutzungsvorrat verringert sich somit entlang der planmäßigen Abnutzung. Hingegen beschleunigen unterlassene Wartungsarbeiten die Abnutzung.

[96] Vgl. DIN 31051:2019-06 Grundlagen der Instandhaltung, S. 5.

Überwachungs- und Prüfvorschriften von Ingenieurbauwerken (siehe Abschnitt 2.2.3) können Inspektionen in visuelle und automatisierte Prüfverfahren unterschieden werden.[97] Bei visuellen Prüfmethoden wird aus dem äußeren Erscheinungsbild auf den Zustand des Bauwerks oder des Bauelementes geschlossen.[98] Allgemein sind visuelle Prüfungen durch einen „[...] sachkundige[n] Ingenieur [...]" durchzuführen, der „[...] die statischen und konstruktiven Verhältnisse der Bauwerke beurteilen kann".[99] Für besondere Bauwerksarten oder Bauteile gestattet die Norm, automatisierte Verfahren zur Aufnahme der Oberfläche einzusetzen.[100] Lassen sich die Ursachen von Bauwerksschäden durch die Bauwerksprüfungen nach DIN 1076 nicht zweifelsfrei bestimmen, sind weitere intensivere Untersuchungen innerhalb einer objektbezogenen Schadensanalyse (OSA) durchzuführen.[101] Um den Nutzungszeitraum eines Bauwerks oder Bauelements zu verlängern, sind regelmäßige Instandsetzungsmaßnahmen sowie die Einhaltung aller zugrundeliegenden Beanspruchungsparamater notwendig.[102] Maßnahmen der Instandsetzung umfassen alle physischen Aktivitäten, die die Funktion eines beschädigten oder fehlerhaften Bauelements wiederherstellen.[103] Durch Verbesserungsmaßnahmen kann die Nutzungsdauer zusätzlich verlängert werden (vgl. Abbildung 4). Verbesserungen steigern die Zuverlässigkeit, die Instandhaltbarkeit oder die Sicherheit von Bauwerken oder Bauelementen, ohne die ursprüngliche Funktion abzuändern.[104]

In Abbildung 4 wird der Einfluss von Instandsetzungs- und Verbesserungsmaßnahmen auf die Nutzungsdauer von Bauwerken dargestellt. Der Abnutzungsvorrat der Bausubstanz ist auf der Ordinate und die Zeit auf der Abszisse aufgetragen. Es ist ersichtlich, dass über die Zeit der Abnutzungsvorrat der Bausubstanz verbraucht wird und sich der Bauwerkszustand verschlechtert. Aus den Prüf- und Überwachungsergebnissen von regelmäßigen Inspektionen (Durchführung im gesamten Nutzungszeitraum)[105] sind Aufwand und Zeitpunkt von Instandsetzungs- und Verbesserungsmaßnahmen abzuleiten. Für die Wahl der Instandsetzungszeitpunkte (z. B. t_1, t_2, t_3) ist zu beachten, dass die Kosten und der Aufwand für Instandsetzungsmaßnahmen mit dem Nutzungsalter eines Bauwerks steigen und die Bausubstanz beschleunigt abgenutzt wird. Deshalb sollten

---

[97] Vgl. BMVBS (2017) Richtlinie zur einheitlichen Erfassung, Bewertung, Aufzeichnung und Auswertung von Ergebnissen der Bauwerksprüfungen nach DIN 1076, S. 15.

[98] Vgl. BRAML (2010) Zur Beurteilung der Zuverlässigkeit von Massivbrücken auf der Grundlage der Ergebnisse von Überprüfungen am Bauwerk, S. 5.

[99] Vgl. DIN 1076:1999-11 Ingenieurbauwerke im Zuge von Straßen und Wegen, S. 3.

[100] Vgl. BMVBS (2017) Richtlinie zur einheitlichen Erfassung, Bewertung, Aufzeichnung und Auswertung von Ergebnissen der Bauwerksprüfungen nach DIN 1076, S. 15.

[101] Vgl. BMVBS (2017) Richtlinie zur einheitlichen Erfassung, Bewertung, Aufzeichnung und Auswertung von Ergebnissen der Bauwerksprüfungen nach DIN 1076, S. 7.

[102] Zugrundeliegende Beanspruchungsparameter sind Lastannahmen aller statischen Berechnungen. Ändern sich Parameter gegenüber den Standsicherheitsnachweisen, sind ggf. Nachrechnungen erforderlich. Außerdem mindern diese die Nutzungsdauer des Bauwerks oder Bauelements.

[103] Vgl. DIN 31051:2019-06 Grundlagen der Instandhaltung, S. 6 In der ASB-ING sind Instandsetzungen, ein Teil der Erhaltungsmaßnahmen. Diese umfassen außerdem die Erneuerung und Unterhaltung von Ingenieurbauwerken. Vgl. BMVBS (2013) Anweisung Straßeninformationsbank Teilsystem Bauwerksdaten ASB-ING, S. 92.

[104] Vgl. DIN 31051:2019-06 Grundlagen der Instandhaltung, S. 6 und DIN EN 13306:2012-12 Instandhaltung – Begriffe der Instandhaltung, S. 28.

[105] In Abbildung 4 sind Inspektions- und Wartungsmaßnahmen nur beispielhaft zwischen Nutzungsbeginn und der ersten Instandhaltung aufgetragen. Inspektionen und Wartungen sind im gesamten Nutzungszeitraum nach den Prüfvorschriften der DIN 1076 und vorgegebenen Wartungsintervallen z. B. für technische Anlagen durchzuführen.

diese Maßnahmen nach der Schadensidentifikation und Schadensbeurteilung zeitnah[106] durchgeführt werden.[107]

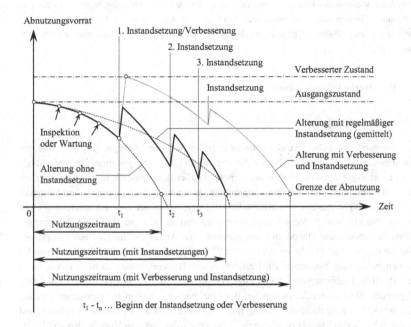

Abbildung 4: Zustandsveränderung und Instandhaltung von Ingenieurbauwerken [108]

Da sich diese Arbeit mit der Zustandsbeurteilung – der Feststellung des Istzustandes und der Bewertung im Vergleich zum Sollzustand (siehe Abschnitt 2.1.1.2) – auseinandersetzt, sind die Maßnahmen der Wartung und Verbesserung nicht Gegenstand dieser Arbeit. Maßnahmen der Instandsetzung werden für die Untersuchung der wirtschaftlichen Auswirkung auf das entwickelte modifizierte Bewertungsverfahren in Kapitel 6 vorgestellt und abgegrenzt.

---

[106] Die ASB-ING unterscheidet in Fristen der Erledigung: umgehend, kurzfristig, mittelfristig und langfristig. Vgl. BMVBS (2013) Anweisung Straßeninformationsbank Teilsystem Bauwerksdaten ASB-ING, S. 78.

[107] Im Prüfbericht können bereits Empfehlungen für Instandsetzungsmaßnahmen fixiert werden. Vgl. BMVBS (2017) Richtlinie zur einheitlichen Erfassung, Bewertung, Aufzeichnung und Auswertung von Ergebnissen der Bauwerksprüfungen nach DIN 1076, S. 9.

[108] Vgl. WELLER (2019) Subjektive Einflüsse bei der Zustandsbewertung von Ingenieurbauwerken, S. 377 und MADER et al. (2016/07) Potential of UAV-Based Laser Scanner and Multispectral Camera Data in Building Inspection, S. 1136. In Anlehnung an DIN 31051 (2019), S. 8; BAUMHAUER (2010) Beurteilung geschädigter Brückenbauwerke unter Berücksichtigung unscharfer Tragwerksparameter, S. 96; FECHNER (2002) Altbaumodernisierung, S. 11; HARLFINGER (2006) Referenzvorgehensmodell zum Redevelopment von Bürobestandsimmobilien, S. 21 und BAUER et al. (1992) Instandhaltungsmanagement, S. 18.

In Abschnitt 2.2.3 werden die deutschen Regelwerke der Bauwerkserhaltung vorgestellt und auf subjektive Einflüsse bei Prüf- und Bewertungsprozessen beurteilt. Dies ist Grundlage für die detaillierte Untersuchung des Bewertungsverfahrens in Abschnitt 3.4. Der Abschnitt 2.3 ist ein Exkurs zu ausländischen Überwachungskonzepten. Aus der Analyse dieser Konzepte sollen Erkenntnisse für eine mögliche Optimierung des deutschen Prüf- und Überwachungskonzepts abgeleitet werden.

2.2.3 Regelwerke in Deutschland

2.2.3.1 Vorbemerkung

Ingenieurbauwerke sind über ihre Nutzungsdauer zahlreichen Einwirkungen ausgesetzt, die den Abnutzungsvorrat der baulichen Substanz, Ausstattung und Ausrüstung verbrauchen (vgl. Abbildung 4). Erhaltungsmaßnahmen sollen die Abnutzung aller Bauwerksteile unter veränderlichen Umwelteinflüssen reduzieren und durch regelmäßige Instandsetzung, Erneuerung und Unterhaltung den planmäßigen Zustand wiederherstellen.[109] Die Kriterien der Zustandsbeurteilung eines Bauwerks – Standsicherheit, Verkehrssicherheit, Dauerhaftigkeit – sind Prüf- und Bewertungsgrundlage für Schäden und Mängel an Ingenieurbauwerken. Außerdem sind sie Beurteilungsmaßstab für die Planung von Erhaltungsmaßnahmen.[110] Die Organisation und Durchführung von Inspektionen an Ingenieurbauwerken zur Bestimmung des Bauwerkszustandes ist in Deutschland in der DIN 1076 „Ingenieurbauwerke im Zuge von Straßen und Wegen, Überwachung und Prüfung" geregelt. Sie ist zentraler Bestandteil der Erhaltungsvorschriften für Ingenieurbauwerke. Ihr Ziel ist es, durch regelmäßige Prüfung und Überwachung den Ist-Zustand zu erfassen und frühzeitig Schäden und Mängel zu erkennen.[111] Die DIN 1076 ergänzen Vorschriften und Richtlinien zur Planung, Dokumentation und Auswertung von Bauwerksprüfungen sowie zur einheitlichen Erfassung und Bewertung von Prüfergebnissen. In Abbildung 5 sind die Regelwerke zur Erhaltung von Ingenieurbauwerken des Straßenverkehrs dargestellt.

Neben der DIN 1076, den „Richtlinien für die Erhaltung von Ingenieurbaubauten" (RI-ERH-ING) und der „Anweisung Straßeninformationsbank, Teilsystem Bauwerksdaten" (ASB-ING) ergänzen Regelwerke des Entwurfs und der Baudurchführung, sonstige Vorschriften und die ZTV-Funktion-Ing (in Erstellung) die zu beachtenden Regelwerke der Bauwerkserhaltung.

---

[109] Vgl. BMVBS (2013) Anweisung Straßeninformationsbank Teilsystem Bauwerksdaten ASB-ING, S. 92 und BMVBS (2004) Leitfaden Objektbezogene Schadensanalyse, S. 5.

[110] Vgl. MEHLHORN et al. (2014) Handbuch Brücken, S. 1241 ff.; BMVBS (2004) Leitfaden Objektbezogene Schadensanalyse, S. 8 ff.; BMVBS (2004) Richtlinie zur Durchführung von Wirtschaftlichkeitsuntersuchungen im Rahmen von Instandsetzungs-/Erneuerungsmaßnahmen bei Straßenbrücken, S. 4 ff.

[111] Vgl. DIN 1076:1999-11 Ingenieurbauwerke im Zuge von Straßen und Wegen, S. 2.

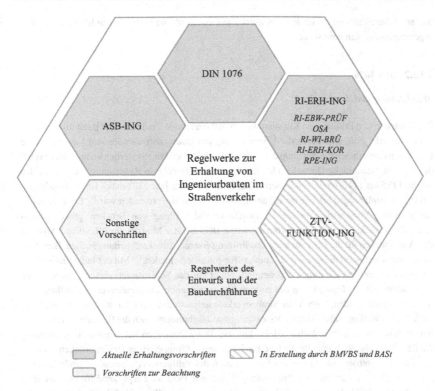

Abbildung 5:   Erhaltungsvorschriften für Ingenieurbauwerke

Im folgenden Abschnitt werden die wesentlichen Inhalte dieser Vorschriften vorgestellt. Außerdem werden subjektive Parameter, die nach Auslegung der Regelwerksschriften einen Interpretationsspielraum[112] bieten und damit Einfluss auf die Zustandsbeurteilung von Ingenieurbauwerken haben können, untersucht. Nach der juristischen Methodenlehre[113] können die Textinhalte von Vorschriften sprachlich-grammatikalisch, systematisch-logisch, historisch und teleologisch interpretiert werden. Für diese Arbeit werden die grammatikalische (wörtliche) und systematisch-logische Auslegung als geeignete Interpretationsmethoden angesehen.[114] Diese Textinhalte und

---

[112] Als Inhalte mit Interpretationsspielraum sind Textpassagen zu verstehen, die vom Leser oder Anwender unterschiedlich aufgefasst, ausgelegt oder gedeutet werden können. Vgl. Bedeutungsübersicht in: Duden (2018) Begrifflichkeiten, [Stand: 11.10.2018].

[113] Bei der „sprachlich-grammatikalischen" Auslegung wird der Wortsinn der Textpassage untersucht und die Bedeutung im Alltags- und Fachsprachengebrauch ermittelt. Bei der „systematisch-logischen" Auslegung werden andere Vorschriften in die Untersuchung einbezogen, um eine Deutung im Kontext des Normensystems zu erhalten. Die „historische" Auslegung bezieht die Ursachen für die Vorschrifteneinführung und die Motive des Gesetzgebers in die Interpretation ein. Die „teleologische" Auslegung kommt zur Anwendung, wenn die historische Auslegung nicht genügend Anhaltspunkte liefert. Vgl. KRAMER (2005) Juristische Methodenlehre, S. 51 ff.; BYDLINSKI (2003) Grundzüge der juristischen Methodenlehre, S. 12 ff. und BYDLINSKI (1991) Juristische Methodenlehre und Rechtsbegriff, S. 437 ff.

[114] Vgl. KRAMER (2005) Juristische Methodenlehre, S. 51 ff.

weitere äußere Faktoren[115] werden in Kapitel 3 auf ihre Wirkung in der Zustandsbeurteilung von Ingenieurbauwerken untersucht.

2.2.3.2 DIN 1076

a) Entstehung und Anwendung

Die Kontrolle und Prüfung von Kunstbauwerken hat eine lange Tradition. Die Bauherren erkannten schon sehr früh, dass durch die Überwachung des Bauwerkszustandes und kontinuierliche Erhaltungsmaßnahmen die Nutzungsdauer von Bauwerken verlängert werden kann.[116] Bereits bei der ältesten Steinbrücke Deutschlands, der „Steinernen Brücke in Regensburg", erbaut in den Jahren 1135 bis 1146, wurde mit kaiserlichem Erlass aus dem Jahr 1182 durch Kaiser Friedrich I. ein Brückenzoll eingeführt, der für Erhaltungsmaßnahmen zu verwenden war.[117] Erste einheitliche deutsche Vorschriften für die Überwachung und Prüfung von Brücken gehen auf das Jahr 1895 zurück. Mit dem Erlass vom 19. März 1895 hat der Minister für öffentliche Arbeiten die „Vorschriften für die Überwachung und Prüfung eiserner Brücken" herausgegeben. Bereits in dieser Vorschrift wird in Jahres- und Hauptprüfungen unterschieden.[118] Mit der Industrialisierung wuchs das Verkehrsaufkommen exponentiell. Nicht nur das Schienenverkehrsaufkommen stieg an, sondern mit der Entwicklung des Automobils wuchs auch das Straßenverkehrsaufkommen. Mit dem zunehmenden Ausbau der Straßenverkehrsinfrastruktur und der steigenden Anzahl an Verkehrsbauwerken, nahm Anfang des zwanzigsten Jahrhunderts auch die Bedeutung von Erhaltungsmaßnahmen zu.[119] Deshalb wurde im Jahr 1930 vom Deutschen Normenausschuss erstmalig die DIN 1076 als „Richtlinie für die Überwachung und Prüfung eiserner Straßenbrücken" herausgegeben. Sie enthält Vorschriften zur Qualifikation des Prüfpersonals, beizubringende Unterlagen, zu Prüfintervallen und zum Prüfumfang.[120] Im Jahr 1933 wird ergänzend für massive Brücken die DIN 1077 „Richtlinie für die Durchführung massiver Straßenbrücken" eingeführt. Mit der Ausgabe vom Dezember 1959 wurden die Normen zu einer zusammengefasst. In der darauffolgenden Ausgabe von 1983 wurden in die DIN 1076 neben Brücken auch andere Ingenieurbauwerke aufgenommen. Schließlich ist im Jahr 1999 die derzeit gültige Ausgabe „Ingenieurbauwerke im Zuge von Straßen und Wegen – Überwachung und Prüfung" erschienen. Sie regelt die Prüf- und Überwachungspflichten der Baulastträger zur Beurteilung von Ingenieurbauwerken (siehe Abschnitt 2.2.1).[121]

---

[115] Die systematische Betrachtung von Einflüssen wird im Kontext weiterer – nicht ausschließlich die Normen betreffender – Faktoren (z.B. Zustand und Qualifikation des Prüfingenieurs, Umweltbedingungen, Untersuchungsmethoden) untersucht.

[116] Vgl. NAUMANN (2004) Bauwerksprüfung nach DIN 1076 – Bedeutung, Verantwortung, Durchführung, S. 57.

[117] Vgl. Stadt Regensburg (2016) Steinerne Brücke, [Stand: 11.03.2016].

[118] Vgl. Minister für öffentliche Arbeiten (1904) Vorschriften für die Überwachung und Prüfung eiserner Brücken, § 2.

[119] Vgl. NAUMANN (2004) Bauwerksprüfung nach DIN 1076 – Bedeutung, Verantwortung, Durchführung, S. 58.

[120] Vgl. Bundesministerium für Verkehr – Abteilung Straßenbau (1997) Bauwerksprüfung nach DIN 1076 Bedeutung, Organisation, Kosten und STRAUSS et al. (2007) Historische Inspektionstätigkeiten im Ingenieurwesen, S. 872 f.

[121] Vgl. DIN 1076:1999-11 Ingenieurbauwerke im Zuge von Straßen und Wegen, S. 2.

b) Bauwerksarten

Die Norm definiert Bauwerksarten, auf die die Prüfvorschriften anzuwenden sind. Dabei wird in *Ingenieurbauwerke* und *andere Bauwerke* unterschieden (siehe auch Begriffsabgrenzung in Abschnitt 2.1.1.1). Als Ingenieurbauwerke definiert die DIN 1076 folgende Bauwerkstypen:[122]

- *Brücken* überführen einen Verkehrsweg über Gewässer, tieferliegendes Gelände oder Verkehrswege. Die lichte Weite rechtwinklig zwischen den Widerlagern muss mindestens 2,00 m betragen.

- *Verkehrszeichenbrücken* sind Tragkonstruktionen zur Aufnahme von Beschilderungen über einem Verkehrsraum.

- *Tunnel* sind Straßenverkehrsbauwerke, die unterhalb der Erd- oder Wasseroberfläche liegen und in geschlossener Bauweise hergestellt werden. In offener Bauweise errichtete Bauwerke gelten als Tunnel, wenn sie länger als 80 m sind. Darüber hinaus zählen integrierte Nebenanlagen und ab einer Länge von 80 m teilabgedeckte Verkehrsbauwerke, oberirdische Straßeneinhausungen, Kreuzungsbauwerke mit anderen Verkehrswegen sowie Galeriebauwerke[123] als Straßentunnel.

- *Trogbauwerke* sind Stützbauwerke, die aus Stützwänden und einer geschlossenen Bodenplatte bestehen (auch Rampenbauwerke und Grundwasserwannen).

- *Stützbauwerke* üben eine Stützfunktion gegenüber Erdreich, Straßenkörper oder Gewässer aus. Sie müssen eine sichtbare Höhe von mindestens 1,50 m aufweisen.

- *Lärmschutzbauwerke* sind Wände mit einer sichtbaren Höhe von mindestens 2,00 m zum Schutz vor Lärmemissionen.

- *Sonstige Ingenieurbauwerke* sind Bauwerke, für die ein Einzelstandsicherheitsnachweis zu erstellen ist.

- *Andere Bauwerke* im Sinne dieser Norm sind Durchlässe mit einer lichten Weite von weniger als 2,00 m, einfache Masten für Lichtsignalanlagen oder Verkehrszeichen, Entwässerungsanlagen, Stützbauwerke mit einer Sichthöhe von weniger als 1,50 m, Lärmschutzbauwerke mit einer Sichthöhe von weniger als 2,00 m, Steilwälle, Erdbauwerke und Gabionen.[124]

c) Unterlagen

Die Norm beschreibt drei Unterlagen, die bei der Prüfung und Überwachung anzuwenden sind, das Bauwerksverzeichnis, das Bauwerksbuch und die Bauwerksakte.

Im *Bauwerksverzeichnis* sind alle in einem Straßenzug befindlichen und ihn kreuzenden Ingenieurbauwerke aufzunehmen. Es ist nach einer zweckmäßigen Ordnungsstruktur zu erstellen und

---

[122] Vgl. DIN 1076:1999-11 Ingenieurbauwerke im Zuge von Straßen und Wegen, S. 2.
[123] Ein Galeriebauwerk dient einem Verkehrsweg als Schutz vor Lawinen, Steinschlag oder Muren, vgl. NIEDEK (2004) Naturkatastrophen, S. 226.
[124] Gabionen sind mit Steinen gefüllte Drahtgitterkörbe. Vgl. Duden (2018) Begrifflichkeiten, [Stand: 11.10.2018].

soll mindestens folgende Angaben enthalten: Bauwerksnummer, Baulastträger, Stationsangaben und nächstgelegener Ort, Höhenlage und Bauwerksart, die wesentlichen Hauptabmessungen, die Unterhaltungspflicht und die Tragfähigkeit.[125]

Das *Bauwerksbuch* beinhaltet die wichtigsten Daten eines Ingenieurbauwerks und dient der Eintragung durchgeführter Bauwerksprüfungen. Das Bauwerksbuch ist bis zur ersten Hauptprüfung zu erstellen und soll wesentliche Konstruktions-, Verwaltungs-, Prüfungs- und Zustandsdaten enthalten.[126] Wesentliche Daten zur Erstellung des Bauwerksbuches werden durch das ausführende Bauunternehmen mit den Dokumentations- und Bestandsunterlagen übergeben. Nach Übernahme dieser Daten in das Programmsystem SIB-Bauwerke und den zusätzlichen Informationen des Baulastträgers (z. B. ASB-Bauwerksdaten) kann das Bauwerksbuch mit der SIB-Bauwerke-Software (siehe Abschnitt 2.2.4) erzeugt werden. Für den Fall, dass keine Straßendatenbank vorhanden ist, kann das Bauwerksbuch manuell nach DIN 1076, Ausgabe 1983 erstellt werden. Dies trifft vor allem auf die kommunalen Baulastträger zu, da sie nicht verpflichtet sind, die Software einzusetzen (siehe Abschnitt 2.2.1).[127]

Das Bauwerksbuch umfasst folgende inhaltliche Schwerpunkte:[128] Entwürfe und Berechnungen, Konstruktionsinhalte, Bauwerksskizzen und -ausrüstungen, Bemerkungen zum Baugrund, Bauteile und Ausstattung, Erhaltungs-, Verwaltungs- und Instandsetzungsmaßnahmen sowie Bauwerksprüfungen.

Eine weitere Unterlage ist die *Bauwerksakte*. In ihr sind *[...] alle für die Erhaltung und laufende Bearbeitung wichtigen Angaben zum Ingenieurbauwerk [...]* zu sammeln.[129] Die notwendigen Inhalte der Bauwerksakte sind im Anhang A der Norm benannt und umfassen auszugsweise: genehmigungsrelevante Dokumente, Zeichnungen, sämtliche Prüfprotokolle, Gutachten, Zulassungen, Nachweise, Zeugnisse und Vermessungsdaten, Bautagebücher, Bestandszeichnungen und wesentliche Verträge.

d) Bauwerksprüfung und Bauwerksüberwachung

Die Norm unterscheidet zwischen Prüfungen in regelmäßigen Abständen, den *Bauwerksprüfungen* und der Kontrolle des allgemeinen Bauwerkszustandes in den *Bauwerksüberwachungen*. In Abbildung 6 sind die Durchführungszeitpunkte von Bauwerksprüfungen und -überwachungen nach DIN 1076 im Nutzungszeitraum von Ingenieurbauwerken dargestellt.

---

[125] Vgl. DIN 1076:1999-11 Ingenieurbauwerke im Zuge von Straßen und Wegen, S. 2 f.
[126] Die Inhalte des jeweiligen Bauwerksbuches ergeben sich aus den Bauwerksdaten der BMVBS (2013) Anweisung Straßeninformationsbank Teilsystem Bauwerksdaten ASB-ING, S. 11 und DIN 1076:1999-11 Ingenieurbauwerke im Zuge von Straßen und Wegen, S. 3.
[127] Die umfangreiche Programmstruktur, die Übertragung aller Bauwerke in die Software und die zusätzlichen Kosten für Schulung und Lizenzgebühren schrecken kommunale Straßenbauverwaltungen ab, die Software einzusetzen. Vgl. SCHMID (2009) Überwachung und Prüfung von Ingenieurbauwerken bei Kreis- und Gemeindestraßen, S. 164 ff.
[128] Vgl., DIN 1076:1999-11 Ingenieurbauwerke im Zuge von Straßen und Wegen, S. 9, Anhang B – Inhaltsverzeichnis.
[129] Vgl. DIN 1076:1999-11 Ingenieurbauwerke im Zuge von Straßen und Wegen, S. 3.

Vor Abnahme	Verjährungsfrist der Gewährleistung					Prüfungen bis zum Ende der Nutzungsdauer						
	1	2	3	4	5	6	7	8	9	10	11	X (Jahre)
	Sonderprüfung (Auf Anordnung oder nach größeren das Bauwerk beeinflussenden Ereignissen)											
H₁			H₂							H	Alle 6 J.
	E					E					Alle 6 J.
B	B		B		B	B		B	B		1x jährlich
LB	LB	LB	LB	LB	LB	LB	LB	LB	LB	LB	2x jährlich

H = Hauptprüfung, H₁ = erste Hauptprüfung vor Abnahme, H₂ = zweite Hauptprüfung vor Gewährleistungsablauf
E = Einfache Prüfung, B = Besichtigung, LB = Laufende Beobachtung

Abbildung 6:   Zeitpunkte der Bauwerksprüfung und Bauwerksüberwachung[130]

Nach DIN 1076 sind Bauwerksprüfungen von einem *„sachkundigen Ingenieur"* durchzuführen, *„[…] der auch die statischen und konstruktiven Verhältnisse der Bauwerke beurteilen kann."*[131] Der Ingenieur soll bei den Prüfungen durch geeignete Hilfskräfte und Geräte unterstützt werden. Alle nach DIN 1076 definierten Ingenieurbauwerke sind regelmäßig unter Beachtung früherer Befunde zu prüfen. Die Norm unterscheidet in folgende Prüfungen:[132]

- Hauptprüfungen,

- Einfache Prüfungen,

- Prüfungen aus besonderem Anlass und

- Prüfungen nach besonderen Vorschriften.

Ingenieurbauwerke sind in ihrem Nutzungszeitraum jedes sechste Jahr einer *Hauptprüfung* zu unterziehen. Zur Sicherung von Mängelansprüchen aus dem Bauvertragsverhältnis ist die erste Hauptprüfung vor der Abnahme der Bauleistung durchzuführen. Gleichbedeutend ist die zweite Hauptprüfung vor Ablauf der Verjährungsfrist für die Gewährleistung durchzuführen. *„Bei den Hauptprüfungen sind alle, auch die schwer zugänglichen Bauwerksteile [...] handnah zu prüfen."*[133] In die Prüfung sind ortsfeste Besichtigungseinrichtungen einzubeziehen und Abdeckungen von Bauwerksteilen zu öffnen. Außerdem sind einzelne Bauteile bei Bedarf vor der Prüfung sorgfältig zu reinigen. Kommt der Prüfer zu der Erkenntnis, dass sich die festgestellten Mängel oder Schäden in naher Zukunft negativ auf den Bauwerkszustand auswirken,[134] sind diese im Prüfbericht zu kennzeichnen und in der nächsten Einfachen Prüfung oder früheren gesonderten Prüfung erneut zu prüfen. Bei Hauptprüfungen sind Ingenieurbauwerke mindestens nach den Merkmalen in Tabelle 1 zu beurteilen.

---

[130] Vgl. BMVBS (2013) Bauwerksprüfung nach DIN 1076 Bedeutung, Organisation, Kosten, S. 25.
[131] Vgl. DIN 1076:1999-11 Ingenieurbauwerke im Zuge von Straßen und Wegen, S. 3.
[132] Vgl. DIN 1076:1999-11 Ingenieurbauwerke im Zuge von Straßen und Wegen, S. 3.
[133] Als „handnah" ist im Zusammenhang von Bauwerksprüfungen zu verstehen, dass ein Bauteil vom Prüfer berührt und direkt untersucht werden kann. Der Abstand zum Untersuchungsobjekt muss bei Bedarf auf unter einen Meter reduziert werden können. DIN 1076:1999-11 Ingenieurbauwerke im Zuge von Straßen und Wegen, S. 3.
[134] Der Bauwerkszustand wird nach den Kriterien der Standsicherheit, Verkehrssicherheit und Dauerhaftigkeit bewertet. Absehbare negative Veränderungen sind zu beurteilen.

Tabelle 1:   Untersuchungsmerkmale in Hauptprüfungen nach DIN 1076[135]

Merkmal	Prüfungsinhalte
Tragfähigkeit	Einhaltung der Sollvorgaben der Ausführung
Beschilderung	Korrektheit, Vollständigkeit, Befestigung
Gründung	Setzungen, Kippungen, Unterspülungen, Auskolkungen; *bei Bedarf:* Messungen, Peilungen mit Tauchereinsatz, Wasseranalyse
Massive Bauteile	Risse, Ausbauchungen, Durchfeuchtungen, schadhafte Fugen, Ausblühungen, Rostverfärbungen, Hohlstellen, Abplatzungen, sonstige Veränderungen, Messen von Rissbreiten, Prüfung instandgesetzter Bereiche; *bei Bedarf:* Betondruckfestigkeit, Karbonatisierungstiefe, Chloridgehalt, Betondeckung, Rostgrad der Bewehrung, bedenkliche Risse auf Bewegung kontrollieren
Metallkonstruktionen	Risse, Verformungen, Anschlüsse auf festen Sitz, Schweißnähte, Roststellen, Beschichtungen
Holzkonstruktionen	Verformungen, Verbindungen und druckbeanspruchte Stoßflächen auf festen Sitz, Wassersäcke, Eindringen von Feuchtigkeit, Fäulnis, Befall von Holzschädlingen, Abnutzung, Griffigkeit und Oberflächenschutz, Beschichtungen
Lager, Übergangskonstruktionen, Gelenke	Funktion (Beweglichkeit, Dichtigkeit, etc.), Zustand (Sauberkeit, Korrosion, Fehlstellung, Verformungen, lose Verankerung, Geräuschentwicklung), Ablesen der Anzeigevorrichtungen, Einmessen der Lagerstellung, Messen der Gleit- und Kippspalte bei Lagern, Fugenbreiten der Übergangskonstruktionen
Abdichtungen, Fahrbahnen, Entwässerung	Feuchtigkeit, Risse, Blasen, Hohlstellen, Spurrinnen, Verdrückungen, Ausbrüche, unplanmäßige Absätze, Befestigung und Wasserabführung der Entwässerungseinrichtungen, Veränderungen gegenüber des Sollzustandes von Kappen, Schrammborden, Straßenabläufen, Schachtabdeckungen
Wand- und Deckenverkleidungen	Risse, Verformungen, Hohlstellen, Durchfeuchtungen, Ausblühungen, Korrosion, Prüfung von Befestigungen
Schutzvorrichtungen	Planmäßiger Zustand von Befestigungen, Berührungsschutzanlagen, Blitzschutzanlagen, Erdungen
Korrosionsschutz	Planmäßiger Zustand an Stahlbauteilen, Schmutz- und Wasseransammlungen
Versorgungsleitungen	Prüfung obliegt den Versorgungsunternehmen, offensichtliche Mängel oder Schäden an Leitungen und Befestigungen sind zu den Versorgungsunternehmen mitzuteilen
Vermessungstechnische Kontrollen	Lichtraumprofile, Nullmessung nach Fertigstellung des Bauwerks, Messskizze erstellen, *bei Verdacht:* Verschiebung, Neigung, Durchbiegung gegenüber Ursprungslage, Gradiente, Kontrollprogramm für Folgemessungen

Im gleichen Abstand sind zwischen den Hauptprüfungen *im Zyklus von 6 Jahren Einfache Prüfungen* durchzuführen. Die Einfache Prüfung ist eine *intensive, erweiterte Sichtprüfung* aller Bauwerks- und Funktionsteile. Im Gegensatz zur handnahen Hauptprüfung kann sie ohne Besichtigungsgeräte oder Besichtigungseinrichtungen durchgeführt werden. Gekennzeichnete Mängel oder Schäden der vorherigen Hauptprüfung sind in jedem Fall zu prüfen. Stellt der Prüfer bedenkliche Mängel oder Schäden fest oder sind erhebliche Veränderungen zum letzten Prüfbericht zu erkennen, ist die Prüfung auf den Umfang einer Hauptprüfung zu erweitern.[136]

---

[135]   Vgl. DIN 1076:1999-11 Ingenieurbauwerke im Zuge von Straßen und Wegen, S. 3 ff.
[136]   Vgl. DIN 1076:1999-11 Ingenieurbauwerke im Zuge von Straßen und Wegen, S. 5.

Eine *Prüfung aus besonderem Anlass (Sonderprüfung) „[..] muss nach größeren, den Zustand der Ingenieurbauwerke beeinflussenden Ereignissen durchgeführt werden, oder wenn es nach der Bauwerksüberwachung erforderlich erscheint. "*[137] Notwendige Sonderprüfungen sind zusätzlich zu den regelmäßigen Prüfungen durchzuführen. Prüfungsinhalte und Prüfungsumfang ergeben sich aus dem besonderen Anlass der Prüfung und sind durch den Prüfingenieur und Bauwerksträger nach Sicherheitskriterien festzulegen.[138]

Maschinelle und elektrische Anlagen sind, zusätzlich zu den Prüfvorschriften von Ingenieurbauwerken, gesonderten Prüfungen zu unterziehen. Für die *Prüfungen nach besonderen Vorschriften* sind eigene Betriebsakten zu führen. Durch die Straßenbaulastträger ist zu überwachen, ob die Prüfungen und Wartungen im Rahmen des Betriebes durchgeführt und bei Mängeln oder Schäden Beseitigungsmaßnahmen ergriffen wurden.[139]

Im Gegensatz zur Bauwerksprüfung kann die *Bauwerksüberwachung* von sachkundigen Personen ohne spezifische Qualifikation durchgeführt werden. Die Bauwerksüberwachung setzt sich aus *Besichtigungen* und *laufenden Beobachtungen* zusammen.[140]

Besichtigungen von Ingenieurbauwerken sind *regelmäßig einmal jährlich* (ausgenommen sind die Jahre der Hauptprüfungen und Einfachen Prüfungen, siehe Abbildung 6) ohne größere Hilfsmittel, aber unter Verwendung vorhandener Besichtigungseinrichtungen und begehbarer Hohlräume durchzuführen. Dabei ist das gesamte Bauwerk von der Verkehrsebene oder dem zugänglichen Geländeniveau aus zu besichtigen. In der Besichtigung sind außergewöhnliche Veränderungen am Bauwerk, Mängel und Schäden an Schutzeinrichtungen, Entwässerungseinrichtungen, Belägen und Böschungen, Verunreinigungen, Anprallschäden, Betonabplatzungen, auffallende Risse und sichtbare Verformungen und Verschiebungen sowie Auskolkungen und Anlandungen in Gewässern zu dokumentieren. Kommt es zwischen den regulären Bauwerksprüfungen und Bauwerksüberwachungen zu außergewöhnlichen, die Stand- oder Verkehrssicherheit beeinflussenden Ereignissen, ist das Bauwerk gesondert zu besichtigen.[141]

Bei Streckenkontrollen der Verkehrswege ist die Verkehrssicherheit von betroffenen Ingenieurbauwerken laufend zu beobachten. Außerdem sind alle Bauwerksteile *zweimal jährlich* ohne besondere Hilfsmittel zu beobachten. Die *Laufende Beobachtung* soll ebenfalls wie die Besichtigung von der Verkehrsebene oder dem zugänglichen Geländeniveau erfolgen. Dabei sind nur erhebliche Mängel und Schäden zu protokollieren.

e) Inhalte mit Interpretationsspielraum

In der folgenden Auflistung werden Textpassagen der Norm zitiert, die von Anwendern unterschiedlich interpretierbar sind und damit die Zustandsbewertung von Ingenieurbauwerken beeinflussen.[142]

---

[137] Vgl. DIN 1076:1999-11 Ingenieurbauwerke im Zuge von Straßen und Wegen, S. 5.
[138] In diesem Zusammenhang umfassen Sicherheitskriterien die Beurteilungskriterien: Standsicherheit, Verkehrssicherheit und Dauerhaftigkeit.
[139] Vgl. BMVBS (2013) Bauwerksprüfung nach DIN 1076 Bedeutung, Organisation, Kosten, S. 26 und DIN 1076:1999-11 Ingenieurbauwerke im Zuge von Straßen und Wegen, S. 5.
[140] Vgl. DIN 1076:1999-11 Ingenieurbauwerke im Zuge von Straßen und Wegen, S. 5.
[141] Vgl. DIN 1076:1999-11 Ingenieurbauwerke im Zuge von Straßen und Wegen, S. 5.
[142] Die Textpassagen der folgenden Auflistung sind der DIN 1076:1999-11 Ingenieurbauwerke im Zuge von Straßen und Wegen, S. 3 ff. entnommen und werden nicht im Detail zitiert.

- Im Abschnitt 5.1 „Allgemeines" zur Bauwerksprüfung wird festgelegt, dass ein *„sachkundiger Ingenieur [...], der auch die statischen und konstruktiven Verhältnisse der Bauwerke beurteilen kann"* mit den Prüfungen zu beauftragen ist. Es existieren keine weiteren spezifischen Anforderungen an die Qualifikation und Erfahrungen des Ingenieurs. Der Begriff *„sachkundig"* ist interpretierbar. Gleichbedeutend sind Bauwerksüberwachungen nach Abschnitt 6.1 Allgemeines durch *„sachkundige Personen"* durchzuführen. Zusätzlich zur Sachkunde ist die *Qualifikation* der betrauten *„Person"* interpretierbar.

- Im Abschnitt 5.2 „Hauptprüfung" wird beschrieben, dass Bauwerksteile, *„soweit nötig"*, vor der Prüfung sorgfältig zu reinigen sind, um versteckte Mängel/Schäden entdecken zu können. Art und Umfang der Reinigung werden nicht beschrieben. Die *Notwendigkeit* des Reinigungsbedarfs ist interpretierbar.

- Im Abschnitt 5.2.3 „Gründungen" ist festgelegt, dass *„soweit notwendig, [...] Messungen und Peilungen des Flussbettes einschließlich des Kolkschutzes, gegebenenfalls mit Tauchereinsatz, vorzunehmen sind"*. Interpretationsspielräume entstehen zum einen durch Auslegung der *Notwendigkeit* von Peilungen und Messungen und zum anderen durch die *Möglichkeit*, einen Tauchereinsatz durchzuführen.

- Im Abschnitt 5.2.4 „Massive Bauteile" wird festgelegt, dass *„instandgesetzte Bereiche einer intensiven Überprüfung bedürfen"*. Die *Intensität* der Überprüfung ist nicht näher ausgeführt und ist nach Art und Umfang interpretierbar.

- Der Abschnitt 5.3 „Einfache Prüfung" enthält einige auslegbare Textpassagen. So ist die Einfache Prüfung *„soweit vertretbar ohne Verwendung von Besichtigungsgeräten [...] durchzuführen"*. Festlegungen, unter welchen Bedingungen Besichtigungsgeräte einzusetzen sind, fehlen. Es entsteht ein Ermessensspielraum für die *Verwendung* der Geräte. Weiterhin muss der Anwender der Norm deuten, was Feststellungen *„bedenklicher Mängel/Schäden"* oder Hinweise auf *„erhebliche Veränderungen"* zum letzten Prüfbericht sind.

- Im Abschnitt 5.4 „Prüfung aus besonderem Anlass" ist festgelegt, dass *„eine Sonderprüfung nach größeren, den Zustand der Ingenieurbauwerke beeinflussenden Ereignissen durchgeführt werden muss"*. Zu interpretieren sind das *Ausmaß* eines Ereignisses und der *Einfluss* auf den Bauwerkszustand.

- Im Abschnitt 6.2 „Besichtigung" wird vorgeschrieben, dass *„Bauwerke nach außergewöhnlichen Ereignissen, die die Stand- und Verkehrssicherheit der Bauwerke beeinträchtigen können, zu besichtigen"* sind. Wie in Abschnitt 5.4. sind Interpretationsspielräume beim *Ausmaß* des Ereignisses und der resultierenden *Auswirkungen* auf die Sicherheit des Bauwerkes gegeben.

2.2.3.3 RI-ERH-ING

a) Inhalte

Die *Richtlinien für die Erhaltung von Ingenieurbauten (RI-ERH-ING)* gehören zu den Regelwerken, die sich mit der Erhaltung von Brücken- und Ingenieurbauten der Bundesfernstraßen (BFS) befassen.[143] Die RI-ERH-ING beinhaltet folgende Einzelrichtlinien:

- *RPE-ING* „Richtlinie zur Planung von Erhaltungsmaßnahmen an Ingenieurbauten",

- *RI-WI-BRÜ* „Richtlinie zur Durchführung von Wirtschaftlichkeitsuntersuchungen im Rahmen von Instandsetzungs-/Erneuerungsmaßnahmen bei Straßenbrücken",

- *RI-EBW-PRÜF* „Richtlinie zur Einheitlichen Erfassung, Bewertung, Aufzeichnung und Auswertung von Ergebnissen der Bauwerksprüfungen nach DIN 1076",

- *OSA* „Leitfaden Objektbezogene Schadensanalyse" und

- *RI-ERH-KOR* „Richtlinie für die Erhaltung des Korrosionsschutzes von Stahlbauten".

b) Abgrenzung der Untersuchung

Einflüsse auf die Zustandsbeurteilung von Ingenieurbauwerken lassen sich nicht in allen zuvor benannten Erhaltungsrichtlinien identifizieren. In der folgenden Betrachtung werden nur die Vorschriften untersucht, die bei Anwendung oder Nichtbeachtung von Vorschriftsinhalten zu Abweichungen in der Zustandsbeurteilung von Ingenieurbauwerken führen können.[144]

Mit der RPE-ING soll der Planungs-, Bewertungs- und Auswahlprozess von Erhaltungsmaßnahmen systematisiert und vereinheitlicht werden.[145] Die Richtlinie befindet sich seit mehreren Jahren in der Erstellungsphase. Zum Zeitpunkt der Anfertigung dieser Arbeit ist die Richtlinie noch nicht eingeführt. Sie hat somit keine Auswirkungen auf die Zustandsbewertung von Ingenieurbauwerken und wird für die weitere Untersuchung nicht herangezogen.

Die RI-WI-BRÜ wird zur „*wirtschaftlichen Beurteilung von Erhaltungsmaßnahmen ausschließlich bei Straßenbrücken*" angewendet.[146] Die Richtlinie verfolgt das Ziel, mit einer Wirtschaftlichkeitsuntersuchung eine Entscheidungshilfe für die Planung von Erhaltungsmaßnahmen zu liefern.[147] Sie hat damit ebenfalls keinen Einfluss auf die Zustandsbewertung von Ingenieurbauwerken und wird deshalb im Folgenden nicht weiter betrachtet.

---

[143] Die Regelwerke sind für Bund und Länder verbindlich eingeführt und sollten nach der rechtstechnischen Vermutung, als förmlich veröffentlichte Regelwerke die „Allgemein anerkannten Regeln der Technik" wiedergeben und von kommunalen Straßenbaulastträgern angewendet werden (siehe Abschnitt 2.2.1).

[144] Dies betrifft Interpretationsspielräume, Anwendungsfehler, Unterlassungen und Unsicherheiten die im vorgeschriebenen Geltungs- und Anwendungsbereich der Richtlinien auftreten können.

[145] Vgl. KRACKE et al. (2011) Leitfaden Straßenbrücken, S. 37 f.

[146] Vgl. BMVBS (2004) Richtlinie zur Durchführung von Wirtschaftlichkeitsuntersuchungen im Rahmen von Instandsetzungs-/Erneuerungsmaßnahmen bei Straßenbrücken, S. 4.

[147] Vgl. BMVBS (2004) Richtlinie zur Durchführung von Wirtschaftlichkeitsuntersuchungen im Rahmen von Instandsetzungs-/Erneuerungsmaßnahmen bei Straßenbrücken, S. 5.

In den Richtlinien RI-EBW-PRÜF, OSA und RI-ERH-KOR sind Regelungen vorhanden, die in ihrer Auslegung durch den Anwender die Zustandsbewertung beeinflussen können. In der anschließenden Untersuchung werden die Regelungen dieser Richtlinien zusammenfassend erörtert und Inhalte der Zustandsbewertung vorgestellt. Dabei werden Textpassagen mit Interpretationsspielraum gesondert betrachtet.

RI-EBW-PRÜF

In der RI-EBW-PRÜF wird festgelegt, wie Ergebnisse von Bauwerksprüfungen nach DIN 1076 zu erfassen, zu bewerten, aufzuzeichnen und auszuwerten sind. Die Richtlinie ist in zehn Abschnitte, zuzüglich Literaturverzeichnis und Anlagen gegliedert. In Tabelle 2 werden die Inhalte schlagwortartig benannt und anschließend erläutert.

Die Richtlinie verweist in Abschnitt 1 „Allgemeines" auf beteiligte Regelwerke und hilfreiche Literatur. Sie benennt den „Verein zur Förderung der Qualitätssicherung und Zertifizierung der Aus- und Fortbildung von Ingenieurinnen/Ingenieuren der Bauwerksprüfung e. V. (VFIB)", der in Lehrgängen die Grundlagen zur Bauwerksprüfung nach DIN 1076 vermittelt.[148] Die Richtlinie beinhaltet die Empfehlung, Prüfleistungen an externe Ingenieure nur dann zu vergeben, wenn diese am Lehrgang des VFIB erfolgreich teilgenommen haben. In Abschnitt 2 „Begriffsbestimmung" werden Begrifflichkeiten im Kontext von Bauwerksprüfungen nach DIN 1076 definiert. Dabei wird auf zu beachtende Regelwerke und Berichte verwiesen. Die notwendigen Kennzahlen innerhalb der Schadensbewertung (siehe Abschnitt 3.4.2) sind nach HAARDT[149] *„Algorithmen zur Zustandsbewertung von Ingenieurbauwerken"* zu ermitteln.[150] Der Abschnitt 3 „Prüfungen" enthält Hinweise zur Datenerfassung für die Prüfung nach DIN 1076, Informationen zur Prüfung von Holzbrücken und dem Aufstellen eines Prüfhandbuches bei konstruktiven Besonderheiten.[151] Das Prüfhandbuch ist als Betriebsanleitung zu verstehen und ist nach RI-EBW-PRÜF Teil eines Qualitätsplans.[152] In Abschnitt 4 wird festgelegt, wie „Schäden und Mängel" nach einer definierten Gliederung und unter Verwendung der zur RI-EBW-Prüf anhänglichen Schadensbeispiele zu beschreiben sind.[153] Abschnitt 5 informiert über die Abgabe von Empfehlungen zur Schadensbeseitigung bei Bauwerksprüfungen und deren Einbindung ins Erhaltungsmanagement.[154] Die „Bewertung von Schäden und Mängeln" ist in Abschnitt 6 geregelt. Erfasste Einzelschäden sind getrennt nach den Kriterien Standsicherheit, Verkehrssicherheit und Dauerhaftigkeit zu beurteilen

---

[148] Vgl. BMVBS (2004) Richtlinie zur Durchführung von Wirtschaftlichkeitsuntersuchungen im Rahmen von Instandsetzungs-/Erneuerungsmaßnahmen bei Straßenbrücken, S. 5.

[149] Vgl. HAARDT (1999) Algorithmen zur Zustandsbewertung von Ingenieurbauwerken.

[150] Vgl. BMVBS (2017) Richtlinie zur einheitlichen Erfassung, Bewertung, Aufzeichnung und Auswertung von Ergebnissen der Bauwerksprüfungen nach DIN 1076, S. 7.

[151] Vgl. BMVBS (2017) Richtlinie zur einheitlichen Erfassung, Bewertung, Aufzeichnung und Auswertung von Ergebnissen der Bauwerksprüfungen nach DIN 1076, S. 7 ff.

[152] Der Qualitätsplan beinhaltet Überwachungsmaßnahmen zur Qualitätssicherung. Vgl. BMVBS (2017) Richtlinie zur einheitlichen Erfassung, Bewertung, Aufzeichnung und Auswertung von Ergebnissen der Bauwerksprüfungen nach DIN 1076, S. 8. Die Richtlinie verweist auf die ZTV-ING. In der ZTV-ING (12/2014) ist der Begriff des Qualitätsplans nicht mehr enthalten und wird durch Maßnahmen zur „Qualitätssicherung" ersetzt. Vgl. Bundesanstalt für Straßenwesen (2014) Zusätzliche Technische Vertragsbedingungen und Richtlinien für Ingenieurbauten, S. 3 ff.

[153] Vgl. BMVBS (2017) Richtlinie zur einheitlichen Erfassung, Bewertung, Aufzeichnung und Auswertung von Ergebnissen der Bauwerksprüfungen nach DIN 1076, S. 9.

[154] Vgl. BMVBS (2017) Richtlinie zur einheitlichen Erfassung, Bewertung, Aufzeichnung und Auswertung von Ergebnissen der Bauwerksprüfungen nach DIN 1076, S. 9 ff.

und im Bewertungsrahmen von „0" „*[...] Mangel/Schaden hat keinen Einfluss [...]*" bis „4" Standsicherheit, Verkehrssicherheit, Dauerhaftigkeit ist „*[...] nicht mehr gegeben*" zu bewerten.[155] Für jedes Kriterium existiert eine Tabelle, die für jede Bewertungsstufe Aussagen zum Einfluss auf das Bauwerk enthält und Handlungsmaßnahmen vorgibt (siehe Abschnitt 3.4.2.1, Tabelle 11). Weiterhin wird in diesem Abschnitt festgelegt, wie bei Unkenntnis zur Schadensursache zu verfahren ist und wie Anträge zur Änderung der vorhandenen Schadensbeispiele zu stellen sind.[156] Abschnitt 7 „Zustandsnote" enthält eine Tabelle mit den berechneten Notenbereichen für Ingenieurbauwerke nach DIN 1076 und für Teilbaugruppen nach ASB-ING.[157] In Abschnitt 8 sind Erläuterungen zur „Datenorganisation" und zur Unterscheidung des Bauwerkszustandes abgeschlossener Prüfungen (Prüfberichte) und aktuell dokumentierter Zustände (Zustandsberichte) enthalten.[158] In Abschnitt 9 „Auswertung" wird zwischen Standardauswertungen und Individualauswertungen unterschieden und in Abschnitt 10 folgen „Erläuterungen/Anweisungen zur Schadenserfassung".[159] Diese enthalten Regelungen zum Einsatz automatisierter oder visueller Prüfverfahren. Explizit geregelt sind das Laser-Scanner-Verfahren im Tunnelbau und die robotergestützte visuelle Prüfung von Brückenseilen. Zu beachten ist dabei, dass festgestellte Schäden immer durch „handnahe" Prüfungen eingehender zu untersuchen sind.[160] Andere Verfahren müssen vom Bundesministerium für Verkehr, Bau und Stadtentwicklung genehmigt werden.[161] In Abschnitt 11 sind die Literaturquellen benannt und in den Anlagen zur Richtlinie werden u. a. auf 70 Seiten Schadensbeispiele mit Bewertungsvorgaben präsentiert. Detailliertere Untersuchungen zum Einfluss einzelner Regelungen der Richtlinie auf die Zustandsbeurteilung folgen in Abschnitt 3.4 dieser Arbeit.

---

[155] Vgl. BMVBS (2017) Richtlinie zur einheitlichen Erfassung, Bewertung, Aufzeichnung und Auswertung von Ergebnissen der Bauwerksprüfungen nach DIN 1076, S. 10 ff.

[156] Sind Schadensursachen nicht bekannt, fordert die Norm die Notwendigkeit einer objektbezogenen Schadensanalyse (OSA). Wird im Rahmen von Bauwerksprüfungen festgestellt, dass Schadensbeispiele geändert oder ergänzt werden müssen, können Anträge auf einem Erfassungsblatt an die BASt gestellt werden. Ebd., S. 10 f.

[157] Grundlage der Berechnung sind die Algorithmen nach Haardt. Vgl. HAARDT (1999) Algorithmen zur Zustandsbewertung von Ingenieurbauwerken, S. 10 ff.

[158] Vgl. BMVBS (2017) Richtlinie zur einheitlichen Erfassung, Bewertung, Aufzeichnung und Auswertung von Ergebnissen der Bauwerksprüfungen nach DIN 1076, S. 14.

[159] Vgl. BMVBS (2017) Richtlinie zur einheitlichen Erfassung, Bewertung, Aufzeichnung und Auswertung von Ergebnissen der Bauwerksprüfungen nach DIN 1076, S. 14 ff.

[160] Vgl. BMVBS (2017) Richtlinie zur einheitlichen Erfassung, Bewertung, Aufzeichnung und Auswertung von Ergebnissen der Bauwerksprüfungen nach DIN 1076, S. 15.

[161] Vgl. BMVBS (2017) Richtlinie zur einheitlichen Erfassung, Bewertung, Aufzeichnung und Auswertung von Ergebnissen der Bauwerksprüfungen nach DIN 1076, S. 15 f.

Tabelle 2: Abschnitte und Inhalte der RI-EBW-PRÜF[162]

Abschnitt	Bezeichnung	Inhalte
1	Allgemeines	Grundlagen, Verweise auf Richtlinien, Hinweise auf Literatur, Prüferanforderungen, IT-Einsatz
2	Begriffsbestimmung	Ingenieurbauwerke nach DIN 1076, Mangel, Schaden, Standsicherheit, Verkehrssicherheit, Dauerhaftigkeit, Bauteilgruppen, Basiszustandszahl, Zustandsnote der Bauteilgruppen und des Teilbauwerks, Substanzkennzahl, Prüfbericht, Zustandsbericht, Prüfhandbuch, Objektbezogene Schadensanalyse
3	Prüfungen	Datenerfassung, Prüfung von Holzbrücken, Prüfhandbuch
4	Schäden und Mängel	Angaben zur Mangel- und Schadensbeschreibung
5	Empfehlungen	Art, Inhalte und Zeitpunkt von Empfehlungen zur Schadensbeseitigung
6	Bewertung von Schäden und Mängeln	Vorgehensbeschreibung zur Schadensbewertung, Bewertungsvorschriften, Tabellen zur Schadensbewertung für Standsicherheit, Verkehrssicherheit und Dauerhaftigkeit
7	Zustandsnote	Definition von Zustandsnotenbereichen
8	Datenorganisation	Erfassung und Archivierung von Bauwerksdaten
9	Auswertung	Definition von Standard- und Individualauswertungen
10	Erläuterungen/Anweisungen zur Schadenserfassung	Hinweise zu: Anlagen, Nachrechnungsrichtlinie, EP-Kennzeichnung bei Hauptprüfungen, automatisierten und visuellen Prüfverfahren, Spannbeton, Bewertung von Rissen im Beton und Korrosionsschäden
11	Literaturverzeichnis	Quellenverweise
	Anlagen	Schadensbeispiele, Beispiele für Startseite SIB-Bauwerke, Prüfbericht mit Schadensskizzen, Prüfhandbuch, Einheit von erforderlichen Mengenangaben

Die RI-EBW-PRÜF enthält diverse Empfehlungen und interpretierbare Textpassagen, die bei Beauftragung verschiedener Prüfer oder bei veränderlichen Randbedingungen der Prüfung zu Schwankungen in der Zustandsbewertung von Ingenieurbauwerken führen können. Die maßgeblichen Textpassagen werden nachfolgend zitiert.[163]

- Im Abschnitt 1 Nr. (6) wird empfohlen *„[...] bei der Vergabe von Prüfleistungen an Dritte, nur Prüfer mit der Durchführung der Bauwerksprüfung nach DIN 1076 zu betrauen, die den Lehrgang des VFIB erfolgreich absolviert haben."* Die Empfehlung ist nicht verpflichtend und kann bei Nichtbeachtung dazu führen, dass Prüfer mit differenzierten Qualifikationen beauftragt werden.

---

[162] Vgl. BMVBS (2017) Richtlinie zur einheitlichen Erfassung, Bewertung, Aufzeichnung und Auswertung von Ergebnissen der Bauwerksprüfungen nach DIN 1076, S. 1.
[163] Die Textpassagen der beispielhaften Auflistung sind der RI-EBW-PRÜF entnommen und werden nicht einzeln zitiert.

- Im Abschnitt 4 wird die Empfehlung formuliert, dass Schadensskizzen als zusätzliches Mittel zur Schadensbeschreibung genutzt werden können. Durch die fehlende Verbindlichkeit ist es nicht notwendig, jeden Schaden in einer Schadensskizze zu erfassen. Dadurch wird das Auffinden von Schäden in den nachfolgenden Prüfungen beeinflusst.

- Abschnitt 6 Nr. (3) und Abschnitt (4) beinhalten die Forderung, Schadensbewertungen *in der Regel* aus den Schadensbeispielen zu entnehmen. Abweichungen sind nur in begründeten Einzelfällen möglich. Schwankungen in der Zustandsbewertung entstehen durch geänderte Einzelfallentscheidungen, Zuordnungsabweichungen und Auswahlmöglichkeiten in einzelnen Kriterien der Schadensbeispiele (siehe Abschnitt 3.4.3, Tabelle 14).

- Im Abschnitt 6 werden die Schadensbewertungen in den einzelnen Kriterien beschrieben. Diese Textpassagen enthalten interpretierbare Beschreibungen. So sind die ordinalskalierten Merkmalsausprägungen (z. B. *„geringer Einfluss", „kaum Einfluss" „geringfügig beeinträchtigt"*) zwar an die Bewertungsstufen angepasst, jedoch sind die Schadensausprägungen fließend.[164] Die Zuordnung ist damit ohne ein genau zutreffendes Schadensbeispiel Ermessenssache des Prüfers.

Die Richtlinie beinhaltet weitere Textpassagen, die bei der Beurteilung von Bauwerksprüfungen unterschiedlich ausgelegt werden können. Beispielsweise sollen mit der EP-Kennzeichnung identifizierte Schäden und Mängel einer Hauptprüfung gekennzeichnet werden, *„[...] die in absehbarer Zeit größere Auswirkungen auf das Bauwerk haben können"*.[165] Fehleinschätzungen oder Versäumnisse bei der EP-Kennzeichnung können dazu führen, dass Schäden bei der folgenden „Einfachen Prüfung" nicht ausreichend untersucht werden. Dadurch können Schadensausbreitungen begünstigt werden, die wiederum wirtschaftliche Schäden nach sich ziehen können. Weitere Textpassagen mit Interpretationsspielraum haben keinen Einfluss auf die Zustandsbewertung.[166] Gleichwohl können sie wirtschaftliche Folgen und Auswirkungen auf Organisationsabläufe hervorrufen.

OSA

Die *„Objektbezogene Schadensanalyse"* (OSA) ist ein Modul im Managementsystem der Bauwerkserhaltung (siehe Abschnitt 2.2.4).[167] Eine OSA ist eine zusätzliche Untersuchung, die immer dann durchzuführen ist, wenn bei der Bauwerksprüfung komplexe, schwerwiegende oder unklare Schadensbilder festgestellt wurden, deren Ausmaße oder Ursachen nicht zweifelsfrei zu klären sind.[168] Mit dem Gutachten wird außerdem die vorgenommene Schadensbewertung[169] der

---

[164] Die Zuordnung eines Schadens zu einer Bewertungsstufe innerhalb eines Kriteriums ist ohne ein konkretes Schadensbeispiel interpretierbar. Vom Prüfer ist einzuschätzen, ob beispielsweise ein Schaden mit *„1" kaum Einfluss auf die Verkehrssicherheit* oder mit *„2" beeinträchtigt geringfügig die Verkehrssicherheit* zu bewerten ist. Vgl. Ordinalskala in Kromrey et al. (2009) Empirische Sozialforschung, S. 204 ff.

[165] Vgl. BMVBS (2017) Richtlinie zur einheitlichen Erfassung, Bewertung, Aufzeichnung und Auswertung von Ergebnissen der Bauwerksprüfungen nach DIN 1076, Kapitel 10.3, S. 15.

[166] Im Sinne dieser Arbeit werden nur Faktoren untersucht, die die Zustandsnote/Zustandsbewertung von Ingenieurbauwerken beeinflussen. Organisatorische Folgen werden nicht betrachtet.

[167] Vgl. BMVBS (2004) Leitfaden Objektbezogene Schadensanalyse, S. 7.

[168] Vgl. BMVBS (2004) Leitfaden Objektbezogene Schadensanalyse, S. 4 ff.

[169] Innerhalb einer Bauwerksprüfung sind alle identifizierten Einzelschäden nach RI-EBW-PRÜF zu bewerten. Ohne diese Bewertungen kann keine Zustandsnote ermittelt und die Bauwerksprüfung nicht

Bauwerksprüfung überprüft. Der Gutachter hat bei seiner Beurteilung alle bekannten und eventuell zusätzlich vorgefundenen Einzelschäden (innerhalb des abgegrenzten Untersuchungsumfanges der OSA) in Textform zu beurteilen und Empfehlungen für Bewertungsänderungen abzugeben. Die zuständigen Straßenbauverwaltungen prüfen die Empfehlungen der objektbezogenen Schadensanalyse und veranlassen die Aktualisierung der Einzelschadensbewertungen im Zustandsbericht. Nachdem durch geeignete Prüfverfahren die Schadensursachen und Ausmaße ermittelt wurden, können gezielt Erhaltungsmaßnahmen festlegt werden.[170]

Es ist festzuhalten, dass die objektbezogene Schadensanalyse ein Instrumentarium ist, um festgelegte Schadensbewertungen in Bauwerksprüfungen überprüfen zu lassen. Durch detailliertere Kenntnisse zu den Schadensausmaßen und Ursachen lassen sich subjektive Einflüsse der Einzelschadensbewertungen in den Bauwerksprüfungen reduzieren.

RI-ERH-KOR

In der RI-ERH-KOR wird das Vorgehen zur Erhaltung des Korrosionsschutzes von Stahlbauten geregelt. Mängel und Schäden am Korrosionsschutz werden in Schadensklassen eingeteilt.[171] Die Zuordnung erfolgt nach den Mängel- und Schadensbewertungen der Hauptprüfung. Die RI-ERH-KOR stellt dazu Bewertungstabellen für Hauptbauteile von Stahlbauten sowie für Seile und Kabel zur Verfügung (siehe Tabelle 3). Anhand der Schadensklassen wird bestimmt, welche weiteren Maßnahmen durchzuführen sind. Die Einteilung in Schadensklassen mit zugehöriger Schadensbewertung nach RI-EBW-Prüf und Maßnahmenempfehlung ist auszugsweise in Tabelle 3 dargestellt.

In den Bewertungstabellen der RI-ERH-KOR werden den Schadensklassen Beispiele zugeordnet, die charakteristisch für den jeweiligen Schadenszustand sind. Entscheidend für die Zuordnung zu den Schadensklassen sind jedoch die Schadensbewertungen nach RI-EBW-PRÜF. Dazu sind im „Handbuch für die Bewertung des Korrosionsschutzes"[172] das Vorgehen für durchzuführende Untersuchungen und Grenzwerte für den Korrosionsschutzzustand beschrieben. Somit ist für die Bewertung von Einzelschäden in den Bauwerksprüfungen die Kenntnis der RI-ERH-KOR und spezifisches Fachwissen zu Stahlbaukonstruktionen mit möglichen Schwachstellen erforderlich.

---

abgeschlossenen werden. Sind Änderungen von Schadensbewertungen nach einer durchgeführten OSA erforderlich, ist die Zustandsnote des Bauwerks anzupassen. Der abgeschlossene Prüfbericht ist unveränderbar und bleibt unberührt. Vgl. BMVBS (2004) Leitfaden Objektbezogene Schadensanalyse, S. 4 ff.

[170]   Vgl. BMVBS (2013) Bauwerksprüfung nach DIN 1076 Bedeutung, Organisation, Kosten, S. 12.
[171]   Vgl. BMVBS (2006) Richtlinie für die Erhaltung des Korrosionsschutzes von Stahlbauten, S. 6 ff.
[172]   Vgl. Anhang A der RI-ERH-KOR, BMVBS (2006) Richtlinie für die Erhaltung des Korrosionsschutzes von Stahlbauten, S. 19 ff.

Tabelle 3:   Korrosionsschutzbewertung nach RI-ERH-KOR[173]

Schadensklasse (SK) mit Charakteristik	Schadensbewertung nach RI-EBW-PRÜF	Maßnahmenempfehlung
SK 0 keine Mängel	Hauptbauteile $S = 0 / V = 0 / D = 0$ Kabel und Stahlseile $S = 0 / V = 0 / D = 0$	keine
SK 1 sehr leichte Mängel; ohne Einschränkung der Bauwerksnutzung und ohne Folgen für den Korrosionsschutz	Hauptbauteile $S = 0 / V = 0 / D = 0$ Kabel und Stahlseile $S = 0 / V = 0 / D = 1$	keine
SK 2 leichte Mängel; ohne Einschränkung der Bauwerksnutzung, jedoch mit verkürzter Wirkung auf die Schutzdauer des Korrosionsschutzsystems	Hauptbauteile $S = 0 / V = 0 / D = 1$ Kabel und Stahlseile $S = 0 / V = 0 / D = 2$	Ausbesserung im Rahmen der Bauwerksunterhaltung bzw. Meldung und langfristige Planung einer detaillierten Untersuchung
SK 3 mittelschwere Schäden; noch ohne Einschränkung der Bauwerksnutzung, aber mit deutlicher Beeinträchtigung der weiteren Schutzfunktion des Korrosionsschutzsystems	Hauptbauteile $S = 0 / V = 0 / D = 2$ Kabel und Stahlseile $S = 0 / V = 0 / D = 3$	Schadensbeseitigung mittelfristig erforderlich; kurzfristige Planung einer detaillierten Untersuchung, ggf. Teilerneuerung
SK 4 schwere Schäden; mit bald zu erwartender Einschränkung der Bauwerksnutzung infolge Verlust jeglicher Schutzfunktion	Hauptbauteile $S = 0$ bis $1 / V = 0$ bis $1 / D = 3$ Kabel und Stahlseile $S = 0$ bis $1 / V = 0$ bis $1 / D = 4$	Schadensbeseitigung kurzfristig erforderlich; Durchführung einer detaillierten Untersuchung und i. d. R. Vollerneuerung
SK 5 sehr schwere Schäden; mit sofortiger Einschränkung der Nutzung infolge unkontrollierten Korrosionsfortschrittes	Hauptbauteile $S = 2$ bis $4 / V = 0$ bis $4 / D = 4$ Kabel und Stahlseile $S = 2$ bis $3 / V = 0$ bis $4 / D = 4$	Umgehende Durchführung einer Vollerneuerung

Die Richtlinie enthält zahlreiche Beispiele und Grenzwerte bereit, die den Bewertungsstufen der RI-EBW-PRÜF zugeordnet sind und anhand derer Einzelbewertungen für Korrosionsschutzmän-

---

[173] In Anlehnung an die Bewertungstabellen zum Korrosionsschutz. Vgl. BMVBS (2006) Richtlinie für die Erhaltung des Korrosionsschutzes von Stahlbauten, S. 8 ff. Anmerkung: Die Unterscheidung zwischen Mangel und Schaden wird nach RI-EBW-PRÜF vorgenommen. In den Bewertungstabellen der RI-ERH-KOR sind nur geringfügige Beeinträchtigungen der Schadensklasse 0 bis 2 als Mängel definiert. Beeinträchtigungen der Schadensklasse 3 bis 5 werden generell als Schäden verstanden. Damit sind Abweichungen vom planmäßigen Sollzustand nach Mangeldefinition der RI-EBW-PRÜF in den Schadensklassen 3 bis 5 nicht bestimmt, es wird von einem Schaden ausgegangen.

gel und -schäden innerhalb von Bauwerksprüfungen vorzunehmen sind. Bewertungsabweichungen beim Korrosionsschutz ergeben sich aus den „weichen" Formulierungen der Schadensbeispiele. Zum Beispiel sind „*starke*" Schmutzablagerungen, Vogelkotablagerungen oder „*häufige*" Seilverfüllmittelaustritte, Mängelbeschreibungen mit Interpretationscharakter.[174] Allerdings können Bewertungsabweichungen durch die korrekte Anwendung der Entscheidungshilfen im Handbuch zur Richtlinie minimiert werden.

2.2.3.4 ASB-ING

Die „Anweisung Straßeninformationsbank, Segment Bauwerksdaten (ASB-ING)" wurde vom Bundesministerium für Bau- und Stadtentwicklung herausgegeben, um Bauwerks- und Zustandsdaten einheitlich erfassen und verwalten zu können. Sie ist Grundlage für haushalts-, bau- und verkehrstechnische Entscheidungen der Straßenbauverwaltungen innerhalb des Bauwerk-Management-Systems (BMS).[175] Die ASB-ING definiert einheitlich „*[...] Konstruktionsdaten, Prüfungs- und Zustandsdaten, Verwaltungsdaten einschließlich der Ablage von digitalen Unterlagen*".[176] Die Vereinheitlichung der Bauwerksdaten bildet die Basis für digitale Anwendungen und Auswertungen, insbesondere im BMS (siehe Abschnitt 2.2.4). Die Anweisung legt damit den Umfang und die Struktur für die Bestands- und Zustandsdaten von Ingenieurbauwerken fest. Die Bauwerksdaten werden nach dieser Struktur mit dem Programmsystem SIB-Bauwerke erhoben.[177]

Die ASB-ING, konzipiert als eine reine Strukturanweisung, hat keinen Einfluss auf die Schadensbewertungen in den Bauwerksprüfungen. Sie wird deshalb im Folgenden nicht weiter betrachtet.

2.2.3.5 ZTV-FUNKTION-ING

In der ZTV-FUNKTION-ING sollen funktionale Anforderungen an den Bau und die Erhaltung von Ingenieurbauwerken festgelegt werden, um einzuhaltende Zustandswerte nach der RI-EBW-PRÜF während der Vertragslaufzeit von Funktionsbauverträgen zu gewährleisten.[178] Die Vertragsbedingung befindet sich seit mehreren Jahren in Erstellung und ist zum Zeitpunkt der Anfertigung dieser Arbeit noch nicht eingeführt. Deshalb wird sie in der weiteren Betrachtung nicht berücksichtigt.

---

[174] Beispiele in den Bewertungstabellen Stahlbauten, Seilen und Kabeln. Vgl. BMVBS (2006) Richtlinie für die Erhaltung des Korrosionsschutzes von Stahlbauten, S. 8 ff.

[175] Vgl. BMVBS (2013) Anweisung Straßeninformationsbank Teilsystem Bauwerksdaten ASB-ING, S. 4.

[176] BMVBS (2013) Anweisung Straßeninformationsbank Teilsystem Bauwerksdaten ASB-ING, S. 4.

[177] SIB steht für Straßeninformationsbank. Das Programmsystem wird in Abschnitt 3.1 näher erläutert.

[178] Funktionsbauverträge sind die Grundlage für PPP-Projekte (Public Private Partnership). Sie regeln neben Bau und Finanzierung die Erhaltung von Straßen- und Ingenieurbauwerken durch Privatunternehmen. Vgl. ALTMÜLLER (2012) Entwicklung einer differenzierten Preisgleitklausel für Funktionsbauverträge im Strassenbau, S. 5 ff. und KRACKE et al. (2011) Leitfaden Straßenbrücken, S. 40.

2.2.3.6 Regelwerke des Entwurfs und der Baudurchführung

Die Konstruktion und bauliche Durchbildung von Ingenieurbauwerken des Straßenverkehrs[179] hat nach den Regelwerken des Entwurfs zu erfolgen. Diese enthalten Bemessungsvorschriften, Vorschriften zur technischen, gestalterischen und wirtschaftlichen Beurteilung geplanter Baumaßnahmen sowie Richtzeichnungen für die konstruktive Gestaltung von Ingenieurbauwerken. Richtlinien für Tunnel und militärische Beanspruchungen komplettieren die Regelwerke des Entwurfs. Abbildung 7 beinhaltet eine Übersicht über die Regelwerke des Bauentwurfs. Diese Regelwerke haben in Bezug auf die Fragestellung dieser Arbeit – der Zustandsbeurteilung von Bauwerksprüfungen – nur geringen Einfluss. Dieser ergibt sich zum einen aus der Anfälligkeit für Mängel und Schäden durch mangelhaft geplante Baukonstruktionen und zum anderen aus der baulichen Durchbildung und Ausstattung zur Gewährleistung einer vollständigen und handnahen Prüfung nach DIN 1076.[180]

Die Regelwerke der Baudurchführung können bei Unterlassungen oder falscher Anwendung die fachgerechte Errichtung von Ingenieurbauwerken beeinflussen. Mängel, die während der Bauwerkserstellung nicht erkannt oder nicht beseitigt werden, können in der Bauwerkserhaltung erhebliche Auswirkungen auf die Zustandsnote und notwendige Instandsetzungsmaßnahmen haben. Die Regelwerke der Baudurchführung beinhalten „Zusätzliche Technische Vertragsbedingungen und Richtlinien für Ingenieurbauten" (ZTV-ING), „Technische Lieferbedingungen und Technische Prüfvorschriften für Ingenieurbauten" (TL/TP-ING) und das „Merkblatt für die Bauüberwachung von Ingenieurbauten" (M-BÜ-ING).[181]

Die Regelwerke des Entwurfs und der Baudurchführung werden in dieser Arbeit nicht näher untersucht, da sie keine direkten Auswirkungen auf die Beurteilung von Bauwerkszuständen haben. Versäumnisse in der Entwurfs- und Bauausführungsphase haben ggf. beträchtlichen Einfluss auf den Zustand und die Haltbarkeit von Ingenieurbauwerken, jedoch können nur geringe Wirkungen auf die Beurteilung von Mängeln und Schäden in Bauwerksprüfungen nach DIN 1076 identifiziert werden. Folgende Auswirkungen sind zu berücksichtigen:

- Einschränkungen der Zugänglichkeit von Bauwerksteilen durch fehlende Ausstattungsdetails und

- Anstieg der Einzelschadenshäufigkeit durch Mängel in der Bauausführung.

Eine begrenzte Zugänglichkeit erschwert die Identifikation von Mängeln und Schäden und eine hohe Einzelschadenshäufigkeit erhöht die Fehleranfälligkeit bei der Schadensidentifikation und bei der Bestimmung des Schadensausmaßes.[182]

---

[179] Die Regelwerke gelten für Bundesfernstraßen, sie haben aber für alle anderen Straßenarten als anerkannte Regeln der Technik rechtliche Wirkung (vgl. Kapitel 2.2.1).

[180] Vgl. BMVBS (2013) Bauwerksprüfung nach DIN 1076 Bedeutung, Organisation, Kosten, S. 12.

[181] Vgl. KRACKE et al. (2011) Leitfaden Straßenbrücken, S. 23 ff.

[182] Statistisch ist davon auszugehen, dass eine steigende Anzahl von Mängeln in der Bauausführung zu einem Anstieg der Einzelschäden und Mängel in der Nutzungsphase führt. Zum Beispiel beschreiben MEHLHORN et al., dass die Unterhaltskosten einer Brücke über die Nutzungsdauer ansteigen, wenn der Dauerhaftigkeit in der Planung und der Ausführung nicht ausreichend Beachtung geschenkt wird. Vgl. MEHLHORN et al. (2014) Handbuch Brücken, S. 293.

ENTWURF (Regelwerke für den Ingenieurbau)	
RE-ING (Richtlinie für den Entwurf, die konstruktive Ausbildung und Ausstattung von Ingenieurbauten)	
BEM-ING	Bemessung von Ingenieurbauten
RAB-ING	Richtlinien für das Aufstellen von Bauwerksentwürfen für Ingenieurbauten
RBA-BRÜ	Richtlinien für die bauliche Durchbildung und Ausstattung von Brücken zur Überwachung, Prüfung und Erhaltung
RI-LEI-BRÜ	Richtlinien für das Verlegen und Anbringen von Leitungen an Brücken
Weitere Richtlinien	
RIZ-ING	Richtzeichnungen für Ingenieurbauten
MIZ	Militärische Infrastruktur und Zivile Verteidigung
RE-TUNNEL (Bau, Ausstattung und Betrieb von Straßentunneln)	
Leitfaden für die Planungsentscheidung Einschnitt oder Tunnel	
RABT	Richtlinie für die Ausstattung und den Betrieb von Straßentunneln

Abbildung 7:   Regelwerke des Entwurfs für den Ingenieurbau[183]

2.2.3.7 Sonstige Vorschriften

Eine Vielzahl von Normen, technischen Vertrags- und Lieferbedingungen, technischen Prüfvorschriften und sonstigen Richtlinien ergänzen die zuvor benannten Regelwerke in den Bereichen Entwurf, Baudurchführung und Erhaltung. Eine detaillierte Zusammenstellung findet sich in der ZTV-ING Teil 10 Anhang, Abschnitt 1.[184] Die benannten Regelwerke werden dem jeweiligen Teil der ZTV-ING zugeordnet, in dem die Vorschrift anzuwenden ist. Diese Zusammenstellung wird um Vorschriften zur Arbeitssicherheit und zum Gesundheitsschutz ergänzt. Für die Bauwerksüberwachung sind besonders die Regelungen zur persönlichen Schutzausrüstung und zur Absturzsicherung zu berücksichtigen.[185]

---

[183]   In Anlehnung an die Übersicht des BMVBS, Abteilung Straßenbau. Vgl. BMVBS (2012) Allgemeines Rundschreiben Straßenbau Nr. 22/2012, Anlage 1.

[184]   Vgl. Bundesanstalt für Straßenwesen (2014) Zusätzliche Technische Vertragsbedingungen und Richtlinien für Ingenieurbauten, Teil 10 Anhang, Abschnitt 1 Normen und sonstige Regelwerke.

[185]   Für alle Arbeiten im Zusammenhang mit Bauwerksüberwachungen sind die Sicherheitsanforderungen aus den Regelwerken des Arbeitsschutzgesetzes (ArbSchG), den Berufsgenossenschaftlichen Vorschriften (BGV), Berufsgenossenschaftliche Regeln für Sicherheit und Gesundheitsschutz bei der Arbeit (BGR) und den Berufsgenossenschaftlichen Informationen (BGI) zu beachten. Besonders zu erwähnen sind die Sicherheitsregeln Brücken-Instandhaltung (GUV-R 2103) der gesetzlichen Unfallkassen. Vgl. DGUV (2014) Sicherheitsregeln Brücken-Instandhaltung.

Die sonstigen Vorschriften sind generell zu beachten, sie haben jedoch keine direkte Auswirkung auf die Zustandsbeurteilung von Ingenieurbauwerken und werden im weiteren Verlauf dieser Arbeit nicht berücksichtigt.

2.2.4 Bauwerk-Management-System

Die Erhaltungsplanung von Ingenieurbauwerken des Bundesfernstraßennetzes in Deutschland wird mit einem Bauwerk-Management-System (BMS) umgesetzt. In diesem werden notwendige Erhaltungsmaßnahmen für die große Anzahl an Verkehrsbauwerken mit den zur Verfügung stehenden finanziellen Mitteln und nach Dringlichkeitsanforderungen geplant. Das übergeordnete Ziel ist die Sicherung der Verkehrswege in ausreichender Qualität für zukünftige Anforderungen. Dies gelingt nur, wenn die begrenzten Haushaltsmittel wirtschaftlich eingesetzt werden. Dazu ist die Erhaltung von Straßen und Verkehrsbauwerken zu systematisieren und mit den Werkzeugen des BMS zu planen, zu steuern und zu überwachen.[186] In Abbildung 8 ist die Struktur des BMS dargestellt.

Basis des BMS sind die Bestands- und Zustandsdaten der Verkehrsbauwerke. Die Bauwerksinformationen werden bei den Bauwerksprüfungen nach DIN 1076 mit Hilfe des Programmsystems SIB-Bauwerke[187] erhoben und für die Erhaltungsplanung aufbereitet. Das Programmsystem ist damit ein Teil des BMS und liefert neben den Straßendatenbanken die Eingangsdaten für die BMS-Datenbank (siehe Abbildung 8). Die BMS-Datenbank liefert wiederum die Ausgangsdaten für die verschiedenen Untersuchungsebenen des BMS. Innerhalb der Ebenen unterstützen weitere Module und IT-Anwendungen (z.B. Bundesinformationssystem Straße (BISStra),[188] Straßeninformationsbanken der Länder[189]) die Vorgabe, Überprüfung und Fortschreibung von Erhaltungszielen und Bedarfsprognosen. Die Bestandsanalyse erfolgt in der Objektebene. Dabei werden Erhaltungsmaßnahmen und Dringlichkeitsanforderungen für die einzelnen Verkehrsbauwerke mit einem Vorschlag für eine netzweite Reihung bereitgestellt. In der Netzebene wird die Erhaltungsplanung durchgeführt, wobei die Ergebnisse der Objektebene mit Randbedingungen und Restriktionen abgeglichen und optimiert werden. Dadurch können sich Verschiebungen in der Rangfolge ergeben. Ergebnisse auf Netzebene werden in einer Erhaltungskonzeption zusammengefasst. Diese berücksichtigt den Finanzbedarf und verschiedene Erhaltungsstrategien.

Die Maßnahmen der Erhaltungskonzeption werden auf Bundesebene gesteuert und nach volkswirtschaftlichen Gesichtspunkten geprüft. Daran orientieren sich zum Beispiel die Budgets für

---

[186] Vgl. HAARDT et al. (2004) Bauwerks-Management-System (BMS), S. 794.

[187] Die Anwendung des Programmsystems ist auf Grundlage der ASB-ING (siehe Kapitel 2.2.3.4) für den Bund verbindlich vorgeschrieben und auf Landesebene wird die Verwendung empfohlen. Die Analyse des Programmsystems hinsichtlich des Einflusses auf die Zustandsbewertung von Ingenieurbauwerken wird in Abschnitt 3.1 vorgenommen.

[188] BISStra ist ein geographisches Informationssystem, bestehend aus zwei Einheiten, dem Kernsystem in denen Straßennetzdaten der Bundesstraßen gespeichert sind und verschiedenen Fachsystemen (z. B. Verkehrsdaten, Zustandsdaten, streckenbezogene Unfallanalysen auf Bundesautobahnen, Internationale Straßennetze, Mauttabelle, etc.). Vgl. Bundesanstalt für Straßenwesen (2018) Bundesinformationssystem Straße (BISStra), [Stand: 11.09.2018].

[189] Zum Beispiel wird in Sachsen mit dem Straßeninformationssystem TT-SIB eine vergleichbare Datenbank zu BISStra auf Landesebene betrieben. Vgl. LISt Gesellschaft für Verkehrswesen und ingenieurtechnische Dienstleistungen mbH (2018) TT-SIB – Straßeninformationssystem, [Stand: 11.09.2018].

die Erhaltungsplanung der Länder, die Festlegung von zukünftigen Haushaltsmitteln und die Fortschreibung von Regelwerken.[190]

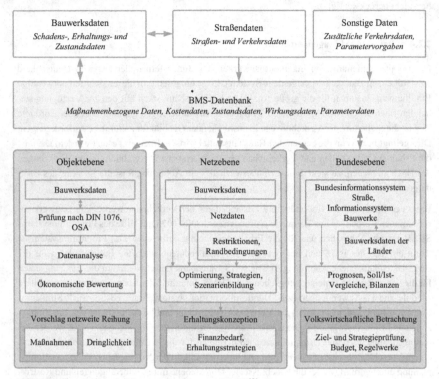

Abbildung 8:   Bauwerk-Management-System (BMS)[191]

Das BMS hat einen geringen Einfluss auf die Zustandsbewertung von Ingenieurbauwerken. Durch die Begrenzung von Mitteln für die Bauwerksprüfungen können Defizite in der Überwachung auftreten. Außerdem können Regelwerksanpassungen zu Veränderungen im Verfahrensablauf von Bauwerksprüfungen führen und damit die Zustandsbewertung beeinflussen. Von der entgegengesetzten Richtung betrachtet, beeinträchtigen die Zustandsbewertungen der Ingenieurbauwerke maßgeblich die volkswirtschaftlichen Fragestellungen. Der wesentliche Zusammenhang zwischen BMS und einer Zustandsbewertung ist durch den IT-Einsatz von SIB-Bauwerke als verbindliches Programmsystem und die dabei zur Verfügung stehenden Datenbanken gegeben (siehe Abschnitt 3.1).

---

[190] Vgl. Bundesanstalt für Straßenwesen (2018) Bauwerk-Management-System (BMS), [Stand: 11.09.2018].

[191] In Anlehnung an HAARDT et al. (2004) Bauwerks-Management-System (BMS), S. 796 und Bundesanstalt für Straßenwesen (2018) Bauwerk-Management-System (BMS), [Stand: 11.09.2018].

2.3 Überwachungskonzepte im Ausland

Die Prüfung und Überwachung von Ingenieurbauwerken des Straßen- und Bahnverkehrs regelt jedes Land individuell. Die historisch gewachsenen Überwachungskonzepte unterscheiden sich oft grundlegend in den Bewertungsvorschriften, den Prüfzyklen und den Zulassungsvoraussetzungen für Bauwerksprüfer. Dennoch basieren alle Konzepte auf dem gleichen Vorgehen. Bei der regelmäßigen Überprüfung von Bauwerken auf Schäden wird die Standsicherheit und Gebrauchstauglichkeit bewertet und die zuständige Behörde in die Lage versetzt, rechtzeitig Erhaltungsmaßnahmen zu ergreifen.

Die Überwachungskonzepte anderer Länder sind für diese Arbeit nicht von Bedeutung. Zur Einordnung der Zulassungsvoraussetzungen für Bauwerksprüfer im internationalen Kontext werden die spezifischen Zulassungsanforderungen von Deutschland, den USA und Frankreich gegenübergestellt (siehe Tabelle 4). Dabei wird deutlich, dass ausländische Behörden weitaus spezifischere Anforderungen an die Zulassung des Prüfingenieurs stellen, als es in Deutschland der Fall ist. Außerdem wird die Diversität von Bewertungsverfahren am Beispiel der US-amerikanischen Zustandsbewertung verdeutlicht.

2.3.1 Zulassungsvoraussetzungen für Bauwerksprüfer

In den Vereinigten Staaten von Amerika ist die Überwachung von Ingenieurbauwerken nicht einheitlich für alle Bauwerkstypen geregelt. Durch die Federal Highway Administration (FHWA) werden auf Bundesebene Fernverkehrsbrücken,[192] Eisenbahnbrücken und andere Bauwerkstypen (Tunnel, Wasserbauwerke, Stützbauwerke, etc.) gesondert geregelt. Die FHWA organisiert die Bereitstellung von Haushaltsmitteln für die einzelnen Bundesstaaten. Die begrenzten Mittel sind für eine vollständige Durchführung aller Erhaltungsmaßnahmen nicht ausreichend, weshalb Managementsysteme[193] zur Priorisierung dieser Maßnahmen eingesetzt werden. Mit Genehmigung der FHWA können die Bundesstaaten eigene Management-Systeme entwickeln. Viele Bundesstaaten nutzen allerdings das u. a. von der FHWA entwickelte System PONTIS.[194] Weitere Vorschriften sind der Code of Federal Regulations (CFR),[195] der die Verwaltungsvorschriften zu Untersuchungsarten, den Prüffristen und zur Qualifikation des Personals enthält. In den National Bridge Inspection Standards (NBIS) als Teil des CFR werden nationale Standards für die Überwachung und Bewertung von Ingenieurbauwerken formuliert. Der Titel 23 Highways, Teil 650

---

192 Fernverkehrsbrücken werden als deutsche Übersetzung für Highway-Bridges verwendet.
193 Mit dem National Bridge Investment Analysis System (NBIAS) wird der Investitionsbedarf für Brücken ermittelt und deren Erhaltungsmaßnahmen geregelt. Federal Highway Administration (2013) Bridge Investment Analysis Methodology, [Stand: 19.09.2018].
194 Das Pontis® Bridge Management System (vergleichbar mit dem deutschen System: SIB-Bauwerke) wird verwendet, um Bestands- und Inspektionsdaten zu speichern und Empfehlungen zur Priorisierung von Haushaltsmitteln abzugeben. Vgl. Federal Highway Administration (2006) Getting Started with the Pontis Bridge Management System, [Stand: 19.09.2018].
195 Der Code of Federal Regulations beinhaltet die von den Bundesbehörden erlassenen Verwaltungsvorschriften. Vgl. U. S. Government Publishing Office (2004) Code of Federal Regulations, [Stand: 19.09.2018].

Bridges, Structures and Hydraulics des CFR verweist auf weitere Regelwerke, die das Bewertungssystem vorgeben, die Codierung für Bauwerkselemente enthalten, das Überwachungssystem beschreiben und die Dokumentation regeln.[196]

Tabelle 4:   Zulassungsvoraussetzungen für Bauwerksprüfer

Land	
Vorschriften	
Bezeichnung	Zulassungsvoraussetzung
Deutschland	
Geregelt in: DIN 1076 und RI-EBW-PRÜF	
Ingenieur der Bauwerksprüfung	- sachkundiger Ingenieur, Fachkenntnisse der Statik und Konstruktion und Erfahrung in der Zustandsbeurteilung - Empfehlung: Qualifikation des VFIB und mind. 5 Jahre Berufserfahrung
USA	
Geregelt in: 23 CFR 650C[197]	
Programm Manager (1. Rang)	- registrierter Ingenieur oder mindestens 10 Jahre Erfahrung mit Brückeninspektionen und erfolgreiche Teilnahme am Trainingskurs der FHWA
Team Leiter (2. Rang)	Es gibt 5 verschiedene Qualifikationsmöglichkeiten: 1) gleiche Qualifikation wie Programm Manager 2) 5 Jahre Erfahrung mit Brückeninspektionen und erfolgreiche Teilnahme am Trainingskurs für Brückeninspektionen der FHWA 3) Zertifikat Brückensicherheitsinspektor und erfolgreiche Teilnahme am Trainingskurs für Brückeninspektionen der FHWA 4) akkreditierter Bachelor im Ingenieurwesen einer anerkannten Hochschule einschließlich bestandener Prüfung des NCEESFE[198] und 2 Jahre Erfahrung mit Brückeninspektionen sowie die erfolgreiche Teilnahme am Trainingskurs für Brückeninspektionen der FHWA 5) Ingenieur einer anerkannten Hochschule und 4 Jahre Erfahrung mit Brückeninspektionen sowie die erfolgreiche Teilnahme am Trainingskurs der FHWA
Tragwerksprüfer	- registrierter und zugelassener Ingenieur
Taucher	- Teilnahme am Trainingskurs für Brückeninspektionen der FHWA oder vergleichbarer Tauchkurs für Brückeninspektionen
Frankreich	
Geregelt in: ITSEOA und IQOA[199]	

---

[196] Im Handbuch für Bauwerksprüfer, dem Bridge Inspector's Reference Manual (BIRM) wird das Bewertungssystem der USA beschrieben und das AASHTO Bridge Element Inspection Manual beschreibt die zugehörigen Verfahren und Berechnungen aller Einzelelemente. Vgl. FHWA (2012) Bridge Inspector's Reference Manual und AASHTO (2010) AASHTO Bridge Element Inspection Guide Manual. Alphanumerische Codes für Bauteile werden im Handbuch zur Aufzeichnung und Kodierung von Fernverkehrsbrücken vorgegeben. Vgl. FHWA (1995) Recording and Coding Guide for the Structure Inventory and Appraisal of the Nation´s Bridges.
Vorgaben zur Dokumentation von Bauwerksprüfungen und zum Überwachungssystem enthält das „Manual for Bridge Evaluation (MBE)". Vgl. AASHTO (2018) The Manual for Bridge Evaluation.

[197] Vgl. Federal Highway Administration (2009) Code of Federal Regulations, Title 23, Part 650, [Stand: 09.10.2018], Subpart C, § 650.309 Qualifications of personnel.

[198] NCEESFE steht für National Council of Examiners for Engineering and Surveying Fundamentals of Engineering. Vgl. Federal Highway Administration (2009) Code of Federal Regulations, Title 23, Part 650, [Stand: 09.10.2018].

[199] Vgl. EVERETT et al. (2008) Bridge Evaluation Quality Assurance in Europe, [Stand: 23.07.2019].

Bauwerksüberwacher (Inspection Agent)	- zertifiziert durch regionale Vertretungen - Unterstützung bei örtlich begrenzten Bauwerksprüfungen
Bauwerksprüfer (Inspector)	Es gibt 2 verschiedene Qualifikationsmöglichkeiten: 1) mindestens Modul 1 des Trainingsprogramms erfolgreich abschließen und Ablegen einer Prüfung mit Brückeninspektion 2) mindestens 5 Jahre Berufserfahrung als Bauwerksprüfer und Überprüfung durch einen Prüfungsausschuss
Projektleiter	Es gibt 2 verschiedene Qualifikationsmöglichkeiten: 1) Module 1-6 des Trainingsprogramms erfolgreich abschließen und Ablegen einer Prüfung (einen Prüfbericht prüfen und Maßnahmen ableiten) 2) mindestens 3 Jahre Berufserfahrung als Projektleiter und Überprüfung durch einen Prüfungsausschuss (Sétra)[200]

2.3.2 Zustandsbewertung von Ingenieurbauwerken in den USA

In dieser Arbeit werden für die beispielhafte Betrachtung der Zustandsbewertung in den USA lediglich die Vorschriften für die Zustandsbewertung von Fernverkehrsbrücken[201] analysiert und in komprimierter Form vorgestellt. In Tabelle 5 sind die sieben Inspektionsarten des Bridge Inspector's Reference Manual (BIRM) dargestellt.

Tabelle 5: Prüfungsarten in den USA[202]

Art der Inspektion	Prüfintervall	Zweck und Prüfumfang
Initial Inspection	nach Neubau, Umbau, Eigentümerwechsel	Anlegen der Brückendatei; vollständige Untersuchung mit Tragfähigkeitsbewertung
Routine Inspection	im Zyklus von 24 Monaten[203]	Veränderungsdokumentation als Sichtprüfung (Beobachtung und Messung physischer Veränderungen)
Fracture Critical Member Inspection	im Zyklus von 24 Monaten	bei Brücken mit Spannelementen oder unter Spannung stehender Stahlelemente zur Versagensvorbeugung; erweiterte Sichtprüfung mit zerstörungsfreien Messmethoden
In-Depth Inspection	nach Bedarf oder zur Nachuntersuchung anderer Inspektionen	handnahe Prüfung zur Identifizierung von Mängeln die bei der *Routine Inspection* nicht erkennbar sind; mit zerstörungsfreien Messmethoden und ggf. Belastungstest
Damage Inspection	nach besonderem Anlass, infolge äußerer Einwirkung	Erfassung entstandener Schäden; Ermittlung von Belastungsbeschränkungen, Reparaturaufwand und der Notwendigkeit von Sperrungen
Underwater Inspection	im Zyklus von 60 Monaten[204]	Inspektion des Unterwasseranteils der Unterbauten; Schadensermittlung (Auskolkungen, Erosion, Anprall)
Special Inspection	nach Bedarf im Ermessen des Eigentümers	bauteilbezogene Sonderprüfung zur Überwachung von bekannten Schäden; erfüllt nicht die Anforderungen einer *Routine Inspection*

---

[200] Sétra (Service d'études techniques des routes et autoroutes) Behörde für technische Untersuchungen der Straßenbauverwaltung.

[201] Als Fernverkehrsbrücken gelten nach NBIS Bauwerke mit einer Spannweite von mehr als 20 ft. (ca. 6,1 m). Vgl. 23 CFR § 650.305 Definitions.

[202] Vgl. FHWA (2012) Bridge Inspector's Reference Manual, Seite 2.1.15 f.

[203] Das Prüfintervall kann mit Genehmigung der FHWA verkürzt oder bis auf 48 Monate vergrößert werden. Grundlage sind Inspektionsbefunde, Alter und Verkehrsbelastung.

[204] Das Prüfintervall kann mit Genehmigung der FHWA verkürzt oder bis auf 72 Monate vergrößert werden. Grundlage sind Inspektionsbefunde, Alter und Kolkeigenschaften des Unterbaus.

Brückenbauwerke werden in den USA nach Konstruktionszustand und Funktionalität bewertet. Die Bewertung des Konstruktionszustandes (Schädigungsgrades) erfolgt dabei auf zwei Ebenen, der Ebene der Bauwerkskomponenten und der Ebene der Bauelemente. Die Bauwerkskomponentenbewertung (engl. „Condition Rating") ist die ursprüngliche Bewertungsmethode für das landesweite Brückenverzeichnis (National Bridge Inventory).[205] Die Bauwerkskomponenten werden dafür in Fahrbahnplatte (Deck), Überbau (Superstructure), Unterbau (Substructure) und zusätzlich in Kanal/Kanalschutz (Channel/Channel Protection) sowie Düker (Culverts) eingeteilt. Diese Bauteilgruppen werden mit einer 11-stufigen Bewertungsskala bewertet. In Tabelle 6 wird die Bewertungsskala für Fahrbahnplatte, Überbau und Unterbau vorgestellt.[206]

Tabelle 6:   Zustandsbewertung für Bauwerkskomponenten (Condition Rating)[207]

Stufe	Beschreibung
N	UNZUTREFFEND – nicht anwendbar für die Bewertung.
9	AUSGEZEICHNETER ZUSTAND – ohne jegliche Schäden.
8	SEHR GUTER ZUSTAND – keine Probleme vorhanden, keine Maßnahmen erforderlich.
7	GUTER ZUSTAND – einige geringfügige Mängel werden vermerkt und beobachtet.
6	BEFRIEDIGENDER ZUSTAND – tragende Elemente haben geringfügige Mängel. Mängel sind zu vermerken und zu beobachten.
5	ANGEMESSENER ZUSTAND – alle primär tragfähigen Bauelemente sind im verlässlichen Zustand mit geringfügigen Querschnittsverlusten, Rissen, Abplatzungen oder Auskolkungen. Mängel sind zu vermerken und zu beobachten.
4	MANGELHAFTER ZUSTAND – tragende Elemente weisen Querschnittsverluste, Verschleiß, Abplatzungen oder Auskolkungen auf.
3	ERNSTZUNEHMENDER ZUSTAND – Querschnittsverluste, Abplatzungen oder Auskolkungen stellen eine ernstzunehmende Gefährdung der Hauptbauteile dar. Lokales/teilweises Versagen ist möglich. Ermüdungsrisse im Stahl oder Scherrisse im Beton sind möglich.
2	KRITISCHER ZUSTAND – Fortgeschrittener Verschleiß der Hauptbauteile. Ermüdungsrisse im Stahl, Scherrisse im Beton oder Auskolkungen sind möglich. Sofern die Brücke nicht eingehend untersucht wird, muss sie bis zur Ausbesserung gesperrt werden.
1	DROHENDER VERSAGENSZUSTAND – Starker Verschleiß oder Querschnittsverlust der Hauptbauteile oder eindeutige vertikale oder horizontale Bewegungen gefährden die Stabilität des Bauteils. Brücke wird für Verkehr gesperrt.
0	VERSAGENSZUSTAND – außer Betrieb, keine Instandsetzung möglich.

Für jede Bauwerkskomponente wird eine Gesamtbewertung abgegeben, ohne auf Schäden im Detail einzugehen.[208] Die Gesamtbewertung stellt damit eine Durchschnittsbewertung für die Bauwerkskomponente dar. Im BIRM wird angemerkt, dass bei einem schwerwiegenden Schaden,

---

[205]   Vgl. FHWA (2012) Bridge Inspector's Reference Manual, S. 4.1.1 ff.
[206]   Kanal/Kanalschutz und Düker werden nach der gleichen Skaleneinteilung bewertet, jedoch bezieht sich die Beschreibung der einzelnen Bewertungsstufen auf die Bauteilkomponenten dieser Teilbauwerke. Dabei wird Bezug auf die Konsequenzen für das Brückenbauwerk genommen. Vgl. FHWA (2012) Bridge Inspector's Reference Manual, S. 4.2.5 ff.
[207]   Vgl. FHWA (2012) Bridge Inspector's Reference Manual, S. 4.2.3.
[208]   Vgl. FHWA (2012) Bridge Inspector's Reference Manual, S. 4.2.2 f.

der Auswirkungen auf die Tragfähigkeit der Bauwerkskomponente hat, eine niedrigere Zustandsbewertung vergeben werden kann.[209] Neben der Zustandsbewertung der Bauwerkskomponenten wird auch die Funktionalität der Brücke in den Bereichen[210]

- Tragwerksbewertung,

- Fahrbahngeometrie,

- Lichtraumprofil,

- Anpassung an den Wasserweg,

- Anpassung an die Zufahrtsstraße,

- Sicherheitsmaßnahmen und

- Auskolkung

verglichen. Damit wird bewertet, ob die Brücke den Ansprüchen aus Verkehrsbelastung und den Nutzungsanforderungen im gesamten Highway-Netzsystem genügt. Für die Funktionalitätsbewertung wird die gleiche Bewertungsskale wie für die Bauwerkskomponenten (siehe Tabelle 6) verwendet. Lediglich die Stufenbeschreibung wurde an die Funktionalitätsbeurteilung angepasst.[211] Die Funktionalitätsbewertung bildet zusammen mit der Zustandsbewertung der Bauwerkskomponenten die Grundlage für Erhaltungsmaßnahmen auf föderaler Ebene. Finanzierungsmittel werden jedoch erst bereitgestellt, wenn die Brücke als „Structurally Deficient" (SD) oder „Functionally Obsolete" (FO) eingestuft wird. Eine Brücke gilt als „Structurally Deficient", wenn der Bauwerkszustand der tragenden Komponenten (Fahrbahnplatte, Überbau, Unterbau und Düker) mit CR ≤ 4 bewertet wird. Sie gilt als „Functionally Obsolete", wenn die Bewertung der Funktionalität mit CR ≤ 3 bewertet wird.[212] Die Einstufung von Brücken als Structurally Deficient oder Functionally Obsolete beurkundet aber lediglich allgemein die Notwendigkeit von Erhaltungsmaßnahmen. Erst durch einen weiteren Bewertungsschritt werden Brücken auf Grundlage der Funktionalitäts- und Zustandsbewertung im sogenannten „Sufficiency Rating (SR)" nach ihrer Förderfähigkeit und Reihung im Priorisierungsplan[213] beurteilt. Dazu wird eine Brücke prozentual von 0 % (außer Betrieb) bis 100 % (ausgezeichnet) gewichtet und nach folgenden Kriterien bewertet:[214]

---

[209] Vgl. FHWA (2012) Bridge Inspector's Reference Manual, S. 4.2.2.

[210] Vgl. FHWA (2012) Bridge Inspector's Reference Manual, S. 4.2.7 ff.

[211] N - unzutreffend; 9 - besser als die zu erwartenden Anforderungen; 8 - entspricht den zu erwartenden Anforderungen; 7 - besser als die minimalen Anforderungen; 6 - entspricht den minimalen Anforderungen; 5 - ein bisschen besser als die minimal tolerierbare Limit; 4 - minimal tolerierbares Limit für Bestehen; 3 - nicht tolerierbar, korrigierende Maßnahmen erforderlich; 2 - nicht tolerierbar, Ersatz erforderlich; 1 - Bewertung wird nicht verwendet; 0 - Brücke außer Betrieb. Vgl. FHWA (2012) Bridge Inspector's Reference Manual, S. 4.2.8.

[212] Bei einer Bewertung von zwei oder weniger für die Funktionalitätsbereiche Tragwerksbewertung oder Anpassung an den Wasserweg wird die Brücke ebenfalls als Structurally Deficient bewertet. Vgl. FHWA (2012) Bridge Inspector's Reference Manual, S 4.2.11.

[213] Im *Highway Bridge Replacement and Rehabilitation Program (HBRRP)* wird geregelt, unter welchen Kriterien und mit welcher Priorität sanierungsbedürftige Brücken förderfähig sind. Vgl. Federal Highway Administration (2009) Code of Federal Regulations, Title 23, Part 650, [Stand: 09.10.2018] Teil D.

[214] Vgl. FHWA (1995) Recording and Coding Guide for the Structure Inventory and Appraisal of the Nation's Bridges - Anhang B, S. B-2.

- 55 % Wichtung für Tragwerkszustand und Sicherheit (Zustandsbewertung) (S_1),

- 30 % Wichtung für Funktionalität (S_2) und

- 15 % Wichtung für Öffentlichen Nutzen (S_3).

Durch einen zusätzlichen Reduktionsfaktor (S_4) wird die Bedeutung der Faktoren Umleitung, Bauart und Verkehrssicherheit außerordentlich berücksichtigt. Dafür können bis zu 13 % Wichtungsanteil abgezogen werden. Die Baukomponente mit der schlechtesten Bewertung ist dabei Beurteilungsgrundlage in den einzelnen Kriterien. Beim öffentlichen Nutzen (S_3) werden die tägliche Verkehrslast, Belastungen für Umleitungen bei Schließung der Brücke und die militärische Bedeutung beurteilt. Das Sufficiency Rating (SR) berechnet sich nach Formel 1.

$$SR = S_1 + S_2 + S_3 - S_4 \tag{1}$$

Formel 1:   Berechnung des Sufficiency Rating[215]

Am Beispiel für das Kriterium S_1 (Tragwerkszustand und Sicherheit) wird das Vorgehen zur Berechnung des Sufficiency Ratings erörtert. Für jede der Baukomponenten Überbau, Unterbau, Fahrbahnplatte und Düker wird eine separate Zustandsbewertung im Condition Rating (CR) ermittelt. Anschließend wird der Wichtungsanteil für S_1 aus der schlechtesten Zustandsbewertung abgeleitet. Dafür werden Abzüge des Wichtungsfaktors von S_1 wie in Tabelle 7 berücksichtigt.

Tabelle 7:   Einfluss der Zustandsbewertung auf das Sufficiency Rating[216]

Niedrigste Zustandsbewertung im Condition Rating	Abzug vom Wichtungsfaktor für S_1
CR = N	0 %
CR ≥ 6	0 %
CR = 5	10 %
CR = 4	25 %
CR = 3	40 %
CR ≤ 2	55 %

Es ist festzustellen, dass erst bei einer Zustandsbewertung von fünf oder schlechter eine Reduktion des Wichtungsfaktors im Kriterium S_1 erfolgt. Würde beispielsweise die niedrigste Zustandsbewertung beim Überbau mit CR = 3 bestimmt, so hätte dies eine Minderung des Wichtungsfaktors im Kriterium S_1 um 40 % zur Folge (S_1 = 55 % – 40 % = 15 %). Unter der Annahme, dass keine weiteren Abzüge in den anderen Kriterien erfolgen, hätte diese Brücke ein Sufficiency Rating von 60 % (SR = 15 % + 30 % + 15 %).

Das Sufficiency Rating ist das bisher vorrangige Bewertungsverfahren für die Reihung im Priorisierungsplan und die Förderfähigkeit von Erhaltungsmaßnahmen. Dabei qualifiziert sich eine

---

[215] Vgl. FHWA (1995) Recording and Coding Guide for the Structure Inventory and Appraisal of the Nation´s Bridges - Anhang B, S. B-2.
[216] Vgl. FHWA (1995) Recording and Coding Guide for the Structure Inventory and Appraisal of the Nation´s Bridges - Anhang B, S. B-3.

Brücke für Instandsetzungsarbeiten bei einem SR von 80 % oder weniger und für einen Ersatz-neubau bei einem SR von 50 % oder weniger.[217]

Seit 2014 sind die Bundesstaaten aufgefordert, Elementdaten in der Zustandsbewertung zu be-rücksichtigen.[218] Dies war notwendig, da die Bewertung von Bauwerkskomponenten in SD, FO und SR lediglich eine reaktive Beurteilung darstellte und Probleme erst deutlich wurden, als sie sich bereits in einem fortgeschrittenen Zustand befanden.[219] Für die Bewertung werden die Bau-werkskomponenten in tragende Einzelelemente (NBE – National Bridge Elements), nicht tra-gende Elemente (BME – Bridge Management Elements) und individuelle Elemente der Verkehrs-behörden gegliedert.[220] Die Zustandsbewertung erfolgt in drei Schritten. Im ersten Schritt wird der Elementzustand mit einer von vier Stufen (Good, Fair, Poor, Severe)[221] beschrieben. Danach ist für jedes eine durchzuführende Maßnahme[222] zu bestimmen und zuletzt ist eine Entwicklungs-prognose (Benign, Low, Moderate, Severe)[223] basierend auf Umwelt- und Betriebsfaktoren abzu-geben. Die Elementbewertungen werden anschließend im Brückenmanagementsystem Pontis verarbeitet.[224]

2.3.3 Beurteilung des US-amerikanischen Bewertungsverfahrens

Im Vergleich zum deutschen Bewertungsverfahren weist das US-amerikanische Verfahren ein sehr umfangreiches Regelwerk auf. Es werden verschiedene Bewertungen zum Zweck der Beur-teilung von Brückenbauwerken nach Zustand, Funktionalität und der Dringlichkeit von Erhal-tungsmaßnahmen vorgenommen. Im Gegensatz zum deutschen Verfahren werden nicht Schäden nach ihrer Wirkung auf das Bauwerk (Standsicherheit, Verkehrssicherheit, Dauerhaftigkeit), son-dern Bauwerkskomponenten (Unterbau, Überbau, etc.) und Funktionalitätsfaktoren (Fahrbahnge-ometrie, Durchfahrtshöhe, etc.) nach dem Zustand und der Funktionstüchtigkeit bewertet. Einzel-schäden werden dabei nicht explizit bewertet. Die Bewertung stellt damit eine Durchschnittsbe-urteilung dar. Vorteile gegenüber dem deutschen Modell sind:

---

[217] Vgl. Federal Highway Administration (2017) Additional Guidance on 23 CFR 650 D, [Stand: 24.09.2018].

[218] Vgl. Federal Highway Administration (2013) Collection of Element Level Data for National Highway System Bridges, [Stand: 25.09.2018].

[219] Die Zustandsbewertung in Condition Rating ist eine Durchschnittbewertung, bei der nur schwerwie-gende Schäden Einfluss auf die Bewertung haben. Bei grenzwertigen schweren Schäden wird die Be-urteilung dem Prüfer überlassen. Das Ausmaß und die Verschlechterungsprognose werden dabei nicht genau untersucht. Erst mit der Entwicklung eines BMS wurde die Elementebene eingeführt. Federal Highway Administration (2013) Collection of Element Level Data for National Highway System Bridges, [Stand: 25.09.2018].

[220] Vgl. AASHTO (2010) AASHTO Bridge Element Inspection Guide Manual, S. 11.

[221] Good – keine bis wenig Abnutzung; Fair – wenig bis mäßig Abnutzung; Poor – Mäßige bis schwer-wiegende Abnutzung; Severe – gravierende Abnutzung über den in Poor definierten Grenzwerten. Vgl. FHWA (2012) Bridge Inspector's Reference Manual, S. 4.3.11.

[222] Folgende Maßnahmen sind definiert (übersetzt aus dem Englischen): Nichts Tun; Schützen; Erhalten; Reparieren; Sanieren; Zurücksetzen und Ersetzen. Vgl. FHWA (2012) Bridge Inspector's Reference Manual, S. 4.3.12.

[223] Benign – keine Einflüsse auf die Abnutzung; Low – die geringen Belastungen haben keine nachteiligen Auswirkungen; Moderate – durchschnittliche Belastung auf die Abnutzung; Severe – Belastungen füh-ren zu schneller Abnutzung, Schutzsysteme sind nicht vorhanden oder unwirksam. Vgl. FHWA (2012) Bridge Inspector's Reference Manual, S. 4.3.12.

[224] Vgl. FHWA (2012) Bridge Inspector's Reference Manual, S. 4.3.12 ff.

- die hohen Qualifikationsanforderungen an die Prüfer, wodurch fachliche Fehleinschätzungen reduziert werden und

- die elfstufige Bewertungsskala (null bis neun und N, siehe Tabelle 6), welche ein breiteres Spektrum zur Erfassung von Zustandsverschlechterungen der Bauwerkskomponenten vorgibt, als es das deutsche fünfstufige Verfahren (null bis vier) für Schäden vorsieht.

Folgende Faktoren können als Nachteile des US-amerikanischen Modells angesehen werden:

- In den Bundesstaaten ist kein einheitliches Managementsystem vorgeschrieben. Damit wird die Planung überregionaler Erhaltungsmaßnahmen erschwert.

- Einzelschäden, auch schwerwiegender Art, werden nicht einzeln berücksichtigt, sondern sind lediglich Teil einer durchschnittlichen Zustandsbewertung von Bauwerkskomponenten. Dadurch besteht die Gefahr der Vernachlässigung von Einzelschäden.

3 Einflussfaktoren auf die Zustandsbeurteilung

3.1 Organisation von Bauwerksprüfungen

Die Verantwortung für Bauwerksprüfungen nach DIN 1076 liegt bei den Straßenbaubehörden von Bund und Ländern (siehe Abschnitt 2.2.1). Diese entscheiden anhand der Haushaltsbudgets und des Bauwerksbestandes über die Vorhaltung von eigenen Prüfteams[225] oder die Fremdvergabe von Prüfleistungen.[226] Während eigene Prüfteams ganzjährig aus Haushaltsmitteln finanziert werden müssen, belasten Fremdvergaben nur auftrags- und objektspezifisch das Haushaltsbudget. Bei der Vergabe an Dritte ist zu beachten, dass für die Ausschreibung und die Überwachung der Prüfleistungen zusätzliche Kosten anfallen. Außerdem sollten Bauwerksprüfungen zur Gewährleistung einer weitestgehend objektiven Zustandsbeurteilung von unterschiedlichen Prüfteams durchgeführt werden.[227] Durch dieses alternierende „Prüfer-Prinzip" können subjektive Einflüsse auf die Bewertungsentscheidungen (siehe Abschnitt 3.2) reduziert werden. Daher empfiehlt das BMVBS, Folgeprüfungen an einem Objekt von unterschiedlichen Prüfteams durchführen zu lassen. Insbesondere sollten sich Prüfungen durch Dritte mit Prüfungen durch eigenes Personal abwechseln.[228] Hinzu kommt, dass aktuell keine verbindlichen Leistungsbeschreibungen und Honorarvorschriften für Bauwerksprüfungen existieren.[229] Dadurch unterliegen Fremdvergaben dem Preiswettbewerb mit teilweise nicht auskömmlichen Angeboten. Ein Beleg dafür ist eine Statistik des Landesbetriebes Straßenwesen Brandenburg aus den Jahren 2010 bis 2011, wonach eine oft nicht zu vergleichende Angebotsvielfalt mit zahlreichen „Dumpingangeboten" die gängige Praxis darstellt.[230] Infolgedessen ist der Einsatz ungenügend qualifizierten Prüfpersonals nicht auszuschließen, wodurch die Qualität von Bewertungsentscheidungen starken Schwankungen unterliegen kann. Mit der „*Empfehlung zur Leistungsbeschreibung, Aufwandsermittlung und Vergabe von Leistungen der Bauwerksprüfung nach DIN 1076"* hat der VFIB im Jahr 2016 eine Grundlage zur angemessenen Honorierung und qualitätsgerechten Leistungserbringung geschaffen.[231] Neben einer detaillierten Leistungsbeschreibung für die Hauptprüfung und die Einfache Prüfung enthält die Empfehlung Stundensätze für Prüfingenieure und Assistenten sowie Vordrucke für die Vertragsabwicklung. Für Prüfingenieure wird ein Stundensatz von 75 €/h (netto) und für Assistenten von 58 €/h (netto) empfohlen.[232]

---

[225] Prüfteams bestehen in der Regel aus einem Ingenieur und ein bis zwei Technikern. Vgl. BMVBS (2013) Bauwerksprüfung nach DIN 1076 Bedeutung, Organisation, Kosten, S. 23.

[226] Vgl. BMVBS (2013) Bauwerksprüfung nach DIN 1076 Bedeutung, Organisation, Kosten, S. 21.

[227] Vgl. BMVBS (2013) Bauwerksprüfung nach DIN 1076 Bedeutung, Organisation, Kosten, S. 21.

[228] Vgl. BMVBS (2013) Bauwerksprüfung nach DIN 1076 Bedeutung, Organisation, Kosten, S. 21.

[229] Die Vergütung wird in einem Werkvertrag nach §§ 631 ff. BGB, auf Basis eines Honorarangebotes des Ingenieurbüros, festgeschrieben. Die HOAI kommt nicht zur Anwendung, da sie keine Regelungen zur Bauwerksprüfung enthält. Auch die veraltete, aber bisher übliche Brandenburgische Richtlinie 8/94 wird nicht mehr angewendet. Vgl. EBERT et al. (2015) Praxiskommentar zur HOAI 2013, S. 33.

[230] Vgl. REIBETANZ et al. (2016) Angemessene Honorare für die Bauwerksprüfung nach DIN 1076, S. 57.

[231] Vgl. VFIB e. V. (2016) Empfehlung zur Leistungsbeschreibung, Aufwandsermittlung und Vergabe von Leistungen der Bauwerksprüfung nach DIN 1076.

[232] Die Empfehlung der Stundensätze für Bauwerksprüfungen orientiert sich an der Richtlinie zur Ermittlung der Vergütung für die statische und konstruktive Prüfung von Ingenieurbauwerken für Verkehrsanlagen (RVP). Vgl. VFIB e. V. (2016) Empfehlung zur Leistungsbeschreibung, Aufwandsermittlung und Vergabe von Leistungen der Bauwerksprüfung nach DIN 1076, S. 8.

© Der/die Autor(en), exklusiv lizenziert durch
Springer Fachmedien Wiesbaden GmbH, ein Teil von Springer Nature 2021
C. Weller, *Zustandsbeurteilung von Ingenieurbauwerken*, Baubetriebswesen
und Bauverfahrenstechnik, https://doi.org/10.1007/978-3-658-32680-7_3

Die Arbeitshilfen und Vordrucke für die Vertragsgestaltung orientieren sich am *„Handbuch für die Vergabe und Ausführung von freiberuflichen Leistungen im Straßen- und Brückenbau"* *(HVA F StB).*[233]

In Abbildung 9 wird die Organisation von Bauwerksprüfungen nach DIN 1076 bei den Straßenbaubehörden schematisch vorgestellt. Der Straßenbaulastträger trägt dabei die allgemeine Verkehrssicherungspflicht für Bundesfernstraßen nach § 4 Bundesfernstraßengesetz (FStrG) und er haftet für Verschulden eines beauftragten Bauwerksprüfers nach den zivilrechtlichen Vorschriften der §§ 278, 839 BGB. Ihm obliegen die Organisation der Bauwerksprüfung und die Bauwerkserhaltung. Die Bauwerksprüfung und die Unterstützungsleistungen sind von der Straßenbauverwaltung durchzuführen oder an Dritte zu vergeben.[234]

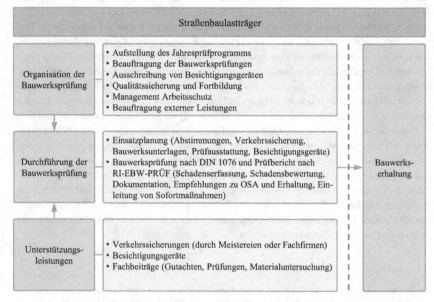

Abbildung 9:   Organisation von Bauwerksprüfungen in einer Straßenbauverwaltung[235]

Für die Organisation und Dokumentation von Bauwerksprüfungen werden in den Straßenbauverwaltungen verschiedene Softwarelösungen eingesetzt. Seit der Einführung des Programmsystems „SIB-Bauwerke" im Jahr 1998 werden die Zustandsdaten von Ingenieurbauwerken, die im Zuständigkeitsbereich des Bundes und der Länder liegen, einheitlich erfasst und sind dadurch für die Haushalts- und Erhaltungsplanung auf Bundesebene nutzbar.

---

[233]   Vgl. Bundesministerium für Verkehr und digitale Infrastruktur (2017) Handbuch für die Vergabe und Ausführung von freiberuflichen Leistungen im Straßen- und Brückenbau (HVA F-StB), [Stand: 10.09.2018].

[234]   Vgl. BMVBS (2013) Bauwerksprüfung nach DIN 1076 Bedeutung, Organisation, Kosten, S. 22.

[235]   Das Schema wurde am Beispiel des Bundeslandes Hessen erarbeitet. Vgl. BMVBS (2013) Bauwerksprüfung nach DIN 1076 Bedeutung, Organisation, Kosten, S. 22.

SIB-Bauwerke wurde mit dem Allgemeinen Rundschreiben (ARS) Nr. 3/1998 eingeführt und ist anzuwendender Standard zur Erfassung und zentralen Speicherung aller Konstruktions- und Zustandsdaten in den Straßenbauverwaltungen von Bund und Ländern.[236] Neben dieser zentralen Datenerfassung können Ingenieurbüros und Baufirmen dezentral Daten in SIB-Bauwerke erfassen und an die Baulastträger übermitteln. Durch die direkte Eingabe von Bauwerks- und Prüfdaten in das Programmsystem von externen Prüfern werden Übertragungs- und Eingabefehler stark reduziert. Damit stellt SIB-Bauwerke ein von allen Beteiligten genutztes Informationssystem dar.[237]

Nachfolgend werden wesentliche Funktionen des Programmsystems SIB-Bauwerke erläutert, die bei der Zustandsbewertung von Ingenieurbauwerken zu beachten sind. In Abbildung 10 ist das Übersichtsblatt eines Teilbauwerkes zur Eingabe aller Bauwerksdaten dargestellt.

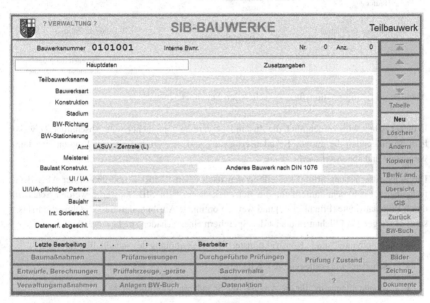

Abbildung 10:   Übersichtsblatt Teilbauwerk aus SIB-Bauwerke[238]

Alle benötigten Daten eines Bauwerks/Teilbauwerks können über diese und weitere Programm-oberflächen erfasst, bearbeitet oder ausgegeben werden. Im Datenmodell der Prüf- und Zustandsdaten sind Informationen in drei konformen Datenbereichen verfügbar. Diese sind in die abgeschlossenen Prüfungen, den aktuell dokumentierten Bauwerkszustand und die laufende Prüfung unterteilt. Im Bereich der abgeschlossenen Prüfungen werden durchgeführte Bauwerksprüfungen archiviert. Die darin gespeicherten Bauwerks- und Prüfdaten sind schreibgeschützt und können nicht mehr verändert werden. Im Bereich des aktuell dokumentierten Bauwerkszustandes werden

---

[236]   Vgl. MERTENS, Hrsg. (2015) Handbuch Bauwerksprüfung, S. 285.
[237]   Vgl. MERTENS, Hrsg. (2015) Handbuch Bauwerksprüfung, S. 285.
[238]   Die Abbildung 10 wurde aus SIB-Bauwerke erzeugt. Beauftragt durch die Bundesanstalt für Straßenwesen wurde das Programm vom WPM-Ingenieure entwickelt und bereitgestellt. Vgl. WPM - Ingenieure (2019) SIB-Bauwerke.

Informationen zum aktuellen Bauwerkszustand digital erfasst.[239] Dazu zählen z. B. Reparaturmaßnahmen oder dokumentierte Schäden aus Besichtigungen und laufenden Beobachtungen. Der
Bereich der laufenden Prüfung beinhaltet alle Informationen der aktuell durchzuführenden Prüfung und ist in die Unterbereiche Prüfungsinformationen, Schadensdaten und Maßnahmenempfehlungen unterteilt. Dieser Bereich wird nach Beendigung der Prüfung und Übertragung der Informationen ins Archiv (abgeschlossene Prüfung) sowie in den aktuell dokumentierten Bauwerkszustand gelöscht. Die Verknüpfung der drei Bereiche ist in Abbildung 11 dargestellt.

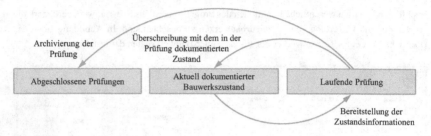

Abbildung 11:   Informationsfluss zwischen den Datenbereichen[240]

In dieser Arbeit wird vornehmlich die Zustandsbewertung untersucht (siehe Abschnitt 1.2), weshalb im Folgenden die digitale Schadenserfassung und -bewertung mit dem Programmsystem
vorgestellt und analysiert wird.

Die Schadenserfassung erfolgt bauteilbezogen nach RI-EBW-PRÜF und den in der ASB-ING
festgelegten Schlüsselnummern für die Bauwerksdaten.[241] In SIB-Bauwerke werden Schäden
durch Pflichtattribute (Pflichtfelder) und weitere optionale Attribute definiert.[242] Ohne die Erfassung der folgenden Pflichtattribute ist das Speichern eines Schadens nicht möglich:

- „Hauptbauteil" und „Konstruktionsteil" zur Bestimmung des schadhaften Bauteils,

- „Schaden" zur Festlegung der Schadensart,

- „Menge allgemein" für die Angabe der Schadensausbreitung und

- „Bewertung" zur Erfassung der Schadensbewertung.

Durch weitere optionale Attribute lassen sich Schäden detailliert beschreiben. Unter anderem
können durch die „Bauteilergänzung" Schadensmerkmale (z. B. Baustoff, Fugenausbildung zwischen Bauteilen oder Angaben zum Bauteilschutz) angegeben werden. Damit ist dieses Attribut
ein wichtiger Parameter zur automatisierten Auswahl eines Schadensbeispiels aus der RI-EBW-

---

239 Vgl. MERTENS, Hrsg. (2015) Handbuch Bauwerksprüfung, S. 286.
240 In Anlehnung an MERTENS, Hrsg. (2015) Handbuch Bauwerksprüfung, S. 286.
241 Vgl. BMVBS (2013) Anweisung Straßeninformationsbank Teilsystem Bauwerksdaten ASB-ING,
     S. 11 ff.
242 Vgl. WPM - Ingenieure (2013) SIB-Bauwerke Dokumentation 1.9 (Handbuch zum Programmsystem),
     S. 100.

PRÜF (siehe Abschnitt 3.4.3).[243] Der Prüfer kann bei der Schadenserfassung folgende weitere optionale Schadensattribute auswählen, um einen Schaden bestmöglich zu beschreiben:[244]

- bei Verwendung von "Menge mit Dimension" wird vom Programmsystem die Mengeneinheit vorgeschlagen und der Prüfer ergänzt den passenden Mengenwert,

- einen Bauteilbezug mit Ortsbeschreibung liefern die Attribute „Überbau", „Feld/Pfeiler/Block/Segment" sowie die „Ortsangaben längs, quer und hoch",

- mit „Schadensveränderung" wird die Schadensentwicklung erfasst,

- mit den Attributen „Bemerkung 1" bis „Bemerkung 6" können zusätzliche Angaben (z. B. Beschreibung der Schadensursache, Handlungsbedarf, etc.) integriert werden und

- ein Langtextfeld zur freien textlichen Formulierung.

Für jeden Einzelschaden können die Schadensattribute (Pflichtattribute und optionale Attribute) exportiert und beispielsweise in eine Excel-Datei überführt werden.

Überdies ist die Einbindung eines digitalen Schadensbildes (Foto des Schadens) von wesentlicher Bedeutung, denn dadurch wird die Schadenssituation für den Bearbeiter weitaus anschaulicher, als durch eine ausschließlich textliche Beschreibung verdeutlicht.

Nach der attributgesteuerten Schadensbeschreibung sind Schäden hinsichtlich der Beeinträchtigung von Standsicherheit, Verkehrssicherheit und Dauerhaftigkeit zu bewerten. Die Schadensbewertung erfolgt anhand der definierten Schadensbeispiele nach RI-EBW-PRÜF. Dies ist einerseits notwendig, um einheitliche Bewertungen für gleiche Schadensbilder zu erzielen und dadurch individuellen Bewertungsabweichungen von Prüfern entgegenzuwirken und andererseits, um die Daten im BMS durch verknüpfte Algorithmen nutzen zu können (siehe Abschnitt 2.2.4). Kann der Prüfer einen Schaden keinem Schadensbeispiel zuordnen, so besteht auch die Möglichkeit, den Schaden frei (ohne Schadensbeispiel) nach den Kriterien der RI-EBW-PRÜF zu bewerten.[245] Allerdings kann in diesem Fall das gesamte Teilbauwerk nicht berechnet werden. Zur Reduzierung dieser freien Bewertungen wurde ab 2013 in der SIB-Bauwerke Version 1.9 die Regelung der RI-EBW-PRÜF[246] umgesetzt, dass bei der Vergabe von Basiszustandszahlen (BZZ) größer 1,8 die Auswahl eines konkreten Schadensbeispiels verpflichtend vorzunehmen ist (siehe Abschnitt 3.4.2).

Die fortführende Datenpflege bereits erfasster Schäden erfolgt im Bereich „aktuell dokumentierter Bauwerkszustand". Erfasste Schäden können dort bestätigt, geändert oder nach Schadensbehebung gelöscht werden. Ebenso können neue Schäden ergänzt werden.[247] Werden vom zuständigen Baulastträger die Bauwerksinformationen in diesem Bereich stetig aktualisiert, so sind verschiedene, in SIB-Bauwerke integrierte, Analysewerkzeuge anwendbar. In der nachfolgenden

---

[243] Vgl. WPM - Ingenieure (2013) SIB-Bauwerke Dokumentation 1.9 (Handbuch zum Programmsystem), S. 132.
[244] Vgl. MERTENS, Hrsg. (2015) Handbuch Bauwerksprüfung, S. 287 f.
[245] Eine frei vergebene Schadensbewertung wird von SIB-Bauwerke als Schadensbeispiel-ID mit der Endkennung 99 gespeichert. In der Praxis wird ein solcher Schaden als „99er Schaden" bezeichnet.
[246] Vgl. BMVBS (2013) Richtlinie zur einheitlichen Erfassung, Bewertung, Aufzeichnung und Auswertung von Ergebnissen der Bauwerksprüfungen nach DIN 1076, S. 10.
[247] Vgl. MERTENS, Hrsg. (2015) Handbuch Bauwerksprüfung, S. 290.

Aufzählung werden die wichtigsten Werkzeuge kurz beschrieben. Auf eine detaillierte Analyse wird in dieser Arbeit verzichtet.

Die Veränderung des Bauwerkszustands kann in der sogenannten *Schadenshistorisierung* nachvollzogen werden. Dabei lassen sich geänderte und gelöschte Schäden parallel zu den aktuellen Schäden anzeigen und nachvollziehen.[248]

Die Aufstellung von *Schadensarbeitslisten* bietet dem Prüfer oder dem Bearbeiter bei Instandsetzungsmaßnahmen die Möglichkeit, checklistenorientiert Schäden zu sichten oder abzuarbeiten (prüfen oder instandsetzen).

Durch die Möglichkeit, *Maßnahmenempfehlungen* abzugeben, kann bereits in Prüfungen auf notwendige Instandsetzungen geschädigter Bauteile hingewiesen werden. Dabei können die Art der Maßnahme angegeben sowie Umfang, Kosten, Dauer und Dringlichkeit abgeschätzt werden. Ein in SIB-Bauwerke integrierter Kostenkatalog bietet zudem die Möglichkeit, auf Grundlage der Schadensart und der angegebenen Menge, die Kosten der Instandsetzung grob zu ermitteln.[249] Über die datentechnische Verknüpfung der empfohlenen Maßnahmen mit den instand zu setzenden Schäden kann automatisiert ein Schadenscontrolling implementiert werden.

Mittels verschiedener Werkzeuge zur *Auswertung von Prüf- und Schadensinformationen sowie von Maßnahmenempfehlungen* können spezielle Komplexauswertungen (z. B. Statusbericht Brückenertüchtigung, Jahresstatistiken, Management von Schwertransporten) durchgeführt und über Export-Schnittstellen externen Programmen zur Verfügung gestellt werden.

3.2   Faktor Mensch

Der Mensch nimmt die zentrale Rolle im Prüf- und Überwachungsprozess von Ingenieurbauwerken nach DIN 1076 ein. Ihm obliegt es, Entscheidungen zu treffen, die als Grundlage für sämtliche Maßnahmen im Erhaltungsmanagement dienen. Nach DIN 1076 sind Bauwerksprüfungen von einem sachkundigen Ingenieur durchzuführen. Dieser muss die Qualifikation besitzen, um den Bauwerkszustand nach den Kriterien Standsicherheit, Verkehrssicherheit und Dauerhaftigkeit beurteilen zu können. Neben der Qualifikation des Ingenieurs beeinflussen dessen Erfahrung, Persönlichkeit, physischer und psychischer Zustand die Bewertungsentscheidungen. Diese sind zusätzlich von äußeren Faktoren der Prüfung (z. B. Wetter, Tageszeit, Prüfdauer) geprägt. In Abbildung 12 sind Merkmale benannt, die die Schadensbewertungen des Prüfers beeinflussen. In der weiteren Betrachtung wird der Mensch als Ingenieur, Persönlichkeit und Entscheidungsträger beurteilt. Dabei werden die vorgestellten Merkmale auf ihren Einfluss innerhalb von Bauwerksprüfungen analysiert und Kriterien zur Reduzierung subjektiver Einflüsse aufgezeigt.

---

[248] Vgl. MERTENS, Hrsg. (2015) Handbuch Bauwerksprüfung, S. 290.
[249] Vgl. MERTENS, Hrsg. (2015) Handbuch Bauwerksprüfung, S. 295.

Abbildung 12: Menschliche Einflussfaktoren auf Entscheidungen in Bauwerksprüfungen[250]

Der Mensch als zentrales Element der Bauwerksprüfung nach DIN 1076 hat für die Zustandsbeurteilung von Ingenieurbauwerken zahlreiche Einzeltätigkeiten unter wechselhaften Bedingungen durchzuführen. Bei den verschiedenen Tätigkeiten (z. B. Sehen, Hören, Lesen, Klettern, Messen, Abschätzen etc.) muss ein Prüfer sein gesamtes Spektrum an Fachkompetenz, körperlicher und geistiger Leistungsfähigkeit einbringen, um den Bauwerkszustand innerhalb der vorgegebenen Prüfanforderungen realistisch beurteilen zu können. Neben den benannten Faktoren prägen auch Erlebnisse und Erkenntnisse aus durchgeführten Bauwerksprüfungen die Bewertungsentscheidungen des Prüfers.[251]

3.2.1 Qualifikation

Die Zustandsbeurteilung von Ingenieurbauwerken ist durch eine qualifizierte Fachkraft vorzunehmen. Diese Fachkraft muss Abweichungen und Veränderungen der Bauwerkskonstruktion vom planmäßigen Sollzustand und zu aktuell geltenden Regelwerken erkennen und beurteilen können. Sie muss weiterhin identifizierte Mängel und Schäden nach den bestehenden Prüfvorschriften bewerten.[252]

Die DIN 1076 fordert, dass Bauwerksprüfungen von einem „[...] sachkundige[n] Ingenieur [...], der auch die statischen und konstruktiven Verhältnisse der Bauwerke beurteilen kann", durchzuführen sind.[253] Darüber hinaus wird in der RI-EBW-PRÜF empfohlen, bei „[...] einer Vergabe

---

[250] In Anlehnung an WELLER (2019) Subjektive Einflüsse bei der Zustandsbewertung von Ingenieurbauwerken, S. 379.

[251] Die Handlung des Entscheidens ist nach dem GABLER Wirtschaftslexikon ein „[...] kognitiver Prozess der Wahl zwischen Alternativen." Vgl. ALISCH et al. (2004) Gabler-Wirtschafts-Lexikon // A-Z, S. 885. In diesem Zusammenhang wird als Bewertungsentscheidung die Aufnahme und Bewertung von Schäden und Mängeln in Bauwerksprüfungen verstanden.

[252] Vgl. BMVBS (2017) Richtlinie zur einheitlichen Erfassung, Bewertung, Aufzeichnung und Auswertung von Ergebnissen von Bauwerksprüfungen nach DIN 1076, S. 6. Abweichungen sind darin als Mängel und Veränderungen als Schäden definiert.

[253] Vgl. DIN 1076:1999-11 Ingenieurbauwerke im Zuge von Straßen und Wegen, S. 3.

von Prüfleistungen an Dritte, nur Prüfer[254] mit der Durchführung der Bauwerksprüfung nach DIN 1076 zu betrauen, die den Lehrgang des VFIB erfolgreich absolviert haben und dieses mit einem gültigen Zertifikat belegen können."[255] Der VFIB vermittelt Ingenieuren in seinem Lehrgangsangebot Theorie-, Grundlagen- und Praxiswissen für die Bauwerksprüfung nach DIN 1076.[256] Das Zertifikat wird im Rahmen einer Prüfung des Grundlehrganges erworben und ist sechs Jahre gültig. Zu dieser Prüfung sind nur Ingenieure zugelassen, die folgende Voraussetzungen erfüllen: [257]

- Universitäts- oder Fachhochschulabschluss des Bauingenieurwesens,

- mindestens fünf Jahre Berufserfahrung im Konstruktiven Ingenieurbau und

- nachweislich Anwendungskenntnisse der Software SIB-Bauwerke.

Das Zertifikat kann auf Antrag um weitere sechs Jahre verlängert werden, wenn der Prüfer während der Zertifikatsgültigkeit mindestens fünf Bauwerke nach DIN 1076 geprüft hat, am Aufbaulehrgang teilgenommen und einen weiteren zweitägigen Weiterbildungskurs des VFIB besucht hat.[258]

Bei Fremdvergaben ist nicht auszuschließen, dass Prüfer ohne die notwendige Qualifikation oder Erfahrung Bauwerksprüfungen durchführen. Zur Reduzierung des Risikos von Fehleinschätzungen des Prüfers bei Bauwerksprüfungen sollte die VFIB-Empfehlung[259] zur Vergabe von Leistungen generell angewendet werden. Überdies sollten nur Ingenieure zur Bauwerksprüfung zugelassen werden, die die Teilnahme am Lehrgang des VFIB mit einem gültigen Zertifikat nachweisen können.

3.2.2   Bewertungsentscheidung

Der Bauwerksprüfer hat unter Beachtung aller Faktoren – aus persönlichen und äußeren Einflüssen – die bei der Bauwerksprüfung auf ihn einwirken, Abweichungen vom Sollzustand (Mängel, Schäden) im vorgegebenen ordinal skalierten Notenbereich[260] zu bewerten. Die Entscheidung für eine Schadensnote zu einem identifizierten Schaden beruht dabei im Wesentlichen auf den vorhandenen Informationen und ihrer Verarbeitung innerhalb der Rechtsvorschriften und der eigenen Persönlichkeit.[261] In Abbildung 13 sind die Einflüsse auf den Entscheidungsprozess bei der Zustandsbeurteilung dargestellt.

---

[254]   Prüfer im Sinne der Regelwerke sind Ingenieure der Bauwerksprüfung. Vgl. BMVBS (2017) Richtlinie zur einheitlichen Erfassung, Bewertung, Aufzeichnung und Auswertung von Ergebnissen der Bauwerksprüfungen nach DIN 1076, S. 5.
[255]   Vgl. BMVBS (2017) Richtlinie zur einheitlichen Erfassung, Bewertung, Aufzeichnung und Auswertung von Ergebnissen der Bauwerksprüfungen nach DIN 1076, S. 5.
[256]   Vgl. VFIB e.V. (2018) Qualifikation, [Stand: 11.10.2018].
[257]   Vgl. VFIB e.V. (2018) Qualifikation, [Stand: 11.10.2018].
[258]   Vgl. VFIB e.V. (2018) Qualifikation, [Stand: 11.10.2018].
[259]   Vgl. VFIB e. V. (2016) Empfehlung zur Leistungsbeschreibung, Aufwandsermittlung und Vergabe von Leistungen der Bauwerksprüfung nach DIN 1076.
[260]   Der ordinal skalierte Notenbereich (= Bewertungsstufen) umfasst die natürlichen Zahlen 0, 1, 2, 3, 4 (siehe Abschnitt 3.4). Vgl. BMVBS (2017) Richtlinie zur einheitlichen Erfassung, Bewertung, Aufzeichnung und Auswertung von Ergebnissen der Bauwerksprüfungen nach DIN 1076, S. 11 ff.
[261]   Vgl. HEINEN (1985) Einführung in die Betriebswirtschaftslehre, S. 51.

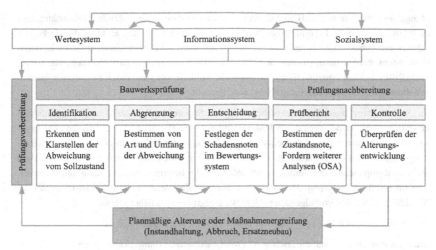

Abbildung 13: Einflussgrößen und Entscheidungsprozess der Zustandsbeurteilung[262]

Entscheidungen, die letztendlich zur Zustandsnote und damit zur Beurteilung des Bauwerkszustandes führen, werden von zahlreichen Einflussgrößen bestimmt. Diese lassen sich in drei Entscheidungsdeterminanten[263] zusammenfassen: „Wertesystem“, „Informationssystem“ und „Sozialsystem“.

Der Begriff „Wertesystem“ beinhaltet alle Regularien und Vorgehensweisen, die bei einer Zustandsbeurteilung zu berücksichtigen sind. Dies betrifft insbesondere die Erhaltungsvorschriften für Ingenieurbauwerke (siehe Abbildung 5), aber auch Vorschriften des Arbeits- und Gesundheitsschutzes[264] oder Verwaltungsvorschriften der Straßenverkehrsordnung.[265] Interpretationsspielräume im Wertesystem führen zu Unsicherheit und tragen damit unmittelbar zu Bewertungsunterschieden bei Bauwerksprüfungen bei.[266] Die zentrale Aufgabenstellung dieser Arbeit ist die Reduzierung subjektiver Einflüsse aus dem Bewertungsverfahrens nach RI-EBW-PRÜF. Damit wird in dieses Wertesystem eingegriffen, um es dem Prüfer zu ermöglichen, Schadensfortschreitungen und -ausbreitungen mit einer separaten Schadensnote erfassen zu können. Außerdem werden Anpassungen im Berechnungsalgorithmus nach HAARDT[267] vorgenommen, um Inkonsistenzen zur Beschreibung der Schadensstufen zu eliminieren (siehe Abschnitt 3.4.3).

Im „Informationssystem“ werden alle Prozesse erfasst, die zur Gewinnung und Verarbeitung von Informationen zum Zwecke der Zustandsbeurteilung in Bauwerksprüfungen beitragen.[268] Ein

---

[262] In Anlehnung an den Entscheidungsprozess in der Unternehmensorganisation nach HEINEN (1985) Einführung in die Betriebswirtschaftslehre, S. 52.
[263] Vgl. HEINEN (1985) Einführung in die Betriebswirtschaftslehre, S. 51.
[264] Zum Beispiel: DGUV (2014) Sicherheitsregeln Brücken-Instandhaltung.
[265] Bei Tätigkeiten die zu Störungen des Straßenverkehrs führen können, sind verkehrsrechtliche Anordnungen nach den Richtlinien für die Sicherung von Arbeitsstellen an Straßen (RSA) einzuholen. Vgl. BMVBS (2017) Richtlinien für die Sicherung von Arbeitsstellen an Straßen.
[266] Siehe „Inhalte mit Interpretationsspielraum“ zu den Regelwerken in den Unterabschnitten zu Abschnitt 2.2.3.
[267] Vgl. HAARDT (1999) Algorithmus zur Zustandsbewertung von Ingenieurbauwerken, S. 39.
[268] Vgl. HEINEN (1985) Einführung in die Betriebswirtschaftslehre, S. 51.

Mangel an Informationen (z. B. unvollständiges Bauwerksbuch oder fehlende Prüfberichte), aber auch eine mangelhafte Informationsaufbereitung (z. B. großer Umfang an Instandsetzungsmaßnahmen mit unbekanntem Bearbeitungsstand) beeinflussen die Zustandsbewertung. Im Informationssystem werden Informationen in Form von Unterlagen (Pläne, Bauwerksakte, Bauwerksbuch, Prüfberichte, Protokolle, Fotos, geografische Modelle, etc.) und durch Fachwissen (Bauunternehmer, Straßenbauverwaltung, Prüfer) bereitgestellt.

Im „Sozialsystem" werden die menschlichen Einflussfaktoren (siehe Abbildung 12) der Entscheidungsträger (Prüfer oder Team von Prüfern) und von den Personen, die Unterlagen oder Fachwissen bereitstellen erfasst. Die vielfältigen Beziehungen der in Interaktion tretenden Entscheidungsträger bilden die Basis für dieses System. Die einzelnen Beteiligten mit ihren jeweiligen sozialen Komponenten bestimmen unmittelbar über die Informationsgewinnung und -verarbeitung im Informationssystem. Mögliche Auswirkungen der menschlichen Einflussfaktoren nach Abbildung 12 werden im Folgenden nochmals aufgegriffen und näher erörtert.

Die *Qualifikation* des Prüfers wurde bereits in Abschnitt 3.2.1 untersucht.

Die *Erfahrung* des Prüfers, die „richtigen" Entscheidungen in Bauwerksprüfungen zu treffen, ist darauf zurückzuführen, wie oft er gleichartige Schäden an Bauwerken in der Vergangenheit ausgewertet hat. So wird ein „erfahrener" Prüfer Schäden in Art und Umfang präziser einschätzen können und für gleichartige Schäden die gleiche Schadensnote vergeben. Bei einem „unerfahrenen" Prüfer sind Bewertungsabweichungen eher wahrscheinlich.

Die *Persönlichkeit* ist ein Untersuchungsgebiet der Persönlichkeitspsychologie. Dabei werden strukturelle und dynamische Zusammenhänge von Persönlichkeitseigenschaften untersucht. In der Literatur existieren unterschiedliche Gliederungen von Persönlichkeitseigenschaften. Eine verständliche Gruppierung bietet NEYER et. al.[269] mit der Unterscheidung in Temperament und interpersonelle Stile,[270] Selbstkonzept und Wohlbefinden, Fähigkeiten, Handlungseigenschaften und Bewertungsdispositionen[271] an. Beispielsweise ist es vorstellbar, dass ein erregter Gemütszustand (Temperament) des Prüfers zum „Übersehen" von kleinen Schäden beiträgt oder dass eine „pedantische" Persönlichkeit (Bewertungsdisposition) zur „Überbewertung" von Schäden mit geringem Ausmaß neigt.

Durch den *physischen und psychischen Zustand* des Prüfers wird die Informationsbeschaffung und Informationsverarbeitung beeinträchtigt. So wird eine körperlich beeinträchtigte Person z. B. feine Risse durch verminderte Sehkraft oder Hohlstellen durch Abklopfen bei vermindertem Hörvermögen weniger präzise erkennen als eine körperlich leistungsfähigere Person. Ebenso kann eine körperliche Schwächung durch Krankheit die Wahrnehmung und das Urteilsvermögen des Prüfers beeinträchtigen und zu Fehlinterpretationen bei der Schadensbewertung führen. Dies trifft gleichermaßen auf die Psyche (geistigen Eigenschaften) des Prüfers zu. Beispielsweise können

---

[269] Vgl. NEYER et al. (2018) Psychologie der Persönlichkeit, S. 135 ff.
[270] Interpersonelle Stile beschreiben die soziale Interaktion zu anderen Personen. Vgl. NEYER et al. (2018) Psychologie der Persönlichkeit, S. 142.
[271] Bewertungsdispositionen werden in Werthaltungen („individuelle Besonderheiten in der Bewertung wünschenswerter Ziele, z. B. Freiheit vs. Gleichheit") und Einstellungen („individuelle Besonderheiten in der Bewertung spezifischer Objekte, z. B. Stahl vs. Beton") unterschieden." Vgl. NEYER et al. (2018) Psychologie der Persönlichkeit, S. 202.

„Kummer und Sorgen" oder „Schicksalsschläge"[272] die Schadenseinschätzung im Vergleich zu einer psychisch stabilen Person beeinträchtigen.

Die *äußeren Einflüsse* während der Bauwerksprüfung wirken zusätzlich zu den persönlichen Einflüssen des Prüfers. Die äußeren Einflüsse sind im Gegensatz zu den persönlichen Einflüssen bei jeder Bauwerksprüfung detailliert planbar.[273] Damit können die äußeren Einflussfaktoren gezielt genutzt werden, um die Informationsgewinnung während der Bauwerksprüfung zu begünstigen. Diesbezügliche Planungsversäumnisse hemmen hingegen die Informationsbeschaffung.[274] Nachfolgend werden die wichtigsten Einflussfaktoren vorgestellt.

Die Wahl der *Tageszeit* zur Durchführung der Prüfung hat Einfluss die Beleuchtungsverhältnisse am Bauwerk und damit auf das optische Erkennen von Schäden. Außerdem wirkt sie auf den Biorhythmus des Menschen, wodurch die Leistungsfähigkeit und Aufmerksamkeit des Prüfers beeinflusst wird (siehe Abbildung 14).

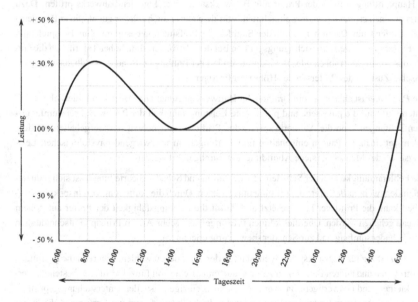

Abbildung 14: Physiologische Leistungskurve des Menschen im Tagesverlauf[275]

---

[272] Schicksalsschläge sind traurige, einschneidende Ereignisse, die das Leben einer Person prägen und verändern. Vgl. Duden (2018) Schicksalsschlag, [Stand: 13.09.2018].

[273] Das Wetter ist nur eingeschränkt planbar. Im jahreszeitlichen Verlauf kann die Temperatur (Hitze, Kälte) und die Niederschlagswahrscheinlichkeit abgeschätzt werden. Die prüftägliche Wettersituation am Standort des Bauwerks kann nur wenige Tage vor der Prüfung relativ sicher prognostiziert werden. Vgl. Deutscher Wetterdienst (2019) Wettervorhersage, [Stand: 27.12.2019].

[274] Die Informationsbeschaffung/-gewinnung bei Bauwerksprüfungen besteht aus der Schadensidentifikation und der Beurteilung von Ursachen, Ausmaß und des Einflusses auf das Bauteil und das Bauwerk zu den Kriterien Standsicherheit, Verkehrssicherheit und Dauerhaftigkeit.

[275] In Anlehnung an GRAF (1960) Arbeitsphysiologie, S. 16 und SEIWERT (2018) Das 1 x 1 des Zeitmanagements, S. 50.

Beispielsweise wird die Schadenserkundung bei Prüfungen in der Nacht (Ursache: hohes Verkehrsaufkommen am Tag) durch das reduzierte Leistungsvermögen ungünstig beeinflusst. Außerdem können bei Nachtprüfungen Mängel in der Ausleuchtung von Bauwerksteilen zu Interpretationsfehlern von Schäden führen.

Das *Wetter* beeinflusst den physischen und psychischen Zustand des Prüfers und die Bauwerkseigenschaften zum Zeitpunkt der Bauwerksprüfung. Zum Beispiel können extreme Temperaturen beim Prüfer zum Frieren oder zu starkem Schwitzen führen und damit dessen Leistungsfähigkeit herabsetzen. Überdies können die Wetterbedingungen Schadensbilder optisch verändern (z. B. gute Rissabzeichnung nach Regen oder bei hoher Luftfeuchte)[276] und damit das visuelle Auffinden und die Beurteilung des Ausmaßes von Schäden beeinflussen. Mit den aktuellen Prognosemodellen für die Wettervorhersage in Deutschland können relativ sichere Vorhersagen für einige Tage im Voraus getroffen und Unsicherheiten abgeschätzt werden.[277]

In Hauptprüfungen muss der Prüfer alle Bauwerksteile eines Ingenieurbauwerks prüfen. Dazu muss er einen sicheren *Standort* einnehmen, von dem aus er auch schwer zugängliche Bauwerksteile prüfen kann. Damit wird durch den Standort die Prüfsituation bestimmt. Zum Beispiel kann der Einsatz von Unterflurbesichtigungsgeräten bei der Überbauprüfung hoher Talbrücken die Gefahr des Absturzes erhöhen oder Behinderungen bei der Prüfung (z. B. hohe Windbelastung, psychischer Zustand des Prüfers in der Höhe) begünstigen.

Die *Prüfdauer* ist abhängig vom Umfang der Bauwerksprüfung. Die Dauer kontinuierlicher Prüfzeiten wirkt auf die physische und psychische Leistungsfähigkeit der Prüfer. Bei sehr umfänglichen Prüfungen kann die Aufmerksamkeit des Prüfteams auf hohem Niveau gehalten werden, indem regelmäßige Pausen eingehalten und Prüfungen im überwiegend physiologischen Leistungshoch des Menschen (siehe Abbildung 14) durchgeführt werden.

Die Fehleranfälligkeit bei der Schadensidentifikation und Schadensbeurteilung lässt sich reduzieren, indem weitere *Beteiligte* die Prüfung unterstützen. Durch die Aufteilung von Inspektionsaufgaben kann die Prüfdauer herabgesetzt und damit die Leistungsfähigkeit der Prüfer auf hohem Niveau gehalten werden. Überdies können Prüfungen im „Mehr-Augen-Prinzip" Entscheidungen zum Schadensumfang und zur Schadensbewertung erleichtern.

Die *Ausrüstung* für Bauwerksprüfungen ist nach dem Prüfziel zu wählen. Während die Prüfungen bei größeren und älteren Bauwerken zumeist aus einer Reihe von Einzelprüfungen bestehen, werden kleinere und neuwertigere Bauwerke oft in einer einzigen visuellen Untersuchung geprüft.[278] Für die verschiedenen Prüfziele stehen unterschiedliche Prüfverfahren zur Verfügung, die in Art und Umfang an die jeweilige Aufgabenstellung und den Bauwerkszustand anzupassen sind. Die visuelle Inspektion bildet dabei stets die Grundlage für weitere aufwendigere Prüfverfahren (z. B. Endoskopie, Probebelastungen, Materialentnahme). Die wesentliche Ausrüstung für visuelle Inspektionen besteht neben dem Auge des Prüfers aus: Zugangstechnik (Hubsteiger, Gerüste, Befahrgeräte), Metermaß, Hammer, Risslineal oder Risslupe, Thermometer und Kamera. Die „Standardausrüstung" des Prüfers bei visuellen Prüfungen hat damit keinen Einfluss auf die Bewertung

---

[276] Vgl. MEHLHORN et al. (2014) Handbuch Brücken, S. 1195 ff.
[277] Wetterprognosen werden aus der Kombination numerischer Modelle und meteorologischer Fachverfahren (z. B. Satellitenverfahren, Radarverfahren) erstellt. Vgl. Deutscher Wetterdienst (2019) Wettervorhersage, [Stand: 27.12.2019].
[278] Vgl. MEHLHORN et al. (2014) Handbuch Brücken, S. 1194 ff.

von Bauwerksschäden. Lediglich die Handhabung der Ausrüstung kann bei unerfahrenen Prüfern zu Fehleinschätzungen führen.

3.3 Faktor Bauwerkszustand

Jedes errichtete Bauwerk steht in Interaktion mit den spezifischen Nutzungs- und Umweltbedingungen am Errichtungsort. Dadurch unterliegen Bauwerke in ihrer Nutzungsphase einer ständigen Abnutzung, sei es durch Witterungseinflüsse oder das Nutzerverhalten. Der Bauwerkszustand von Ingenieurbauwerken wird darüber hinaus in besonderem Maße von der Planungs- und Errichtungsphase „vorprogrammiert".[279] So ziehen nicht nur Planungs- und Ausführungsfehler eine hohe Abnutzung bzw. hohes Schadensaufkommen nach sich, ebenso beeinflussen die geplante Baukonstruktion und die ausgeführte Bauqualität das Abnutzungsverhalten in der Nutzungsphase.

3.3.1 Alterung und Abnutzung

Die Nutzungsdauer von Bauwerken wird von der Sicherheit für den Nutzer bestimmt. Denn nur sichere Bauwerke (siehe Abschnitt 2.2.3) gewährleisten die Unversehrtheit des Nutzers. Die Abnutzung mit zunehmendem Bauwerksalter hat dabei viele Ursachen. PÖTZL beispielsweise beschreibt diesen Zusammenhang von Ursachen und Auswirkungen auf den Bauwerkszustand wie in Abbildung 15 dargestellt. Dabei werden Gefährdungen für den Nutzer als initiiertes Risiko aus Schäden und Mängeln am Bauwerk angesehen.[280]

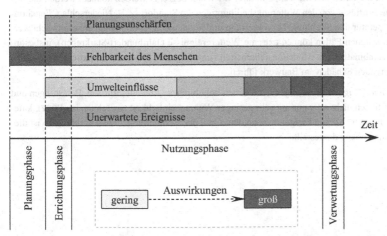

Abbildung 15: Gefährdungsursachen und -auswirkungen im Lebenszyklus von Bauwerken[281]

---

[279] Vgl. PÖTZL (1996) Robuste Brücken, S. 20 ff.
[280] Vgl. PÖTZL (1996) Robuste Brücken, S. 20 f.
[281] In Anlehnung an PÖTZL (1996) Robuste Brücken, S. 21.

Als *Planungsunschärfen* sind alle Modellvereinfachungen zur Berechnung, Bemessung und konstruktiven Durchbildung des Bauwerks zu verstehen.[282] Alle Annahmen, die in der Planungsphase getroffen werden, können die physikalische Realität nur abstrahiert und modellhaft abbilden.[283] Damit beinhalten sie zwangsläufig Unsicherheiten, die bei Eintreten zu Gefährdungen am Bauwerk führen können.

Die *Fehlbarkeit des Menschen* kann bewusst oder unbewusst zu Schäden am Bauwerk und damit zu Gefährdungen für den Nutzer führen. Unbewusste Fehlhandlungen resultieren aus Irrtümern, Unkenntnis, mangelnder Fachkompetenz oder Vergesslichkeit. Bewusstes Fehlverhalten entsteht durch Nachlässigkeit oder Ignoranz bis hin zu Sabotage.[284, 285] Die Auswirkungen von Planungs- und Ausführungsfehlern können die Schadensanfälligkeit von Bauwerken erheblich vergrößern und die Nutzungsdauer stark herabsetzen.

Umwelteinflüsse beeinträchtigen die Dauerhaftigkeit von Bauwerken. Sie wirken bereits in der Errichtungsphase auf das Bauwerk, zum Teil auch auf Bauteile, die in der anschließenden Nutzungsphase vor diesen weitestgehend geschützt sind (z. B. Feuchtigkeitseintrag). Je weiter die Abnutzung des Bauwerks vorangeschritten ist, desto größer werden die Auswirkungen durch Witterungseinflüsse, insbesondere auf die geschädigten Bauteile (z. B. freiliegende Bewehrung). Umwelteinflüsse sind entweder vom Menschen verursacht (anthropogen) oder durch die klimatischen und chemisch-biologischen Bedingungen am Errichtungsort geprägt.[286] Anthropogene Einflüsse sind beispielsweise der Tausalzeintrag auf den Fahrbahnbelag und die damit verbundenen Auswirkungen durch Frost-Tau-Wechsel oder Sprühnebel. Im Gegensatz zu den anthropogenen Einflüssen, die durch den Menschen in ihrer Intensität begrenzt werden können, werden die klimatischen Einflüsse von den Witterungsbedingungen am Standort (z. B. Niederschlag, Feuchtigkeit, Temperatur und Strahlung) hervorgerufen und können damit nur bedingt abgeschwächt werden.[287] In seltenen Fällen können extreme Wetterereignisse (Jahrhundert-Starkregen), insbesondere in Kombination mit Modellunsicherheiten (ungenügende Reserven für extremen Lastfall), zu gravierenden Schäden am Bauwerk führen.

Unerwartete Ereignisse sind all jene, mit denen bei üblichen Umwelteinflüssen, Belastungen und Nutzerverhalten nicht oder nur mit sehr geringer Wahrscheinlichkeit zu rechnen ist. PÖTZL kategorisiert die unerwarteten Ereignisse nach dem Grad der Vermeidung.[288] In Abbildung 16 ist dieser Zusammenhang dargestellt.

---

[282] Vgl. PÖTZL (1996) Robuste Brücken, S. 21.
[283] Vgl. KRÄTZIG et al. (1997) Tragwerke 3, S. 2.
[284] Vereinfacht abgeleitet aus der Fehlerklassifikation nach REASON (2009) Human error, S. 10 ff.
[285] Vgl. PÖTZL (1996) Robuste Brücken, S. 22 f.
[286] Vgl. PÖTZL (1996) Robuste Brücken, S. 25 ff.
[287] Vgl. PÖTZL (1996) Robuste Brücken, S. 25.
[288] Vgl. PÖTZL (1996) Robuste Brücken, S. 29 f.

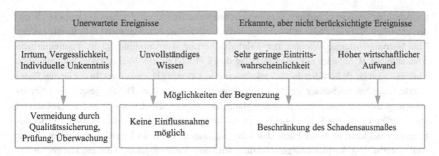

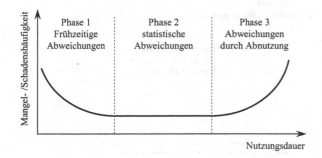

Abbildung 16:   Ursachen und Vermeidungseinfluss für unerwartete Ereignisse[289]

Bauwerke sind während ihrer Nutzungszeit zahlreichen Beanspruchungen ausgesetzt. Diese Beanspruchungen haben Auswirkungen auf die Schadens- und Abnutzungsanfälligkeit (Abweichungen vom geplanten Sollzustand). Anhand der im Maschinenbau bekannten und durch DE KRAKER et al.[290] auf das Bauwesen übertragenen „Badewannenkurve" lässt sich die Schadens- und Abnutzungsanfälligkeit beschreiben. Die Anfälligkeit für Schäden ist vom Bauwerksalter abhängig und kann grundsätzlich in drei Nutzungsphasen unterschieden werden.[291] In Abbildung 17 ist der Zusammenhang zwischen Mangel-/Schadenshäufigkeit und Nutzungsdauer dargestellt.

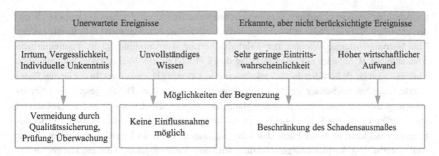

Abbildung 17:   Schadensverhalten von Bauwerken („Badewannenkurve")[292]

Phase 1 beginnt mit einem hohen Maß an Abweichungen, die vornehmlich aus Mängeln im Planungs- und Herstellungsprozess resultieren. Nachdem diese Mängel und Schäden in der ersten Nutzungsphase instandgesetzt sind, fällt die Schadenshäufigkeit stark ab.[293] In Phase 2, dem größ-

---

[289]   Vgl. PÖTZL (1996) Robuste Brücken, S. 30.
[290]   Vgl. DE KRAKER et al. (1982) Safety, Reliability and Service Life of Structures, S. 16 f.
[291]   Vgl. O'CONNOR (1981) Practical Reliability Engineering, S. 8 ff.
[292]   In Anlehnung an die Abbildung von BERTSCHE (1989) Zur Berechnung der System-Zuverlässigkeit von Maschinenbau-Produkten, S. 30.
[293]   Der Übergang zwischen Phase 1 und Phase 2 im Nutzungszeitraum wird bestmöglich durch das Gewährleistungsende eines Bauwerks definiert. Mit der Instandsetzung von Mängeln/Schäden aus der H_1-Prüfung werden Mängel/Schäden der Herstellung und aus der ersten Nutzungsphase (z. B. Setzungen) dokumentiert und beseitigt.

ten Abschnitt der Nutzungsdauer, bleibt die Schadenshäufigkeit vergleichsweise konstant. Schäden entstehen in dieser Phase durch mangelhafte Unterhaltungsmaßnahmen (z. B. Reinigung der Entwässerungssysteme, Wartung der Fahrbahnübergangskonstruktionen), die kontinuierliche Abnutzung (z. B. Schäden am Fahrbahnbelag durch Frost-Tausalz-Wechsel) oder unplanmäßige Einwirkungen (z. B. Schäden durch Verkehrsunfälle, extremes Hochwasser). In der letzten Phase (Phase 3) der Nutzungsdauer steigt die Schadenshäufigkeit stark an. Die fortgeschrittene Abnutzung sorgt dafür, dass sich der Schadensumfang vorhandener Schäden aus Phase 2 vergrößert und mit einer Zunahme der Schadensanzahl zu rechnen ist. Selbst durch einen erhöhten Unterhaltungsaufwand kann in dieser Phase das Schadensausmaß kaum noch verringert werden.[294] Zur Aufrechterhaltung der planmäßigen Nutzung wird eine Vollerneuerung oder ein kompletter Ersatzneubau erforderlich.[295]

3.3.2 Schadensverläufe

In diesem Abschnitt wird ein Überblick über die häufigsten Schäden an Brückenkonstruktionen und die zugehörigen Schadensursachen am Beispiel von Beton- und Spannbetonkonstruktionen gegeben.[296] In Abbildung 18 ist die prozentuale Verteilung aller Teilbauwerke an Bundesfernstraßen nach der Bauart dargestellt. Die Statistik zeigt, dass in Deutschland Brückenbauwerke an Bundesfernstraßen zu 88 % aus Stahlbeton- oder Spannbeton bestehen.

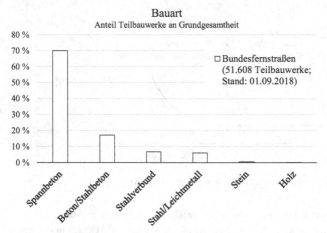

Abbildung 18: Prozentuale Verteilung der Teilbauwerke nach Bauart[297]

---

[294] Vgl. Pötzl (1996) Robuste Brücken, S. 20.
[295] Vgl. Beck et al. (2013) Instandhaltungsstrategien als Basis für die ganzheitliche Bewertung von Stahl- und Verbundbrücken nach Kriterien der Nachhaltigkeit, S. 6 f.
[296] In dieser Arbeit liegt der Fokus auf Brückenschäden. Andere Ingenieurbauwerke im Zuge von Wegen und Straßen sind aber in gleichem Maße von den vorgestellten Schädigungen betroffen. Eine detaillierte Untersuchung für andere Ingenieurbauwerke wird in dieser Arbeit nicht durchgeführt.
[297] Vgl. Bundesanstalt für Straßenwesen (2018) Brücken an Bundesstraßen, Brückenstatistik 09/2018, [Stand: 07.06.2019].

Das Wissen um die typischen Schwachstellen hilft, Schäden in Bauwerksprüfungen zu identifizieren und mit korrekten Schadensbeispielen nach RI-EBW-PRÜF zu bewerten. Durch dieses grundlegende Fachwissen können fehlerhafte Bewertungsentscheidungen des Prüfers reduziert werden (siehe Abschnitt 3.2.1 – Qualifikation des Prüfers).

Ein Großteil der Mängel/Schäden an Brücken aus Beton beeinträchtigt die Dauerhaftigkeit und bei fortgeschrittener Einwirkung auch die Standsicherheit der Konstruktion. Wesentliche Schadensschwerpunkte bei Stahlbeton- und Spannbetonbrücken sind *Schädigungen des Betons*, die *Korrosion der Bewehrung* sowie *Schäden an Lagern, an Fahrbahnübergangskonstruktionen* und *am Fahrbahnbelag*. In den folgenden Abschnitten werden diese wesentlichen Material- und Bauteilschädigungen vorgestellt. Auf die Untersuchung aller weiteren nachrangigen Schädigungen an Baumaterialien (z. B. Stahl, Stein, Holz) und an Bauteilen (z. B. Abdichtung, Böschung, Geländer, usw.) wird in dieser Arbeit verzichtet.

3.3.2.1 Schädigungen des Betons

Schädigungen des Betons tragen maßgeblich zur Korrosion der Bewehrung bei. Im Wesentlichen sind dies: *Risse im Beton*, die *Karbonatisierung* und der im Beton vorhandene sowie eingetragene *Chloridgehalt*.

Risse entstehen, wenn die Zugfestigkeit des Betons[298] überschritten wird. Folgende Rissarten können unterschieden werden:[299, 300]

- *Spannungsrisse:* Betonzugfestigkeit wird durch Lasten, Verformungen und infolge der Verarbeitung sowie der Eigenschaften des Betons überschritten (z. B. Belastung, Setzung, Schwinden, Kriechen, Temperaturänderung),

- *Hydratationsrisse:* Temperaturunterschiede zwischen Kern und Oberfläche durch Hydratationswärmeentwicklung,

- *Sprengrisse:* Volumenvergrößerung durch Korrosion der Bewehrung (Korrosionssprengrisse) oder durch Eisbildung vorhandenen Wassers im Beton (Frostsprengrisse).

Bei Rissbreiten größer 0,4 mm ist davon auszugehen, dass durch die Kerbwirkung Risse bis zur Bewehrung vordringen und dadurch kein ausreichender Korrosionsschutz gewährleistet ist.[301] In den Schadensbeispielen der RI-EBW-PRÜF werden deshalb Trennrisse mit Rissbreiten > 0,4 mm als Schaden mit Standsicherheitsgefährdung (S > 0) bewertet.[302]

Die *Karbonatisierung* ist ein chemischer Prozess, bei dem das durch Zementhydratation entstehende Kalziumhydroxid $Ca(OH)_2$ im Beton mit Kohlendioxid CO_2 zu Kalziumkarbonat $CaCO_3$ reagiert. Das gasförmige Kohlendioxid gelangt dabei durch Diffusion aus luftgefüllten Poren des

---

[298] Der Nachweis von Stahl- und Spannbeton erfolgt mit der Annahme, dass der Beton keine Zugkräfte übernehmen kann und diese komplett der Bewehrung zugeordnet werden. Vgl. MEHLHORN et al. (2014) Handbuch Brücken, S. 1167.

[299] Vgl. NÜRNBERGER (1995) Korrosion und Korrosionsschutz im Bauwesen, S. 18 ff.

[300] Vgl. Deutscher Beton- und Bautechnik-Verein e. V. (2006) Merkblatt Rissbildung, Begrenzung der Rissbildung im Stahlbeton- und Spannbetonbau, S. 6 ff.

[301] Vgl. MEHLHORN et al. (2014) Handbuch Brücken, S. 1168.

[302] Vgl. BMVBS (2017) Richtlinie zur einheitlichen Erfassung, Bewertung, Aufzeichnung und Auswertung von Ergebnissen der Bauwerksprüfungen nach DIN 1076, Anlage S. 3 ff.

Zementsteins oder durch Fehlstellen an der Oberfläche (Risse) in den Beton.[303] Kann in oberflä-
chennahen Bereichen des Betons kein Kalziumhydroxid mehr nachgelöst werden, dringt die Karbonatisierung tiefer in den Beton ein.[304] Die Karbonatisierung ist im Beton unerwünscht, da sie
die alkalische Umgebung des Zementsteins herabsetzt. Dadurch geht die Passivierung auf der
Oberfläche des eingebetteten Betonstabstahls verloren und die Korrosion der Bewehrung beginnt.
In Abbildung 19 ist dieser Zusammenhang anhand der pH-Skala dargestellt. Die Zerstörung der
Passivschicht (Oxidschicht) um die Stahlbewehrung setzt bei pH-Werten kleiner 10 ein. Vollständig karbonatisierter Beton weist einen pH-Wert von 8,3 auf.[305]

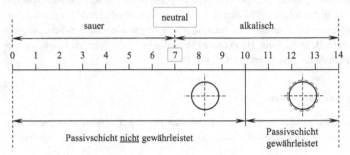

Abbildung 19: Passivschicht der Stahlbewehrung nach pH-Skala

Der Karbonatisierungsfortschritt und die Karbonatisierungstiefe werden maßgeblich durch die
Betoneigenschaften und die Umgebungsbedingungen beeinflusst. Ein hoher Wasserbindemittel-
wert begünstigt die Porosität des Zementsteins. Durch eine unzureichende Verdichtung entstehen
Hohlstellen im Gefüge und eine mangelhafte Nachbehandlung führt zu Oberflächenrissen. Wie
schnell die Karbonatisierung abläuft, hängt maßgeblich von der Oberflächenfeuchtigkeit ab. Bei
einer relativen Luftfeuchtigkeit kleiner 30 % und bei vollständig wassergesättigtem Beton wird
die Karbonatisierung weitestgehend verhindert.[306] Die Geschwindigkeit der Karbonatisierung beträgt in Mitteleuropa maximal einen Millimeter pro Jahr und kann nach DIN EN 14630 mit der
Phenolphthalein-Prüfung bestimmt werden.[307] Die Karbonatisierungstiefe wird in den Schadensbeispielen der RI-EBW-PRÜF durch die Herabsetzung der Dauerhaftigkeitsbewertung von D = 1
bis D = 3 berücksichtigt.[308]

Der *Eintrag von Chloriden* z. B. aus Tausalzen (NaCl und CaCl₂) in den Betonkörper führt beim
Überschreiten einer kritischen Konzentration im Bereich der Bewehrung zur Korrosion. Der
Chlorideintrag in eine bereits ablaufende Korrosion im karbonatisierten Bereich beschleunigt die-
sen Prozess erheblich.[309] Die Chloridkorrosion wird durch Schwachstellen im Beton (Risse, hohe

303 Vgl. MERTENS, Hrsg. (2015) Handbuch Bauwerksprüfung, S. 217 f.
304 Vgl. MEHLHORN et al. (2014) Handbuch Brücken, S. 1170.
305 Vgl. MEHLHORN et al. (2014) Handbuch Brücken, S. 1170.
306 Vgl. MERTENS, Hrsg. (2015) Handbuch Bauwerksprüfung, S. 217 f.
307 Vgl. DIN EN 14630:2007-01 Produkte und Systeme für den Schutz und die Instandsetzung von Be-
      tontragwerken - Prüfverfahren - Bestimmung der Karbonatisierungstiefe im Festbeton mit der Phe-
      nolphthalein-Prüfung, S. 4 ff.
308 Vgl. BMVBS (2017) Richtlinie zur einheitlichen Erfassung, Bewertung, Aufzeichnung und Auswer-
      tung von Ergebnissen der Bauwerksprüfungen nach DIN 1076, siehe Anlagen, S. 2 ff.
309 Vgl. MEHLHORN et al. (2014) Handbuch Brücken, S. 1169.

Kapillarporosität), Betonierfehler (schlechte Verdichtung, unzureichende Nachbehandlung) und eine mangelhafte Betondeckung (geringe Dichtigkeit, Unterschreitung der Mindestdicke) begünstigt.[310] Da diese ungünstigen Abweichungen niemals gänzlich ausgeschlossen werden können und eine hohe Gefährdung der Dauerhaftigkeit darstellen, sind zusätzliche konstruktive Schutzmaßnahmen erforderlich.[311] Die Abdichtung des Brückenüberbaus bietet Schutz gegen chemische und physikalische Einwirkungen, die Brückenentwässerung leitet kontaminiertes Wasser schadensfrei vom Bauwerk ab und wasserdichte Fahrbahnübergänge verhindern den Chlorideintrag im Fugenbereich des Brückenüberbaus. In Bauwerksprüfungen ist deshalb besonders auf die Funktionsfähigkeit der Entwässerung und die Dichtigkeit von Fahrbahnübergängen zu achten. Weiterhin sind Risse im Fahrbahnbelag kritisch zu bewerten, da bei beschädigter Abdichtung chloridhaltiges Wasser über Risse im Beton bis an die Tragbewehrung (ggf. Spannglieder) gelangen kann.[312] Bei Verdacht eines hohen Chlorideintrages in den Beton können im Rahmen der Bauwerksprüfung Baustoffproben (i. d. R. Bohrmehl) zur Bestimmung des Gesamtchloridgehalts entnommen werden.[313] Bei Chloridkonzentrationen ab 0,5 Masse-%, bezogen auf den Zementgehalt, ist mit einer Korrosionsgefährdung der Stahlbewehrung zu rechnen.[314]

3.3.2.2 Korrosion der Bewehrung

Die Korrosion der Bewehrung ist eine Folge des Verlustes der Alkalität des umschließenden Betonkörpers und der damit verbundenen Zerstörung der Passivschicht um die Stahlbewehrung. Verantwortlich dafür sind die Karbonatisierung, der Eintrag von korrosionsfördernden Substanzen (z. B. Tausalze) und mechanische Verletzungen des Betons (z. B. Risse, Anprallschäden).[315]

Durch den Prozess der Korrosion verringert sich der Bewehrungsquerschnitt und durch die Volumenvergrößerung der Abbauprodukte (Eisenoxid und Eisenhydroxid) platzt die Betondeckung ab.[316] Der Verlust der schützenden Betondeckung beschleunigt die Korrosion erheblich und schwächt das Tragverhalten des Bauwerks. Je nach Ausprägung und Fortschritt können Schäden durch Korrosion mit der gesamten Bewertungsbandbreite nach RI-EBW-PRÜF bewertet werden.[317]

---

[310] Für Korrosionsschäden sind neben einem Chloridgehalt auch ein ausreichender Sauerstofftransport und Feuchtigkeit an der Bewehrung erforderlich. Vgl. STARK et al. (2013) Dauerhaftigkeit von Beton, S. 276 ff.

[311] Vgl. MEHLHORN et al. (2014) Handbuch Brücken, S. 1169 f.

[312] Vgl. MEHLHORN et al. (2014) Handbuch Brücken, S. 1170.

[313] Vgl. Deutscher Ausschuss für Stahlbeton e. V. (DAfStb) (1989) Anleitung zur Bestimmung des Chloridgehaltes von Beton, Heft 401, S. 3 ff.

[314] Vgl. STARK et al. (2013) Dauerhaftigkeit von Beton, S. 280.

[315] Vgl. MEHLHORN et al. (2014) Handbuch Brücken, S. 1173.

[316] Vgl. SCHULZ (2015) Architektur von Bauschäden, S. 227 f.

[317] Zum Beispiel ist eine starke Querschnittsminderung der Bewehrung mit Kerbwirkung an den Hauptbauteilen, bei einer Schwächung von > 30 % mit S = 2 – 4 und D = 4 zu bewerten (Schadensbeispiel-Nr. 030-03). Vgl. BMVBS (2017) Richtlinie zur einheitlichen Erfassung, Bewertung, Aufzeichnung und Auswertung von Ergebnissen der Bauwerksprüfungen nach DIN 1076, siehe Anlage, S. 1 ff.

3.3.2.3 Schäden an Lagern

Die Aufgabe von *Brückenlagern* ist es, die Lasten aus dem Eigengewicht des Überbaus, der Verkehrslast und den Bewegungen durch Längenänderungen des Überbaus aus Temperaturschwankungen zwängungsfrei in den Unterbau zu übertragen. Dadurch sind Brückenlager hohen Belastungen ausgesetzt und zählen zu den Verschleißteilen einer Brücke.[318] Aus den unterschiedlichen Anforderungen der Lastübertragung (übertragbare Kräfte, Verschiebungen, Verdrehungen) resultieren verschiedene Lagerarten. Dazu zählen die Rollenlager, Topflager, Punktkipp-Gleitlager, Verformungslager, Verformungsgleitlager, Kalottenlager und Sonderkonstruktionen.[319] Auf die Beschreibung der Konstruktionen und Funktionsweisen der verschiedenen Lagerarten wird in dieser Arbeit nicht eingegangen. Nachfolgend werden nur typische Mängel und Schäden an Brückenlagern und deren Ursachen vorgestellt. Lagerschäden werden in der Regel bei Inspektionen im Rahmen von Bauwerksprüfungen nach DIN 1076 erfasst. In den Prüfungen sind Lager auf Funktion (Beweglichkeit, Dichtigkeit u. a.) und Zustand (Korrosion, Verformungen, Geräuschentwicklung u. a.) zu prüfen.[320] Typische Schäden für o. g. Lagerarten sind Tabelle 8 zu entnehmen.

Tabelle 8:   Typische Schäden und Mängel an Brückenlagern[321]

Lagerart	Lagerschaden (Schadensursache)
Rollenlager	- Bruch von Edelstahlrollen (Sprödbruch durch dauerhafte Lasteinwirkung) - Gefahr des Abrollens (zu kurze Lagerwege) - Verschleiß von Konstruktionsteilen (hohe dynamische Belastungen) - Korrosion von Lagerteilen (mangelhafter Korrosionsschutz)
Topflager Punktkipp-Gleitlager	- Herausrutschen des Elastomerkissens (Versagen des Halterings) - Abrieb an der Kunststoffscheibe PTFE[322] (Überbaubewegungen) - Reißen oder Herausrutschen der Kunststoffscheibe PTFE (Überbeanspruchung, einseitige Belastung, mangelhafter Einbau) - zu geringer Gleitspalt (als Folge des Abriebs)
Verformungslager	- horizontale Risse im Elastomer (Überbelastung, schadhafte Rezeptur) - klaffende Fuge zwischen Lager und Ankerplatte (Überschreitung der zulässigen Verdrehung, große Horizontalverschiebungen) - extreme Schiefstellung (große Horizontalverschiebungen) - Korrosion von Deck- und Stahlblechen (mangelhafte Herstellung, Risse im Elastomer)
Verformungsgleitlager	- Schäden sind analog den Verformungslagern - Gegenüber den Verformungslagern wird ein zusätzlicher Gleitteil als PTFE-Scheibe oberhalb des Elastomers angeordnet, wodurch größere horizontale Bewegung aufgenommen werden können. Als Folge sind Schäden in Analogie zu den Topflagern vorzufinden.
Kalottenlager	- Abrieb der Kunststoffscheibe PTFE (Überbaubewegungen, Drehung der Kalotte) - Reißen oder Herausrutschen der Kunststoffscheibe PTFE (Überbeanspruchung, einseitige Belastung, mangelhafter Einbau) - zu geringer Gleitspalt (als Folge des Abriebs)

---

[318]   Vgl. MERTENS, Hrsg. (2015) Handbuch Bauwerksprüfung, S. 115.
[319]   Vgl. MEHLHORN et al. (2014) Handbuch Brücken, S. 640 ff. und MERTENS, Hrsg. (2015) Handbuch Bauwerksprüfung, S. 115.
[320]   Vgl. DIN 1076:1999-11 Ingenieurbauwerke im Zuge von Straßen und Wegen, S. 4 Abschnitt 5.2.7.
[321]   Zusammenstellung aus den Beschreibungen nach MERTENS, Hrsg. (2015) Handbuch Bauwerksprüfung, S. 115 ff.
[322]   PTFE = Polytetrafluoräthylen.

Lager sind nach den jeweiligen Zulassungsvorschriften zu prüfen und nach DIN 1076, Abschnitt 5.2.7 im Prüfbericht zu dokumentieren. Dabei sind insbesondere Anzeigevorrichtungen abzulesen und Lagerstellungen sowie Gleit- und Kippspalte zu messen.[323] Darüber hinaus sind in der DIN EN 1337, Teil 10 allgemeine Anforderungen für spezielle Kontrollen der vorgestellten Lagerarten definiert und es werden Mustervorschläge zur Dokumentation unterbreitet.[324] Schadensbeispiele zur Bewertung von Lagerschäden sind in den Beispiel-IDs 210-00 bis 214-10 des Anhangs zur RI-EBW-PRÜF enthalten.[325]

3.3.2.4 Schäden an Fahrbahnübergangskonstruktionen

Fahrbahnübergangskonstruktionen (Üko) gleichen Bewegungen des Überbaus zur angrenzenden Straßenfläche aus. Durch Temperaturschwankungen und die Verkehrsbelastung wird der Brückenüberbau in Längsrichtung gedehnt oder geschrumpft. Der Ausgleich des resultierenden Dehnweges muss von der Fahrbahnübergangskonstruktion aufgenommen werden. Aufgrund der permanenten Beanspruchung durch den Verkehr sind Fahrbahnübergangskonstruktionen die am höchsten beanspruchten Bauteile von Brücken.[326] Fahrbahnübergänge werden in bituminöse, in wasserdurchlässige und in wasserdichte Konstruktionen unterschieden.

Die bituminösen Fahrbahnübergänge kommen bei sehr kurzen Dehnwegen (bis max. 25 mm) zum Einsatz und bieten den höchsten Komfort beim Überfahren. Risse sind die häufigste Schadensart, die bei eindringendem Wasser und Tausalz zu Schäden an der Überbauplatte führen können.[327]

Wasserdurchlässige Fahrbahnübergänge wie der Rollverschluss, der Fingerübergang, die Dreiecksplattenkonstruktion und die Schleppblechkonstruktion werden aufgrund ihrer Wasserdurchlässigkeit und der damit einhergehenden Korrosionsgefahr der Unterkonstruktion kaum noch eingesetzt. Sie sind aber in älteren Brücken noch häufig anzutreffen. Derzeit werden regulär nur noch wasserdichte Fahrbahnübergänge, wie ein- und mehrschlaufige Lamellenkonstruktionen und Mattenkonstruktionen, eingesetzt.[328] In Tabelle 9 sind für die benannten Konstruktionen typische Schäden und Mängel beschrieben.

---

[323] Vgl. DIN 1076:1999-11 Ingenieurbauwerke im Zuge von Straßen und Wegen, S. 4.
[324] Vgl. DIN EN 1337-10:2003-11 Lager im Bauwesen, Teil 10: Inspektion und Instandhaltung.
[325] Vgl. BMVBS (2017) Richtlinie zur einheitlichen Erfassung, Bewertung, Aufzeichnung und Auswertung von Ergebnissen der Bauwerksprüfungen nach DIN 1076, S. 51 f.
[326] Vgl. MERTENS, Hrsg. (2015) Handbuch Bauwerksprüfung, S. 110.
[327] Vgl. MEHLHORN et al. (2014) Handbuch Brücken, S. 1133 ff.
[328] Vgl. MERTENS, Hrsg. (2015) Handbuch Bauwerksprüfung, S. 110 ff. entnommen.

Tabelle 9:   Typische Schäden und Mängel an Fahrbahnübergängen[329]

Art der Üko	Schaden (Schadensursache)
Wasserdurchlässige Fahrbahnübergänge	- ausgeschlagene oder gebrochene Bolzen zwischen Gleitplatten und gelockerte oder gerissene Verankerungsschrauben (Vibrationen, Dauerbelastung) - Riefenbildung auf dem Gleitbock und Absacken der Deckplatte (Dauerbelastung) - Korrosion der Unterkonstruktion (Wasser- und Tausalzeintrag, verstopfte Abflussrinne im Widerlager) - Auskragungen über Fahrbahnoberkante (mangelhafter Einbau, Setzungen)
Wasserdichte Fahrbahnübergänge	- beschädigte Dichtprofile (seitliche Verankerung zu schwach ausgebildet, - gelockerte Befestigungselemente (Dauerbelastung) - abgerissene Verankerungen (Dauerbelastung, Vibrationen) - ungleich breite Dehnspalte (ungleiche Belastung, mangelhafter Einbau, Versagen der Unterkonstruktion durch Dauerbelastung) - verschobene Gleitlager (unzureichende Befestigung) - gebrochene Quer- bzw. Längstraversen (Materialfehler, Dauerbelastung) - Auskragungen über Fahrbahnoberkante (mangelhafter Einbau, Setzungen)

Zur Bewertung von Schäden an Fahrbahnübergangskonstruktionen sind im Anhang zur RI-EBW-PRÜF Schadensbeispiele mit den Beispiel-IDs 220-00 bis 226-18 enthalten.[330]

3.3.2.5 Schäden am Fahrbahnbelag

Fahrbahnbeläge auf Brücken bestehen nach ZTV-ING, Teil 7, Abschnitt 1[331] aus einer Abdichtung und einer Deckschicht. Die Abdichtung wird aus ein- oder zweilagigen Bitumen-Schweißbahnen (Dichtungsschicht) und einer porenfreien Gussasphaltschicht (Schutzschicht) hergestellt. Als Deckschicht können verschiedene bituminöse Beläge (z. B. Gussasphalt, Asphaltbeton) eingesetzt werden. Nach den Anforderungen der ZTV Asphalt-StB und der ZTV-ING ist der gesamte Brückenbelag (Dichtungs-, Schutz- und Deckschicht) in einer Stärke von acht bis neun Zentimetern herzustellen.[332]

Der Fahrbahnbelag auf Brücken ist im Vergleich zum stärkeren Belagsaufbau der Straße anfälliger für Verformungen. Ursachen von Unebenheiten in der Fahrbahnoberfläche sind die mangelhafte Verdichtung, ein unkontrollierter Wasserabfluss, länger anhaltende sommerliche Temperaturen oder auch eine hohe Verkehrsbelastung durch Lastkraftwagen.[333] Diese Schadensursachen begünstigen folgende Schädigungen an den Belägen von Fahrbahnen, Geh- und Radwegen sowie deren Fugen:[334]

---

[329] Vgl. MEHLHORN et al. (2014) Handbuch Brücken, S. 1133 ff. und vgl. MERTENS, Hrsg. (2015) Handbuch Bauwerksprüfung, S. 110 ff.
[330] Vgl. BMVBS (2017) Richtlinie zur einheitlichen Erfassung, Bewertung, Aufzeichnung und Auswertung von Ergebnissen der Bauwerksprüfungen nach DIN 1076, S. 53 ff.
[331] Vgl. Bundesanstalt für Straßenwesen (2014) Zusätzliche Technische Vertragsbedingungen und Richtlinien für Ingenieurbauten.
[332] Vgl. FGSV (2013) Zusätzliche Technische Vertragsbedingungen und Richtlinien für den Bau von Verkehrsflächenbefestigungen aus Asphalt, S. 22 ff. und Bundesanstalt für Straßenwesen (2014) Zusätzliche Technische Vertragsbedingungen und Richtlinien für Ingenieurbauten, Teil 7, Abschnitt 1.
[333] Vgl. MERTENS, Hrsg. (2015) Handbuch Bauwerksprüfung, S. 101.
[334] Vgl. MERTENS, Hrsg. (2015) Handbuch Bauwerksprüfung, S. 101 ff.

- Verdrückungen (Spurrinnen mit Aufwölbungen) und Unebenheiten im Brückenbelag durch eine hohe Verkehrsbelastung, sommerliche Temperaturen oder die Verwendung eines unvorteilhaften Asphaltgemischs,

- Hohlstellen und Blasen durch den Feuchtigkeitseintrag zwischen Schutz- und Deckschicht,

- Belagsabsätze durch mangelhaften Einbau,

- Risse im Belag mit Ausbrüchen durch Setzungen am Brückenende, Dauerbelastung, Feuchtigkeitseintrag oder durch Einbaumängel und

- Setzungen am Anschluss von Rad- und Gehwegkappen durch mangelhafte Verdichtung oder Bodenausspülungen im angrenzenden Böschungsbereich.

3.4 Faktor Bewertungsverfahren

Das vorgegebene Verfahren zur Bewertung des Bauwerkszustandes wird in der RI-EBW-PRÜF definiert. Danach ist für *„jeden erfassten Einzelschaden eine getrennte Schadensbewertung nach den Kriterien Standsicherheit, Verkehrssicherheit und Dauerhaftigkeit durchzuführen."*[335] Aus den Schadensbewertungen aller Einzelschäden wird über einen Berechnungsalgorithmus im Programmsystem SIB-Bauwerke die Zustandsnote für das Ingenieurbauwerk[336] bestimmt.

3.4.1 Methodischer Ansatz

Die Zustandsbeurteilung von Bauwerken und Bauwerksteilen kann mit unterschiedlichen Methoden erfolgen. Während sich in Deutschland und vielen anderen Ländern die Zustandsbewertung mit *diskreten Zahlen*[337] etabliert hat (siehe Abschnitt 2.3), sind Analysen mit Hilfe *statistischer Zustandsprofile* oder *physikalische Modelle* weitere Methoden der Zustandsbeurteilung.[338]

Bei der Bewertung mit *diskreten Zahlen* wird ein Wertesystem geschaffen, bei dem einzelnen Zahlenwerten (üblicherweise natürliche Zahlen), definierte Schädigungs- oder Abnutzungsgrade sowie Maßnahmen zugeordnet werden. Mit diskreten Zahlen lassen sich entweder Bauteilzustände oder Schadenszustände bewerten. In Deutschland werden alle identifizierten Mängel und Schäden in Bauwerksprüfungen mit diskreten Zahlen bewertet und durch den Berechnungsalgorithmus nach HAARDT[339] in eine Zustandsnote für das Bauwerk überführt.[340]

---

[335] Vgl. BMVBS (2017) Richtlinie zur einheitlichen Erfassung, Bewertung, Aufzeichnung und Auswertung von Ergebnissen der Bauwerksprüfungen nach DIN 1076, S. 10.

[336] Bestehen Ingenieurbauwerke aus mehreren Teilbauwerken, wird für jedes dieser Teilbauwerke eine separate Zustandsnote ermittelt. Vgl. BMVBS (2017) Richtlinie zur einheitlichen Erfassung, Bewertung, Aufzeichnung und Auswertung von Ergebnissen der Bauwerksprüfungen nach DIN 1076, S. 13 ff.

[337] Diskrete Zahlen enthalten nur bestimmte mögliche Merkmalsausprägungen (z. B. Schulnoten). Vgl. QUATEMBER (2017) Statistik ohne Angst vor Formeln, S. 15.

[338] Vgl. HAARDT (1997) Erarbeitung von Kriterien zur Zustandserfassung und Schadensbeurteilung von Brücken- und Ingenieurbauwerken, S. 9 ff.

[339] Vgl. HAARDT (1999) Algorithmen zur Zustandsbewertung von Ingenieurbauwerken.

[340] Vgl. BMVBS (2017) Richtlinie zur einheitlichen Erfassung, Bewertung, Aufzeichnung und Auswertung von Ergebnissen der Bauwerksprüfungen nach DIN 1076.

Das *statistische Zustandsprofil* beschreibt die statistische Schadensentwicklung in einer Zustandsfunktion. Die Funktionsparameter der Zustandsfunktion werden durch die Integration von Vergleichswerten früherer Untersuchungen validiert, um damit die Prognosegenauigkeit kontinuierlich zu verbessern.[341] Mit diesem autoregressiven Prozess können probabilistische Schadensmodelle erzeugt und in Erhaltungsmanagementsysteme (vgl. NBIS in den USA)[342] integriert werden.

Mittels *physikalischer Modelle* kann die gesamte Bauwerksstruktur überwacht und aus einer Vielzahl identifizierter Schäden der aktuelle Bauwerkszustand für verschiedene Kriterien (Standsicherheit, Verkehrssicherheit, Gebrauchstauglichkeit, etc.) bestimmt werden.[343, 344, 345] Dies ermöglicht die Implementierung von Frühwarnsystemen und komplexe Vorhersagen bei sich ändernden Umgebungsbedingungen (z. B. Verkehrsbelastung). Physikalische Systeme befinden sich seit einigen Jahren im Entwicklungsstadium. Aktuell werden intelligente Mess- und Frühwarnsysteme erprobt.[346, 347, 348]

Im weiteren Verlauf dieser Arbeit wird lediglich die Methodik der diskreten Zahlen eingehender untersucht. Diese bildet die Grundlage der Bewertungsvorschrift RI-EBW-PRÜF und des Erhaltungsmanagements in Deutschland.

3.4.2 Bewertungsmodell der RI-EBW-PRÜF

Das Modell zur Zustandsbewertung von Ingenieurbauwerken in Deutschland wird in der RI-EBW-PRÜF definiert. Danach sind die in den Prüfungen nach DIN 1076 festgestellten *„Abweichungen der Bauwerks- oder Bauteilausbildung vom planmäßigen Sollzustand oder von dem zum Prüfzeitpunkt geltenden Regelwerken"*[349] (Mängel) und *„Veränderungen des Bauwerks- oder Bauteilzustandes"*[350] (Schäden) getrennt nach den Kriterien Standsicherheit, Verkehrssicherheit und Dauerhaftigkeit mit den diskreten Zahlen zu bewerten. Jeder festgestellte Einzelschaden ist in jedem Kriterium mit einer Schadensbewertung 0, 1, 2, 3 oder 4 zu beurteilen. Die Bewertung

341 Vgl. HAARDT (1997) Erarbeitung von Kriterien zur Zustandserfassung und Schadensbeurteilung von Brücken- und Ingenieurbauwerken, S. 22 f.
342 Siehe Abschnitt 2.3.
343 HAARDT (1997) Erarbeitung von Kriterien zur Zustandserfassung und Schadensbeurteilung von Brücken- und Ingenieurbauwerken, S. 24.
344 Vgl. RIWE (2015) Methoden zur Berechnung der Versagenswahrscheinlichkeit von Straßenplatten aus Beton, S. 49.
345 Vgl. Bundesanstalt für Straßenwesen (Hrsg.) et al. (2014) Intelligente Brücke – Zuverlässigkeitsbasierte Bewertung von Brückenbauwerken unter Berücksichtigung von Inspektions- und Überwachungsergebnissen, S. 3 ff.
346 Vgl. ELL (2010) Frühwarnsystem stoppt Zug vor der Brücke.
347 Vgl. ROßTEUTSCHER et al. (2016) Intelligente Zustandsüberwachung von Brückenbauwerken mit Hilfe faseroptischer Sensoren basierend auf der Rayleigh-Rückstreuung.
348 Vgl. SCHNEIDER et al. (Oktober 2015) Intelligente Bauwerke – Prototyp zur Ermittlung der Schadens- und Zustandsentwicklung für Elemente des Brückenmodells, S. 39 ff.
349 Vgl. BMVBS (2017) Richtlinie zur einheitlichen Erfassung, Bewertung, Aufzeichnung und Auswertung von Ergebnissen der Bauwerksprüfungen nach DIN 1076, S. 6.
350 BMVBS (2017) Richtlinie zur einheitlichen Erfassung, Bewertung, Aufzeichnung und Auswertung von Ergebnissen der Bauwerksprüfungen nach DIN 1076, S. 6.

soll dabei IT-gestützt mit dem Programmsystem SIB-Bauwerke unter Verwendung der Schadensbeispiele der RI-EBW-PRÜF erfolgen.[351] Die Zustandsnote für das (Teil-)bauwerk wird von der Software automatisch aus allen Einzelschadensbewertungen durch den Berechnungsalgorithmus nach HAARDT berechnet. Dieser Algorithmus wurde in der Schriftenreihe „Berichte der Bundesanstalt für Straßenwesen" im Heft B 22 von 1999 veröffentlicht[352] und basiert auf dem Forschungsprojekt 97243/B4 der BASt aus dem Jahr 1997.[353]

3.4.2.1 Bewertung von Schäden und Mängeln

Alle Schäden und Mängel, die bei Bauwerksprüfungen und -überwachungen nach DIN 1076 identifiziert werden, sind nach den Vorschriften der RI-EBW-PRÜF zu erfassen und zu bewerten. Zunächst ist ein ermittelter Mangel oder Schaden nach Art, Ausmaß und Örtlichkeit zu beschreiben. In Tabelle 10 sind die dafür erforderlichen Angaben der Schadensbeschreibung[354] aufgeführt.

Die Schadensbeschreibung ist Teil einer jeden Dokumentation in Bauwerksprüfungen und -überwachungen. Die IT-gestützte Dokumentation[355] bietet dabei den Vorteil einer vorgefertigten Eingabemaske, von Auswahllisten für die verschiedenen Beschreibungselemente (Ort, Material, Art, etc.) und des integrierten Schadensbeispielkataloges mit zugehörigen Schadensbewertungen.

Tabelle 10: Beschreibung von Schäden und Mängel nach RI-EBW-PRÜF[356]

Beschreibung	Mindestangaben	Zusatzangaben
Ort	Hauptbauteil (z. B. Widerlager)	Detaillierte Ortsangaben (Feld, Segment, längs, quer, etc.)
	Konstruktionsteil (z. B. Lager)	
Material	Bauteilergänzung (Beton, Stahl, etc.)	
Art	Schaden (z. B. verstopft, gerissen)	
Ausmaß	Menge allgemein (z. B. vereinzelt)	Menge mit Dimension (z. B. xxx m Länge)
Urteil	Schadensbewertung	Schadensveränderung
	Zuordnung zu Schadensbeispiel	Bemerkungen (Gutachten, Textergänzungen)
	Kennzeichnung zur Kontrolle (EP)	Digitale Dokumentation (Bilder, Skizzen, etc.)

Die Schadensbewertung wird nicht nur von den Faktoren zur Bewertungsentscheidung (siehe Abschnitt 3.2.2), sondern auch von der Gründlichkeit des Prüfers zur vollständigen und detaillierten Schadensbeschreibung beeinflusst. Nur wenn die Schadensauswirkungen genau abschätzbar sind,

---

[351] Vgl. BMVBS (2017) Richtlinie zur einheitlichen Erfassung, Bewertung, Aufzeichnung und Auswertung von Ergebnissen der Bauwerksprüfungen nach DIN 1076, S. 5 ff.

[352] Vgl. HAARDT (1999) Algorithmen zur Zustandsbewertung von Ingenieurbauwerken.

[353] Vgl. HAARDT (1997) Erarbeitung von Kriterien zur Zustandserfassung und Schadensbeurteilung von Brücken- und Ingenieurbauwerken.

[354] Die ausschließliche Erwähnung von Schäden, ist als sprachliche Vereinfachung anzusehen und schließt stets Mängel mit ein. Dieses Vorgehen wird auch in der DIN 1076 und RI-EBW-Prüf angewendet.

[355] Die Dokumentation erfolgt über das Programmsystem SIB-Bauwerke (siehe Abschnitt 3.1).

[356] Vgl. BMVBS (2017) Richtlinie zur einheitlichen Erfassung, Bewertung, Aufzeichnung und Auswertung von Ergebnissen der Bauwerksprüfungen nach DIN 1076, S. 9.

kann die Schadensbewertung anhand der Schadensbeispiele nach RI-EBW-PRÜF erfolgen oder für nicht vergleichbare Schäden[357] eine Schadensbewertung vorgenommen werden.

Wie einleitend beschrieben, ist jeder erfasste Einzelschaden getrennt nach den Kriterien Standsicherheit, Verkehrssicherheit und Dauerhaftigkeit zu bewerten. Bei der Bewertung von „Standsicherheit und Verkehrssicherheit sind ausschließlich die aktuellen Einflüsse des Schadens zu berücksichtigen".[358] Dagegen ist bei der Bewertung der Dauerhaftigkeit die zeitliche Auswirkung einzubeziehen. Die Schadensauswirkung auf das Bauteil/Bauwerk muss in jedem Kriterium mit einer von fünf Bewertungsstufen (0 bis 4) beurteilt werden. In Tabelle 11 sind die Merkmale der einzelnen Bewertungsstufen beschrieben.

Tabelle 11:   Stufen der Schadensbewertung nach RI-EBW-PRÜF[359]

Stufe	Standsicherheit (S)	Verkehrssicherheit (V)	Dauerhaftigkeit (D)
0	Mangel/Schaden *ohne Einfluss* auf die Standsicherheit.	Mangel/Schaden *ohne Einfluss* auf die Verkehrssicherheit.	Mangel/Schaden *ohne Einfluss* auf die Dauerhaftigkeit.
1	Mangel/Schaden *beeinträchtigt* die Standsicherheit des *Bauteils*, aber *ohne Einfluss* auf das *Bauwerk*. *Geringfügige Abweichungen*[360] liegen noch deutlich im Rahmen der zulässigen Toleranzen.	Mangel/Schaden hat *kaum Einfluss*, Verkehrssicherheit *ist gegeben*.	Mangel/Schaden *beeinträchtigt* die Dauerhaftigkeit des *Bauteils*, hat aber *langfristig* nur *geringen Einfluss* auf die Dauerhaftigkeit des *Bauwerks*.
2	Mangel/Schaden *beeinträchtigt* die Standsicherheit des *Bauteils*, hat jedoch nur *geringen Einfluss* auf die Standsicherheit des *Bauwerks*. *Abweichungen*[360] haben Toleranzgrenzen erreicht bzw. in Einzelfällen überschritten.	Mangel/Schaden *beeinträchtigt geringfügig* die Verkehrssicherheit. Die Verkehrssicherheit ist jedoch *noch gegeben*.	Mangel/Schaden *beeinträchtigt* die Dauerhaftigkeit des *Bauteils* und kann *langfristig* zur Beeinträchtigung der Dauerhaftigkeit des *Bauwerks* führen.
3	Mangel/Schaden *beeinträchtigt* die Standsicherheit des *Bauteils* und des *Bauwerks*. *Abweichungen*[360] übersteigen die zulässigen Toleranzen.	Mangel/Schaden *beeinträchtigt* die Verkehrssicherheit. Die Verkehrssicherheit ist *nicht mehr voll gegeben*.	Mangel/Schaden *beeinträchtigt* die Dauerhaftigkeit des *Bauteils* und führt *mittelfristig* zur Beeinträchtigung der Dauerhaftigkeit des *Bauwerks*.
4	Standsicherheit des *Bauteils* und des *Bauwerks* ist *nicht mehr gegeben*.	Verkehrssicherheit ist *nicht mehr gegeben*.	Dauerhaftigkeit des Bauteils und des Bauwerks ist *nicht mehr gegeben*.

Mit zunehmender Schadensverschlechterung sind in der Richtlinie Maßnahmen zur Schadensbeseitigung und/oder Nutzungseinschränkung vorgeschrieben. Bei der Bewertung von Schäden

---

[357] Ein identifizierter Mangel oder Schaden kann keinem Schadensbeispiel nach RI-EBW-PRÜF zugeordnet werden.

[358] Vgl. BMVBS (2017) Richtlinie zur einheitlichen Erfassung, Bewertung, Aufzeichnung und Auswertung von Ergebnissen der Bauwerksprüfungen nach DIN 1076, S. 11.

[359] Aus den Tabellen zur Schadensbewertung entnommen. Vgl. BMVBS (2017) Richtlinie zur einheitlichen Erfassung, Bewertung, Aufzeichnung und Auswertung von Ergebnissen der Bauwerksprüfungen nach DIN 1076, S. 11 f.

[360] Die Abweichungen beziehen sich auf den Bauteilzustand, die Baustoffqualität, die Bauteilabmessungen und die planmäßige Beanspruchung aus der Bauwerksnutzung. Vgl. BMVBS (2017) Richtlinie zur einheitlichen Erfassung, Bewertung, Aufzeichnung und Auswertung von Ergebnissen der Bauwerksprüfungen nach DIN 1076, S. 11.

mit 0 sind keine Maßnahmen erforderlich. Wird ein Schaden mit 1 bewertet, wird in allen drei Kriterien die Schadensbeseitigung im Rahmen der Bauwerksunterhaltung gefordert. Die Bewertungsstufe 2 bedingt eine mittelfristige Schadensbeseitigung, die im Kriterium Verkehrssicherheit ersatzweise durch einen Warnhinweis erbracht werden kann. Eine Schadensbewertung mit 3 erfordert eine kurzfristige Schadensbeseitigung, wobei diese im Kriterium Verkehrssicherheit ebenfalls durch einen Warnhinweis ablösbar ist. Überdies sind im Kriterium Standsicherheit gegebenenfalls Nutzungseinschränkungen umgehend vorzunehmen. Mit 4 bewertete Schäden erfordern noch während der Bauwerksprüfung sofortige Maßnahmen zur Nutzungseinschränkung. Außerdem sind Instandsetzungsmaßnahmen oder die Bauwerkserneuerung einzuleiten.[361] In Tabelle 12 sind diese Maßnahmen zusammengefasst.

Tabelle 12:　　Maßnahmen nach Schadensbewertungsstufen[362]

Stufe	Maßnahmen im Kriterium Standsicherheit (S)	Maßnahmen im Kriterium Verkehrssicherheit (V)	Maßnahmen im Kriterium Dauerhaftigkeit (D)
0	Keine Maßnahmen erforderlich.		
1	*Schadensbeseitigung im Rahmen der Bauwerksunterhaltung.*	*Schadensbeseitigung oder Warnhinweis* erforderlich.	*Schadensbeseitigung im Rahmen der Bauwerksunterhaltung.*
2	*Schadensbeseitigung mittelfristig* erforderlich.	*Schadensbeseitigung oder Warnhinweis* erforderlich.	*Schadensbeseitigung mittelfristig* erforderlich.
3	Erforderliche Nutzungseinschränkungen sind nicht vorhanden oder unwirksam. Eine *Nutzungseinschränkung* ist *ggf. umgehend* vorzunehmen. *Schadensbeseitigung kurzfristig* erforderlich.	*Schadensbeseitigung oder Warnhinweis kurzfristig* erforderlich.	*Schadensbeseitigung kurzfristig* erforderlich.
4	*Sofortige Maßnahmen während der Bauwerksprüfung mit umgehender Nutzungseinschränkung.* *Instandsetzung oder Erneuerung ist einzuleiten.*	*Sofortige Maßnahmen während der Bauwerksprüfung mit umgehender Nutzungseinschränkung.* *Instandsetzung oder Erneuerung ist einzuleiten.*	Schadensausbreitung oder Folgeschädigung anderer Bauteile erfordern *umgehend Nutzungseinschränkung, Instandsetzung oder Erneuerung.*

Für die Vergabe der Schadensbewertung eines erfassten Einzelschadens sind in der RI-EBW-PRÜF weitere Regeln formuliert. Diese sollen gewährleisten, dass gleichartige Schäden (in Art und Ausmaß) die gleiche Bewertung erhalten und subjektive Einflüsse des Prüfers reduziert werden. Folgende weitere Regelungen sind bei der Schadensbewertung zu berücksichtigen:[363]

- Der Schadensumfang ist mit der Angabe *Menge allgemein* abzuschätzen. Dies führt zu Zu- und Abschlägen in der rechnerischen Zustandsbewertung (siehe Abschnitt 3.4.2.2).

---

[361] Vgl. BMVBS (2017) Richtlinie zur einheitlichen Erfassung, Bewertung, Aufzeichnung und Auswertung von Ergebnissen der Bauwerksprüfungen nach DIN 1076, S. 11 f.

[362] Vgl. BMVBS (2017) Richtlinie zur einheitlichen Erfassung, Bewertung, Aufzeichnung und Auswertung von Ergebnissen der Bauwerksprüfungen nach DIN 1076, S. 11 f.

[363] Vgl. BMVBS (2017) Richtlinie zur einheitlichen Erfassung, Bewertung, Aufzeichnung und Auswertung von Ergebnissen der Bauwerksprüfungen nach DIN 1076, S. 10 ff.

- Schadensbewertungen sind mit einem Schadensbeispiel aus dem Anhang der RI-EBW-PRÜF zu belegen. Insbesondere müssen BMS-relevante Schäden[364] immer mit einem Schadensbeispiel bewertet werden. Nur in begründeten Einzelfällen sind Abweichungen von den Beispielbewertungen zulässig.

- Die Bewertung der Dauerhaftigkeit eines Einzelschadens muss grundsätzlich größer oder gleich der Bewertung der Standsicherheit (D ≥ S) dieses Einzelschadens sein.[365]

- Für die Schadensbewertung ist die Kenntnis der Schadensursache Voraussetzung. Ist diese nicht ohne weiteres erkennbar, ist der Schaden im Prüfbericht vorläufig zu bewerten und auf die Notwendigkeit einer Objektbezogenen Schadensanalyse (OSA) hinzuweisen.

- Nach der Durchführung von Sofortmaßnahmen bei Schadensbewertungen mit S = 4 oder V = 4 ist die Schadensbewertung umgehend zu aktualisieren.

- Schäden mit S/V/D = 2 oder S/V/D = 3, die alsbald Auswirkungen auf das Bauwerk haben können, sind mit einer EP-Kennzeichnung (in der Hauptprüfung) im Prüfbericht zu markieren.[366]

Nach Eingabe aller Schäden in das Programmsystem SIB-Bauwerke und deren Schadensbewertung werden die Zustandsnoten für die Teilbauwerke berechnet. Der Berechnungsalgorithmus wird im folgenden Abschnitt detailliert vorgestellt.

3.4.2.2 Berechnung der Zustandsnote

In Heft B 22 „Berichte der Bundesanstalt für Straßenwesen"[367] aus dem Jahr 1999 wurde der Berechnungsalgorithmus vorgestellt. Dieser wurde erstmalig in der RI-EBW-PRÜF Ausgabe 12/1998 integriert und in den Nachfolgeausgaben 2007, 2013 und 2017 fortgeschrieben. Die Änderungen in den Nachfolgeausgaben umfassen Fortschreibungen und Bewertungsanpassungen des Bewertungsschlüssels und der Schadensbeispiele, die Konkretisierung der weiteren Regeln (siehe Abschnitt 3.4.2.1) und die Aufnahme von Regelungen für automatisierte Prüfverfahren. In Abbildung 20 wird der Berechnungsalgorithmus mit den Detailanpassungen der aktuellen Ausgabe der RI-EBW-PRÜF (2017) vorgestellt und anschließend detailliert erläutert.

---

[364] Bauwerk Management System (BMS) relevante Schäden sind Schäden, die nach Berechnungsvorschrift eine Basiszustandszahl größer oder gleich 1,8 erhalten. Lediglich Schäden mit S/V/D = 0 oder 1 erhalten eine Basiszustandszahl kleiner 1,8 und sind nicht von dieser Regelung betroffen. Vgl. Bundesanstalt für Straßenwesen (1999) Berichte der Bundesanstalt für Straßenwesen, Heft 22, 1999, S. 39 und BMVBS (2017) Richtlinie zur einheitlichen Erfassung, Bewertung, Aufzeichnung und Auswertung von Ergebnissen der Bauwerksprüfungen nach DIN 1076, S. 10.

[365] Die Ursache dafür ist die Abhängigkeit zwischen den beiden Kriterien, da eine Beeinträchtigung der Standsicherheit die Nutzungsdauer reduziert und damit immer auch die Dauerhaftigkeit beeinträchtigt.

[366] Schäden die mit EP gekennzeichnet werden, sind in der folgenden Einfachen Prüfung gesondert zum üblichen Prüfumfang zu prüfen. Bei Schäden die sich nicht mehr verändern können (z. B. falscher Füllstababstand), sollte darauf verzichtet werden. Ebd., S. 9 ff.

[367] Vgl. Bundesanstalt für Straßenwesen (1999) Berichte der Bundesanstalt für Straßenwesen, Heft 22, 1999.

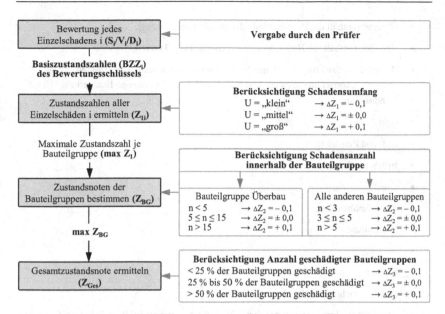

Abbildung 20: Berechnungsalgorithmus der Zustandsnote[368]

Der Zustand eines Ingenieurbauwerks wird mit Hilfe verschiedener Zustandsnoten[369] bestimmt, die alle aus einer Überlagerung der festgesetzten Einzelschadensbewertungen ermittelt werden. Als Zustandsnote im Prüfbericht der Bauwerksprüfungen nach RI-EBW-PRÜF wird die Gesamtzustandsnote (Z_{Ges}) für das Bauwerk oder Teilbauwerk bestimmt. Mit dem in Abbildung 20 vorgestellten schematischen Aufbau des Berechnungsalgorithmus wird diese Zustandsnote ermittelt. Die einzelnen Berechnungsschritte werden nachfolgend erläutert, um im Anschluss daran Ursachen für Bewertungstoleranzen aufzeigen zu können, die sich aus dem Berechnungsalgorithmus ergeben.

In Abschnitt 3.4.2.1, Tabelle 10 wurden die notwendigen und zusätzlichen Angaben zur Beschreibung eines identifizierten Schadens vorgestellt. Aus den Ortsangaben (Hauptbauteil und Konstruktionsteil) ermittelt das Programmsystem die Zuordnung zu einer Bauteilgruppe nach ASB-ING (siehe Abschnitt 2.2.3.4). Die Bauteilgruppen sind ein wesentlicher Bestandteil des Berechnungsalgorithmus zur Schadensdimensionierung und zur Vorgabe von Bewertungsabschlägen.[370] Es wird in folgende Bauteilgruppen unterschieden:[371]

---

[368] Vgl. WELLER (2019) Subjektive Einflüsse bei der Zustandsbewertung von Ingenieurbauwerken, S. 381.

[369] Die RI-EBW-PRÜF sieht mehrere Zustandsnoten vor. Eine Gesamtzustandsnote (Z_{Ges}) für das Bauwerk oder Teilbauwerk, eine Substanzkennzahl (SKZ) ohne Berücksichtigung der Verkehrssicherheit für jede Bauteilgruppe und das Teilbauwerk, eine Zustandsnote der Bauteilgruppe (Z_{BG}) und eine Zustandszahl (Z_1) = Basiszustandszahl (BZZ) für jeden erfassten Einzelschaden.

[370] Die Bewertungsabschläge berücksichtigen die Schadensanzahl je Bauteilgruppe mit ΔZ_2 und die Anzahl geschädigter Bauteilgruppen mit ΔZ_3.

[371] Vgl. BMVBS (2013) Anweisung Straßeninformationsbank Teilsystem Bauwerksdaten ASB-ING, S. 9 f.

- Überbau (enthält die Hauptbauteile der Brücken und Tunnel),

- Unterbau (enthält die Hauptbauteile der Brücken und Tunnel),

- Bauwerk (umfasst die Hauptbauteile von Verkehrszeichenbrücken, Tunnel-, Trog-, Lärmschutz-, Schutz- und Stützbauwerken und Sonstige Bauwerke),

- Vorspannung,

- Gründung,

- Erd- und Felsanker,

- Brückenseile,

- Lager,

- Fahrbahnübergang,

- Abdichtung,

- Beläge,

- Kappen,

- Schutzeinrichtung und

- Sonstiges (andere Konstruktionsbauteile, z. B.: Ausstattungen, Beschilderung, Geländer, Leitungen, Markierungen, Messpunkt).

Die Bauteilgruppen beinhalten im Rahmen der Verschlüsselung nach ASB-ING, Teilsystem Bauwerksdaten, detailliert gegliederte Einzelbauteile. Dadurch lässt sich jedes Bauteil eines Bauwerks einer Bauteilgruppe zuordnen. Für die rechnerische Ermittlung sind zunächst alle Bauteilgruppen gleich gewichtet. Ist es im Erhaltungsmanagement allerdings notwendig, die Bedeutung einzelner Bauteilgruppen stärker zu betonen, lassen sich die o. g. Bauteilgruppen über einen zusätzlichen Bedeutungsfaktor wichten.[372]

Nach der Bewertung aller erfassten Einzelschäden durch den Bauwerksprüfer ermittelt das Programmsystem für jeden dieser Einzelschäden eine *Zustandszahl* Z_1 aus einem definierten Bewertungsschlüssel mit Basiszustandszahlen (BZZ). Der Bewertungsschlüssel enthält für jede mögliche Bewertungskombination aus den Kriterien Standsicherheit, Verkehrssicherheit und Dauerhaftigkeit mit S/V/D = 0 bis 4 eine BZZ.[373] Dieser Bewertungsschlüssel wurde im Zuge des o. g. Forschungsprojektes der BASt erarbeitet und verifiziert und ist in Abbildung 21 dargestellt.

---

[372] Die Wichtung mit dem zusätzlichen Bedeutungsfaktor liegt im Ermessen der zuständigen Verwaltungsbehörde. Dieser wird auf Bundesebene nicht verwendet, um die Vergleichbarkeit der Zustandsbewertungen zu gewährleisten. Vgl. Bundesanstalt für Straßenwesen (1999) Berichte der Bundesanstalt für Straßenwesen, Heft 22, 1999, S. 38.

[373] Vgl. Bundesanstalt für Straßenwesen (1999) Berichte der Bundesanstalt für Straßenwesen, Heft 22, 1999, S. 39.

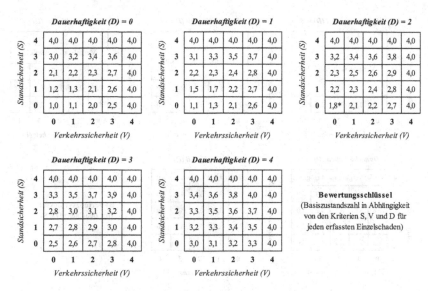

Abbildung 21: Bewertungsschlüssel nach Haardt[374, 375]

Die Zustandszahl Z_1 für einen Einzelschaden wird somit aus einer von „125 möglichen" Kombinationen für S, V und D ermittelt. Die Bandbreite der Basiszustandszahlen (BZZ) variiert dabei zwischen BZZ = 1,0 für S = 0, V = 0, D = 0 und BZZ = 4,0 für S = 4[376] oder V = 4.[377] Zu beachten ist dabei, dass durch die Regelung $D \geq S$ zur Schadensbewertung (vgl. Abschnitt 3.4.2.1) aus den ursprünglich 125 möglichen Bewertungskombinationen nur noch 75 Kombinationen vergeben werden können. Diese Kombinationseinschränkung wird in Abbildung 22 dargestellt.

---

[374] Vgl. Bundesanstalt für Straßenwesen (1999) Berichte der Bundesanstalt für Straßenwesen, Heft 22, 1999, S. 39.

[375] Die mit * gekennzeichnete Basiszustandszahl (bei S|V|D = 0|0|2) wurde nachträglich kalibriert und im Programmsystem SIB-Bauwerke von ursprünglich 2,0 auf 1,8 angepasst. Vgl. Bundesanstalt für Straßenwesen (2013) Auszug aus "Algorithmen der Zustandsbewertung von Ingenieurbauwerken", P. Haardt, Berichte der Bundesanstalt für Straßenwesen, Brücken und Ingenieurbau, Heft B 22, [Stand: 02.11.2018].

[376] Jeweils erste Zeile in den Matrizen des Bewertungsschlüssels (vgl. Abbildung 21).

[377] Jeweils 5. Spalte in den Matrizen des Bewertungsschlüssels und zzgl. für die Kombination S = 3, V = 3 und D = 4 (vgl. Abbildung 21).

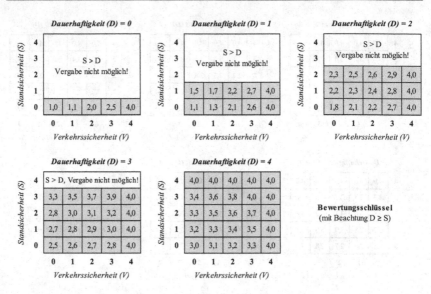

Abbildung 22:   Bewertungsschlüssel mit Berücksichtigung D ≥ S

Vom Bauwerksprüfer ist neben der Einzelschadensbewertung (S, V, D) auch der Schadensumfang (U) jedes Einzelschadens durch eines der Rangmerkmale „klein“, „mittel“ und „groß“ einzuschätzen. Aus der Abschätzung des Schadensumfanges wird ein Zu- oder Abschlag (ΔZ_1) zur ermittelten Basiszustandszahl bestimmt. Die Zustandszahl Z_{1i} für jeden erfassten Einzelschaden i bestimmt sich nach Formel 2.

$$Z_{1i} = BZZ_i + \Delta Z_{1i} \tag{2}$$

mit

$BZZ_i = f(S_i, V_i, D_i)$ und

$$\Delta Z_{1i} = \begin{cases} -0,1 \text{ wenn U = "klein"} \\ \pm 0,0 \text{ wenn U = "mittel"} \\ +0,1 \text{ wenn U = "groß"} \end{cases}$$

Formel 2:   Ermittlung der Zustandszahl Z_1

Nach der Einzelschadensbewertung wird vom Programmsystem die *Zustandsnote der Bauteilgruppe Z_{BG}* ermittelt. Dazu wird die maximale Zustandszahl Z_1 (max Z_1) einer Bauteilgruppe mit einem Zu- oder Abschlag (ΔZ_2) zur Berücksichtigung der Schadensanzahl n innerhalb der Bauteilgruppe nach Formel 3 berechnet. Zu beachten ist dabei, dass in der Bauteilgruppe Überbau erst eine höhere Schadensanzahl zu Abschlägen führt, als es bei allen anderen Bauteilgruppen der Fall ist.[378]

$$Z_{BG} = \max Z_1 + \Delta Z_2 \tag{3}$$

mit

$$\Delta Z_2 \text{ für BG Überbau} = \begin{cases} -0{,}1 \text{ wenn } n < 5 \\ \pm 0{,}0 \text{ wenn } 5 \leq n \leq 15 \text{ und} \\ +0{,}1 \text{ wenn } n > 15 \end{cases}$$

$$\Delta Z_2 \text{ für alle anderen BG} = \begin{cases} -0{,}1 \text{ wenn } n < 3 \\ \pm 0{,}0 \text{ wenn } 3 \leq n \leq 5 \text{ und} \\ +0{,}1 \text{ wenn } n > 5 \end{cases}$$

n entspricht der Anzahl an Einzelschäden je BG

Formel 3:   Ermittlung der Zustandsnote der Bauteilgruppe Z_{BG}

Wurden vom Programmsystem alle Zustandsnoten der Bauteilgruppen ermittelt, wird die *Gesamtzustandsnote* Z_{Ges} nach Formel 4 aus der Summe der maximalen Zustandsnote der Bauteilgruppen (max Z_{BG}) und einem Zu- oder Abschlag (ΔZ_3) zur Berücksichtigung der Schädigung unterschiedlicher Bauteilgruppen bestimmt.[379]

$$Z_{Ges} = \max Z_{BG} + \Delta Z_3 \tag{4}$$

mit

$$\Delta Z_3 = \begin{cases} -0{,}1 \text{ wenn geschädigte Bauteilgruppen} < 25 \text{ \%} \\ \pm 0{,}0 \text{ wenn } 25 \text{ \% bis } 50 \text{ \% geschädigte Bauteilgruppen} \\ +0{,}1 \text{ wenn geschädigte Bauteilgruppen} > 50 \text{ \%} \end{cases}$$

Formel 4:   Ermittlung der Zustandsnote des Gesamt- oder Teilbauwerks Z_{Ges}[380]

Die nach dem vorgestellten Berechnungsalgorithmus (Abbildung 20) ermittelte Zustandsnote wird anschließend einem von sechs Notenbereichen nach RI-EBW-PRÜF[381] zugeordnet. Anhand dieser Notenbereiche wird der Bauwerkszustand charakterisiert. Dabei werden die Schadensauswirkungen auf die Standsicherheit, Verkehrssicherheit und Dauerhaftigkeit des Bauwerks beschrieben und jedem Notenbereich Fristen für definierte Instandhaltungsmaßnahmen zugeordnet. Die Grenzen der Notenbereiche sind damit Warn- und Schwellenwerte für die kategorisierten

---

[378] Die getrennte Betrachtung von Zu- und Abschlägen der Bauteilgruppe Überbau gegenüber den anderen Bauteilgruppen wurde nach der beispielhaften Auswertung von 12.569 Einzelschäden zum Forschungsprojekt 97243/B4 der BASt bestimmt. Aus den Prüfberichten von Hauptprüfungen an 750 Bauwerken der Bundesfernstraßen im Rheinland wurde analysiert, dass bei gleichem Einfluss auf das Bauwerk die Schadenshäufigkeit des Überbaus i. M. dreimal so hoch ist wie bei allen anderen Bauteilgruppen. Vgl. Bundesanstalt für Straßenwesen (1999) Berichte der Bundesanstalt für Straßenwesen, Heft 22, 1999, S. 16 ff.

[379] Vgl. Bundesanstalt für Straßenwesen (1999) Berichte der Bundesanstalt für Straßenwesen, Heft 22, 1999, S. 38.

[380] Eine Bauteilgruppe gilt als geschädigt, wenn mindestens ein Einzelschaden in dieser Gruppe mit BZZ > 1,0 vorliegt.

[381] Vgl. BMVBS (2017) Richtlinie zur einheitlichen Erfassung, Bewertung, Aufzeichnung und Auswertung von Ergebnissen von Bauwerksprüfungen nach DIN 1076, S. 13 f.

Bauwerkszustände. Zu beachten ist dabei, dass Übersprünge in einen anderen Notenbereich durch Abschläge (Schadensumfang, Schadensanzahl und Schädigungsgrad verschiedener Bauteilgruppen) nicht zulässig sind. Übersprünge durch Zuschläge dürfen hingegen nur an den Anfang des nächsten Notenbereichs erfolgen.[382] In Tabelle 13 werden die Zustandsnotenbereiche nach RI-EBW-PRÜF zur Einordnung der ermittelten Zustandsnote (Z_{Ges}) aufgezeigt.

Es ist anzumerken, dass alle in der Richtlinie verwendeten Dringlichkeitsbegriffe zeitlich nicht eindeutig definiert werden.[383] Dazu können vom Bauwerksprüfer Maßnahmenempfehlungen im Programmsystem SIB-Bauwerke erfasst werden.[384] Die Zustandsbeschreibungen der sechs Notenbereiche sollen dabei mit den Beschreibungen für die Schadensbewertungen der Kriterien Standsicherheit, Verkehrssicherheit und Dauerhaftigkeit (Tabelle 12) korrelieren.

Für die Priorisierung von Instandsetzungsmaßnahmen im Erhaltungsmanagement (BMS) des Bundesfernstraßennetzes (siehe Abbildung 8) wurde die *Substanzkennzahl (SKZ)* eingeführt.[385] Sie dient als Richtwert im Rahmen der Bilanzierung des Anlagevermögens.[386] Die Substanzkennzahl wird wie die maximale Zustandsnote der Bauteilgruppen (max Z_{BG}) für jede Bauteilgruppe ermittelt. Der einzige Unterschied ist, dass die Verkehrssicherheitsbewertung mit V = 0 unberücksichtigt bleibt. In Abbildung 23 ist der angepasste Bewertungsschlüssel für die möglichen Einzelschadensbewertungen dargestellt.

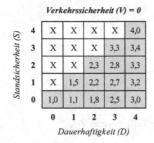

Abbildung 23: Bewertungsschlüssel mit Berücksichtigung V = 0 und D ≥ S

Die Berechnung der Zustandsnote nach dem Berechnungsalgorithmus (siehe Abbildung 20) wird in folgendem Abschnitt an einem Bewertungsbeispiel veranschaulicht.

---

[382] Vgl. Bundesanstalt für Straßenwesen (1999) Berichte der Bundesanstalt für Straßenwesen, Heft 22, 1999, S. 39.

[383] Instandsetzungen werden in *umgehende, mittelfristige* und *langfristige* Maßnahmen unterschieden. Maßnahmen zur Schadensbeseitigung, Warnhinweise oder Nutzungseinschränkungen werden in *umgehende* und *sofortige* Maßnahmen unterschieden.

[384] Die Erfassung von Erhaltungsmaßnahmen als Teil der Bauwerksprüfung ist in den verschiedenen Bundesländern unterschiedlich geregelt. In einigen Bundesländern werden Maßnahmen erst im nachläufigen Bauwerksmanagement erfasst, in anderen sind Maßnahmenempfehlungen bereits mit der Prüfung für jede geschädigte Bauteilgruppe zu erfassen. Vgl. MERTENS, Hrsg. (2015) Handbuch Bauwerksprüfung, S. 295.

[385] Vgl. BMVBS (2017) Richtlinie zur einheitlichen Erfassung, Bewertung, Aufzeichnung und Auswertung von Ergebnissen der Bauwerksprüfungen nach DIN 1076, S. 7.

[386] Vgl. MERTENS, Hrsg. (2015) Handbuch Bauwerksprüfung, S. 26.

Tabelle 13:   Zustandsnotenbereiche nach RI-EBW-PRÜF[387]

Noten-bereich	Beschreibung
1,0 – 1,4	**sehr guter Zustand** Die Standsicherheit, Verkehrssicherheit und Dauerhaftigkeit des Bauwerks sind gegeben. Laufende Unterhaltung erforderlich.
1,5 – 1,9	**guter Zustand** Die Standsicherheit und Verkehrssicherheit des Bauwerks sind gegeben. Die Dauerhaftigkeit mindestens einer Bauteilgruppe kann beeinträchtigt sein. Die Dauerhaftigkeit des Bauwerks kann langfristig geringfügig beeinträchtigt werden. Laufende Unterhaltung erforderlich.
2,0 – 2,4	**befriedigender Zustand** Die Standsicherheit und Verkehrssicherheit des Bauwerks sind gegeben. Die Standsicherheit und/oder Dauerhaftigkeit mindestens einer Bauteilgruppe können beeinträchtigt sein. Die Dauerhaftigkeit des Bauwerks kann langfristig geringfügig beeinträchtigt werden. Eine Schadensausbreitung oder Folgeschädigung des Bauwerks, die langfristig zu erheblichen Standsicherheits- und/oder Verkehrssicherheitsbeeinträchtigungen oder erhöhtem Verschleiß führt, ist möglich. Laufende Unterhaltung erforderlich. Mittelfristig Instandsetzung erforderlich. Maßnahmen zur Schadensbeseitigung oder Warnhinweise zur Aufrechterhaltung der Verkehrssicherheit können kurzfristig erforderlich werden.
2,5 – 2,9	**ausreichender Zustand** Die Standsicherheit des Bauwerks ist gegeben. Die Verkehrssicherheit des Bauwerks kann beeinträchtigt sein. Die Standsicherheit und/oder Dauerhaftigkeit mindestens einer Bauteilgruppe können beeinträchtigt sein. Die Dauerhaftigkeit des Bauwerks kann beeinträchtigt sein. Eine Schadensausbreitung oder Folgeschädigung, die mittelfristig zu erheblichen Standsicherheits- und/oder Verkehrssicherheitsbeeinträchtigungen oder erhöhtem Verschleiß führt, ist dann zu erwarten. Laufende Unterhaltung erforderlich. Kurzfristig bis mittelfristig Instandsetzung erforderlich. Maßnahmen zur Schadensbeseitigung oder Warnhinweise zur Aufrechterhaltung der Verkehrssicherheit können kurzfristig erforderlich sein.
3,0 – 3,4	**nicht ausreichender Zustand** Die Standsicherheit und/oder Verkehrssicherheit des Bauwerks sind beeinträchtigt. Die Dauerhaftigkeit des Bauwerks kann nicht mehr gegeben sein. Eine Schadensausbreitung oder Folgeschädigung kann kurzfristig dazu führen, dass die Standsicherheit und/oder Verkehrssicherheit nicht mehr gegeben sind. Laufende Unterhaltung erforderlich. Umgehende Instandsetzung erforderlich. Maßnahmen zur Schadensbeseitigung oder Warnhinweise zur Aufrechterhaltung der Verkehrssicherheit oder Nutzungseinschränkungen sind umgehend erforderlich.
3,5 – 4,0	**ungenügender Zustand** Die Standsicherheit und/oder Verkehrssicherheit des Bauwerks sind erheblich beeinträchtigt oder nicht mehr gegeben. Die Dauerhaftigkeit des Bauwerks kann nicht mehr gegeben sein. Eine Schadensausbreitung oder Folgeschädigung kann kurzfristig dazu führen, dass die Standsicherheit und/oder Verkehrssicherheit nicht mehr gegeben sind oder dass sich ein irreparabler Bauwerksverfall einstellt. Laufende Unterhaltung erforderlich. Umgehende Instandsetzung bzw. Erneuerung erforderlich. Maßnahmen zur Schadensbeseitigung oder Warnhinweise zur Aufrechterhaltung der Verkehrssicherheit oder Nutzungseinschränkungen sind sofort erforderlich.

---

[387] Vgl. BMVBS (2017) Richtlinie zur einheitlichen Erfassung, Bewertung, Aufzeichnung und Auswertung von Ergebnissen der Bauwerksprüfungen nach DIN 1076, S. 13 f.

3.4.2.3 Bewertungsbeispiel

In Abbildung 25 wird die Berechnung der Zustandsnote an einem Ingenieurbauwerk mit sieben Bauwerksschäden (Schaden A bis F) schematisch vorgestellt. Für das Beispiel wird festgelegt, dass in der Hauptprüfung vier Schäden in der Bauteilgruppe (BG) Unterbau (A bis D) und zwei Schäden in der BG Kappen (E und F) identifiziert wurden. Die Bewertung der Einzelschäden erfolgte für die Kriterien S, V und D nach den Schadensbeispielen der RI-EBW-PRÜF.[388] Zuvor wird in Abbildung 24 die Auswahl eines Schadensbeispiels nach RI-EBW-PRÜF für den Schaden E in der BG Kappen vorgestellt. Nachdem der Prüfer den Schaden identifiziert, vermessen und aufgenommen hat, wird der Schaden E anhand der Schadensbeispiele als Kappenschaden mit BSP-ID 230-18 bewertet.

| Foto Schaden E | Auszug aus dem Katalog für Schadensbeispiele der RI-EBW-PRÜF | | | | | |
	BSP-ID	Schadensbeschreibung	S-V-D Bereich	S	V	D
	230-18	Bauwerksart: Brücken Hauptbauteil: Überbau Konstruktionsteil: Kappen Hauptbaustoff: Beton Schaden: Kappe seitlich verschoben/gekippt	S = 0 bis 1 V = 0 bis 3			2

Abbildung 24: Auswahl eines Schadensbeispiels nach RI-EBW-PRÜF für Schaden E[389]

Nach der Bewertung aller Einzelschäden und der Bestimmung des Schadenumfanges durch den Prüfer, ermittelt das Programmsystem SIB Bauwerke die Zustandsnote nach dem Berechnungsalgorithmus. Zunächst wird für jeden Schaden anhand der festgelegten Einzelschadensbewertung für S, V und D die Basiszustandszahl aus dem Bewertungsschlüssel bestimmt (siehe Abbildung 21). Anschließend wird für jeden Schaden ΔZ_1 aus dem vom Prüfer festgelegten Schadensumfang (klein, mittel, groß) ermittelt. In der Bauteilgruppe Unterbau werden für Schaden B und in Bauteilgruppe Kappen für Schaden E die maximalen Zustandszahlen (max Z_1) der Einzelschäden ermittelt. Nach der Berücksichtigung der Schadensanzahl innerhalb der Bauteilgruppen (ΔZ_2), wird Schaden B als der maßgebliche Schaden des gesamten Bauwerks bestimmt und die maximale Zustandsnote der Bauteilgruppe mit 2,5 ermittelt. Da in dem Beispiel nur zwei Bauteilgruppen geschädigt sind, wird durch den Zuschlagswert ΔZ_3 die Zustandsnote für das Bauwerk auf 2,4 reduziert. Damit wird für das Bauwerk nach den Notenbereichen der RI-EBW-PRÜF ein *befriedigender Zustand* vergeben. Für die Ermittlung der Substanzkennzahlen wird bei allen Schäden

---

[388] Vgl. Anlage zur BMVBS (2017) Richtlinie zur einheitlichen Erfassung, Bewertung, Aufzeichnung und Auswertung von Ergebnissen der Bauwerksprüfungen nach DIN 1076. Für die Einzelschäden wurden folgende BSP-ID angesetzt: A (021-04), B (031-12), C (030-12), D (025-10), E (230-18) und F (230-14).

[389] Das Schadensfoto wurde während einer Bauwerksprüfung durch die Firma EIBS GmbH aus Dresden aufgenommen. Vgl. EIBS GmbH (27.03.2019) Übermittlung von Schadensfotos für spezifische Bauwerksschäden zur Verwendung in der Dissertation.

V=0 gesetzt. Dadurch wird lediglich die Zustandsnote der Bauteilgruppe Kappen auf 1,7 reduziert, aber der maßgebliche Schaden B bleibt unverändert und die maßgebende Substanzkennzahl für das Bauwerk ist ebenfalls 2,4.

Beispiel: 4 Schäden (A – D) in der BG Unterbau und 2 Schäden (E – F) in der BG Kappen

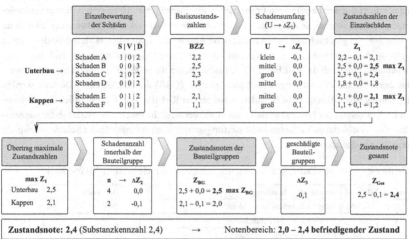

		S | V | D	BZZ	U → ΔZ_1	Z_1
	Schaden A	1 | 0 | 2	2,2	klein -0,1	2,2 - 0,1 = 2,1
Unterbau →	Schaden B	0 | 0 | 3	2,5	mittel 0,0	2,5 + 0,0 = **2,5** max Z_1
	Schaden C	2 | 0 | 2	2,3	groß 0,1	2,3 + 0,1 = 2,4
	Schaden D	0 | 0 | 2	1,8	mittel 0,0	1,8 + 0,0 = 1,8
Kappen →	Schaden E	0 | 1 | 2	2,1	mittel 0,0	2,1 + 0,0 = **2,1** max Z_1
	Schaden F	0 | 0 | 1	1,1	groß 0,1	1,1 + 0,1 = 1,2

Einzelbewertung der Schäden ⟩ Basiszustandszahlen ⟩ Schadensumfang (U → ΔZ_1) ⟩ Zustandszahlen der Einzelschäden

Übertrag maximale Zustandszahlen ⟩ Schadenanzahl innerhalb der Bauteilgruppe ⟩ Zustandsnoten der Bauteilgruppen ⟩ geschädigte Bauteilgruppen ⟩ Zustandsnote gesamt

max Z_1		n → ΔZ_2	Z_{BG}	ΔZ_3	Z_{Ges}
Unterbau 2,5		4 0,0	2,5 + 0,0 = **2,5** max Z_{BG}	-0,1	2,5 - 0,1 = **2,4**
Kappen 2,1		2 -0,1	2,1 - 0,1 = 2,0		

Zustandsnote: 2,4 (Substanzkennzahl 2,4) → Notenbereich: 2,0 – 2,4 befriedigender Zustand

Abbildung 25: Beispielberechnung der Zustandsnote

Um das Beispielbauwerk in einen *guten Zustand* zu versetzen, müssten alle Schäden mit einer Zustandszahl $Z_1 \geq 2,0$ saniert werden (d. h. Schaden A, Schaden B, Schaden C und Schaden E). Der maßgebliche Schaden würde damit zu einer Zustandsnote $Z_{Ges} < 2,0$ führen. Zu beachten ist dabei die Bedingung, dass Klassenübersprünge durch Abschläge (ΔZ_1, ΔZ_2 und ΔZ_3) nicht zulässig sind (siehe Abschnitt 3.4.2.2).

3.4.3 Ursachen für Bewertungstoleranzen

Bewertungstoleranzen bei vergleichbaren Schäden innerhalb einer Bauteilgruppe entstehen durch abweichende Einzelschadensbewertungen. Eine wesentliche Ursache dafür sind Bewertungsspielräume in der Bewertungsrichtlinie. Nach RI-EBW-PRÜF ist vom Prüfer jeder erfasste Einzelschaden nach den Kriterien Standsicherheit, Verkehrssicherheit und Dauerhaftigkeit zu bewerten und in seinem Umfang zu beurteilen (ΔZ_1 für „klein", „mittel", „groß"). Die Bewertung für S, V und D hat dabei vornehmlich mit den Schadensbeispielen der RI-EBW-PRÜF zu erfolgen. Ist für einen identifizierten Schaden kein passendes Schadensbeispiel verfügbar, sind die Bewertungen für S, V und D anhand eines vergleichbaren Schadensbeispiels abzuschätzen. Dabei ist zu beachten, dass für BMS-relevante Schäden[390] die Bewertung immer mit einem Schadensbeispiel zu erfolgen hat. Bewertungsabweichungen für Schäden ohne Schadensbeispiel sind an unterschiedlichen Bauwerken, bei wechselnden Prüfern oder veränderlichen Umweltbedingungen

---

[390] Vgl. BMVBS (2017) Richtlinie zur einheitlichen Erfassung, Bewertung, Aufzeichnung und Auswertung von Ergebnissen der Bauwerksprüfungen nach DIN 1076, S. 10.

(z. B. Wetter, Lichtverhältnisse) zwangsläufig zu erwarten. Überdies sind bei einer Vielzahl der Schadensbeispiele die Bewertungen aus einem vorgegebenen Auswahlbereich vom Prüfer selbst vorzunehmen. Bei diesen Beispielen ist ein Bewertungsbereich für ein, zwei oder alle drei Kriterien vorgegeben, aus denen der Prüfer die Bewertung je nach Schwere der Schädigung vergeben kann. In diesen Fällen ist die Erfahrung des Prüfers entscheidend, wiederkehrende Schädigungsbilder während seiner langjährigen Prüftätigkeit, annähernd gleich zu bewerten. Bewertungstoleranzen sind bei solchen Schädigungen an verschiedenen Bauwerken und über unterschiedliche Prüfperioden in großem Maße zu erwarten (siehe Abschnitt 1.1, MOORE et al. Studie der Federal Highway Administration).[391] Zur Reduzierung von Bewertungsunsicherheiten und zur Ursachenanalyse empfiehlt die RI-EBW-PRÜF, insbesondere für Schäden mit individuellem Bewertungsbereich, eine Objektbezogene Schadensanalyse (OSA) durchzuführen[392]. Deshalb werden im nachfolgenden Abschnitt die Schadensbeispiele der RI-EBW-PRÜF hinsichtlich der subjektiven Einflussnahme des Prüfers auf Bewertungen untersucht. In Tabelle 14 werden dafür auszugsweise die verschiedenen Varianten an Bewertungsmöglichkeiten innerhalb der Schadensbeispiele vorgestellt und ausgewertet.

Tabelle 14:   Beispielhafte Auswertung der Schadensbeispiele nach RI-EBW-PRÜF[393]

Variante	BSP-ID	Schadensbeschreibung	S-V-D-Bereich	S	V	D
	013-00	Brücken, Überbau, Stahl, Metall				
1	013-15	Verwölbungen im Fahrbahnblech		1	0	1
	022-00	Brücken, Unterbau, Betondeckung				
1	022-05	Betondeckung der Bewehrung > 15 mm bis 30 mm, schlechte Betonqualität		0	0	3
	001-00	Brücken, Überbau				
1	001-01	Graffiti an Sichtflächen		0	0	0
	025-00	Brücken, Unterbau, Beton, Risse				
2	025-06	Trockene Risse im Spritzwasser oder Sprühnebelbereich, Rissweiten ≥ 0,4 mm	D = 2 bis 3	0	0	
3	025-12	Setzungsrisse	S = 1 bis 2; D = 1 bis 3		0	
	231-00	Geländer				
4	231-22	Pfosten oder sonstige Geländerbauteile ausgebaucht/ gerissen/verformt	S = 0 bis 1; V = 0 bis 2; D = 0 bis 2			
Auswertung				Anzahl	% an Gesamt	
Summe aller Schadensbeispiele RI-EBW-PRÜF 2017				1524	100 %	
davon Schäden **ohne** Einfluss auf den Bauwerkszustand (mit S|V|D = 0)				86	6 %	
Schadensbeispiele **ohne** Auswahl in S, V, D = **Variante 1**				1089	71 %	
Schadensbeispiele mit Auswahl in **einem** Kriterium (S, V, D) = **Variante 2**				244	16 %	
Schadensbeispiele mit Auswahl in **zwei** Kriterien (S, V, D) = **Variante 3**				182	12 %	
Schadensbeispiele mit Auswahl in **allen drei** Kriterien = **Variante 4**				8	0,5 %	
Schadensbeispiele mit Auswahl im **Kriterium S**				247	16 %	

[391]   Vgl. MOORE et al. (2001) Reliability of Visual Inspection for Highway Bridges.
[392]   Vgl. BMVBS (2017) Richtlinie zur einheitlichen Erfassung, Bewertung, Aufzeichnung und Auswertung von Ergebnissen der Bauwerksprüfungen nach DIN 1076, S. 7 und in den Bemerkungen einzelner Schadensbeispiele der Anlage S. 1 – 70.
[393]   Vgl. BMVBS (2017) Richtlinie zur einheitlichen Erfassung, Bewertung, Aufzeichnung und Auswertung von Ergebnissen der Bauwerksprüfungen nach DIN 1076 der Anlage S. 1 – 70.

Im oberen Teil der Tabelle 14 werden einige Beispiele des Schadensbeispielkataloges zur RI-EBW-PRÜF vorgestellt. Grundsätzlich wird in vier Varianten an Schadensbeispielen mit Bewertungsvorgaben für S, V und D unterschieden. Bei Variante 1 wird für jedes Kriterium eine feste Bewertungsnote vergeben. Die Variante 2 sieht in einem der drei Kriterien einen definierten Auswahlbereich von mindestens 2 Notenstufen bis hin zu allen 5 Notenstufen (0 bis 4) vor. Variante 3 enthält in zwei Kriterien einen solchen Auswahlbereich und in Variante 4 sind in allen drei Kriterien die Bewertungen vom Prüfer aus einem Auswahlbereich festzulegen. Im unteren Teil der Tabelle werden die Varianten nach ihrer Häufigkeit im Schadenskatalog ausgewertet. Dabei kann festgestellt werden, dass in 434 Fällen[394] (Schadensbeispiele mit Auswahlmöglichkeit) von den insgesamt 1524 Schadensbeispielen Bewertungen vom Prüfer festzulegen sind. Dies entspricht einem Anteil von ca. 28 %.

Eine weitere Ursache für Bewertungstoleranzen von gleichartigen Schäden kann in der Bewertungsvorschrift selbst identifiziert werden. Die Beschreibungen der Bewertungsstufen im Kriterium Standsicherheit geben Anlass zur Interpretation. Die textliche Beschreibung der Bewertungsstufen 1 bis 3 enthält nach sprachlich-grammatikalischer Auslegung (vgl. Abschnitt 2.2.3.1) Wortgruppen, die es Prüfern erschwert, einen Schaden eindeutig einer Bewertungsstufe zuzuordnen. Die Bewertungsstufen 0 und 4 enthalten keine dieser interpretierbaren Wortgruppen (siehe Tabelle 11). Nachfolgend werden die textlichen Beschreibungen der Bewertungsstufen 1 bis 3 nach Interpretationsspielräumen für die Schadenszuordnung analysiert.[395]

- Bewertungsstufe 1:
  *„Einzelne geringfügige Abweichungen [...] liegen noch **deutlich im Rahmen der zulässigen Toleranzen** [...]; der Mangel/Schaden **beeinträchtigt die Standsicherheit des Bauteils**, hat jedoch **keinen Einfluss** auf die Standsicherheit des Bauwerks."*

- Bewertungsstufe 2:
  *„Die Abweichungen haben die **Toleranzgrenzen erreicht** bzw. in **Einzelfällen überschritten** [...]; der Mangel/Schaden **beeinträchtigt die Standsicherheit des Bauteils**, hat jedoch nur **geringen Einfluss** auf die Standsicherheit des **Bauwerks."*

- Bewertungsstufe 3:
  *„Die Abweichungen übersteigen die zulässigen **Toleranzgrenzen** [...]; der Mangel/Schaden **beeinträchtigt** die Standsicherheit **des Bauteils und des Bauwerks."*

Ein Prüfer, der einen Schaden mit Auswirkung auf die Standsicherheit zu bewerten hat, muss entscheiden, ob der Schaden nur die Standsicherheit des Bauteils oder des Bauteils und des Bauwerks beeinträchtigt. Zudem gibt er mit seiner Bewertung an, ob ein Schaden noch innerhalb der zulässigen Toleranzgrenze des Bauteils liegt, sie erreicht oder überschritten hat. Kann ein Schaden nicht zweifelsfrei einem Bewertungsbeispiel nach RI-EBW-PRÜF zugeordnet werden oder muss der Prüfer die Bewertung der Standsicherheit aus einem Auswahlbereich des ermittelten Schadensbeispiels festlegen (siehe Tabelle 14), dann ist das Schadensbild mit den Bewertungsspannen der Bewertungsstufen abzugleichen. Die Bewertungsspanne einer Bewertungsstufe ist

---

[394] Schadensbeispiele mit Auswahlbereich: 244 + 182 + 8 = 434.

[395] In der Aufzählung werden einzelne Textstellen aus der Bewertungsstufenbeschreibung zitiert. Vgl. BMVBS (2017) Richtlinie zur einheitlichen Erfassung, Bewertung, Aufzeichnung und Auswertung von Ergebnissen der Bauwerksprüfungen nach DIN 1076, S. 11.

als Bewertungsbereich zwischen den Grenzwerten zu den benachbarten Bewertungsstufen zu verstehen. In Abbildung 26 ist der Zusammenhang zwischen den Grenzen der Bewertungsstufen und den Bauteil-/Bauwerkszuständen dargestellt.

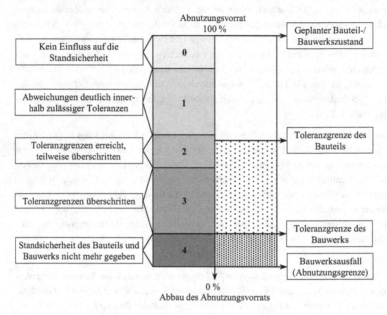

Abbildung 26: Vergleich der Standsicherheitsbewertung mit dem Bauwerkszustand

Ein erfasster Schaden ist nach Definition der RI-EBW-PRÜF mit S = 1 zu bewerten, wenn sich dieser zwischen den Grenzen einer nur geringfügigen Beeinträchtigung der Standsicherheit des Bauteils (untere Grenze zwischen S = 0 und S = 1) und dem Erreichen der Toleranzgrenze des Bauteils (obere Grenze zwischen S = 1 und S = 2) einordnen lässt. Damit kann diese Bewertungsstufe in einer breiten Bewertungsspanne vergeben werden. Mit S = 2 sind Schäden zu bewerten, bei denen durch Abweichungen vom Sollzustand die zulässige Toleranzgrenze des Bauteils erreicht oder in Einzelfällen überschritten wird. Damit hat diese Bewertungsstufe nur eine enge Bewertungsspanne. Alle Schäden, bei denen Abweichungen die zulässigen Toleranzgrenzen überschreiten und damit die Standsicherheit des Bauteils und des Bauwerks beeinträchtigen, sind mit S = 3 zu bewerten. Nach textlicher Beschreibung sind dieser Bewertungsstufe alle Schäden größer S = 2 zuzuordnen, bei denen die Standsicherheit noch gegeben ist. Ist die Standsicherheit durch einen Schaden nicht mehr gegeben, ist dieser mit S = 4 zu bewerten. Somit besitzt auch die Bewertungsstufe S = 3 eine relativ breite Bewertungsspanne.

Ein Bauwerksprüfer benötigt neben seiner Qualifikation vor allem Erfahrung (siehe Abschnitt 3.2), um die Ursachen identifizierter Schäden und deren Auswirkungen auf die Standsicherheit präzise einschätzen zu können. Aber selbst erfahrene Prüfer müssen abwägen, welche Bewertung sie für einen Schaden im Grenzbereich der Bewertungsstufen vergeben. Deshalb begünstigen insbesondere Schäden mit fortgeschrittenem oder sich ausgebreitetem Schadensbild

Bewertungsabweichungen. Dies betrifft maßgeblich die Bewertungsstufen S = 1 und S = 3 mit ihrer breiten Bewertungsspanne.

Die Konsequenzen von Abweichungen bei Standsicherheitsbewertungen zu einem tatsächlichen Schädigungsgrad[396] eines Bauwerks können sehr unterschiedlich ausfallen. Würden zum Beispiel Schäden schlechter bewertet, als eine theoretisch-realistisch ermittelte Bewertung, blieben keine Standsicherheitsgefährdungen unberücksichtigt, sondern sie würden überbewertet. Auswirkungen für die Nutzer wären zum Beispiel frühzeitige Nutzungseinschränkungen oder zusätzliche Kosten für Umleitungen, Instandsetzungen und Erneuerungen. Würde hingegen der Schädigungsgrad eines Bauwerks positiver als die theoretisch-realistisch ermittelte Bewertung eingeschätzt, blieben Standsicherheitsgefährdungen unberücksichtigt. Wird eine solche Unterbewertung des Schädigungsgrades erst zu einem sehr späten Zeitpunkt in Folgeprüfungen erkannt, wäre das Bauwerk gegebenenfalls über einen längeren Zeitraum oberhalb der zulässigen Belastungsgrenze genutzt worden. Auswirkungen für den Nutzer wären längere Nutzungseinschränkungen, hohe Instandsetzungskosten oder der Abbruch des Bauwerks. Im Extremfall kann eine andauernde Nutzung des Bauwerks oberhalb der zulässigen Belastungsgrenze zum plötzlichen Versagen führen.[397]

Aus der Analyse der Stufenbeschreibungen und der grafischen Darstellung in Abbildung 26 wird deutlich, dass die Schadensbewertung nach RI-EBW-PRÜF rein ordinal skaliert ist. Die Abstände zwischen den Merkmalsstufen sind nicht quantifizierbar und begünstigen durch enge und breite Bewertungsspannen Bewertungsabweichungen für vergleichbare Schadensbilder.[398] Zur Reduzierung dieser breiten Bewertungsspannen werden zusätzliche Bewertungsstufen eingeführt, um das ordinal skalierte Merkmal der Standsicherheit mit ungleichen Bewertungsspannen in eine Bewertung mit weitestgehend gleichen Bewertungsintervallen[399] zu überführen (siehe Abschnitt 4.1).

In den Beschreibungen der Bewertungsstufen Verkehrssicherheit und Dauerhaftigkeit können keine maßgebenden Interpretationsspielräume für Bewertungstoleranzen identifiziert werden. Beeinträchtigungen durch Schäden, die die Verkehrssicherheit betreffen, haben keinen Einfluss auf die Bausubstanz. Die Bewertung mit den Abstufungen 0 bis 4 und den zugehörigen Beschrei-

---

[396] Der tatsächliche/realistische Schädigungsgrad eines Ingenieurbauwerks ist durch subjektive Bewertungsentscheidungen eines Prüfers mit dem Bewertungsverfahren nach RI-EBW-PRÜF nicht sicher bestimmbar (z. B. Ergebnisse zum Forschungsprojekt ADFEX, siehe Abschnitt 1.1). Ein realistischer Schädigungsgrad kann durch die Auswertung mehrerer unabhängiger Prüfungen (z. B. Studie der FHWA in den USA, siehe Abschnitt 1.1) oder durch die zusätzliche Verwendung statistischer Zustandsprofile und physikalischer Modelle (siehe Abschnitt 3.4.1) bestimmt werden.

[397] Als Beispiel kann der Einsturz der Schrägseilbrücke in Genua am 14. August 2018 angeführt werden. Nach Einschätzung von Experten werden als Ursache des Einsturzes neben den Konstruktionsschwächen die Überbelastung und die Korrosion der von außen nicht sichtbaren Stahlseile angeführt. Vgl. SCHWARZ (10.09.2018) Symbol für den Zerfall des Projekts der Moderne, [Stand: 28.12.2019].

[398] Zum Beispiel sind Schäden am Brückenunterbau mit freiliegender korrodierter Bewehrung und fortgeschrittener Querschnittsminderung nach den Schadensbeispielen der RI-EBW-PRÜF (BSP-ID 021-11) mit S = 1 oder S = 2 und Schäden mit freiliegender korrodierter Bewehrung und teilweise zerstörter Querschnittsminderung (BSP-ID 021-12) mit S = 2 oder S = 3 zu bewerten.

[399] Die Bewertung von Schäden und Mängeln in einer Ratingskala (Noten/Bewertungsstufen) zur Messung der Intensität von Schadenseinflüssen, ist dennoch stets ordinal geprägt. Feste Abstände, wie bei einem Intervallskalenniveau, sind bei der Schadensbewertung nicht definierbar. Vgl. JACOB et al. (2013) Umfrage, S. 36 ff.

bungen – keinen Einfluss, kaum Einfluss, geringfügig beeinträchtigt und noch gegeben, beeinträchtigt und nicht mehr voll gegeben bis nicht mehr gegeben (siehe Tabelle 11) – ist deshalb ausreichend, um Gefährdungen für die Verkehrssicherheit sicher zu bewerten. Mit dem Bewertungskriterium Dauerhaftigkeit wird der Einfluss des Schadens auf die zukünftige Entwicklung der Bausubstanz bestimmt. Die schlüssig abgestuften Bewertungen von 0 bis 4 (siehe Tabelle 11) sind auskömmlich, um die Entwicklung der Bausubstanz ausreichend genau bewerten zu können.

3.5   Schlussfolgerungen zur Analyse der Einflussfaktoren auf die Zustandsbeurteilung

Die Analyse der Zustandsbeurteilung von Ingenieurbauwerken in Kapitel 3 hat gezeigt, dass eine Vielzahl von Faktoren die einheitliche Bewertung von Schäden und Zuständen beeinflusst. Der Mensch ist dabei das zentrale Element für alle Bewertungsentscheidungen. Er beurteilt im Rahmen der Vorschriften, allen äußeren Einflüssen und mit seinen Fähigkeiten den aktuellen Bauwerkszustand. Außerdem entscheidet er mit seinen Zustandsbewertungen über notwendige Maßnahmen der Instandhaltung.

Zur Reduzierung der subjektiven Einflüsse durch den Prüfer wurden in Abschnitt 3.2 einige Hinweise gegeben. Die Umsetzung solcher individuellen Maßnahmen ist jedoch von den einzelnen Straßenbauverwaltungen zu veranlassen und führt damit nicht zur bundesweiten Vereinheitlichung der Prüfergebnisse. Mit dieser Erkenntnis sollten Straßenbauverwaltungen bei der Vergabe von Prüfleistungen auf folgende Sachverhalte achten:

* Qualifikation und Erfahrung (Referenzen) des Prüfers überwachen,

* Variation des Prüfpersonals an einem Bauwerk (eigenes Personal, Fremdpersonal) und

* Variation des Prüfzeitpunktes im Jahresverlauf (Einfluss des Wetters).

Wie in Kapitel 3 aufgezeigt werden Bewertungsabweichungen nicht ausschließlich durch den Prüfer initiiert, auch die Faktoren Bauwerkszustand (Baukonstruktion, Alterungsverhalten, Schadensverläufe), Organisation der Bauwerksprüfung (Kosten, Software, Dokumentation) und das Bewertungsverfahren (in Deutschland nach RI-EBW-PRÜF)[400] haben Einfluss auf die Zustandsbewertung von Ingenieurbauwerken.

Die Untersuchung des Bewertungsverfahrens nach RI-EBW-PRÜF zeigte, dass die Vorschrift zahlreiche individuelle Entscheidungen des Prüfers zulässt, sogar fordert und damit die Zustandsnotenbewertung eines Bauwerks subjektiv beeinflusst. Der Prüfer muss identifizierte Schäden jeweils einem Schadensbeispiel nach RI-EBW-PRÜF zuordnen und gegebenenfalls Bewertungsnoten in einzelnen Kriterien (S, V, D) aus einem Auswahlbereich selbst festlegen. Für diese Festlegung muss er sich an den textlichen Beschreibungen für die Stufen der Schadensbewertung orientieren. Die Beschreibungen im Kriterium Standsicherheit enthalten Passagen, die Bewertungsabweichungen begünstigen. Deshalb sollten zur Reduzierung subjektiver Bewertungsent-

---

[400] In anderen Ländern beeinflusst das vorgegebene Bewertungsverfahren ebenfalls die Zustandsbewertung (siehe Abschnitt 1.1). Vgl. MOORE et al. (2001) Reliability of Visual Inspection for Highway Bridges.

scheidungen die Bewertungsstufen im Kriterium Standsicherheit modifiziert werden. Solche Eingriffe in die Bewertungsstufen ziehen aber auch zahlreiche Anpassungen im gesamten Bewertungsverfahren nach sich.

In Kapitel 4 werden diese Modifikationen vorgestellt und die Anpassungen im Bewertungsverfahren untersucht. Anschließend werden in Kapitel 5 die Auswirkungen auf die Zustandsnote und in Kapitel 6 die wirtschaftlichen Folgen dieser Anpassungen analysiert.

In diesem Kapitel wird auf Basis der Erkenntnisse aus der Analyse der Einflussfaktoren auf die Zustandsbeurteilung (siehe Kapitel 3) eine Modifikation des Bewertungsverfahrens vorgestellt. Diese Modifikation soll dazu beitragen, Tendenzen der Fortschreitung und der Ausbreitung von Schäden mit Standsicherheitsgefährdung frühzeitiger als solche zu erkennen und zu bewerten. Dadurch wird die Möglichkeit geschaffen, derartige Schäden eher sanieren zu können und langfristig Instandhaltungskosten einzusparen. Nach der kritischen Auseinandersetzung mit der vorgenommenen Modifikation werden die Auswirkungen der modifizierten Bewertungsvorschrift auf die Zustandsnote und die Unterhaltungsplanung untersucht. Danach wird die Anwendung des modifizierten Bewertungsverfahrens anhand charakteristischer Schadensdaten verifiziert und es werden Empfehlungen für die Instandhaltung abgeleitet.

4.1   Erfassung von Tendenzen der Fortschreitung und Ausbreitung

4.1.1   Einführung zusätzlicher Bewertungsstufen

Die Modifikation des aktuellen Bewertungsverfahrens nach RI-EBW-PRÜF 2017 soll es dem Prüfer erleichtern, Tendenzen der Fortschreitung und Ausbreitung von Schäden mit Standsicherheitsgefährdung zu erfassen und zu bewerten. Wie in Abschnitt 3.4.3 ausgeführt, kann die Bewertungsstufe S = 1 in einer breiten Bewertungsspanne vergeben werden. Um die Tendenzen der Fortschreitung eines Schadens erfassen zu können, wird vorgeschlagen, in einem modifizierten Verfahren Mängel oder Schäden, deren *Abweichungen sich nahe an der Toleranzgrenze des Bauteils befinden, aber diese noch nicht erreicht haben*, mit der zusätzlichen Bewertungsstufe *S = 1,5* zu bewerten. Dadurch wird die Bewertungsspanne für Schäden mit S = 1 nach oben in Richtung Toleranzgrenze des Bauteils[401] reduziert und es werden in dieser Bewertungsstufe nur noch Schäden erfasst, deren Abweichungen sehr deutlich innerhalb der zulässigen Toleranzen des Bauteils liegen. Die Bewertungsstufe S = 3 kann wie die Bewertungsstufe S = 1 in einer breiten Bewertungsspanne vergeben werden. Im aktuellen Verfahren werden mit S = 3 alle Mängel oder Schäden erfasst, deren Abweichungen die Toleranzgrenze des Bauteils überschreiten, aber die Standsicherheit des Bauwerks noch nicht gefährden. Damit kann die Bewertungsstufe S = 3 zwischen der Toleranzgrenze des Bauteils und der Toleranzgrenze des Bauwerks (siehe Abbildung 26) vergeben werden. Um auch in diesem Bereich die Tendenzen der Ausbreitung eines Schadens erfassen zu können, wird für Mängel oder Schäden, deren *Abweichungen die Toleranzgrenze des Bauteils überschreiten, sich aber noch deutlich innerhalb der Toleranzen des Bauwerks befinden*, im modifizierten Verfahren die zusätzliche Bewertungsstufe *S = 2,5* eingeführt.[402] Dadurch wird die

---

[401]   Die Toleranzgrenze eines Bauteils kann nach Definition der RI-EBW-PRÜF durch Abweichungen des Bauteilzustands, der Baustoffqualität oder der Bauteilabmessungen erreicht oder überschritten werden. Zusätzlich können unplanmäßige Beanspruchungen aus der Bauwerksnutzung zum Erreichen oder Überschreiten der Toleranzgrenzen führen. Vgl. BMVBS (2017) Richtlinie zur einheitlichen Erfassung, Bewertung, Aufzeichnung und Auswertung von Ergebnissen der Bauwerksprüfungen nach DIN 1076, S. 11.

[402]   Die Benennung der zusätzlichen Bewertungsstufen mit den Zahlen 1,5 und 2,5 soll lediglich verdeutlichen, dass sich die Bewertungen zwischen den benachbarten Bewertungsstufen 1, 2 und 3 der ordinal skalierten Merkmalsausprägung einfügen. Andere Bezeichnungen (z. B. 1*, 2* oder 1T, 2T mit T für

© Der/die Autor(en), exklusiv lizenziert durch
Springer Fachmedien Wiesbaden GmbH, ein Teil von Springer Nature 2021
C. Weller, *Zustandsbeurteilung von Ingenieurbauwerken*, Baubetriebswesen
und Bauverfahrenstechnik, https://doi.org/10.1007/978-3-658-32680-7_4

Bewertungsspanne für S = 3 nach unten in Richtung Toleranzgrenze des Bauteils reduziert und mit der Vergabe werden nur noch Schäden erfasst, deren Abweichungen deutlich über den zulässigen Toleranzen des Bauteils liegen und sich nahe der Toleranzgrenze des Bauwerks befinden. Die Einbindung der neuen Bewertungsstufen S = 1,5 und S = 2,5 in das modifizierte Bewertungsverfahren wird in Abbildung 27 veranschaulicht.

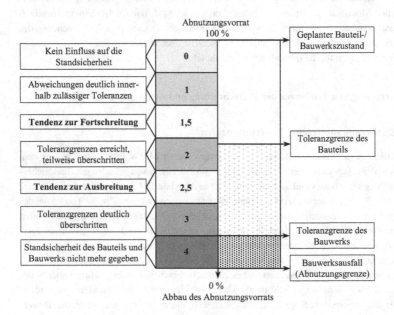

Abbildung 27: Modifizierte Standsicherheitsbewertung mit zusätzlichen Bewertungsstufen

Diese zusätzlichen Bewertungsstufen sollen es dem Prüfer ermöglichen, Schäden mit Bewertungsspielraum (siehe Abschnitt 3.4.3) und einer breiten Bewertungsspanne (S = 1 bis S = 3) einheitlich zu bewerten. Ein Prüfer, der insbesondere die Standsicherheit von Schäden bewerten muss, die sich nahe an der Toleranzgrenze des Bauteils befinden, steht oft vor dem Konflikt, die Schadensbewertung S = 1 oder S = 2 zu vergeben. Genauso trifft dies auf Schäden zu, deren Abweichungen die Toleranzgrenze des Bauteils überschreiten, sich aber noch deutlich innerhalb der Toleranzen des Bauwerks befinden. In diesem Fall muss der Prüfer abwägen, den Schaden mit S = 2 oder S = 3 zu bewerten. Es ist für den Prüfer oft nicht eindeutig zu entscheiden, ob die Toleranzgrenze erreicht oder überschritten ist.

In einer Fallbetrachtung soll dieser Konflikt verdeutlicht werden. Dafür sollen jeweils ein optimistisch eingestellter und ein pessimistisch eingestellter Prüfer[403] Schäden mit Interpretationsspielraum beurteilen und bewerten. In Abbildung 28 sind die Fallbeispiele grafisch aufbereitet.

Tendenz) oder die Neubezeichnung (z. B. in Bewertungsstufen 0, 1, 2 (≙ 1,5), 3 (≙ 2), 4 (≙ 2,5), 5 (≙ 3), 6 (≙ 4)) sollten im Zuge der Einführung vorgenommen werden (siehe Abschnitt 7.2).

[403] Ein optimistisch eingestellter Prüfer wird die Gefährdungen durch Schäden für das Bauwerk aus Erfahrung und seiner persönlichen Einstellung eher realistisch einschätzen, als diese aus Unsicherheit

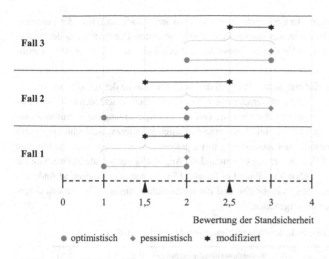

Bewertung der Standsicherheit

● optimistisch   ◆ pessimistisch   ✳ modifiziert

Abbildung 28: Fallbetrachtung von Bewertungsunterschieden der Standsicherheit

Im *Fall 1* wird für einen bereits in der letzten Prüfung mit S = 1 bewerteten Schaden ein fortge-schrittenes Schadensbild festgestellt. Der „erfahrene" optimistische Prüfer wird untersuchen, ob die Toleranzgrenze des Bauteils erreicht ist. Ist dies noch nicht der Fall, wird er den Schaden mit S = 1 bewerten, andernfalls mit S = 2. Der „unerfahrene" pessimistische Prüfer wird für die Ver-schlechterung des Schadensbildes den Schaden sehr wahrscheinlich mit S = 2 bewerten. Wenn klar abzuschätzen ist, dass durch den Schaden die Toleranzgrenze des Bauteils noch nicht erreicht ist, wird die zusätzliche Bewertungsstufe S = 1,5 die Bewertungen beider Prüfer vereinheitlichen. Anderenfalls wird die Bewertungsspanne auf den Bereich S = 1,5 bis S = 2 begrenzt.

Im *Fall 2* weist ein neu identifizierter Schaden ein Schadensbild auf, dessen Abweichungen die Toleranzgrenze des Bauteils erreicht haben. Der optimistische Prüfer wird erkennen, dass der Schaden noch keinen größeren Einfluss auf die Standsicherheit des Bauwerks hat. Er wird den Schaden mit S = 1 bewerten, um die Zustandsnote durch diesen Einzelschaden nicht maßgeblich zu verschlechtern. Alternativ kann er den Schaden auch realistisch mit S = 2 bewerten. Der pes-simistische Prüfer kann nicht einschätzen, ob der Schaden schon die Standsicherheit des Bau-werks beeinträchtigt. Er wird deshalb den Schaden mit S = 2 oder S = 3 bewerten. Durch die Ein-führung der zusätzlichen Bewertungsstufen im modifizierten Verfahren wird – trotz unterschied-licher Persönlichkeiten der Prüfer – die Bewertungsspanne für solch einen Schaden auf den Be-reich S = 1,5 bis S = 2,5 beschränkt.

Im *Fall 3* ist ein Schaden zu bewerten, dessen Abweichungen die Toleranzgrenze des Bauteils überschreiten. In diesem Fall wird der optimistische Prüfer abschätzen, ob die Überschreitung der Toleranzgrenze des Bauteils ein Einzelfall und nur geringfügig ist, dann wird er den Schaden noch mit S = 2 bewerten, um die Gesamtbewertung durch den Einzelschaden nicht zu sehr zu beeinflussen. Schätzt er die Überschreitung hingegen als nicht nur geringfügig ein, wird er den

---

tendenziell schlechter als notwendig zu bewerten. Hingegen wird ein pessimistischer Prüfer genau das Gegenteil tun und Schäden aus fehlender Erfahrung und Unsicherheit eher schlechter bewerten, als erforderlich.

Schaden mit S = 3 bewerten. Der pessimistische Prüfer wird den Schaden aufgrund der Toleranzgrenzenüberschreitung des Bauteils zwangsläufig mit S = 3 bewerten. Die Einführung der zusätzlichen Bewertungsstufen wird die Bewertungsspanne auf den Bereich S = 2,5 bis S = 3 verringern.

Aus der Fallbetrachtung wird ersichtlich, dass sich durch die Einführung der zusätzlichen Bewertungsstufen S = 1,5 und S = 2,5 die Bewertungsunterschiede zwischen verschiedenen Prüfern verringern lassen. Außerdem tragen sie dazu bei, die Bewertungsentscheidung eines Prüfers zu erleichtern. Somit können im modifizierten Bewertungsverfahren Schadensverschlechterungen mit Tendenzen zur Fortschreitung oder Ausbreitung mit einer eigenen Stufe bewertet werden. Die Beschreibung der zusätzlichen Bewertungsstufen und die Anpassung der Schadensbewertung für die Standsicherheit nach RI-EBW-PRÜF wird in Tabelle 15 vorgenommen. Darin sind Änderungen in den ursprünglichen Bewertungsstufen und die wesentlichen Aussagen in den neu eingeführten Bewertungsstufen hervorgehoben.

Tabelle 15:   Modifizierte Schadensbewertungsstufen der Standsicherheit

Stufe	Standsicherheitsbewertung (S)
0	Der Mangel/Schaden hat *keinen Einfluss* auf die Standsicherheit des *Bauteils/Bauwerks*.
1	Der Mangel/Schaden *beeinträchtigt geringfügig* die Standsicherheit des *Bauteils*, hat jedoch *keinen Einfluss* auf die Standsicherheit des *Bauwerks*.
	Einzelne geringfügige Abweichungen in Bauteilzustand, Baustoffqualität oder Bauteilabmessungen und geringfügige Abweichungen hinsichtlich der planmäßigen Beanspruchung liegen noch *deutlich im Rahmen der zulässigen Toleranzen*.
	Schadensbeseitigung im Rahmen der *Bauwerksunterhaltung*
1,5	Der Mangel/Schaden *beeinträchtigt* die Standsicherheit des *Bauteils*, hat jedoch *keinen Einfluss* auf die Standsicherheit des *Bauwerks*.
	Einzelne Abweichungen in Bauteilzustand, Baustoffqualität oder Bauteilabmessungen oder hinsichtlich der planmäßigen Beanspruchung aus der Bauwerksnutzung sind *fortgeschritten und nähern sich den zulässigen Toleranzen*.
	Schadensbeseitigung im Rahmen der *Bauwerksunterhaltung*
2	Der Mangel/Schaden *beeinträchtigt* die Standsicherheit des *Bauteils*, hat jedoch nur *geringen Einfluss* auf die Standsicherheit des *Bauwerks*.
	Die Abweichungen in Bauteilzustand, Baustoffqualität oder Bauteilabmessungen oder hinsichtlich der planmäßigen Beanspruchung aus der Bauwerksnutzung *haben die Toleranzgrenzen erreicht* bzw. *in Einzelfällen überschritten*.
	Schadensbeseitigung *mittelfristig* erforderlich.
2,5	Der Mangel/Schaden *beeinträchtigt* die Standsicherheit des *Bauteils* und des *Bauwerks*.
	Die Abweichungen in Bauteilzustand, Baustoffqualität oder Bauteilabmessungen oder hinsichtlich der planmäßigen Beanspruchung aus der Bauwerksnutzung *haben die zulässigen Toleranzen überschritten und beginnen sich auszubreiten*.
	Erforderliche Nutzungseinschränkungen sind nicht vorhanden oder unwirksam. Eine *Nutzungseinschränkung* ist *gegebenenfalls umgehend* vorzunehmen. Schadensbeseitigung *kurzfristig* erforderlich.
3	Der Mangel/Schaden *beeinträchtigt* die Standsicherheit des *Bauteils* und des *Bauwerks*.
	Die Abweichungen in Bauteilzustand, Baustoffqualität oder Bauteilabmessungen oder hinsichtlich der planmäßigen Beanspruchung aus der Bauwerksnutzung *übersteigen deutlich die zulässigen Toleranzen*.
	Erforderliche Nutzungseinschränkungen sind nicht vorhanden oder unwirksam. Eine *Nutzungseinschränkung* ist *gegebenenfalls umgehend* vorzunehmen. Schadensbeseitigung *kurzfristig* erforderlich.
4	Die Standsicherheit des *Bauteils* und des *Bauwerks* ist *nicht mehr gegeben*.
	Erforderliche Nutzungseinschränkungen sind nicht vorhanden oder unwirksam.
	Sofortige Maßnahmen sind während der Bauwerksprüfung erforderlich. Eine *Nutzungseinschränkung* ist *umgehend* vorzunehmen. Die *Instandsetzung* oder *Erneuerung* ist *einzuleiten*.

Die Einführung der zusätzlichen Bewertungsstufen erfordert die Anpassung der Basiszustands-zahlen im Bewertungsschlüssel nach HAARDT (siehe Abbildung 21). Diese und weitere Modifi-kationen werden in Abschnitt 4.2 vorgestellt und analysiert. Zuvor werden im nachfolgenden Ab-schnitt alternative Vorgehensweisen zu den vorgestellten zusätzlichen Bewertungsstufen disku-tiert.

4.1.2 Diskussion der zusätzlichen Bewertungsstufen

In das historisch gewachsene Bewertungsverfahren der RI-EBW-PRÜF soll so gering wie mög-lich eingegriffen werden, damit das Bauwerksmanagement, die gesamte Organisation und die Prüferqualifikation in Deutschland nur unwesentlich an ein modifiziertes Verfahren angepasst werden müssen. Weitreichendere Anpassungen oder sogar die vollständige Neuausrichtung des Verfahrens, zum Beispiel nach dem Vorbild der USA, hätten immense Auswirkungen. Eine kom-plette Änderung des Bewertungsverfahrens hätte zur Folge, dass alle Bestandsbauwerke mit dem neuen Verfahren geprüft oder die ursprünglichen Bewertungen durch einen Algorithmus an das neue Verfahren angepasst werden müssten. Ebenso wären alle Bauwerksprüfer auf das neue Ver-fahren zu schulen und sämtliche Software wäre umfänglich anzupassen. Mit Einführung der zu-sätzlichen Bewertungsstufen S = 1,5 und S = 2,5 gehen lediglich moderate Anpassungen im Be-wertungsverfahren einher, die in den nachfolgenden Abschnitten dieser Arbeit untersucht werden.

Die Analyse von Bewertungstoleranzen in Abschnitt 3.4.3 verdeutlichte, dass die RI-EBW-PRÜF eine Vielzahl von subjektiven Entscheidungen durch den Prüfer bei der Bewertung identifizierter Bauwerksschäden zulässt sowie teilweise erfordert. So muss der Prüfer einen Schaden in seinem Ausmaß und dem Einfluss auf das Bauteil sowie das Bauwerk beurteilen und einem Schadens-beispiel der RI-EBW-PRÜF zuordnen.[404] Dabei hat der Prüfer in 28 % aller Schadensbeispiele die Bewertungsstufe aus einem Auswahlbereich selbst festlegen. In 16 % aller Schadensbeispiele betrifft dies die Bewertungsstufe der Standsicherheit (siehe Tabelle 14). Außerdem zeigt die Un-tersuchung, dass durch die Beschreibung der Bewertungsstufen im Kriterium Standsicherheit In-terpretationsspielräume bei der Schadenszuordnung bestehen. Zur Reduzierung dieser Unsicher-heiten können verschiedene Vorgehensweisen gewählt werden.

- Vervollständigung des Schadensbeispielkatalogs der RI-EBW-PRÜF durch Ergänzung aller möglichen Schäden sowie Entfernung des Auswahlbereichs in den Bewertungsstu-fen. Somit wäre für jeden denkbaren Schaden eine Bewertung für S, V und D vorhanden.

- Die Beschreibungen der Bewertungsstufen sind so anzupassen, dass Unsicherheiten in der Schadenszuordnung beseitigt werden.

- Einführung zusätzlicher Bewertungsstufen zur Reduzierung der Unsicherheiten (breite Bewertungsspannen) bei der Schadenszuordnung.

---

[404] Die Zuordnung zu einem Schadensbeispiel ist für BMS-relevante Schäden vorgeschrieben. Dies be-trifft alle Schäden die mindestens in einem Schadenskriterium eine Bewertung größer 1 erhalten (S|V|D > 1). Dies entspricht 92 % aller Bewertungsmöglichkeiten (69 Bewertungsfälle von 75 mögli-chen Bewertungsfällen, siehe Abschnitt 4.2.1). Vgl. BMVBS (2017) Richtlinie zur einheitlichen Er-fassung, Bewertung, Aufzeichnung und Auswertung von Ergebnissen der Bauwerksprüfungen nach DIN 1076, S. 10.

Die komplett *vollständige Erfassung aller möglichen Schäden* wird nicht erreichbar sein, da einerseits die Entwicklung neuer Bauweisen auch neue Schadensbilder nach sich zieht und andererseits auch aktuell fortlaufend unbekannte Schadensausprägungen in die Schadensbeispiele der RI-EBW-PRÜF aufgenommen werden.[405] Außerdem lassen sich Schäden mit Auswahlbereich in den Bewertungsstufen kaum so detailliert beschreiben, um abgrenzbare Abstufungen der Schadensausprägung zur Entfernung des Auswahlbereichs festlegen zu können. Solche ausführlichen Beschreibungen würden dem Prüfer die Zuordnung zu einem Schadensbeispiel zusätzlich erschweren. Damit ist dieses Vorgehen nicht umsetzbar und wird in dieser Arbeit nicht weiter untersucht.

Durch *Anpassungen der Stufenbeschreibungen in den Schadenskriterien* ist es sicherlich möglich, einzelne Schadensbilder einer Schadensbewertung zuzuordnen, bei denen nach RI-EBW-PRÜF Unsicherheiten in der Zuordnung bestehen. Jedoch würden die in Abschnitt 3.4.3 aufgezeigten Bewertungsspannen bestehen bleiben und Tendenzen der Fortschreitung und Ausbreitung von Schäden nicht erfasst. Dies führt dazu, dass Schadensbilder mit unterschiedlicher Schadensausprägung analog der Fallbeschreibung in Abschnitt 4.1.1 in einer Bewertungsstufe gebündelt bewertet werden. Da es aber ein Ziel dieser Arbeit ist, Tendenzen der Schadensausbreitung und Schadensfortschreitung frühzeitiger erkennen und bewerten zu können (siehe Abschnitt 1.2), sind die alleinigen Anpassungen in den Stufenbeschreibungen kein geeigneter Ansatz zur Zielerreichung. Deshalb wird auch dieses Vorgehen nicht weiter verfolgt.

Mit der *Einführung zusätzlicher Bewertungsstufen* können Schadensausprägungen differenzierter erfasst werden. Der Verzicht solcher zusätzlichen Bewertungsstufen in den Schadenskriterien Verkehrssicherheit und Dauerhaftigkeit wurde in Abschnitt 3.4.3 ausführlich erörtert. Gleichwohl wurde in diesem Abschnitt die Notwendigkeit zusätzlicher Bewertungsstufen im Schadenskriterium Standsicherheit aufgezeigt. Dabei ist allerdings die Frage der Gliederungstiefe durch die Einführung zusätzlicher Bewertungsstufen zu diskutieren. Es wurden genau zwei Bewertungsstufen (S = 1,5 und S = 2,5) eingeführt, damit die identifizierten Schwächen der Standsicherheitsbewertung bei der Erfassung von Tendenzen der Schadensausbreitung und Schadensfortschreitung beseitigt werden. Die Einführung weiterer Bewertungsstufen oder die noch differenziertere Unterteilung der Bewertungsstufen S = 1,5 und S = 2,5 sind mit dem Ziel einer geringstmöglichen Anpassung nicht vereinbar. Weitere Zwischenstufen oder feingliedriger Bewertungsintervalle (z. B. S = 1,25, S = 1,5, S = 1,75) würden einerseits die Abgrenzung zwischen den einzelnen Stufen und damit die Zuordnung zu Schäden erschweren, andererseits wären die gleichen Auswirkungen wie bei einer vollständigen Neuausrichtung des Bewertungsverfahrens (siehe Abschnittsbeginn 4.1.2) zu erwarten.

4.2   Modifikationen im Bewertungsprozess

Das modifizierte Bewertungsverfahren umfasst neben der Einführung zusätzlicher Bewertungsstufen in der Schadensbewertung der Standsicherheit auch die Überprüfung der Vereinbarkeit von

---

[405] Mit dem Erfassungsblatt „Erfahrungssammlung" können in der aktuellen RI-EBW-PRÜF Anträge auf Änderungen oder Ergänzungen der Schadensbeispiele gestellt werden. Vgl. In BMVBS (2017) Richtlinie zur einheitlichen Erfassung, Bewertung, Aufzeichnung und Auswertung von Ergebnissen der Bauwerksprüfungen nach DIN 1076, S. 11.

Stufendefinition und Bewertungsschlüssel. Außerdem werden im modifizierten Verfahren Bewertungsunstetigkeiten, durch die Anpassung der Bewertungsspannen zwischen den Bewertungsstufen und die Anpassung des Bewertungsschlüssels, reduziert.[406]

4.2.1 Anpassungen im Bewertungsschlüssel

Zunächst ist es notwendig, zu überprüfen, ob die Basiszustandszahlen nach Haardt[407] im modifizierten Verfahren noch genauso bestehen bleiben können. Notwendigerweise bedingt die Einführung der zwei zusätzlichen Bewertungsstufen im Kriterium Standsicherheit die Integration neuer Basiszustandszahlen (BZZ) im Bewertungsschlüssel. Für die bestehenden BZZ ist die Übereinstimmung mit den bestehenden Schadensbeschreibungen nach RI-EBW-PRÜF und den modifizierten Stufendefinitionen (siehe Tabelle 15) zu prüfen. Darüber hinaus ist vor der endgültigen Festlegung des modifizierten Bewertungsschlüssels zu untersuchen, welche Auswirkungen die modifizierten BZZ auf die Zustandsnotenbereiche nach RI-EBW-PRÜF haben. Da durch das modifizierte Verfahren lediglich Anpassungen zur Reduzierung subjektiver Einflüsse und von Unsicherheiten bei Bewertungsentscheidungen vorgenommen werden sollen, sind Abweichungen von den Zustandsnotenbereichen nach RI-EBW-PRÜF zu minimieren.

Bereits 1999 hat die Bundesanstalt für Straßenwesen mit der Vorstellung der „Algorithmen zur Zustandsbewertung von Ingenieurbauwerken" in ihrem Bericht Heft B 22 darauf verwiesen, dass *„nur ein von subjektiven Einflüssen soweit wie möglich befreites Bewertungsverfahren [...] eine Grundlage für eine optimierte Bauwerkserhaltung sein kann. "[408]* Dem Grundsatz folgend wird geprüft, ob durch die Zuordnung der BZZ zu den Kombinationsmöglichkeiten der Schadenskriterien (S, V, D), Inkonsistenzen in der Stetigkeit aus Schadensverschlechterung und zugeordneter Zustandsnote bestehen.[409] Aus dieser Analyse werden Vorschläge zur Anpassung der BZZ erarbeitet und anschließend in einen modifizierten Bewertungsschlüssel integriert.

Um Anpassungen von BZZ zu diskutieren, ist es zunächst notwendig, die Wertungslogik des Bewertungsschlüssels vorzustellen. Dazu ist in Abbildung 29 der Bewertungsschlüssel als dreidimensionaler Wertungsraum dargestellt. In dieser Darstellung ist jedem Schnittpunkt aus der zugehörigen Kriterienbewertung (Bewertungsstufen 0 bis 4) eine Basiszustandszahl zugeordnet. Dadurch spannt sich ein räumliches Gitter der BZZ auf. Mit Zunahme des Schädigungsgrades, beginnend bei Bewertungsstufe 0 (Schaden hat keinen Einfluss) bis Bewertungsstufe 4 (S, V oder D nicht mehr gegeben), steigt die BZZ von 1,0 (S|V|D = 0|0|0) auf 4,0 (S|V|D = 4|4|4) an. Als Beispiel wurde die Bewertung eines Einzelschadens mit S|V|D = 2|2|3 und zugehöriger BZZ = 3,1 dargestellt. Außerdem ist zu beachten, dass seit 2007 mit Einführung der Bedingung

---

[406] Bewertungsunstetigkeiten sind Sprünge im Bewertungsschlüssel, die für die definierte Ratingskala in den Bewertungskriterien Standsicherheit, Verkehrssicherheit und Dauerhaftigkeit (0 bis 4) zu einer sprunghaften Verschiebung der Basiszustandszahlen (siehe Abbildung 21) führen.

[407] Vgl. Bundesanstalt für Straßenwesen (1999) Berichte der Bundesanstalt für Straßenwesen, Heft 22, 1999, S. 39.

[408] Vgl. Bundesanstalt für Straßenwesen (1999) Berichte der Bundesanstalt für Straßenwesen, Heft 22, 1999, S. 34.

[409] Es wird geprüft, ob die Beschreibungen der Schadensbewertungen (S, V, D), der Zustandsnotenbereiche und der BZZ für jede Kriterienkombination aus S, V, D schlüssig zueinander passen. Passen einzelne Kombinationen nicht zusammen, so sind diese inkonsistent.

D ≥ S, 50 Bewertungskombinationen (Knotenpunkte im räumlichen Gitter) der 125 ursprünglich möglichen Bewertungskombinationen,[410] entfallen sind.

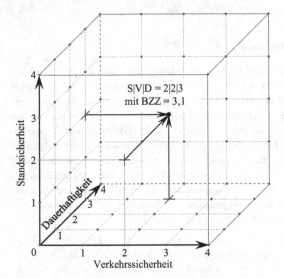

Abbildung 29: Wertungslogik im Bewertungsschlüssel

Mit dem Bewertungsschlüssel soll der Bauwerkszustand bestmöglich nachempfunden werden. Danach muss eine hohe Bauwerksschädigung mit einer dafür ermittelten hohen Schadensbewertung eine höhere BZZ aufweisen, als eine vergleichbar geringere Bauwerksschädigung. Da der bedeutendste Einzelschaden maßgebend für die Zustandsnote des Gesamtbauwerkes ist, sollten die Einzelwerte (BZZ), eine progressive Schadensentwicklung[411, 412, 413] und eine progressive Abbaukurve des Abnutzungsvorrates über die Nutzungsdauer eines Ingenieurbauwerkes (siehe Abbildung 4) abbilden. Dieser Logik folgend wurde der Bewertungsschlüssel von der BASt[414] erarbeitet.

Die erforderlichen Anpassungen im Bewertungsschlüssel durch Einführung der neuen Bewertungsstufen und Prüfung der ursprünglichen BZZ auf Inkonsistenzen werden in den folgenden Abschnitten vorgestellt.

---

[410] Im ursprünglichen Bewertungsschlüssel nach Haardt konnten noch alle Kombinationen der Schadensbewertung für S, V und D vergeben werden. Mit der RI-EBW-PRÜF, Ausgabe 2007 wurde die Bedingung D ≥ S erstmals eingeführt. Vgl. BMVBS (2007) Richtlinie zur einheitlichen Erfassung, Bewertung, Aufzeichnung und Auswertung vom Ergebnissen der Bauwerksprüfungen nach DIN 1076, S. 6.

[411] Vgl. Bundesanstalt für Straßenwesen (2014) Erarbeitung von Modellen zur Bestimmung der Schadensumfangsentwicklung an Brücken, S. 15 ff.

[412] Vgl. Bundesanstalt für Straßenwesen (Hrsg.) et al. (2014) Intelligente Brücke – Zuverlässigkeitsbasierte Bewertung von Brückenbauwerken unter Berücksichtigung von Inspektions- und Überwachungsergebnissen, S. 33 ff.

[413] Vgl. LÜCKEN (2004) Schadensanalysen an Stahlbeton- und Spannbetonbrücken unter Einsatz eines Fuzzy-Expertensystems, S. 873.

[414] Vgl. Bundesanstalt für Straßenwesen (1999) Berichte der Bundesanstalt für Straßenwesen, Heft 22, 1999.

Die Schadensbewertung der *Standsicherheit* wurde mit der Einführung der zusätzlichen Bewertungsstufen neu erstellt (siehe Tabelle 15). Dadurch müssen zusätzliche BZZ bestimmt und die bestehenden BZZ an eine kontinuierliche Schadensbewertung angepasst werden. Die aktuellen BZZ im Bewertungsschlüssel berücksichtigen über die Bedingung D ≥ S auch die Verschlechterung der Dauerhaftigkeit durch Verkürzung der Nutzungsdauer, wodurch die BZZ auf einen reduzierten Bewertungsschlüssel (siehe Abbildung 22) beschränkt werden. Überdies ist festzustellen, dass die BZZ stets größer oder gleich der zugehörigen Schadensbewertung für die Standsicherheit sind, unabhängig davon welche Bewertung für V oder D vergeben wird. Damit wird durch die Standsicherheitsbewertung stets die Untergrenze der Zustandsnote festgelegt. Wird beispielsweise der schwerwiegendste Schaden an einer Brücke mit S = 3 bewertet (z. B. freiliegende, teilweise zerstörte Bewehrung am Brückenunterbau),[415] so ist die zugehörige BZZ > 3,0 und damit auch die Zustandsnote Z_{Ges} > 3,0. Ebenso trifft dies auf alle anderen Schadensbewertungen der Standsicherheit zu. Schäden, durch die die Standsicherheit nicht mehr gegeben ist, erhalten die BZZ = 4,0 und damit auch die Zustandsnote Z_{Ges} = 4,0. Für Schäden mit S = 2 ist BZZ > 2,0 und damit Z_{Ges} > 2,0 und für Schäden mit S = 1 ist BZZ ≥ 1,5 und damit Z_{Ges} ≥ 1,5.[416] In Abbildung 30 sind diese Zusammenhänge im reduzierten Bewertungsschlüssel (mit D ≥ S) hervorgehoben.

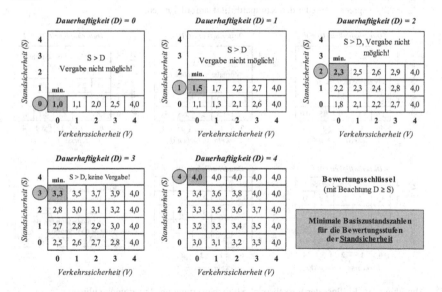

Abbildung 30: Einfluss der Standsicherheitsbewertung im Bewertungsschlüssel

Die Schadensbewertung der *Verkehrssicherheit* ist gegeben, „*wenn das Bauwerk keine oder lediglich geringfügige Mängel/Schäden aufweist, [...] oder der Bauwerksnutzer die Gefährdung*

---

[415] Schadensbeispiel 021-12 nach Anhang RI-EBW-PRÜF (2017).
[416] Durch die Bedingung D ≥ S ist bei S = 1 die Dauerhaftigkeit mindestens ebenfalls mit D = 1 zu bewerten. Damit wird für S|V|D = 1|0|1 eine BZZ = 1,5 bestimmt. Durch die Bedingung, dass Klassenübersprünge durch Abschläge nicht zugelassen sind, ist auch Z_{Ges} ≥ 1,5.

rechtzeitig erkennen kann oder wenn Verkehrsteilnehmer [...] auf Gefährdungen besonders hingewiesen werden. "[417] Aber auch schon augenscheinlich kleinere Schäden an einer Brücke, wie fehlende Geländersegmente oder Gesteinsausbrüche an Brüstungen mit darunterliegendem Verkehrsweg[418] führen dazu, dass die Verkehrssicherheit nicht mehr gegeben ist. Deshalb muss die hohe Bedeutung der Verkehrssicherheit auch im Bewertungsschlüssel berücksichtigt werden. Für Mängel oder Schäden, die mit V = 4 (Verkehrssicherheit ist nicht mehr gegeben) bewertet werden, wird ebenso wie bei der Standsicherheit die BZZ = 4,0 und damit auch die Zustandsnote Z_{Ges} = 4,0 vergeben. Hingegen werden bei einer Bewertung von Mängeln oder Schäden mit V = 3 (Verkehrssicherheit beeinträchtigt und nicht mehr voll gegeben), teilweise BZZ < 3,0 vergeben. Dadurch wird für diese Schadensbewertungen, trotz der mehr als nur geringen Beeinträchtigung der Verkehrssicherheit, ein ausreichender Bauwerkszustand (Notenbereich 2,5 – 2,9) bescheinigt.[419] In der Notenbereichsdefinition des ausreichenden Bauwerkszustandes wird beschrieben: „[…] *Die Verkehrssicherheit des Bauwerks kann beeinträchtigt sein. [...]*". Im Gegensatz dazu ist die Verkehrssicherheit mit der Schadensbewertung V = 3 aber tatsächlich beeinträchtigt. In Abbildung 31 ist diese Problematik dargestellt. In diesem Fall wird durch den modifizierten Bewertungsschlüssel im modifizierten Bewertungsverfahren der Notenbereich der Zustandsnote angepasst (grau markierte BZZ). Die weiteren Bewertungsstufen V = 1 mit BZZ ≥1,0 und V = 2 mit BZZ ≥ 2,0 entsprechen wieder den Kompatibilitätsanforderungen.

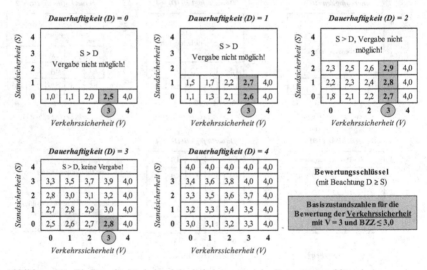

Abbildung 31: Einfluss der Verkehrssicherheitsbewertung im Bewertungsschlüssel

---

[417] Vgl. BMVBS (2017) Richtlinie zur einheitlichen Erfassung, Bewertung, Aufzeichnung und Auswertung von Ergebnissen der Bauwerksprüfungen nach DIN 1076, S. 6.

[418] Fehlende Geländersegmente nach Schadensbeispiel 231-03 und größere Gesteinsausbrüche nach Schadensbeispiel 237-12 sind mit V = 4 zu bewerten. Vgl. BMVBS (2017) Richtlinie zur einheitlichen Erfassung, Bewertung, Aufzeichnung und Auswertung von Ergebnissen der Bauwerksprüfungen nach DIN 1076, S. 6.

[419] Zum Beispiel wird für lockere Betonteile an Gesimsen mit darunterliegendem Verkehrsweg nach Schadensbeispiel 230-13 und S|V|D = 0|3|2 eine BZZ = 2,7 vergeben oder für fehlende Füllstäbe wird nach Schadensbeispiel 231-05 mit S|V|D = 0|3|0 eine BZZ = 2,5 vergeben.

Bei der Schadensbewertung der *Dauerhaftigkeit* sind, im Gegensatz zur Standsicherheit und Verkehrssicherheit, nicht die aktuellen Einflüsse von Mängeln und Schäden, sondern deren zeitliche Auswirkungen zu berücksichtigen.[420] Damit ist die Dauerhaftigkeit ein Maß für die Widerstandsfähigkeit des Bauwerks, bei planmäßiger Beanspruchung und Unterhaltung eine möglichst lange Nutzungsdauer zu gewährleisten. Beeinträchtigungen, insbesondere der Standsicherheit und teilweise der Verkehrssicherheit, beeinflussen diese Widerstandsfähigkeit.[421] Die Abhängigkeit zum Kriterium der Standsicherheit wurde direkt in der RI-EBW-PRÜF verankert. Durch die Bedingung D ≥ S werden Beeinträchtigungen der Standsicherheit auf die Nutzungsdauer berücksichtigt. Mängel oder Schäden, die die Verkehrssicherheit beeinträchtigen, beeinflussen auch die Dauerhaftigkeit, wenn diese die Widerstandsfähigkeit des Bauteils oder Bauwerks mindern. Diese Tatsache ist durch die kontinuierliche Anpassung der BZZ im Bewertungsschlüssel hinlänglich berücksichtigt. Die Zuordnung der Zustandsnotenbereiche zu den Beschreibungen der Schadensbewertung der Dauerhaftigkeit ist schlüssig. Lediglich die nachträgliche Anpassung der BZZ für die Schadensbewertung S|V|D = 0|0|2 von ursprünglich BZZ = 2,0 (nach Haardt, 1999) auf BZZ = 1,8 (Kalibrierung 2013) ist in diesem Vergleich nicht kompatibel.[422] Deshalb wird diese Anpassung im modifizierten Verfahren zurückgenommen.

Die vorgestellten Kompatibilitätsabweichungen zwischen den Basiszustandszahlen, den Schadensstufen der Bewertungskriterien und den Zustandsnotenbereichen werden mit der Einführung der zusätzlichen Bewertungsstufen für die Standsicherheitsbewertung (S = 1,5 und S = 2,5) in einem modifizierten Bewertungsschlüssel angepasst. Der modifizierte Bewertungsschlüssel ist in Abbildung 32 dargestellt.

Der modifizierte Bewertungsschlüssel enthält Anpassungen, die nachfolgend benannt und im Anschluss daran erläutert werden.

- Im modifizierten Bewertungsschlüssel werden alle BZZ gestrichen, die durch die in RI-EBW-PRÜF (2007) eingeführte Bedingung D ≥ S, nicht mehr vergeben werden können.

- Für die neuen Bewertungsstufen S = 1,5 und S = 2,5 der Schadensbewertung im Kriterium Standsicherheit werden neue BZZ eingeführt. Diese werden durch lineare Interpolation zwischen den bestehenden oder angepassten BZZ der ursprünglichen Bewertungsstufen bestimmt. Dadurch ist es erforderlich, für die neuen Bewertungsstufen die zweite Dezimalstelle mit einer Schrittweite von 0,05 einzuführen.

---

[420] Vgl. MERTENS, Hrsg. (2015) Handbuch Bauwerksprüfung, S. 23.

[421] Vgl. MERTENS, Hrsg. (2015) Handbuch Bauwerksprüfung, S. 23.

[422] Reduzierung der BZZ auf 1,8 für Schadensbewertung mit S|V|D = 0|0|2. Vgl. Bundesanstalt für Straßenwesen (2013) Auszug aus "Algorithmen der Zustandsbewertung von Ingenieurbauwerken", P. Haardt, Berichte der Bundesanstalt für Straßenwesen, Brücken und Ingenieurbau, Heft B 22, [Stand: 02.11.2018]. Die Beschreibung für D = 2 mit *„Der Mangel/Schaden beeinträchtigt die Dauerhaftigkeit des Bauteils und kann langfristig auch zur Beeinträchtigung der Dauerhaftigkeit des Bauwerks führen."* passt nicht zur Beschreibung des Notenbereichs 1,5-1,9 der Zustandsnote (siehe Tabelle 13). Vgl. BMVBS (2017) Richtlinie zur einheitlichen Erfassung, Bewertung, Aufzeichnung und Auswertung von Ergebnissen der Bauwerksprüfungen nach DIN 1076, S. 12 f.

- Um Tendenzen zur Fortschreitung ($S = 1,5$) und Ausbreitung ($S = 2,5$) auch bereits bei geringen Schadensverschlechterungen erfassen zu können, die jedoch die Dauerhaftigkeit nur geringfügig stärker beeinträchtigen, muss die Bedingung $D \geq S$, insbesondere in den Bewertungstabellen $D = 1$ und $D = 2$, wie folgt angepasst werden: $(D + 0,5) \geq S$.

- Die Diskrepanz zwischen der Schadensbewertung $V = 3$ und den zugehörigen BZZ $< 3,0$ im Bewertungsschlüssel nach Haardt (siehe Abbildung 31), wird im modifizierten Bewertungsschlüssel beseitigt. Die BZZ werden von $S|V|D = 0|3|0$ mit BZZ $= 3,0$ kontinuierlich steigend an die Bewertungskombinationen angepasst. Dafür werden die angepassten BZZ bei $V = 3$ zwischen den ursprünglichen BZZ interpoliert.

- Durch einige weitere Anpassungen der BZZ („BZZ angepasst" in Abbildung 32) werden Unstetigkeiten im Verlauf einer progressiven Schadensverschlechterung reduziert.

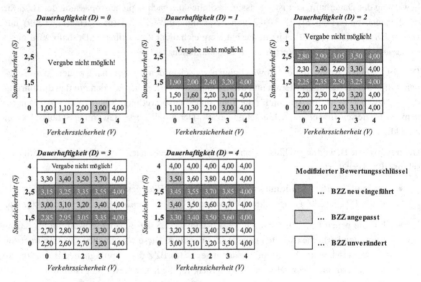

Abbildung 32: Modifizierter Bewertungsschlüssel

Die neuen Bewertungsstufen der Standsicherheit sind in den Wertungsraum aus Standsicherheit, Verkehrssicherheit und Dauerhaftigkeit (siehe Abbildung 29) zu integrieren. Dazu sind für alle möglichen Kombinationen mit V und D neue BZZ zu definieren. Diese neuen BZZ liegen im Spaltenrang[423] bei konstanter Bewertung für D und V zwischen den benachbarten Bewertungsstufen der Standsicherheit. Zum Beispiel sind bei konstanter $D = 3$ und $V = 0$ die benachbarten Bewertungsstufen von $S = 1,5$ die Bewertungen für $S = 1$ mit BZZ $= 2,7$ und für $S = 2$ mit BZZ $= 3,0$ sowie von $S = 2,5$ die Bewertungen für $S = 2$ mit BZZ $= 3,0$ und für $S = 3$ mit BZZ $= 3,3$. In Abbildung 33 ist das Vorgehen zur Ermittlung der neuen BZZ veranschaulicht.

---

[423] In dieser Arbeit ist der Spaltenrang als Tabellenspalte einer Tabelle des Bewertungsschlüssels definiert.

Damit die neuen BZZ genau zwischen den Zahlenwerten der benachbarten BZZ liegen, ist zwangsläufig die Einführung der zweiten Dezimalstelle im Bewertungsschlüssel erforderlich.[424]

In gleicher Weise werden die neuen BZZ für die Erfassung von Tendenzen zur Fortschreitung und Ausbreitung bei geringen Schadensverschlechterungen ermittelt. Im aktuellen Bewertungsverfahren der RI-EBW-PRÜF wird durch die Vorschrift D ≥ S ein Bewertungssprung der Standsicherheit auch immer zu einem Bewertungssprung der Dauerhaftigkeit führen (z. B. S|V|D = 1|0|1 wird bei Verschlechterung der Standsicherheitsbewertung zu S|V|D = 2|0|2). Deshalb werden die neuen BZZ für diese Zeilenränge (S = 1,5 bei D = 1 und V = 0 bis 4 sowie S = 2,5 bei D = 2 und V = 0 bis 4) aus diesen benachbarten Bewertungspaaren ermittelt. In Abbildung 33 ist dieses Vorgehen zur Bestimmung der BZZ für S|V|D = 2,5|0|2 und S|V|D = 1,5|0|3 dargestellt. Als Folge der zusätzlichen Zeilenränge[425] für S = 1,5 bei D = 1 und S = 2,5 bei D = 2 ist die Bedingung D ≥ S der RI-EBW-PRÜF in (D + 0,5) ≥ S abzuändern.

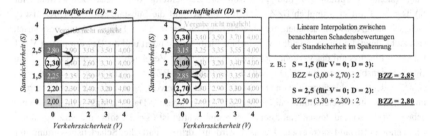

Abbildung 33: Ermittlung der BZZ für die neuen Bewertungsstufen

Mit der modifizierten Bedingung, dass bei V = 3 auch die BZZ ≥ 3,0 sein sollen, sind die zugehörigen Spaltenränge von D = 0, D = 1, D = 2 und D = 3 anzupassen. Zur Anpassung dieser Werte wurde eine Grenzwertbetrachtung durchgeführt. Die obere Grenze bilden die BZZ des Spaltenranges von V = 3 und D = 4. Diese Werte bleiben unverändert. Durch die Bedingung ist auch der untere Grenzwert mit BZZ = 3,0 bei S|V|D = 0|3|0 eindeutig definiert. Die Zwischenwerte im Spaltenrang für D = 1, D = 2 und D = 3 wurden daraufhin linear interpoliert. Lediglich für die Bewertung S|V|D = 0|3|1 wird der untere Grenzwert mit BZZ = 3,0 gewählt, denn die geringfügig schlechtere Bewertung der Dauerhaftigkeit beeinflusst die Zustandsnotenbewertung nicht (siehe Abbildung 32). Hingegen beeinflussen die Anpassungen im Spaltenrang von V = 3 die kontinuierliche Steigerung der BZZ im Zeilenrang bei zunehmender Schadensverschlechterung von V und D. In Abbildung 34 und Abbildung 35 sind beispielhaft die Verläufe einer kontinuierlichen Schadensbewertung durch Verknüpfung der BZZ in Abhängigkeit der Verkehrssicherheit dargestellt. Im Vergleich der Bewertungsverläufe des ursprünglichen und modifizierten

---

[424] Rundungen auf eine Dezimalstelle werden nicht berücksichtigt, um keine zusätzlichen Unstetigkeiten in den modifizierten Bewertungsschlüssel einzubringen. Überdies würde die alleinige Aufrundung (ohne Berücksichtigung von Schadensumfang und Schadenshäufigkeit) bei S|V|D = 2,5|0|4 mit BZZ = 3,45 auf BZZ = 3,5 zu einen unmittelbaren Notenbereichssprung von einem „nicht ausreichenden Zustand" (3,0 ≤ Z_{Ges} < 3,5) zu einem „ungenügenden Zustand" (3,5 ≤ Z_{Ges} ≤ 4,0) führen. Dies trifft in gleicher Weise auf die Bewertung S|V|D = 1,5|1|3 mit BZZ = 2,95 zu.

[425] In dieser Arbeit ist der Zeilenrang als Tabellenzeile einer Tabelle des Bewertungsschlüssels definiert.

Bewertungsschlüssels wird die Anpassung an eine progressive Schadensentwicklung mit der Reduzierung von Unstetigkeiten verdeutlicht.

Diese weiteren Anpassungen der BZZ ziehen größtenteils nur Verschiebungen innerhalb der ursprünglichen Zustandsnotenbereiche nach sich. Lediglich in drei Fällen kommt es durch die Anpassungen zu einem Sprung in benachbarte Zustandsnotenbereiche. Der erste Fall wurde bereits erläutert und betrifft die Rücknahme der Kalibrierung bei $S|V|D = 0|0|2$ von ursprünglich $BZZ = 2,0$ (nach Haardt, 1999) auf $BZZ = 1,8$ (Kalibrierung 2013).[426] Die modifizierte $BZZ = 2,0$ bewirkt einen Notenbereichssprung von einem guten Zustand (1,5 – 1,9) zu einem befriedigenden Zustand (2,0 – 2,4). Im zweiten Fall, sorgt die Anpassung der Schadensbewertung für $S|V|D = 3|1|3$ von ursprünglich $BZZ = 3,5$ auf modifiziert $BZZ = 3,4$ für eine Verbesserung der Zustandsnote von einem ungenügenden Zustand (3,5 – 4,0) zu einem gerade noch nicht ausreichenden Zustand (3,0 – 3,4). Begründen lässt sich dies durch die kontinuierliche Schadensanpassung (siehe Abbildung 35) und gleichzeitiger Betrachtung der Schadensbewertung für $S|V|D = 3|0|3$ mit ursprünglich $BZZ = 3,3$. Im Hinblick auf die Substanzkennzahl (SKZ) ist es nicht schlüssig, dass eine Schadensverschlechterung von $V = 0$ zu $V = 1$ diesen Notensprung nach sich zieht, denn die Bewertung der Bausubstanz bleibt unverändert und die Bewertung mit $V = 1$ hat kaum Einfluss auf die Verkehrssicherheit. Besonders im Vergleich zum dritten Fall, bei dem eine Schadensbewertung für $S|V|D = 3|0|4$ die ursprüngliche $BZZ = 3,4$ ergibt, wird deutlich, dass eine Schadensverschlechterung von $D = 3$ auf $D = 4$ in der Bewertung zu keiner Verschlechterung im Zustandsnotenbereich führt. Für ein Bauteil/Bauwerk, dessen Dauerhaftigkeit nicht mehr gegeben ist ($D = 4$) und dessen Standsicherheit beeinträchtigt ist ($S = 3$), sollte die SKZ einen ungenügenden Zustand ausweisen. Deshalb wird im dritten Fall die Schadensbewertung für $S|V|D = 3|0|4$ von ursprünglich $BZZ = 3,4$ auf modifiziert $BZZ = 3,5$ angepasst.

In Abbildung 34 und Abbildung 35 sind die ursprünglichen Basiszustandszahlen nach Haardt und die modifizierten Basiszustandszahlen in Abhängigkeit zur Verkehrssicherheit dargestellt. Dabei sind die diskreten BZZ der Zeilenränge für S und D zu einer Kurve verknüpft. Es wird deutlich, dass Unstetigkeiten der ursprünglichen BZZ beseitigt werden und sich die modifizierten BZZ einer progressiven Schadensverschlechterung annähern.

---

[426] Siehe Fußnote 375. Bundesanstalt für Straßenwesen (2013) Auszug aus "Algorithmen der Zustandsbewertung von Ingenieurbauwerken", P. Haardt, Berichte der Bundesanstalt für Straßenwesen, Brücken und Ingenieurbau, Heft B 22, [Stand: 02.11.2018].

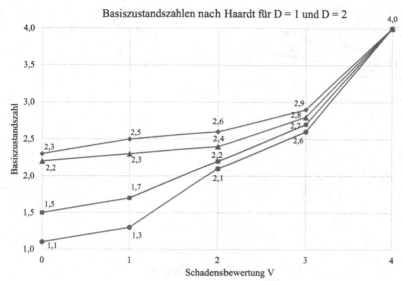

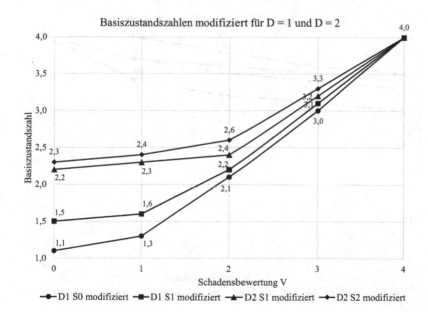

Abbildung 34: Bewertungsverlauf ursprüngliche und angepasste BZZ für D = 1 und D = 2

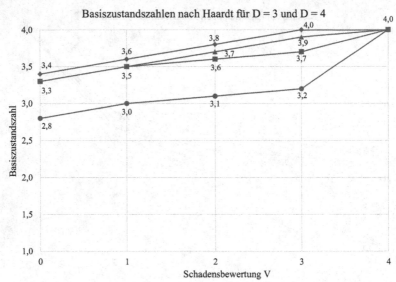

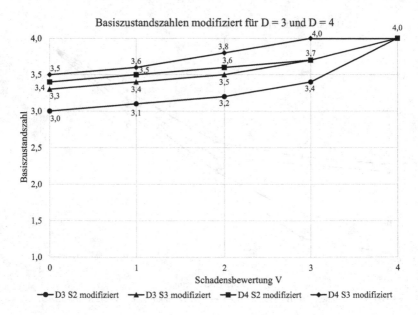

Abbildung 35: Bewertungsverlauf ursprüngliche und angepasste BZZ für D = 3 und D = 4

Die Anwendung des modifizierten Bewertungsschlüssels (siehe Abbildung 32) hat Auswirkungen auf die Zustandsnote, die im folgenden Abschnitt untersucht werden.

4.2.2 Auswirkungen auf die Zustandsnote

Mit Einführung der zweiten Dezimalstelle für die Basiszustandszahlen der neuen Bewertungsstufen können Zustandsnoten ermittelt werden, die von den Notenbereichen nach RI-EBW-PRÜF nicht erfasst werden. Davon sind die Notenbereiche des „befriedigenden Zustandes" (Notenbereich 2,0 – 2,4), des „ausreichenden Zustandes" (Notenbereich 2,5 – 2,9) und des „nicht ausreichenden Zustandes" (Notenbereich 3,0 – 3,4) betroffen. Durch die Zuschläge für Schadensumfang und Schadenshäufigkeit sind im modifizierten Bewertungsverfahren Zustandsnoten von 2,45, 2,95 oder 3,45 möglich. Deshalb sind die Notenbereiche für die sechs Zustandsbeschreibungen neu zu definieren. Neben den Notenbereichsanpassungen ist die Beschreibung des „ausreichenden Zustandes" an die Bedingung BZZ ≥ 3,0 bei V = 3 anzupassen. In Tabelle 16 werden die Änderungen in den Zustandsnotenbereichen vorgestellt.

Durch die Einführung identischer Grenzwerte in den Notenbereichen (z. B. < 2,5 als obere Grenze des befriedigenden Zustandes und 2,5 als untere Grenze des ausreichenden Zustandes) werden im modifizierten Verfahren alle Zustandsnoten erfasst. Weiterhin wird in die Beschreibung des „ausreichenden Zustandes" das Adjektiv „geringfügig" eingefügt. Dies korreliert mit der Schadensbewertung für V = 2. Schadensbewertungen mit V ≥ 3 führen im modifizierten Verfahren zu einem „nicht ausreichenden" oder „ungenügenden Zustand" und werden nicht, wie im aktuellen Verfahren nach RI-EBW-PRÜF, auch im „ausreichenden Zustand" erfasst.

Die Modifikationen im Bewertungsverfahren sollen dazu beitragen, dass Bewertungsspannen reduziert und Tendenzen der Schadensfortschreitung und -ausbreitung frühzeitiger als im aktuellen Verfahren bewertet werden (siehe Abschnitt 4.1). In einigen Fällen findet durch die Vergabe der zusätzlichen Bewertungsstufen (S = 1,5 und S = 2,5) ein Notenbereichssprung in den nächst schlechteren Zustandsbereich früher statt, als im aktuellen Verfahren. Anhand der Fallbetrachtung aus Abschnitt 4.1 wird dieser Zusammenhang verdeutlicht. In Abbildung 36 werden dazu die Auswirkungen der Schadensbewertung durch unterschiedliche Persönlichkeiten von Prüfern auf die Zustandsnotenbereiche vorgestellt. Die vollständige Auswertung zu Notenbereichssprüngen zwischen Bewertungsalternativen ist Abbildung 37 bis Abbildung 40 zu entnehmen.

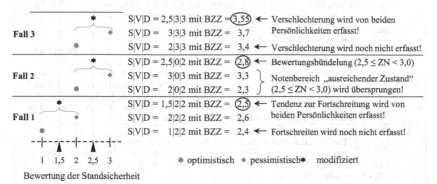

Abbildung 36: Fallbetrachtung zu den Auswirkungen des modifizierten Bewertungsverfahrens

In Abbildung 36 werden anhand der vorgestellten Fallbetrachtung mit Bewertungsunterschieden (siehe Abschnitt 4.1) Bewertungsbeispiele im modifizierten Bewertungsverfahren untersucht.

Dabei wird deutlich, dass für den maßgebenden Schaden durch die Bündelung von Bewertungs-
extremen in den zusätzlichen Bewertungsstufen Notenbereichssprünge in der modifizierten Zustandsnotenermittlung gegenüber der Ermittlung nach RI-EBW-PRÜF möglich sind. Diese Notenbereichssprünge weisen frühzeitiger auf die Tendenz zur Verschlechterung des Bauteil-/Bau-
werkszustandes hin, als es im aktuellen Bewertungsverfahren nach RI-EBW-PRÜF der Fall ist.

Tabelle 16:   Zustandsnotenbereiche im modifizierten Bewertungsverfahren

Notenbereich	Beschreibung
$1{,}0 \leq Z_{Ges} < 1{,}5$	**sehr guter Zustand** Die Standsicherheit, Verkehrssicherheit und Dauerhaftigkeit des Bauwerks sind ge-geben. Laufende Unterhaltung erforderlich.
$1{,}5 \leq Z_{Ges} < 2{,}0$	**guter Zustand** Die Standsicherheit und Verkehrssicherheit des Bauwerks sind gegeben. Die Dauer-haftigkeit mindestens einer Bauteilgruppe kann beeinträchtigt sein. Die Dauerhaf-tigkeit des Bauwerks kann langfristig geringfügig beeinträchtigt werden. Laufende Unterhaltung erforderlich.
$2{,}0 \leq Z_{Ges} < 2{,}5$	**befriedigender Zustand** Die Standsicherheit und Verkehrssicherheit des Bauwerks sind gegeben. Die Stand-sicherheit und/oder Dauerhaftigkeit mindestens einer Bauteilgruppe können beein-trächtigt sein. Die Dauerhaftigkeit des Bauwerks kann langfristig geringfügig beein-trächtigt werden. Eine Schadensausbreitung oder Folgeschädigung des Bauwerks, die langfristig zu erheblichen Standsicherheits- und/oder Verkehrssicherheitsbeein-trächtigungen oder erhöhtem Verschleiß führt, ist möglich. Laufende Unterhaltung erforderlich. Mittelfristig Instandsetzung erforderlich. Maßnahmen zur Schadensbe-seitigung oder Warnhinweise zur Aufrechterhaltung der Verkehrssicherheit können kurzfristig erforderlich werden.
$2{,}5 \leq Z_{Ges} < 3{,}0$	**ausreichender Zustand** Die Standsicherheit des Bauwerks ist gegeben. Die Verkehrssicherheit des Bau-werks kann *geringfügig* beeinträchtigt sein. Die Standsicherheit und/oder Dauerhaf-tigkeit mindestens einer Bauteilgruppe können beeinträchtigt sein. Die Dauerhaf-tigkeit des Bauwerks kann beeinträchtigt sein. Eine Schadensausbreitung oder Fol-geschädigung des Bauwerks, die mittelfristig zu erheblichen Standsicherheits-und/oder Verkehrssicherheitsbeeinträchtigungen oder erhöhtem Verschleiß führt, ist dann zu erwarten. Laufende Unterhaltung erforderlich. Kurzfristig bis mittelfristig Instandsetzung erforderlich. Maßnahmen zur Schadensbeseitigung oder Warnhin-weise zur Aufrechterhaltung der Verkehrssicherheit können kurzfristig erforderlich sein.
$3{,}0 \leq Z_{Ges} < 3{,}5$	**nicht ausreichender Zustand** Die Standsicherheit und/oder Verkehrssicherheit des Bauwerks sind beeinträchtigt. Die Dauerhaftigkeit des Bauwerks kann nicht mehr gegeben sein. Eine Schadens-ausbreitung oder Folgeschädigung kann kurzfristig dazu führen, dass die Standsi-cherheit und/oder Verkehrssicherheit nicht mehr gegeben sind. Laufende Unterhal-tung erforderlich. Umgehende Instandsetzung erforderlich. Maßnahmen zur Scha-densbeseitigung oder Warnhinweise zur Aufrechterhaltung der Verkehrssicherheit oder Nutzungseinschränkungen sind umgehend erforderlich.
$3{,}5 \leq Z_{Ges} \leq 4{,}0$	**ungenügender Zustand** Die Standsicherheit und/oder Verkehrssicherheit des Bauwerks sind erheblich be-einträchtigt oder nicht mehr gegeben. Die Dauerhaftigkeit des Bauwerks kann nicht mehr gegeben sein. Eine Schadensausbreitung oder Folgeschädigung kann kurzfris-tig dazu führen, dass die Standsicherheit und/oder Verkehrssicherheit nicht mehr gegeben sind oder dass sich ein irreparabler Bauwerksverfall einstellt. Laufende Unterhaltung erforderlich. Umgehende Instandsetzung bzw. Erneuerung erforder-lich. Maßnahmen zur Schadensbeseitigung oder Warnhinweise zur Aufrechterhal-tung der Verkehrssicherheit oder Nutzungseinschränkungen sind sofort erforderlich.

In Abbildung 37 bis Abbildung 40 wird untersucht, wie sich alternative Bewertungen der Standsicherheit[427] im Vergleich des neuen und des aktuellen Bewertungsverfahrens auf Bereichssprünge in der Zustandsnotenbewertung auswirken. Dazu wurden in der ersten Spalte (Bereich) der Auswertungstabelle die relevanten Untersuchungsbereiche festgelegt. Dabei ist insbesondere die Beurteilung des Zustandsnotenbereichs für die neu eingeführten Zwischenstufen (S = 1,5 und S = 2,5) von Bedeutung. Die Spalten zwei, drei und vier enthalten die Basiszustandszahlen des modifizierten Bewertungsschlüssels für die in Spalte eins vorgenommene Bereichsauswahl. Spalte zwei „Optimistische Bewertung" enthält die BZZ der Zeilenränge für S = 1 (wenn ZW: S = 1,5) und S = 2 (wenn ZW: S = 1,5). Spalte drei „Zwischenwert (ZW)" enthält die BZZ der neuen Bewertungsstufen und Spalte vier beinhaltet die BZZ der Zeilenränge für S = 2 (wenn ZW: S = 1,5) und S = 3 (wenn ZW: S = 1,5). In den Spalten 5 bis 7 werden die ermittelten Zustandsnotenbereiche zu den BZZ der Spalten zwei bis vier *ohne Berücksichtigung von Zuschlägen* für den Schadensumfang (ΔZ_1), die Schadensanzahl (ΔZ_2) oder die Anzahl geschädigter Bauteilgruppen (ΔZ_3) angegeben. In gleicher Weise werden die Zustandsnotenbereiche der Spalten 8 bis 10 für einen Zuschlag, der Spalten 11 bis 13 für zwei Zuschläge und der Spalten 14 bis 16 für drei Zuschläge abgebildet. Abschläge für ΔZ_1, ΔZ_2, und ΔZ_3 bleiben unberücksichtigt, denn nach der Bewertungsschlüsseldefinition sind Klassenübersprünge durch Abschläge nicht zulässig (siehe Abschnitt 3.4.2.2).

Die Auswertung zeigt, dass in einigen Fällen durch die neuen Bewertungsstufen ein schlechterer Zustandsnotenbereich früher erreicht wird, als es bei einer vergleichsweise pessimistischen Bewertung der Fall wäre. In den grau unterlegten Zellen der Abbildung 37 bis Abbildung 40 ist dies der Fall. Damit ist festzustellen, dass die neuen Bewertungsstufen auch einen Notenbereichssprung in der Zustandsnotenbewertung zur Folge haben können. In diesen Fällen wird durch die schlechtere Zustandsnote, eher als bisher, auf ein ansteigendes Schadensaufkommen hingewiesen. Diese Tatsache führt zu folgenden Hypothesen:

Hypothese 1:   *„Mit den neuen Bewertungsstufen werden Tendenzen der Schadensfortschreitung und der Schadensausbreitung bei Standsicherheitsbeeinträchtigungen frühzeitiger als im Bewertungsverfahren nach RI-EBW-PRÜF (2017) erfasst."*

Hypothese 2:   *„Durch den frühzeitigeren Hinweis der Zustandsverschlechterung lassen sich, insbesondere bei kontinuierlicher Instandhaltung, Instandsetzungskosten einsparen."*

Die erste Hypothese wird in Abschnitt 5 anhand einer Stichprobe von Schadensdaten zur Grundgesamtheit aller Teilbauwerke an Bundesfernstraßen untersucht. Die zweite Hypothese wird in Abschnitt 6 analysiert.

---

[427] In der Auswertung werden die Zustandsnoten mit den neuen Bewertungsstufen für die Standsicherheit mit den Bewertungen nach dem ursprünglichen Bewertungsverfahren verglichen. Als Bewertungsalternativen für die neuen Bewertungsstufen S = 1,5 und S = 2,5 können nach ursprünglichem Bewertungsverfahren Bewertungen für die Standsicherheit oberhalb (pessimistisch) mit $S_{orig} = 2$ bei $S_{mod} = 1,5$ und $S_{orig} = 3$ bei $S_{mod} = 2,5$ sowie unterhalb (optimistisch) mit $S_{orig} = 1$ bei $S_{mod} = 1,5$ und $S_{orig} = 2$ bei $S_{mod} = 2,5$ vergeben werden (siehe Abschnitt 5.4).

Bereich		Optimistische Bewertung	Zwischenwert (ZW)	Pessimistische Bewertung	ohne Zuschläge ΔZ		
					Notenbereich opt.	Notenbereich ZW	Notenbereich pes.
D = 1 opt: S = 1 ZW: S = 1,5	für V=0	1,50	1,90		$1,5 \leq ZN < 2,0$	$1,5 \leq ZN < 2,0$	
	für V=1	1,60	2,00		$1,5 \leq ZN < 2,0$	$2,0 \leq ZN < 2,5$	
	für V=2	2,20	2,40	---	$2,0 \leq ZN < 2,5$	$2,0 \leq ZN < 2,5$	---
	für V=3	3,10	3,20		$3,0 \leq ZN < 3,5$	$3,0 \leq ZN < 3,5$	
	für V=4	4,00	4,00		$3,5 \leq ZN \leq 4,0$	$3,5 \leq ZN \leq 4,0$	
D = 2 opt.: S = 1 ZW: S = 1,5 pess.: S = 2	für V=0	2,20	2,25	2,30	$2,0 \leq ZN < 2,5$	$2,0 \leq ZN < 2,5$	$2,0 \leq ZN < 2,5$
	für V=1	2,30	2,35	2,40	$2,0 \leq ZN < 2,5$	$2,0 \leq ZN < 2,5$	$2,0 \leq ZN < 2,5$
	für V=2	2,40	2,50	2,60	$2,0 \leq ZN < 2,5$	$2,5 \leq ZN < 3,0$	$2,5 \leq ZN < 3,0$
	für V=3	3,20	3,25	3,30	$3,0 \leq ZN < 3,5$	$3,0 \leq ZN < 3,5$	$3,0 \leq ZN < 3,5$
	für V=4	4,00	4,00	4,00	$3,5 \leq ZN \leq 4,0$	$3,5 \leq ZN \leq 4,0$	$3,5 \leq ZN \leq 4,0$
D = 2 opt: S = 2 ZW: S = 2,5	für V=0	2,30	2,80		$2,0 \leq ZN < 2,5$	$2,5 \leq ZN < 3,0$	
	für V=1	2,40	2,90		$2,0 \leq ZN < 2,5$	$2,5 \leq ZN < 3,0$	
	für V=2	2,60	3,05	---	$2,5 \leq ZN < 3,0$	$3,0 \leq ZN < 3,5$	---
	für V=3	3,30	3,50		$3,0 \leq ZN < 3,5$	$3,5 \leq ZN \leq 4,0$	
	für V=4	4,00	4,00		$3,5 \leq ZN \leq 4,0$	$3,5 \leq ZN \leq 4,0$	
D = 3 opt.: S = 1 ZW: S = 1,5 pess.: S = 2	für V=0	2,70	2,85	3,00	$2,5 \leq ZN < 3,0$	$2,5 \leq ZN < 3,0$	$3,0 \leq ZN < 3,5$
	für V=1	2,80	2,95	3,10	$2,5 \leq ZN < 3,0$	$2,5 \leq ZN < 3,0$	$3,0 \leq ZN < 3,5$
	für V=2	2,90	3,05	3,20	$2,5 \leq ZN < 3,0$	$3,0 \leq ZN < 3,5$	$3,0 \leq ZN < 3,5$
	für V=3	3,30	3,35	3,40	$3,0 \leq ZN < 3,5$	$3,0 \leq ZN < 3,5$	$3,0 \leq ZN < 3,5$
	für V=4	4,00	4,00	4,00	$3,5 \leq ZN \leq 4,0$	$3,5 \leq ZN \leq 4,0$	$3,5 \leq ZN \leq 4,0$
D = 3 opt.: S = 2 ZW: S = 2,5 pess.: S = 3	für V=0	3,00	3,15	3,30	$3,0 \leq ZN < 3,5$	$3,0 \leq ZN < 3,5$	$3,0 \leq ZN < 3,5$
	für V=1	3,10	3,25	3,40	$3,0 \leq ZN < 3,5$	$3,0 \leq ZN < 3,5$	$3,0 \leq ZN < 3,5$
	für V=2	3,20	3,35	3,50	$3,0 \leq ZN < 3,5$	$3,0 \leq ZN < 3,5$	$3,5 \leq ZN \leq 4,0$
	für V=3	3,40	3,55	3,70	$3,0 \leq ZN < 3,5$	$3,5 \leq ZN \leq 4,0$	$3,5 \leq ZN \leq 4,0$
	für V=4	4,00	4,00	4,00	$3,5 \leq ZN \leq 4,0$	$3,5 \leq ZN \leq 4,0$	$3,5 \leq ZN \leq 4,0$
D = 4 opt.: S = 1 ZW: S = 1,5 pess.: S = 2	für V=0	3,20	3,30	3,40	$3,0 \leq ZN < 3,5$	$3,0 \leq ZN < 3,5$	$3,0 \leq ZN < 3,5$
	für V=1	3,30	3,40	3,50	$3,0 \leq ZN < 3,5$	$3,0 \leq ZN < 3,5$	$3,5 \leq ZN \leq 4,0$
	für V=2	3,40	3,50	3,60	$3,0 \leq ZN < 3,5$	$3,5 \leq ZN \leq 4,0$	$3,5 \leq ZN \leq 4,0$
	für V=3	3,50	3,60	3,70	$3,5 \leq ZN \leq 4,0$	$3,5 \leq ZN \leq 4,0$	$3,5 \leq ZN \leq 4,0$
	für V=4	4,00	4,00	4,00	$3,5 \leq ZN \leq 4,0$	$3,5 \leq ZN \leq 4,0$	$3,5 \leq ZN \leq 4,0$
D = 4 opt.: S = 2 ZW: S = 2,5 pess.: S = 3	für V=0	3,40	3,45	3,50	$3,0 \leq ZN < 3,5$	$3,0 \leq ZN < 3,5$	$3,5 \leq ZN \leq 4,0$
	für V=1	3,50	3,55	3,60	$3,5 \leq ZN \leq 4,0$	$3,5 \leq ZN \leq 4,0$	$3,5 \leq ZN \leq 4,0$
	für V=2	3,60	3,70	3,80	$3,5 \leq ZN \leq 4,0$	$3,5 \leq ZN \leq 4,0$	$3,5 \leq ZN \leq 4,0$
	für V=3	3,70	3,85	4,00	$3,5 \leq ZN \leq 4,0$	$3,5 \leq ZN \leq 4,0$	$3,5 \leq ZN \leq 4,0$
	für V=4	4,00	4,00	4,00	$3,5 \leq ZN \leq 4,0$	$3,5 \leq ZN \leq 4,0$	$3,5 \leq ZN \leq 4,0$

Abbildung 37: Notenbereichssprünge von Bewertungsalternativen ohne Zuschläge

Bereich		Optimistische Bewertung	Zwischenwert (ZW)	Pessimistische Bewertung	ein Zuschlag aus ΔZ_1, ΔZ_2, ΔZ_3 (1 · 0,1)		
					Notenbereich opt.	Notenbereich ZW	Notenbereich pes.
D = 1 opt: S = 1 ZW: S = 1,5	für V=0	1,50	1,90	---	$1,5 \leq ZN < 2,0$	$2,0 \leq ZN < 2,5$	---
	für V=1	1,60	2,00		$1,5 \leq ZN < 2,0$	$2,0 \leq ZN < 2,5$	
	für V=2	2,20	2,40		$2,0 \leq ZN < 2,5$	$2,5 \leq ZN < 3,0$	
	für V=3	3,10	3,20		$3,0 \leq ZN < 3,5$	$3,0 \leq ZN < 3,5$	
	für V=4	4,00	4,00		$3,5 \leq ZN \leq 4,0$	$3,5 \leq ZN \leq 4,0$	
D = 2 opt: S = 1 ZW: S = 1,5 pess.: S = 2	für V=0	2,20	2,25	2,30	$2,0 \leq ZN < 2,5$	$2,0 \leq ZN < 2,5$	$2,0 \leq ZN < 2,5$
	für V=1	2,30	2,35	2,40	$2,0 \leq ZN < 2,5$	$2,0 \leq ZN < 2,5$	$2,5 \leq ZN < 3,0$
	für V=2	2,40	2,50	2,60	$2,5 \leq ZN < 3,0$	$2,5 \leq ZN < 3,0$	$2,5 \leq ZN < 3,0$
	für V=3	3,20	3,25	3,30	$3,0 \leq ZN < 3,5$	$3,0 \leq ZN < 3,5$	$3,0 \leq ZN < 3,5$
	für V=4	4,00	4,00	4,00	$3,5 \leq ZN \leq 4,0$	$3,5 \leq ZN \leq 4,0$	$3,5 \leq ZN \leq 4,0$
D = 2 opt: S = 2 ZW: S = 2,5	für V=0	2,30	2,80	---	$2,0 \leq ZN < 2,5$	$2,5 \leq ZN < 3,0$	---
	für V=1	2,40	2,90		$2,5 \leq ZN < 3,0$	$3,0 \leq ZN < 3,5$	
	für V=2	2,60	3,05		$2,5 \leq ZN < 3,0$	$3,0 \leq ZN < 3,5$	
	für V=3	3,30	3,50		$3,0 \leq ZN < 3,5$	$3,5 \leq ZN \leq 4,0$	
	für V=4	4,00	4,00		$3,5 \leq ZN \leq 4,0$	$3,5 \leq ZN \leq 4,0$	
D = 3 opt: S = 1 ZW: S = 1,5 pess.: S = 2	für V=0	2,70	2,85	3,00	$2,5 \leq ZN < 3,0$	$2,5 \leq ZN < 3,0$	$3,0 \leq ZN < 3,5$
	für V=1	2,80	2,95	3,10	$2,5 \leq ZN < 3,0$	$3,0 \leq ZN < 3,5$	$3,0 \leq ZN < 3,5$
	für V=2	2,90	3,05	3,20	$3,0 \leq ZN < 3,5$	$3,0 \leq ZN < 3,5$	$3,0 \leq ZN < 3,5$
	für V=3	3,30	3,35	3,40	$3,0 \leq ZN < 3,5$	$3,0 \leq ZN < 3,5$	$3,5 \leq ZN \leq 4,0$
	für V=4	4,00	4,00	4,00	$3,5 \leq ZN \leq 4,0$	$3,5 \leq ZN \leq 4,0$	$3,5 \leq ZN \leq 4,0$
D = 3 opt: S = 2 ZW: S = 2,5 pess.: S = 3	für V=0	3,00	3,15	3,30	$3,0 \leq ZN < 3,5$	$3,0 \leq ZN < 3,5$	$3,0 \leq ZN < 3,5$
	für V=1	3,10	3,25	3,40	$3,0 \leq ZN < 3,5$	$3,0 \leq ZN < 3,5$	$3,5 \leq ZN \leq 4,0$
	für V=2	3,20	3,35	3,50	$3,0 \leq ZN < 3,5$	$3,0 \leq ZN < 3,5$	$3,5 \leq ZN \leq 4,0$
	für V=3	3,40	3,55	3,70	$3,5 \leq ZN \leq 4,0$	$3,5 \leq ZN \leq 4,0$	$3,5 \leq ZN \leq 4,0$
	für V=4	4,00	4,00	4,00	$3,5 \leq ZN \leq 4,0$	$3,5 \leq ZN \leq 4,0$	$3,5 \leq ZN \leq 4,0$
D = 4 opt: S = 1 ZW: S = 1,5 pess.: S = 2	für V=0	3,20	3,30	3,40	$3,0 \leq ZN < 3,5$	$3,0 \leq ZN < 3,5$	$3,5 \leq ZN \leq 4,0$
	für V=1	3,30	3,40	3,50	$3,0 \leq ZN < 3,5$	$3,5 \leq ZN \leq 4,0$	$3,5 \leq ZN \leq 4,0$
	für V=2	3,40	3,50	3,60	$3,5 \leq ZN \leq 4,0$	$3,5 \leq ZN \leq 4,0$	$3,5 \leq ZN \leq 4,0$
	für V=3	3,50	3,60	3,70	$3,5 \leq ZN \leq 4,0$	$3,5 \leq ZN \leq 4,0$	$3,5 \leq ZN \leq 4,0$
	für V=4	4,00	4,00	4,00	$3,5 \leq ZN \leq 4,0$	$3,5 \leq ZN \leq 4,0$	$3,5 \leq ZN \leq 4,0$
D = 4 opt: S = 2 ZW: S = 2,5 pess.: S = 3	für V=0	3,40	3,45	3,50	$3,5 \leq ZN \leq 4,0$	$3,5 \leq ZN \leq 4,0$	$3,5 \leq ZN \leq 4,0$
	für V=1	3,50	3,55	3,60	$3,5 \leq ZN \leq 4,0$	$3,5 \leq ZN \leq 4,0$	$3,5 \leq ZN \leq 4,0$
	für V=2	3,60	3,70	3,80	$3,5 \leq ZN \leq 4,0$	$3,5 \leq ZN \leq 4,0$	$3,5 \leq ZN \leq 4,0$
	für V=3	3,70	3,85	4,00	$3,5 \leq ZN \leq 4,0$	$3,5 \leq ZN \leq 4,0$	$3,5 \leq ZN \leq 4,0$
	für V=4	4,00	4,00	4,00	$3,5 \leq ZN \leq 4,0$	$3,5 \leq ZN \leq 4,0$	$3,5 \leq ZN \leq 4,0$

Abbildung 38: Notenbereichssprünge von Bewertungsalternativen mit einem Zuschlag

Bereich		Optimistische Bewertung	Zwischenwert (ZW)	Pessimistische Bewertung	zwei Zuschläge aus ΔZ_1, ΔZ_2, ΔZ_3 (2 · 0,1)		
					Notenbereich opt.	Notenbereich ZW	Notenbereich pes.
D = 1 opt: S = 1 ZW: S = 1,5	für V=0	1,50	**1,90**	---	$1,5 \leq ZN < 2,0$	$2,0 \leq ZN < 2,5$	---
	für V=1	1,60	**2,00**		$1,5 \leq ZN < 2,0$	$2,0 \leq ZN < 2,5$	
	für V=2	2,20	**2,40**		$2,0 \leq ZN < 2,5$	$2,5 \leq ZN < 3,0$	
	für V=3	3,10	**3,20**		$3,0 \leq ZN < 3,5$	$3,0 \leq ZN < 3,5$	
	für V=4	4,00	**4,00**		$3,5 \leq ZN \leq 4,0$	$3,5 \leq ZN \leq 4,0$	
D = 2 opt.: S = 1 ZW: S = 1,5 pess.: S = 2	für V=0	2,20	**2,25**	2,30	$2,0 \leq ZN < 2,5$	$2,0 \leq ZN < 2,5$	$2,0 \leq ZN < 2,5$
	für V=1	2,30	**2,35**	2,40	$2,5 \leq ZN < 3,0$	$2,5 \leq ZN < 3,0$	$2,5 \leq ZN < 3,0$
	für V=2	2,40	**2,50**	2,60	$2,5 \leq ZN < 3,0$	$2,5 \leq ZN < 3,0$	$2,5 \leq ZN < 3,0$
	für V=3	3,20	**3,25**	3,30	$3,0 \leq ZN < 3,5$	$3,0 \leq ZN < 3,5$	$3,5 \leq ZN \leq 4,0$
	für V=4	4,00	**4,00**	4,00	$3,5 \leq ZN \leq 4,0$	$3,5 \leq ZN \leq 4,0$	$3,5 \leq ZN \leq 4,0$
D = 2 opt: S = 2 ZW: S = 2,5	für V=0	2,30	**2,80**	---	$2,5 \leq ZN < 3,0$	$3,0 \leq ZN < 3,5$	---
	für V=1	2,40	**2,90**		$2,5 \leq ZN < 3,0$	$3,0 \leq ZN < 3,5$	
	für V=2	2,60	**3,05**		$2,5 \leq ZN < 3,0$	$3,0 \leq ZN < 3,5$	
	für V=3	3,30	**3,50**		$3,5 \leq ZN \leq 4,0$	$3,5 \leq ZN \leq 4,0$	
	für V=4	4,00	**4,00**		$3,5 \leq ZN \leq 4,0$	$3,5 \leq ZN \leq 4,0$	
D = 3 opt.: S = 1 ZW: S = 1,5 pess.: S = 2	für V=0	2,70	**2,85**	3,00	$2,5 \leq ZN < 3,0$	$3,0 \leq ZN < 3,5$	$3,0 \leq ZN < 3,5$
	für V=1	2,80	**2,95**	3,10	$3,0 \leq ZN < 3,5$	$3,0 \leq ZN < 3,5$	$3,0 \leq ZN < 3,5$
	für V=2	2,90	**3,05**	3,20	$3,0 \leq ZN < 3,5$	$3,0 \leq ZN < 3,5$	$3,0 \leq ZN < 3,5$
	für V=3	3,30	**3,35**	3,40	$3,5 \leq ZN \leq 4,0$	$3,5 \leq ZN \leq 4,0$	$3,5 \leq ZN \leq 4,0$
	für V=4	4,00	**4,00**	4,00	$3,5 \leq ZN \leq 4,0$	$3,5 \leq ZN \leq 4,0$	$3,5 \leq ZN \leq 4,0$
D = 3 opt.: S = 2 ZW: S = 2,5 pess.: S = 3	für V=0	3,00	**3,15**	3,30	$3,0 \leq ZN < 3,5$	$3,0 \leq ZN < 3,5$	$3,5 \leq ZN \leq 4,0$
	für V=1	3,10	**3,25**	3,40	$3,0 \leq ZN < 3,5$	$3,0 \leq ZN < 3,5$	$3,5 \leq ZN \leq 4,0$
	für V=2	3,20	**3,35**	3,50	$3,0 \leq ZN < 3,5$	$3,5 \leq ZN \leq 4,0$	$3,5 \leq ZN \leq 4,0$
	für V=3	3,40	**3,55**	3,70	$3,5 \leq ZN \leq 4,0$	$3,5 \leq ZN \leq 4,0$	$3,5 \leq ZN \leq 4,0$
	für V=4	4,00	**4,00**	4,00	$3,5 \leq ZN \leq 4,0$	$3,5 \leq ZN \leq 4,0$	$3,5 \leq ZN \leq 4,0$
D = 4 opt.: S = 1 ZW: S = 1,5 pess.: S = 2	für V=0	3,20	**3,30**	3,40	$3,0 \leq ZN < 3,5$	$3,5 \leq ZN \leq 4,0$	$3,5 \leq ZN \leq 4,0$
	für V=1	3,30	**3,40**	3,50	$3,5 \leq ZN \leq 4,0$	$3,5 \leq ZN \leq 4,0$	$3,5 \leq ZN \leq 4,0$
	für V=2	3,40	**3,50**	3,60	$3,5 \leq ZN \leq 4,0$	$3,5 \leq ZN \leq 4,0$	$3,5 \leq ZN \leq 4,0$
	für V=3	3,50	**3,60**	3,70	$3,5 \leq ZN \leq 4,0$	$3,5 \leq ZN \leq 4,0$	$3,5 \leq ZN \leq 4,0$
	für V=4	4,00	**4,00**	4,00	$3,5 \leq ZN \leq 4,0$	$3,5 \leq ZN \leq 4,0$	$3,5 \leq ZN \leq 4,0$
D = 4 opt.: S = 2 ZW: S = 2,5 pess.: S = 3	für V=0	3,40	**3,45**	3,50	$3,5 \leq ZN \leq 4,0$	$3,5 \leq ZN \leq 4,0$	$3,5 \leq ZN \leq 4,0$
	für V=1	3,50	**3,55**	3,60	$3,5 \leq ZN \leq 4,0$	$3,5 \leq ZN \leq 4,0$	$3,5 \leq ZN \leq 4,0$
	für V=2	3,60	**3,70**	3,80	$3,5 \leq ZN \leq 4,0$	$3,5 \leq ZN \leq 4,0$	$3,5 \leq ZN \leq 4,0$
	für V=3	3,70	**3,85**	4,00	$3,5 \leq ZN \leq 4,0$	$3,5 \leq ZN \leq 4,0$	$3,5 \leq ZN \leq 4,0$
	für V=4	4,00	**4,00**	4,00	$3,5 \leq ZN \leq 4,0$	$3,5 \leq ZN \leq 4,0$	$3,5 \leq ZN \leq 4,0$

Abbildung 39: Notenbereichssprünge von Bewertungsalternativen mit zwei Zuschlägen

Bereich	Optimistische Bewertung	Zwischenwert (ZW)	Pessimistische Bewertung	drei Zuschläge ΔZ_1, ΔZ_2, ΔZ_3 (3 · 0,1)		
				Notenbereich opt.	Notenbereich ZW	Notenbereich pes.
D = 1 opt: S = 1 ZW: S = 1,5	für V=0	1,50	1,90		$1{,}5 \le ZN < 2{,}0$	$2{,}0 \le ZN < 2{,}5$	
	für V=1	1,60	2,00		$1{,}5 \le ZN < 2{,}0$	$2{,}0 \le ZN < 2{,}5$	
	für V=2	2,20	2,40	---	$2{,}5 \le ZN < 3{,}0$	$2{,}5 \le ZN < 3{,}0$	---
	für V=3	3,10	3,20		$3{,}0 \le ZN < 3{,}5$	$3{,}5 \le ZN \le 4{,}0$	
	für V=4	4,00	4,00		$3{,}5 \le ZN \le 4{,}0$	$3{,}5 \le ZN \le 4{,}0$	
D = 2 opt.: S = 1 ZW: S = 1,5 pess.: S = 2	für V=0	2,20	2,25	2,30	$2{,}5 \le ZN < 3{,}0$	$2{,}5 \le ZN < 3{,}0$	$2{,}5 \le ZN < 3{,}0$
	für V=1	2,30	2,35	2,40	$2{,}5 \le ZN < 3{,}0$	$2{,}5 \le ZN < 3{,}0$	$2{,}5 \le ZN < 3{,}0$
	für V=2	2,40	2,50	2,60	$2{,}5 \le ZN < 3{,}0$	$2{,}5 \le ZN < 3{,}0$	$2{,}5 \le ZN < 3{,}0$
	für V=3	3,20	3,25	3,30	$3{,}5 \le ZN \le 4{,}0$	$3{,}5 \le ZN \le 4{,}0$	$3{,}5 \le ZN \le 4{,}0$
	für V=4	4,00	4,00	4,00	$3{,}5 \le ZN \le 4{,}0$	$3{,}5 \le ZN \le 4{,}0$	$3{,}5 \le ZN \le 4{,}0$
D = 2 opt.: S = 2 ZW: S = 2,5	für V=0	2,30	2,80		$2{,}5 \le ZN < 3{,}0$	$3{,}0 \le ZN < 3{,}5$	
	für V=1	2,40	2,90		$2{,}5 \le ZN < 3{,}0$	$3{,}0 \le ZN < 3{,}5$	
	für V=2	2,60	3,05	---	$2{,}5 \le ZN < 3{,}0$	$3{,}0 \le ZN < 3{,}5$	---
	für V=3	3,30	3,50		$3{,}5 \le ZN \le 4{,}0$	$3{,}5 \le ZN \le 4{,}0$	
	für V=4	4,00	4,00		$3{,}5 \le ZN \le 4{,}0$	$3{,}5 \le ZN \le 4{,}0$	
D = 3 opt.: S = 1 ZW: S = 1,5 pess.: S = 2	für V=0	2,70	2,85	3,00	$3{,}0 \le ZN < 3{,}5$	$3{,}0 \le ZN < 3{,}5$	$3{,}0 \le ZN < 3{,}5$
	für V=1	2,80	2,95	3,10	$3{,}0 \le ZN < 3{,}5$	$3{,}0 \le ZN < 3{,}5$	$3{,}0 \le ZN < 3{,}5$
	für V=2	2,90	3,05	3,20	$3{,}0 \le ZN < 3{,}5$	$3{,}0 \le ZN < 3{,}5$	$3{,}5 \le ZN \le 4{,}0$
	für V=3	3,30	3,35	3,40	$3{,}5 \le ZN \le 4{,}0$	$3{,}5 \le ZN \le 4{,}0$	$3{,}5 \le ZN \le 4{,}0$
	für V=4	4,00	4,00	4,00	$3{,}5 \le ZN \le 4{,}0$	$3{,}5 \le ZN \le 4{,}0$	$3{,}5 \le ZN \le 4{,}0$
D = 3 opt.: S = 2 ZW: S = 2,5 pess.: S = 3	für V=0	3,00	3,15	3,30	$3{,}5 \le ZN \le 4{,}0$	$3{,}0 \le ZN < 3{,}5$	$3{,}5 \le ZN \le 4{,}0$
	für V=1	3,10	3,25	3,40	$3{,}0 \le ZN < 3{,}5$	$3{,}5 \le ZN \le 4{,}0$	$3{,}5 \le ZN \le 4{,}0$
	für V=2	3,20	3,35	3,50	$3{,}5 \le ZN \le 4{,}0$	$3{,}5 \le ZN \le 4{,}0$	$3{,}5 \le ZN \le 4{,}0$
	für V=3	3,40	3,55	3,70	$3{,}5 \le ZN \le 4{,}0$	$3{,}5 \le ZN \le 4{,}0$	$3{,}5 \le ZN \le 4{,}0$
	für V=4	4,00	4,00	4,00	$3{,}5 \le ZN \le 4{,}0$	$3{,}5 \le ZN \le 4{,}0$	$3{,}5 \le ZN \le 4{,}0$
D = 4 opt.: S = 1 ZW: S = 1,5 pess.: S = 2	für V=0	3,20	3,30	3,40	$3{,}5 \le ZN \le 4{,}0$	$3{,}5 \le ZN \le 4{,}0$	$3{,}5 \le ZN \le 4{,}0$
	für V=1	3,30	3,40	3,50	$3{,}5 \le ZN \le 4{,}0$	$3{,}5 \le ZN \le 4{,}0$	$3{,}5 \le ZN \le 4{,}0$
	für V=2	3,40	3,50	3,60	$3{,}5 \le ZN \le 4{,}0$	$3{,}5 \le ZN \le 4{,}0$	$3{,}5 \le ZN \le 4{,}0$
	für V=3	3,50	3,60	3,70	$3{,}5 \le ZN \le 4{,}0$	$3{,}5 \le ZN \le 4{,}0$	$3{,}5 \le ZN \le 4{,}0$
	für V=4	4,00	4,00	4,00	$3{,}5 \le ZN \le 4{,}0$	$3{,}5 \le ZN \le 4{,}0$	$3{,}5 \le ZN \le 4{,}0$
D = 4 opt.: S = 2 ZW: S = 2,5 pess.: S = 3	für V=0	3,40	3,45	3,50	$3{,}5 \le ZN \le 4{,}0$	$3{,}5 \le ZN \le 4{,}0$	$3{,}5 \le ZN \le 4{,}0$
	für V=1	3,50	3,55	3,60	$3{,}5 \le ZN \le 4{,}0$	$3{,}5 \le ZN \le 4{,}0$	$3{,}5 \le ZN \le 4{,}0$
	für V=2	3,60	3,70	3,80	$3{,}5 \le ZN \le 4{,}0$	$3{,}5 \le ZN \le 4{,}0$	$3{,}5 \le ZN \le 4{,}0$
	für V=3	3,70	3,85	4,00	$3{,}5 \le ZN \le 4{,}0$	$3{,}5 \le ZN \le 4{,}0$	$3{,}5 \le ZN \le 4{,}0$
	für V=4	4,00	4,00	4,00	$3{,}5 \le ZN \le 4{,}0$	$3{,}5 \le ZN \le 4{,}0$	$3{,}5 \le ZN \le 4{,}0$

Abbildung 40: Notenbereichssprünge von Bewertungsalternativen mit drei Zuschlägen

Die Hypothese 1, dass mit den neuen Bewertungsstufen Tendenzen der Schadensfortschreitung und der Schadensausbreitung bei Standsicherheitsbeeinträchtigungen frühzeitiger als im aktuellen Bewertungsverfahren erfassbar sind (siehe Abschnitt 4.2.2), wird durch die Anwendung des modifizierten Bewertungsverfahrens anhand einer Stichprobe aus abgeschlossenen Bauwerksprüfungen untersucht. Dabei werden die Veränderungen der Zustandsnote, bei Adaption der ursprünglichen Schadens- und Prüfdaten auf das modifizierte Bewertungsverfahren, untersucht. Dafür ist es zunächst notwendig, den aktuellen Bauwerksbestand, auf den die Bewertungsrichtlinie RI-EBW-PRÜF (2017) anzuwenden ist, zu analysieren und für die Auswertung abzugrenzen. Anschließend wird die Zusammensetzung der gewählten Stichprobe zur Abbildung des abgegrenzten Bauwerksbestandes geprüft. Danach werden die einzelnen Schadensbewertungen der ursprünglichen Bauwerksprüfungen (Stichprobe) modifiziert. Durch Simulation verschiedener Bewertungsfälle wird für jede durchgeführte Prüfung der Stichprobe ein modifizierter Zustandsnotenbereich ermittelt. Im Anschluss daran werden die Simulationsergebnisse in statischen und dynamischen Kombinationsanalysen[428] verglichen. Dabei werden die Abweichungen zwischen den ursprünglichen und den modifizierten Bewertungen aufgezeigt. Abschließend werden die Ergebnisse bewertet und Empfehlungen abgeleitet.

5.1   Datengrundlage

5.1.1   Anforderungen an die Stichprobe

Zur Untersuchung der Hypothese 1 (siehe Abschnitt 4.2.2) ist es erforderlich, das modifizierte Bewertungsverfahren in Bauwerksinspektionen anzuwenden und mit den Ergebnissen des Bewertungsverfahrens nach RI-EBW-PRÜF zu vergleichen. Für eine repräsentative Bewertung ist dabei die Grundgesamtheit an Ingenieurbauwerken in beiden Verfahren abzubilden. Der Aufwand für eine solche Untersuchung zur Aufnahme einer repräsentativen Stichprobe über mehrere Prüfperioden[429] ist personell und finanziell nicht umsetzbar. Aus diesem Grund soll das modifizierte Bewertungsverfahren im Rückblick auf bereits durchgeführte Bauwerksprüfungen und Einzelschadensbewertungen angewendet werden. Dafür ist eine geeignete Stichprobe aus bisher durchgeführten Bauwerksprüfungen, die mit dem Bewertungsschlüssel nach Haardt beurteilt wurden, auszuwählen. Bauwerksprüfungen vor Einführung der RI-EBW-PRÜF (1998) basieren nicht auf diesem Bewertungsmodell.

---

[428]   Die Kombinationen verschiedener Auswertungsfälle werden einerseits statisch, ohne Berücksichtigung der Ergebnisveränderung in der Folgeprüfung, und andererseits dynamisch, mit Einbeziehung der zeitlichen Veränderung in der Folgeprüfung, untersucht.

[429]   Mehrere Prüfperioden sind erforderlich, um die Hypothese einer frühzeitigeren Bewertung der Zustandsverschlechterung im modifizierten Verfahren gegenüber dem aktuellen Verfahren überprüfen zu können. Im Vergleich von drei aufeinanderfolgenden Prüfungen mit Schadensbewertungen (H, E, H) sind an einem Bauwerk mindestens 6 Jahre bis zum Erhalt der Ergebnisse vorzusehen. Bei ausschließlicher Berücksichtigung von Hauptprüfungen (H, H, H) sind dafür mindestens 12 Jahre einzuplanen.

© Der/die Autor(en), exklusiv lizenziert durch
Springer Fachmedien Wiesbaden GmbH, ein Teil von Springer Nature 2021
C. Weller, *Zustandsbeurteilung von Ingenieurbauwerken*, Baubetriebswesen
und Bauverfahrenstechnik, https://doi.org/10.1007/978-3-658-32680-7_5

Bauwerke, die nach DIN 1076 durch Bauwerksprüfungen nach RI-EBW-PRÜF erfasst und bewertet werden, sind Brücken, Verkehrszeichenbrücken, Tunnel, Trog- und Stützbauwerke, Lärmschutzwände und sonstige Bauwerke (siehe Abbildung 1). Als Datengrundlage für die Stichprobe werden Bauwerke gewählt, die folgende Bedingungen erfüllen:

- Wahl einer Bauwerksart mit einer hohen Anzahl an Bauwerken in Deutschland, für die eine hohe Anzahl an Prüfberichten nach RI-EBW-PRÜF (ab Version 1998) vorliegt.

- Das Bauwerksalter der ausgewählten Bauwerke soll die Grundgesamtheit innerhalb der Bauwerksart weitestgehend berücksichtigen. Die Bauwerke sind dabei so auszuwählen, dass die Zustandsnoten der aktuellsten Bauwerksprüfungen die Modifikationen des modifizierten Bewertungsverfahrens erfassen können. Dies beinhaltet maßgebende Schadensbewertung mit $S \geq 1$ und Zustandsnotenbereiche mit befriedigendem Zustand $(2,0 \leq Z_{Ges} < 2,5)$ und schlechter.

- Die Abmessungen des Bauwerks sind ein Indiz für die Anschaffungskosten und Instandsetzungskosten während der Nutzungsdauer. Es sind bevorzugt größere Bauwerke zu wählen, die mit zunehmender Abnutzung hohe Instandsetzungskosten nach sich ziehen. Hingegen sind sehr kleine Bauwerke zu vernachlässigen, da deren Einfluss auf das Haushaltsbudget im Vergleich eher gering ist.[430]

Für die Erfüllung der Bedingungen eignen sich besonders Brücken an Bundesfernstraßen.[431] Diese sind im gesamten Bundesgebiet Deutschlands errichtet und deren Zustandsberichte sind zentral bei der Bundesanstalt für Straßenwesen (BASt) archiviert.[432] Die Datengrundlage für die Analyse des modifizierten Bewertungsverfahrens wurde freundlicherweise von der BASt zur Verfügung gestellt. Sie lieferte für eine Stichprobe von 1.014 Teilbauwerken (Brücken an Bundesfernstraßen) mit zugehörigen 5.831 Bauwerksprüfungen die vollständigen Einzelschadensbewertungen. Diese beinhalten 219.328 in Ausmaß und Umfang bewertete Einzelschäden.[433]

Die Grundgesamtheit aller Brücken an Bundesfernstraßen in Deutschland wird mit Stand 01.09.2018 auf 39.619 Bauwerke beziffert. Diese werden in 51.608 Teilbauwerke unterteilt.[434] Jedes dieser Teilbauwerke ist nach DIN 1076 zu prüfen und nach RI-EBW-PRÜF zu bewerten (siehe Abschnitt 2.2.3). Somit enthält die Stichprobe von 1.014 Teilbauwerken ca. 2 % aller 51.608 Teilbauwerke an Bundesfernstraßen.

---

[430] In Analogie zur ABC-Analyse ist der Wertanteil (Instandsetzungskosten) einer geringen Menge an Bauwerken mit großer Ausdehnung sehr hoch gegenüber einer hohen Menge an Bauwerken mit geringer Ausdehnung. Selbst die Erneuerung von Bauwerken mit geringer Ausdehnung hat weniger volkswirtschaftliche Auswirkungen als Verkehrsbeeinträchtigung durch Instandsetzungsmaßnahmen an Bauwerken mit großer Ausdehnung auf hochfrequentierten Verkehrswegen (z. B. Bundesfernstraßen). Vgl. MERTENS, Hrsg. (2015) Handbuch Bauwerksprüfung, S. 319 ff.

[431] Der Begriff Bundesfernstraßen fasst Bundesautobahnen und Bundesstraßen zusammen (siehe Abschnitt 2.2.1).

[432] Vgl. Bundesanstalt für Straßenwesen (01.09.2018) Zustandsnoten der Teilbauwerke Bundesfernstraßen, [Stand: 28.01.2019].

[433] Lieferung einer Daten-CD mit anonymisierten Bauwerksdaten als Excel-Datei mit 219.328 Zeilen Einzelschadensbeschreibungen- und -bewertungen vom 23.03.2017.

[434] Vgl. Bundesanstalt für Straßenwesen (2018) Brücken an Bundesstraßen, Brückenstatistik 09/2018, [Stand: 07.06.2019].

In Abbildung 41 bis Abbildung 44 wird die Grundgesamtheit aller Teilbauwerke an Bundesfern-straßen mit der Stichprobe nach den Kriterien: Bauart, Brückenlänge, Baujahr und Zustandsno-tenbereich nach RI-EBW-PRÜF verglichen.[435] Erläuterungen zu einzelnen Verschiebungen in den Teilbereichen der Kriterien werden jeweils den Abbildungen vorangestellt.

Zwischen Stichprobe und Grundgesamtheit, aufgeteilt nach Bauart, sind nur geringfügige Abwei-chungen vorhanden (siehe Abbildung 41). Die Hauptgruppe der Spannbetonbrücken enthält ge-ringfügig mehr Bauwerke und die Gruppen Beton/Stahlbeton sowie Stahl/Leichtmetall geringfü-gig weniger Bauwerke als die Grundgesamtheit. Die Stichprobe bildet damit die Grundgesamtheit nach der Bauart charakteristisch ab.

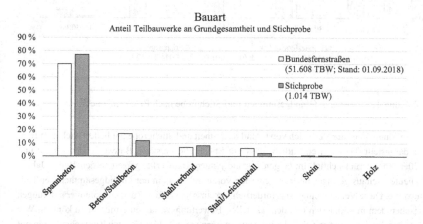

Abbildung 41:   Vergleich Grundgesamtheit und Stichprobe nach Bauart[436]

Wie in den oben benannten Bedingungen beschrieben, sollen in der Stichprobe größere Bauwerke bevorzugt werden. Dies bedingt eine Abweichung von der charakteristischen Ausprägung der Gruppenzuordnung nach der Brückenlänge. In Abbildung 42 ist die Verschiebung aus der Gruppe kleiner Bauwerke mit $l \leq 30$ m in zunehmendem Maße in Gruppen mit größerer Ausdehnung er-sichtlich. Die Stichprobe erfüllt damit die geforderte Bedingung, prozentual mehr größere Bau-werke als Bauwerke mit geringer Ausdehnung zu berücksichtigen.

[435]   Vgl. Bundesanstalt für Straßenwesen (2018) Brücken an Bundesstraßen, Brückenstatistik 09/2018, [Stand: 07.06.2019].
[436]   Vgl. Bundesanstalt für Straßenwesen (2018) Brücken an Bundesstraßen, Brückenstatistik 09/2018, [Stand: 07.06.2019].

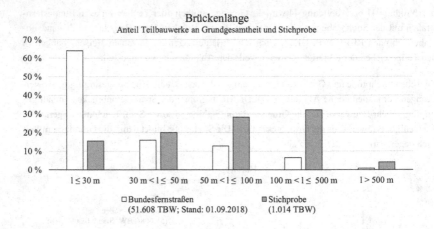

Abbildung 42: Vergleich Grundgesamtheit und Stichprobe nach Brückenlänge[437]

In Abbildung 43 ist der Vergleich von Grundgesamtheit und Stichprobe gegliedert nach dem Baujahr dargestellt. Darin ist ersichtlich, dass die Stichprobe verstärkt Bauwerke der 1960er und 1970er Jahre berücksichtigt. Im Gegenzug sind jüngere Bauwerke, gebaut ab den 1990er Jahren bis heute, weitaus geringer in der Stichprobe vorzufinden als in der Grundgesamtheit der Teilbauwerke. Diese Verschiebung ist erforderlich, um aussagekräftige Zustandsnotenveränderungen zwischen dem modifizierten und dem aktuellen Bewertungsverfahren ermitteln zu können. Wie zuvor beschrieben, sind erst ab Schadensbewertungen von $S \geq 1$ und Zustandsnotenbereichen mit befriedigendem Zustand ($2{,}0 \leq Z_{Ges} < 2{,}5$) Auswirkungen durch die neuen Bewertungsstufen zu erwarten. Jüngere Bauwerke können diesen erforderlichen Schädigungsgrad aufgrund der geringeren Abnutzungsdauer oft nicht vorweisen. Damit erfüllt die Stichprobe auch diese geforderte Bedingung.

---

[437] Vgl. Bundesanstalt für Straßenwesen (2018) Brücken an Bundesstraßen, Brückenstatistik 09/2018, [Stand: 07.06.2019].

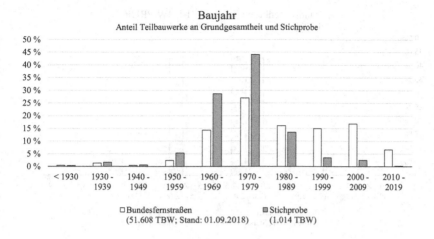

Abbildung 43:   Vergleich Grundgesamtheit und Stichprobe nach Baujahr[438]

Durch die neuen Bewertungsstufen können lediglich Zustandsnoten von $Z_{Ges} \geq 1,9$ bestimmt werden (siehe Abschnitt 4.2.1). Damit sind für die Veränderungsanalyse zwischen ursprünglicher und modifizierter Zustandsnote, Zustandsnotenbereiche (aktuellste Prüfung)[439] ab einem befriedigenden Zustand und schlechter, notwendig. Dies wird durch die Verschiebung von Zustandsnotenanteilen aus den Bereichen sehr guter Zustand $(1,0 \leq Z_{Ges} < 1,5)$ und guter Zustand $(1,5 \leq Z_{Ges} < 2,0)$ in schlechtere Notenbereiche realisiert. In der Stichprobe sind diese Anteile im ausreichenden Zustand $(2,5 \leq Z_{Ges} < 3,0)$ berücksichtigt worden (siehe Abbildung 44). Die Stichprobe erfüllt damit auch diese Anforderung.[440]

---

[438]   Vgl. Bundesanstalt für Straßenwesen (2018) Brücken an Bundesstraßen, Brückenstatistik 09/2018, [Stand: 07.06.2019].

[439]   Für alle 1.014 Teilbauwerke der Stichprobe liegen mehrere Prüfungen mit Prüfbericht vor. Bei 5.831 Bauwerksprüfungen in der Stichprobe, sind das im Mittel ca. 5 bis 6 Prüfungen je Teilbauwerk. Die letzte durchgeführte Prüfung eines jeden Teilbauwerkes, sollte für die Analyse zumeist einen Zustandsnotenbereich von $(2,0 \leq Z_{Ges} < 2,5)$ oder schlechter aufweisen.

[440]   Die Zustandsnotenbereiche für die 5.831 Bauwerksprüfungen der Stichprobe, konnten erst nach der Ermittlung der Zustandsnote aus den vorliegenden Einzelschadensbewertungen bestimmt werden. Die Zustandsnote nach RI-EBW-PRÜF war nicht direkt aus der Stichprobe zu entnehmen. Zur Überprüfung der Ergebnisse wurden die berechneten Zustandsnoten mit den in der Stichprobe angegebenen Zustandsnotenbereichen und den veröffentlichten Zustandsnoten aller Brücken an Bundesfernstraßen verglichen. Vgl. Bundesanstalt für Straßenwesen (01.09.2018) Zustandsnoten der Brücken, [Stand: 30.07.2019].

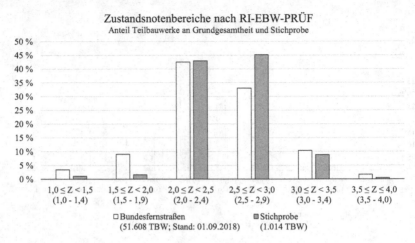

Abbildung 44:   Vergleich Grundgesamtheit und Stichprobe nach Zustandsnotenbereichen[441]

5.1.2   Aufbau der Stichprobe

Die Stichprobe liegt als Excel-Datei mit 219.328 Datensätzen (Zeilen) vor. Dabei entspricht jeder Datensatz einem dokumentierten Einzelschaden. Zur Beschreibung der Einzelschäden enthält jeder Datensatz 41 Spalten an Ordnungs- und Beurteilungskriterien. Die Eindeutigkeit der Zuordnung eines Einzelschadens zu einem Bauwerk, dessen Teilbauwerk und die durchgeführte Prüfung, wird durch eine eindeutige Bauwerksnummer (V-BWNR) mit zugehöriger Nummer des Teilbauwerks (TBWNR), dem Prüfjahr und der Prüfart (Hauptprüfung (H) oder Einfache Prüfung (E)) sichergestellt. Alle weiteren Kriterien dienen der Bauwerks-, Bauteil- und Schadensbeschreibung sowie der Schadensbewertung. In weiteren „Bemerkungsspalten" werden einige Schäden im Detail beschrieben. Diese Bemerkungsspalten (7 Spalten) sind für die Analyse des modifizierten Bewertungsverfahrens nicht relevant. In Tabelle 17 ist ein Auszug der Übergabedatei ohne Bemerkungsspalten dargestellt.

Tabelle 17:   Übergabedatei der Stichprobe

Spalte 1 bis 6

V-BWNR	TBWNR	BAUWERKSART	KONSTRUKTION	STADIUM	BAULAST
51534955505	0	Plattenbrücke	3 Feldbrücke, Stahlbetonplatte	Bauwerk unter Verkehr	Bund
51534955505	0	Plattenbrücke	3 Feldbrücke, Stahlbetonplatte	Bauwerk unter Verkehr	Bund
51535048507	0	Brücke als offener Rahmen	Zweigelenkrahmen-Stahlbetonpl. überschüt.	Bauwerk unter Verkehr	Bund
51535048507	0	Brücke als offener Rahmen	Zweigelenkrahmen-Stahlbetonpl. überschüt.	Bauwerk unter Verkehr	Bund

Spalte 7 bis 10

FLAECHE	STAT. SYSTEM LAENGS	STAT. SYSTEM QUER	LAGE
414	Mehrfeldrig mit Durchlaufwirkung	Echte Platte quer biegesteif, Flächentragwerk	O: Bundesstraße
414	Mehrfeldrig mit Durchlaufwirkung	Echte Platte quer biegesteif, Flächentragwerk	O: Bundesstraße
165	Rahmen und Bogensystem, zweigelenkig		O: Bundesstraße
165	Rahmen und Bogensystem, zweigelenkig		O: Bundesstraße

---

[441]   Vgl. Bundesanstalt für Straßenwesen (2018) Brücken an Bundesstraßen, Brückenstatistik 09/2018, [Stand: 07.06.2019].

Spalte 11 bis 15

LAENGENKLASSE	BAUSTOFFKLASSE	ALTERSKLASSE	ZUSTANDSNOTENBEREICH	BAUTLGRUPPE
5 - 30	Beton/Stahlbeton	1965 - 1969	2.0 - 2.4	Lager
5 - 30	Beton/Stahlbeton	1965 - 1969	2.0 - 2.4	Ausstattungen
5 - 30	Beton/Stahlbeton	1955 - 1959	2.5 - 2.9	Überbau
5 - 30	Beton/Stahlbeton	1955 - 1959	2.5 - 2.9	Überbau

Spalte 16 bis 21

BAUTEIL	KONSTRUKTIONSTEIL	ZWGRUPPE	SCHADEN	MENGE ALLGEMEIN	MENGE DIM
Brücke	Lagerplatte oben		Angerostet	Alle	
Brücke	Rohr der Fallleitung		Angerostet	Größtenteils	
Riegel als Platte		Beton	Abgeplatzt	Vereinzelt	Fläche: xxx,xx m2
Riegel als Platte		Beton	Abgeplatzt	Vereinzelt	Fläche: xxx,xx m2

Spalte 22 bis 29

UEBERBAU	FELD	LAENGS	QUER	HOCH	BEWERT_S	BEWERT_V	BEWERT_D
Einteiliger Überbau	Beide Widerlager				0	0	2
Einteiliger Überbau	xxx-ter Pfeiler/Stütze		Links		0	0	2
Einteiliger Überbau					0	0	2
Einteiliger Überbau					0	0	2

Spalte 30 bis 34

VERAENDERUNG	PRUEFJAHR	PRUEFART	BSP_ID	BSP_SCHAD_ID
Schadenserweiterung	2002	H		
	2002	H		
	2006	E	002-02	3
Schadenserweiterung	2009	H	002-02	3

Abbildung 45 zeigt das Schadensaufkommen aller Einzelschäden der Stichprobe, gegliedert nach den Bauteilgruppen der RI-EBW-PRÜF. Danach sind die Baukonstruktionen Überbau, Unterbau sowie Kappen, Schutzeinrichtung und Beläge die am häufigsten geschädigten Bauteilgruppen. Diese Häufigkeitsverteilung entspricht dem üblichen Schadensaufkommen an Brückenbauwerken.[442]

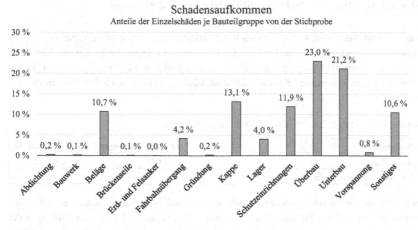

Abbildung 45: Schadensaufkommen der Stichprobe in den Bauteilgruppen

---

442   Vgl. MERTENS, Hrsg. (2015) Handbuch Bauwerksprüfung, S. 36 ff.

In Abbildung 46 werden alle Schadensbewertungen aus den Einzelschadensdaten, geordnet nach den Bewertungsstufen 0 bis 4, für die Bewertungskriterien Standsicherheit, Verkehrssicherheit und Dauerhaftigkeit dargestellt. Darin ist zu erkennen, dass ein Großteil der Bewertungen von Mängeln/Schäden den folgenden Bewertungsstufen zugeordnet ist:

- Standsicherheit: $S = 0$ und $S = 1$ mit ca. 99 % aller Bewertungen,

- Verkehrssicherheit: $V = 0$ und $V = 1$ mit ca. 94 % aller Bewertungen und

- Dauerhaftigkeit: $D = 1$ und $D = 2$ mit ca. 87 % aller Bewertungen.

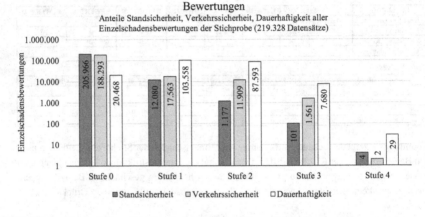

Abbildung 46:   Aufteilung der Einzelschadensbewertungen der Stichprobe

Aus den Einzelschadensdaten wurden nach dem ursprünglichen Berechnungsalgorithmus nach Haardt die Zustandsnoten für die durchgeführten Bauwerksprüfungen der Stichprobe (5.831 Prüfungen) berechnet. Das Vorgehen für diese Berechnung wird in Abschnitt 5.2 erläutert. In Tabelle 18 wird der Unterschied zwischen den Zustandsnoten (Z) und den Substanznoten (S_{Ges})[443] ausgewertet.

Tabelle 18:   Vergleich der Zustands- und Substanznoten

Bedingung	Anzahl von 5.831 Prüfungen	% von Stichprobe
$S_{Ges} < Z_{Ges}$	2.025	34,7 %
Notenbereichssprung zwischen S_{Ges} und Z_{Ges}	838	14,4 %

In 2.025 Fällen ist die Substanznote positiver bewertet als die zugehörige Zustandsnote des Teilbauwerks der jeweiligen Prüfung. Das bedeutet, dass bei ca. einem Drittel aller Prüfungen der

---

443   Die Substanznote existiert so nicht in der RI-EBW-PRÜF. Lediglich die Substanzkennzahl für Bauteilgruppen wird ermittelt. Die Erweiterung ist erforderlich, um den Schadenseinfluss der Verkehrssicherheit auf das Teilbauwerk bewerten zu können. In Anlage 7 zur RI-EBW-PRÜF wird diese im Beiblatt zur Prüfung allerdings auch für das Teilbauwerk ausgegeben. Vgl. BMVBS (2017) Richtlinie zur einheitlichen Erfassung, Bewertung, Aufzeichnung und Auswertung von Ergebnissen der Bauwerksprüfungen nach DIN 1076, S. 35.

Stichprobe die Schadensbewertung der Verkehrssicherheit des maßgebenden Schadens die Höhe der Zustandsnote bestimmt. Die Ursache dafür liegt in der Anforderung an die Substanzkennzahl. Diese dient zur Bilanzierung der Bausubstanz, wofür Schäden, die die Verkehrssicherheit beeinträchtigen, nicht berücksichtigt werden. Demzufolge wird bei der Mehrheit der Stichprobe (ca. 2/3) die Zustandsnote durch die Standsicherheit oder Dauerhaftigkeit bestimmt. Überdies ist bei ca. 1/7 aller Prüfungen (14,4 %) ein Notenbereichssprung zwischen Zustandsnote und zugehöriger Substanznote festzustellen.

5.2   Vorüberlegungen und Versuchsaufbau

Die Hypothese 1, dass mit den neuen Bewertungsstufen Tendenzen der Schadensfortschreitung und der Schadensausbreitung bei Standsicherheitsbeeinträchtigungen frühzeitiger als im aktuellen Bewertungsverfahren erfassbar sind (siehe Abschnitt 4.2.2), wird durch eine Simulation von modifizierten Einzelschadensdaten der Stichprobe überprüft. Die Schadensdaten der Stichprobe werden nach folgendem Vorgehen ausgewertet:

1) Nachbildung der ursprünglichen Zustandsnoten nach RI-EBW-PRÜF für alle 5.831 Prüfungen der Stichprobe (siehe Abschnitt 5.3).

2) Anwendung des modifizierten Bewertungsverfahrens auf die Stichprobe durch Bestimmung von Bewertungsabweichungen für definierte Bewertungsfälle (siehe Abschnitt 5.4).

3) Simulation der Bewertungsfälle und Ermittlung eines modifizierten Zustandsnotenbereiches (siehe Abschnitt 5.5.1).

4) Vergleich der nachgebildeten ursprünglichen Zustandsnote mit dem modifizierten Zustandsnotenbereich sowie Beurteilung der Simulationsergebnisse zur Bewertung von Hypothese 1 (siehe Abschnitt 5.5.2 und Abschnitt 5.5.3).

5) Übertragung der Simulationsergebnisse auf die Grundgesamtheit (siehe Abschnitt 5.6).

Die Simulation von den im Punkt 2) angesprochenen Bewertungsfällen wird mit dem Tabellenkalkulationsprogramm Microsoft Excel (MS Excel) durchgeführt. Dieses Programm wurde gewählt, da die umfangreichen Einzelschadensdaten mit 219.328 Datensätzen (Zeilen) bereits als Excel-Datei vorliegen und die Bewertungsfälle durch Formelfunktionen zweckmäßig programmierbar sind. Überdies lassen sich in MS Excel verschiedene statische und dynamische Auswertungen zwischen ursprünglichem und modifiziertem Bewertungsverfahren sicher und schnell erstellen und in Diagrammen darstellen. Von der alternativen Durchführung der Simulation und Auswertung in anderen Programmen zur statistischen Datenanalyse, z. B. durch das Programm SPSS, wurde abgesehen. Grund dafür sind die Berechnungen der umfangreichen Gleichungen zur Nachbildung des Berechnungsalgorithmus der Zustandsnote (siehe Abbildung 20) und den Modifikationsanpassungen der großen Datenmenge.[444]

Die wirtschaftlichen Auswirkungen des modifizierten Bewertungsverfahrens werden durch Simulationsexperimente mit Zufallszahlen (Monte-Carlo-Simulation) in Abschnitt 6 untersucht.

---

[444] Voruntersuchungen zeigten, dass die Datenmenge der Stichprobe durch SPSS zwar problemlos bearbeitet (Fallzahlen > 10^9), aber der Berechnungsalgorithmus nur sehr schwierig nachgebildet werden kann.

Dazu wird die Simulationssoftware @RISK, die als Add-In Lösung auf MS Excel aufbaut, verwendet, um Instandsetzungskosten in einem quantitativen Vergleich zu beurteilen.

5.3   Nachbildung der ursprünglichen Zustandsnoten

Für den Vergleich der Bewertungsverfahren[445] sind zunächst die Zustands- und Substanznoten aller Prüfungen in der Stichprobe nachzubilden. Dazu ist der Berechnungsalgorithmus nach Haardt auf die Einzelschadensbewertungen anzuwenden. Nachfolgend wird dieses Vorgehen beschrieben.

Die Zeilen der Einzelschadensdaten (siehe Tabelle 17) wurden um Spalten zur Bestimmung der Basiszustandszahlen (BZZ), des Schadensumfanges (ΔZ_1), der Zustandszahl des Einzelschadens (Z_1), der Substanzkennzahlbasis (SKB) und der Substanzkennzahl des Einzelschadens (SKZ_1) erweitert (siehe Tabelle 19).

Tabelle 19:   Erweiterung der Einzelschadensdaten um Zustandszahlen

V-BWNR	TBWNR	MENGE ALLGEMEIN	BEWERT_S	BEWERT_V	BEWERT_D	BZZ	ΔZ_1 U	Wert	Z_1	SKB	SKZ_1
51534955505	0	großflächig	0	1	2	2,1	g	+ 0,1	2,2	1,8	1,9
51534955505	0 ...	bereichsweise ...	1	0	1	1,5	m	0,0	1,5	1,5	1,5
51535048507	0	beginnend	0	2	1	2,1	k	- 0,1	2,0	1,1	1,0
51535048507	0	eine Stelle	0	0	1	1,1	k	- 0,1	1,0	1,1	1,0

Die BZZ wird aus den Schadensbewertungen für S, V und D nach dem ursprünglichen Bewertungsschlüssel (siehe Abbildung 22) bestimmt. Die Substanzkennzahlbasis wird unter der Bedingung V = 0 nach dem Bewertungsschlüssel in Abbildung 23 ermittelt. Der Grad des Schadensumfanges (U) wird aus der Kodierung der Schadensbewertung für die „Menge Allgemein" abgeleitet. Nach den Definitionen in SIB-Bauwerke[446] ist ein kleiner Schadensumfang (k) durch die Formulierungen: „gering", „vereinzelt", „punktuell", „beginnend", „eine Stelle" und „ein Stück" kodiert und wird mit einem Abschlag von – 0,1 auf die BZZ versehen. Ein Schaden, dessen Umfang als mittel (m) eingestuft wird, erhält keinen Zu- oder Abschlag und ist durch folgende Formulierungen kodiert: „häufig", „zahlreich", „bereichsweise", „mehrfach", „teilweise", „stellenweise" und „an einigen Bauteilen". Schäden mit großer Schadensausbreitung (g) erhalten einen Zuschlag von + 0,1 auf die BZZ und sind nach SIB-Bauwerke wie folgt zu bezeichnen: „an allen Bauteilen", „gesamtes Bauteil", „flächendeckend", „alle", „durchgehend", „vollständig", „ausgeprägt", „großflächig" und „größtenteils".[447] Für alle 219.328 Einzelschäden wird mit Hilfe der vorgestellten Mengenkodierung ΔZ_1 bestimmt. Durch Anwendung von Formel 2 (BZZ + ΔZ_1) wird Z_1 und in gleicher Weise SKZ_1 (SKB + ΔZ_1) bestimmt.

Im nächsten Schritt sind nach dem Berechnungsalgorithmus (Abbildung 20) max Z_1 und max SKZ_1 zu bestimmen. Dazu sind zunächst aus den Einzelschäden alle durchgeführten Bauwerksprüfungen zu extrahieren. Jeder Einzelschaden kann durch die Bauwerksnummer, die Teil-

---

445   Vergleich zwischen Bewertungsverfahren nach RI-EBW-PRÜF und dem modifizierten Bewertungsverfahren.

446   Vgl. WPM - Ingenieure (2013) SIB-Bauwerke Dokumentation 1.9 (Handbuch zum Programmsystem).

447   Vgl. WPM - Ingenieure (2013) SIB-Bauwerke Dokumentation 1.9 (Handbuch zum Programmsystem).

bauwerksnummer, das Prüfjahr und die Prüfart eindeutig einer Bauwerksprüfung zu einem Teilbauwerk zugeordnet werden. Durch die Kombination dieser Argumente und die Zuordnung zu einer Bauteilgruppe, können die maximale Zustandszahl Z_1 (max Z_1) und die maximale Substanzkennzahl SKZ_1 (max SKZ_1) für jede Bauteilgruppe eines Teilbauwerks zu jeder Bauwerksprüfung bestimmt werden (siehe Tabelle 20).

Tabelle 20:   Beispiel für die Bestimmung von max Z_1 und max SKZ_1

V-BWNR	TBWNR	BAUTLGRUPPE	PRUEFJAHR	PRUEFART	Z_1		SKZ_1	
51534955505	0	Überbau	2002	H	max Z_1	2,5	2,3	
51534955505	0	Überbau	2002	H		2,2	2,2	
51534955505	0 ...	Überbau ...	2002	H	...	2,4	2,4	max SKZ_1
51534955505	0	Kappen	2002	H		1,7	1,5	
51534955505	0	Kappen	2002	H	max Z_1	2,2	2,2	max SKZ_1

Im Beispiel von Tabelle 20 wurden für das Bauwerk mit der Bauwerksnummer 51534955505 bei der Hauptprüfung im Jahr 2002 drei Schäden in der Bauteilgruppe Überbau und zwei Schäden in der Bauteilgruppe Kappen dokumentiert. Für den Überbau wurden max Z_1 = 2,5 und max SKZ_1 = 2,4 und für die Kappen max Z_1 = 2,2 und max SKZ_1 = 2,2 ermittelt.

Anschließend ist die Zustandsnote der Bauteilgruppe (Z_{BG}) und die Substanzkennzahl (SKZ) für jede Bauteilgruppe zu ermitteln. Dafür muss in allen Bauwerksprüfungen der Stichprobe die Anzahl an Schäden (n) in jeder Bauteilgruppe bestimmt werden (siehe Abbildung 20). Mit dem daraus abgeleiteten Zu- oder Abschlag (ΔZ_2) wird die jeweilige Zustandsnote der Bauteilgruppe nach Formel 3 berechnet. In den selektierten Schadensdaten jeder Bauwerksprüfung wird die Schadenshäufigkeit n für jede Bauteilgruppe aus der Spalte „BAUTLGRUPPE" (siehe Tabelle 17) ermittelt.

Um weiterführende zeilenweise Auswertungen zu einzelnen Bauwerksprüfungen und Bauteilgruppen durchführen zu können, ist es ab diesem Berechnungsschritt notwendig, eine neue Auswertungstabelle für die 5.831 Bauwerksprüfungen anzulegen. Alle wesentlichen Spaltenargumente der „Einzelschadenstabelle" (Stichprobe) werden in die – nach Bauwerksnummer und Bauwerksprüfung geordnete – „Bauwerksprüftabelle" übernommen. Die Bauwerksprüftabelle wird für die Berechnung der Zustands- und Substanznote um zusätzliche Spaltenargumente ergänzt (siehe Tabelle 21).

Tabelle 21:   Beispiel der erweiterten Bauwerksprüftabelle

Prüfung lfd. NR.	Bauwerks- nummer	TBWNR	Prüfjahr	Prüfart	Zustands- noten- bereich	Z_{Ges}	max Z_{BG}	ΔZ_3	Beläge ursprünglich				Sonstiges ursprünglich			
									max Z_1	n	ΔZ_2	Z_{BG}	max Z_1	n	ΔZ_2	Z_{BG}
1	52524957992	1	2002	E	3,0 - 3,4	3,0	3,0	0,0	2,1	3	0,0	2,1	3,0	5	0,0	3,0
2	52524957992	1	2005	H	3,0 - 3,4	3,0	3,1	-0,1	2,1	2	-0,1	2,0	3,0	6	0,1	3,1
3	52524957992	1	2008	E	3,0 - 3,4	3,4	3,3	0,1 ...	2,2	2	-0,1	2,1 ...	2,9	6	0,1	3,0
4	52524957992	2	2008	E	3,0 - 3,4	3,0	2,9	0,1	---	0	---	---	2,0	9	0,1	2,1
5	52524957992	2	2012	H	3,0 - 3,4	3,0	2,9	0,1	2,1	7	0,1	2,2	1,1	1	-0,1	1,0
6	52524957992	2	2014	E	3,0 - 3,4	3,2	3,1	0,1	3,0	7	0,1	3,1	2,6	3	0,0	2,6
7	52524957993	1	2008	H	2,5 - 2,9	2,5	2,6	-0,1	1,3	2	-0,1	1,2	2,6	5	0,0	2,6
8	52524957993	1	2012	E	2,5 - 2,9	2,7	2,8	-0,1	2,7	8	0,1	2,8	2,0	9	0,1	2,1
9	52524957993	1	2014	H	2,5 - 2,9	2,7	2,8	-0,1	2,7	8	0,1	2,8	2,0	5	0,0	2,0

Die Bauwerksprüftabelle enthält 5.831 Zeilen für jede Prüfung der Stichprobe. Für die Nachbildung der ursprünglichen Zustandsnoten aus den Einzelschadensdaten wurden neben den allgemeinen Bauwerksdaten zusätzliche Spaltenargumente eingefügt. In jeder der 14 Bauteilgruppen (siehe Abschnitt 3.4.2.2) wurden zur Berechnung von Z_{BG} die Spalten max Z_1, n, ΔZ_2 und Z_{BG} aufgenommen. Mit der Bestimmung der maximalen Zustandsnote der Bauteilgruppe (max Z_{BG}) je Prüfung (Zeile) und dem Beiwert ΔZ_3 zur Berücksichtigung der Anzahl geschädigter Bauteilgruppen wird nach Formel 4 die Zustandsnote des Bauwerks/Teilbauwerks bestimmt (siehe Abschnitt 3.4.2.2). In gleicher Weise werden zusätzliche Spaltenargumente zur Bestimmung der Zustandszahlen für die Substanznoten (S_{Ges}) eingefügt (siehe Tabelle 22).

Tabelle 22:   Erweiterte Bauwerksprüftabelle mit Spalten zur Substanznotenbestimmung

Prüfung lfd. NR.	Bauwerks-nummer	TBWNR	Prüfjahr	Prüfart	Zustands-noten-bereich	Substanznote (S_{Ges})	max SKZ	Beläge ursprünglich		Sonstiges ursprünglich	
								max SKZ_1	SKZ	max SKZ_1	SKZ
1	52524957992	1	2002	E	3,0 - 3,4	3,0	3,0	2,1	2,1	3,0	3,0
2	52524957992	1	2005	H	3,0 - 3,4	3,0	3,1	2,0	2,0	3,0	3,1
3	52524957992	1	2008	E	3,0 - 3,4	3,4	3,3 ...	2,1	2,1 ...	2,9	3,0
4	52524957992	2	2008	E	3,0 - 3,4	3,0	2,9	0,0	---	2,0	2,1
5	52524957992	2	2012	H	3,0 - 3,4	3,0	2,9	2,1	2,2	1,1	1,0
6	52524957992	2	2014	E	3,0 - 3,4	3,2	3,1	3,0	3,1	2,6	2,6
7	52524957993	1	2008	H	2,5 - 2,9	2,5	2,6	1,3	1,2	2,6	2,6
8	52524957993	1	2012	E	2,5 - 2,9	2,6	2,7	2,6	2,7	2,0	2,1
9	52524957993	1	2014	H	2,5 - 2,9	2,6	2,7	2,6	2,7	2,0	2,0

Im Weiteren wird diese Tabelle durch Spaltenargumente zur Ermittlung der modifizierten Zustandsnotenbereiche ergänzt (siehe Abschnitt 5.4).

5.4   Anwendung des modifizierten Bewertungsverfahrens auf die Stichprobe

Nachdem die ursprünglichen Zustandsnoten und Substanzkennzahlen aus den Einzelschadensdaten nachgebildet wurden, sind die Bewertungsfälle zur Untersuchung des modifizierten Bewertungsverfahrens zu definieren. In der Fallbetrachtung sollen alle möglichen Abweichungen von den Zustands- und Substanznoten der Stichprobe, verursacht durch die neuen Bewertungsstufen S = 1,5 und S = 2,5, erfasst werden. Dafür werden die angrenzenden Standsicherheitsbewertungen S = 1, S = 2 und S = 3 modifiziert. Durch die Untersuchung der maximal positiven und maximal negativen Abweichung zur ursprünglichen Bewertung wird die Spannbreite des modifizierten Wertebereichs festgelegt. Eine maximal positive Abweichung wird erzielt, wenn alle Schäden mit Standsicherheitsbeeinträchtigung nach folgendem Schema angepasst werden:

• Schäden mit ursprünglich S = 1 werden zu S_{mod} = 1,

• Schäden mit ursprünglich S = 2 werden zu S_{mod} = 1,5 und

• Schäden mit ursprünglich S = 3 werden zu S_{mod} = 2,5 geändert.

Dagegen lässt sich bei Anwendung der neuen Bewertungsstufen auf die Einzelschadensdaten eine maximal negative Abweichung erzielen, wenn:

• Schäden, die ursprünglich mit S = 1 bewertet wurden zu S_{mod} = 1,5,

• Schäden, die ursprünglich mit S = 2 bewertet wurden zu S_{mod} = 2,5 und

• Schäden, die ursprünglich mit S = 3 bewertet wurden zu S_{mod} = 3 geändert werden.

Für alle anderen Schadensbewertungen der Stichprobe, die nicht mit S = 1, S = 2 oder S = 3 bewertet wurden, wird die ursprüngliche Bewertung beibehalten. Dies betrifft Schäden mit den Bewertungen S = 0 und S = 4 sowie alle Schadensbewertungen in den Kriterien Verkehrssicherheit (V = 0 bis V = 4) und Dauerhaftigkeit (D = 0 bis D = 4).

Neben den Bewertungsfällen mit maximaler Abweichung lassen sich weitere Bewertungsfälle innerhalb dieses maximalen Wertebereichs identifizieren. Für die Anwendung auf die Stichprobe ist zwar die maximale Spannbreite der modifizierten Zustandsbewertung gegenüber der ursprünglichen Bewertung entscheidend, doch werden bei realer Anwendung Bewertungsfälle innerhalb dieser Spannbreite weitaus häufiger vorkommen als diese Extremfälle. In der nachfolgenden Aufzählung werden alle Bewertungsfälle vorgestellt und im Anschluss wird in Abbildung 47 der Zusammenhang verdeutlicht.

- Bewertungsfall 0:   Die Schadensbewertungen werden nicht modifiziert, *alle* Schäden behalten ihre *ursprüngliche Bewertung.*

- Bewertungsfall 1:   *Alle* Schäden werden mit *positiver Bewertung* modifiziert.

- Bewertungsfall 2:   *Alle* Schäden werden mit *negativer Bewertung* modifiziert.

- Bewertungsfall 3:   *Alle* Schadensbewertungen werden modifiziert, davon *ein Teil positiv* und *ein Teil negativ.*

- Bewertungsfall 4:   *Nicht alle* Schadensbewertungen werden modifiziert, aber *alle modifizierten* mit *positiver Bewertung.*

- Bewertungsfall 5:   *Nicht alle* Schadensbewertungen werden modifiziert, aber *alle modifizierten* mit *negativer Bewertung.*

- Bewertungsfall 6:   *Nicht alle* Schadensbewertungen werden modifiziert, von den *modifizierten einige positiv* und *einige negativ.*

In Abbildung 47 wird zum Verständnis der Bewertungsspannen der Wertebereich für die modifizierte Zustandsbewertung einer beispielhaften Stichprobe als diskrete Verteilung skizziert. Aus der Abbildung ist abzulesen, dass im modifizierten Bewertungsverfahren ein Wertebereich der Zustandsnote (Z_{Ges}) von $Z_{Ges, min}$ (maximal positiv) bis $Z_{Ges, max}$ (maximal negativ) um die ursprüngliche Bewertung $Z_{Ges, 0}$ aufgespannt wird. Die Bewertungsfälle 3 bis 6 liegen innerhalb der Grenzen dieses Wertebereichs.

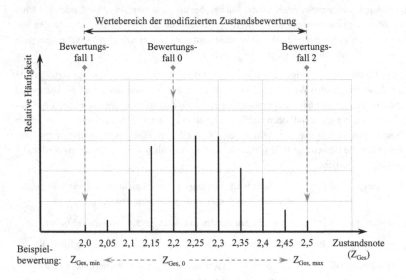

Abbildung 47:   Spannbreite der modifizierten Zustandsbewertung

Zur Ermittlung dieses modifizierten Wertebereiches sind alle Einzelschadensdaten der Stichprobe um weitere Zellen für die Modifikationsanpassungen zu ergänzen. In diesen zusätzlichen Spalten der Einzelschadensdatenbank (Stichprobe), wird der modifizierte Bewertungsschlüssel (siehe Abbildung 32) zur Ermittlung der maximal positiven und maximal negativen modifizierten Zustandsnoten und Substanzkennzahlen angewendet. In Tabelle 23 sind beispielhaft diese Ergänzungsspalten dargestellt.

Tabelle 23:   Erweiterung der Stichprobe um Spalten für Modifikationsanpassungen

V-BWNR	TBWNR	S_{orig}	Z_1	SKZ_1	S_{mod} pos.	BZZ_{mod} pos.	$Z_{1\,mod}$ pos.	SKB_{mod} pos.	$SKZ_{1\,mod}$ pos.	S_{mod} neg.	BZZ_{mod} neg.	$Z_{1\,mod}$ neg.	SKB_{mod} neg.	$SKZ_{1\,mod}$ neg.
51534955505	0	1,0	2,2	1,9	1	2,2	2,2	1,9	1,9	1,5	2,2	2,2	1,9	1,9
51534955505	0 ...	1,0	1,5	1,5	1	1,5	1,5	1,5	1,5	1,5	1,9	1,9	1,9	1,9
51535048507	0	2,0	2,6	2,3	1,5	2,5	2,5	2,25	2,25	2,5	3,05	3,05	2,8	2,8
51535048507	0	3,0	3,3	3,3	2,5	3,15	3,15	3,15	3,15	3,0	3,3	3,3	3,3	3,3

Die Spalten $S_{mod\,pos.}$ und $S_{mod\,neg.}$ enthalten die angepassten maximal positiven und maximal negativen Standsicherheitsbewertungen. Mit den so modifizierten Schadensbewertungen[448] aus $S_{mod\,pos.}$ und $S_{mod\,neg.}$, V_{orig} und D_{orig} werden die Basiszustandszahlen ($BZZ_{mod\,pos.}$ und $BZZ_{mod\,neg.}$) nach dem modifizierten Bewertungsschlüssel bestimmt. Anschließend wird der Wertebereich der modifizierten Zustandszahlen für die Einzelschäden ($Z_{1\,mod\,pos.}$ und $Z_{1\,mod\,neg.}$) anhand des ursprünglichen Schadensumfanges (ΔZ_1) ermittelt. In gleicher Weise werden die Wertebereiche für

---

[448]   Lediglich die Schadensbewertungen der Standsicherheit werden nach den Bewertungsfällen 1 und 2 angepasst. Die Schadensbewertungen der Verkehrssicherheit (V_{orig}) und der Dauerhaftigkeit (D_{orig}) bleiben unverändert.

die Substanzkennzahlbasis ($SKB_{mod\ pos.}$ und $SKB_{mod\ neg.}$) und die Substanzkennzahlen ($SKZ_{1\ mod\ pos.}$ und $SKZ_{1\ mod\ neg.}$) für $V = 0$ errechnet.

Nach der Anpassung der Einzelschadensdatenbank wird die Bauwerksprüftabelle erweitert. Durch die Ergänzung weiterer Spalten werden die modifizierten Grenzen im Wertebereich der Zustandsnoten ($Z_{Ges\ mod\ pos.}$ und $Z_{Ges\ mod\ neg.}$) und der Substanznoten ($S_{Ges\ mod\ pos.}$ und $S_{Ges\ mod\ neg.}$) aller Bauwerksprüfungen bestimmt. In Tabelle 24 ist beispielhaft die erweiterte Bauwerksprüftabelle mit den zusätzlichen Spalten zur Bestimmung der modifizierten Wertebereiche für die Zustandsnoten (Z_{Ges}) dargestellt. In jeder Bauteilgruppe (beispielhaft für Beläge) werden die maximal positiven und maximal negativen Zustandszahlen (max $Z_{1\ mod\ pos.}$ und max $Z_{1\ mod\ neg.}$) und die Zustandszahlen der Bauteilgruppen ($Z_{BG\ pos.}$ und $Z_{BG\ neg.}$) aus den Ergänzungsspalten der Einzelschadensbank (Tabelle 23) ermittelt. Anschließend werden für jede Bauwerksprüfung die maximalen Zustandszahlen der Bauteilgruppen (max $Z_{BG\ pos.}$ und max $Z_{BG\ neg.}$) bestimmt. Durch Anwendung des ursprünglichen Abschlags ΔZ_3 (Schädigungsanzahl unterschiedlicher Bauteilgruppen) auf diese Noten wurde der maximale Wertebereich der modifizierten Zustandsbewertung zwischen den Grenzen $Z_{Ges\ mod\ pos.}$ und $Z_{Ges\ mod\ neg.}$, wie beispielhaft in Abbildung 47 veranschaulicht, festgelegt.

Tabelle 24:   Erweiterte Bauwerksprüftabelle mit modifizierten Zustandszahlen

Prüfung lfd. NR.	Bauwerks-nummer	Z_{Ges}	max Z_{BG}	ΔZ_S	Zustandsnoten modifiziert		max Z_{BG} pos.	max Z_{BG} neg.	Beläge							
									ursprünglich				modifiziert			
					$Z_{Ges\ mod\ pos.}$	$Z_{Ges\ mod\ neg.}$			max Z_1	n	ΔZ_2	Z_{BG}	max Z_1 pos.	Z_{BG} pos.	max Z_1 neg.	Z_{BG} neg.
1	52524957992	3,0	3,0	0,0	3,0	3,15	3,0	3,15	2,1	3	0,0	2,1	2,1	2,1	2,1	2,1
2	52524957992	3,0	3,1	-0,1	3,0	3,0	3,1	3,1	2,1	2	-0,1	2,0	2,1	2,0	2,1	2,0
3	52524957992	3,4	3,3	0,1	3,25	3,4	3,15	3,3	2,2	2	-0,1	2,1	2,1	2,0	2,1	2,0
4	52524957992	3,0	2,9	0,1	3,0	3,0	2,9	2,9	---	0	---	---	---	---	---	---
5	52524957992	3,0	2,9	0,1	3,0	3,0	2,9	2,9	2,1	7	0,1	2,2	2,1	2,2	2,1	2,2
6	52524957992	3,2	3,1	0,1	3,25	3,45	3,15	3,35	3,0	7	0,1	3,1	3,05	3,15	3,25	3,35
7	52524957993	2,5	2,6	-0,1	2,4	2,7	2,5	2,8	1,3	2	-0,1	1,2	1,3	1,2	1,3	1,2
8	52524957993	2,7	2,8	-0,1	2,7	3,0	2,8	3,1	2,7	8	0,1	2,8	2,7	2,8	3,0	3,1
9	52524957993	2,7	2,8	-0,1	2,7	3,0	2,8	3,1	2,7	8	0,1	2,8	2,7	2,8	3,0	3,1

In gleicher Weise wird der modifizierte Substanznotenbereich ($S_{Ges\ mod\ pos.}$ bis $S_{Ges\ mod\ neg.}$) berechnet. Die dafür notwendigen Anpassungen der Bauwerksprüftabelle sind beispielhaft in Tabelle 25 dargestellt.

Tabelle 25:   Erweiterte Bauwerksprüftabelle mit modifizierten Substanznoten

Bauwerks-nummer	Z_{Ges}	max Z_{BG}	Zustandsnoten modifiziert		max $Z_{BG\,pos.}$	max $Z_{BG\,neg.}$	ΔZ_3	$S_{Ges\,Orig}$	max SKZ	Substanznote modifiziert		max $SKZ_{pos.}$	max $SKZ_{neg.}$
			$Z_{Ges\,mod\,pos.}$	$Z_{Ges\,mod\,neg.}$						$S_{Ges\,mod\,pos.}$	$S_{Ges\,mod\,neg.}$		
52524957992	3,0	3,0	3,0	3,15	3,0	3,15	0,0	3,0	3,0	3,0	3,15	3,0	3,15
52524957992	3,0	3,1	3,0	3,0	3,1	3,1	-0,1	3,0	3,1	3,0	3,0	3,1	3,1
52524957992 ...	3,4	3,3	3,25	3,4	3,15	3,3	0,1	3,4	3,3	3,25	3,4	3,15	3,3
52524957992	3,0	2,9	3,0	3,0	2,9	2,9	0,1	3,0	2,9	3,0	3,0	2,9	2,9
52524957992	3,0	2,9	3,0	3,0	2,9	2,9	0,1	3,0	2,9	3,0	3,0	2,9	2,9
52524957992	3,2	3,1	3,25	3,45	3,15	3,35	0,1	3,2	3,1	3,3	3,5	3,2	3,4
52524957993	2,5	2,6	2,4	2,7	2,5	2,8	-0,1	2,5	2,6	2,5	2,5	2,6	2,6
52524957993	2,7	2,8	2,7	3,0	2,8	3,1	-0,1	2,6	2,7	2,7	3,0	2,8	3,1
52524957993	2,7	2,8	2,7	3,0	2,8	3,1	-0,1	2,6	2,7	2,65	2,8	2,75	2,9

Beläge													
ursprünglich						modifiziert							
max Z_1	n	ΔZ_2	Z_{BG}	max SKZ_1	SKZ	max $Z_{1\,pos.}$	$Z_{BG\,pos.}$	max $Z_{1\,neg.}$	$Z_{BG\,neg.}$	max $SKZ_{1\,pos.}$	$SKZ_{pos.}$	max $SKZ_{1\,neg.}$	$SKZ_{neg.}$
2,1	3	0,0	2,1	2,1	2,1	2,1	2,1	2,1	2,1	2,1	2,1	2,1	2,1
2,1	2	-0,1	2,0	2,0	2,0	2,1	2,0	2,1	2,0	2,1	2,0	2,1	2,0
2,2	2	-0,1	2,1	2,1	2,1	2,1	2,0	2,1	2,0	2,1	2,0	2,1	2,0
---	0	---	---	---	---	---	---	---	---	---	---	---	---
2,1	7	0,1	2,2	2,1	2,2	2,1	2,2	2,1	2,2	2,1	2,2	2,1	2,2
3,0	7	0,1	3,1	3,0	3,1	3,1	3,2	3,3	3,4	3,1	3,2	3,3	3,4
1,3	2	-0,1	1,2	1,3	1,2	1,3	1,2	1,3	1,2	1,3	1,2	1,3	1,2
2,7	8	0,1	2,8	2,6	2,7	2,7	2,8	3,0	3,1	2,7	2,8	3,0	3,1
2,7	8	0,1	2,8	2,6	2,7	2,7	2,8	3,0	3,1	2,65	2,75	2,8	2,9

Nach den vorgestellten Ergänzungen in der Einzelschadensbank und der Bauwerksprüftabelle zur Nachbildung des Berechnungsalgorithmus und zur Bestimmung der modifizierten Wertebereiche ist die Simulation durchzuführen und auszuwerten.

5.5 Simulationsergebnisse und Auswertung der Stichprobe

5.5.1 Darstellung der Simulationsergebnisse

Mit der Programmierung aller Berechnungen zur Nachbildung der Zustands- und Substanznoten sowie der Modifikationsanpassungen in der Einzelschadensbank und der Bauwerksprüftabelle sind alle Voraussetzungen geschaffen, um die Simulation durchführen zu können. In den ersten Simulationsläufen sind Fehler zu identifizieren und zu bewerten. Fehler der Programmierung sind unproblematisch und schnell zu beheben. Hingegen erfordern Meldungen mit dem Hinweis, dass der programmierte Berechnungsalgorithmus nicht fehlerfrei abgebildet werden kann, eine Über-prüfung der Einzelschadensbewertungen und einen Abgleich mit der zum Prüfzeitpunkt geltenden Bewertungsvorschrift. Dies gilt insbesondere für ältere Bauwerke, bei denen Bauwerksprüfungen vor 1999 durchgeführt und noch nicht mit dem Berechnungsalgorithmus nach Haardt bewertet wurden.[449] Außerdem können Fehlermeldungen bei Einzelschadensbewertungen auftreten, wenn die Bedingung, dass die Schadensbewertung der Dauerhaftigkeit grundsätzlich größer oder gleich

---

[449] Mit dem allgemeinen Rundschreiben Straßenbau Nr. 44/1998 wurde am 10.11.1998 festgelegt, dass ab 01.01.1999 alle Bauwerksprüfungen nach RI-EBW-PRÜF Ausgabe 1998 zu bewerten sind. Vgl. BMVBS (1998) Richtlinie zur einheitlichen Erfassung, Bewertung, Aufzeichnung und Auswertung von Ergebnissen der Bauwerksprüfungen nach DIN 1076, S. 3.

der Schadensbewertung der Standsicherheit sein muss (D $\geq$ S), nicht erfüllt ist. Dieser Fehler kann bei Prüfungen auftreten, die vor Einführung der Bedingung mit RI-EBW-PRÜF Ausgabe 2007 durchgeführt wurden. Die Analyse der Einzelschadensbewertungen und der Bauwerksprüfungen ergab die in Tabelle 26 dargelegten Abweichungen.

Tabelle 26:   Fehlermeldungen im Berechnungsalgorithmus

Fehlermeldung	Anzahl	Anteil an der Stichprobe
Prüfungen, die vor 1999 durchgeführt wurden	339	5,8 % (von 5.831 Prüfungen)
Einzelschäden mit D < S	58	0,2 ‰ (von 219.328 Einzelschäden)
Prüfungen, die Schäden mit D < S enthalten	47	0,8 % (von 5.831 Prüfungen)
Prüfungen, bei denen Schäden mit D < S relevant für die Zustands- und Substanznote des Bauwerks sind	16	0,3 % (von 5.831 Prüfungen)

Bauwerksprüfungen, die vor dem Jahr 1999 durchgeführt wurden, sind aufgrund ihrer – vom Berechnungsalgorithmus nach Haardt – abweichenden Zustandsnotenbestimmung von der Stichprobe abzugrenzen. Damit sind für die Auswertung im modifizierten Bewertungsverfahren nur die restlichen 5.492 Bauwerksprüfungen als relevante Grundgesamtheit anzusehen.[450] Weiterhin führen Einzelschadensbewertungen mit D < S zu Fehlermeldungen im programmierten Berechnungsalgorithmus. Diese Bewertungen wurden bei 47 Prüfungen zwischen 1999 und 2006 vergeben. Von diesen 47 Prüfungen waren bei 16 Prüfungen die Schadensbewertungen mit D < S ausschlaggebend für die Zustands- und Substanznote des jeweiligen Bauwerks. Für diese Bauwerke sind auch Folgeprüfungen nach 2006 vorhanden. Um Prüfungen aus den Jahren 1999 bis 2006 mit Folgeprüfungen in dynamischen Kombinationsanalysen auswerten zu können, werden die relevanten Einzelschäden mit D < S angepasst. Diese Schäden werden durch eine Anpassung der Schadensbewertung der Dauerhaftigkeit mit D = S transformiert. Diese Anpassung gewährleistet, dass in der dynamischen Auswertung extreme Bewertungssprünge vor und nach der Vorschriftsanpassung im Jahr 2007 (D $\geq$ S mit RI-EBW-PRÜF 2007) reduziert werden.[451]

Nachdem die Fehlertoleranz der Stichprobe untersucht und bewertet wurde, ist die Simulation durchzuführen und im Anschluss daran auszuwerten.

In Abbildung 48 und Abbildung 49 sind die ursprünglichen Zustandsnoten (Z_{Ges}) den modifizierten maximal negativen ($Z_{mod\,neg.}$) und maximal positiven Zustandsnoten ($Z_{mod\,pos.}$) gegenübergestellt. Dabei ist die Summe aller ursprünglichen Zustandsnoten (Z_{Ges}) jeweils gleich den Summen der modifizierten Zustandsnoten ($Z_{mod\,pos.}$ sowie $Z_{mod\,neg.}$). In Abbildung 48 wird deutlich, dass durch die modifizierte Bedingung, Schäden mit V = 3 auch mit BZZ $\geq$ 3,0 zu bewerten, vermehrt

---

[450]   Von den insgesamt 5.831 Bauwerksprüfungen der Stichprobe werden alle Bauwerksprüfungen die vor 1999 durchgeführt wurden (339 Prüfungen) abgezogen. Die restlichen 5.492 Bauwerksprüfungen bilden die neue Grundlage für die Auswertung im modifizierten Bewertungsverfahren.

[451]   Ohne die Anpassung auf D $\geq$ S können die modifizierten Zustandsnotenbereiche nicht bestimmt werden, da im modifizierten Berechnungsalgorithmus diese Bedingung Grundlage der Programmierung ist. Überdies führt der ausschließliche Vergleich der originalen Zustandsnote bei relevantem Schaden mit D < S, gegenüber einer Folgebewertung mit D $\geq$ S nach 2006, zu einer weit besseren Zustandsbewertung, auch ohne Schadensverschlechterung.

Zustandsbewertungen aus dem Notenbereich Z_{Ges} = 2,5 bis 2,9 in den Bereich $Z_{mod} \geq 3,0$ verschoben wurden. Außerdem haben sich von Z_{Ges} zu $Z_{mod\ neg.}$ mehr Zustandsnoten in schlechtere Zustandsnotenbereiche und in die Zwischenstufen mit zweiter Dezimalstelle verschoben, als es von Z_{Ges} zu $Z_{mod\ pos.}$ der Fall ist. Als Grund dafür ist zum einen die höhere Anzahl an Bauwerken mit mittlerem Schädigungsgrad (Z_{Ges} = 2,0 bis 3,0) gegenüber Bauwerken mit hohem Schädigungsgrad (Z_{Ges} = 3,0 bis 4,0) in der Stichprobe zu nennen (siehe Abbildung 44). Dadurch sind weitaus mehr Zustandsnoten von negativer Modifikation als von positiver Modifikation betroffen (siehe Abschnitt 5.4). Zum anderen sind Zustandsnotenverbesserungen (positive Modifikation) oft nicht möglich, da Klassenübersprünge durch Abschläge nicht zulässig sind.

In Abbildung 50 und Abbildung 51 sind die ursprünglichen und modifizierten Substanznoten (S_{Ges} und $S_{Ges\ mod\ neg.}$ sowie S_{Ges} und $S_{Ges\ mod\ pos.}$) gegenübergestellt. Eine Häufung von modifizierten Noten, wie sie bei den Zustandsnoten im Bereich größer 3,0 auftritt, ist nicht ersichtlich. Mit $V = 0$ bei den Substanznoten sind die Verschiebungen zwischen den modifizierten und den ursprünglichen Substanznoten maßgeblich durch die zusätzlichen Bewertungsstufen verursacht und nur in geringem Maße durch die angepassten BZZ. Die hohe Anzahl an Bauwerken mit mittlerem Schädigungsgrad führt wie bei den Zustandsnoten dazu, dass negative Modifikationen zu weitaus mehr Verschiebungen beitragen, als die positiven Modifikationen.

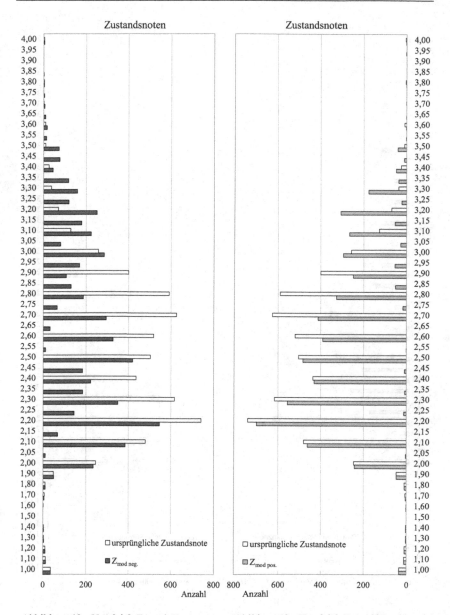

Abbildung 48: Vergleich Z_{Ges} mit $Z_{mod\,neg.}$ Abbildung 49: Vergleich Z_{Ges} mit $Z_{mod\,pos.}$

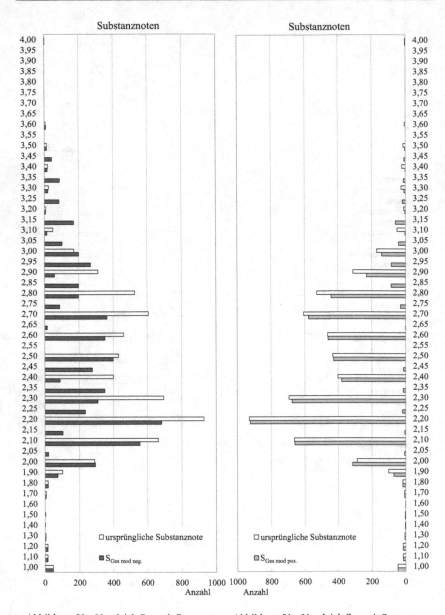

Abbildung 50: Vergleich S_{Ges} mit $S_{Ges\,mod\,neg}$.   Abbildung 51: Vergleich S_{Ges} mit $S_{Ges\,mod\,pos}$.

Zur Untersuchung der Simulationsergebnisse werden die ursprünglichen und die modifizierten Zustands- und Substanznoten in statischen und dynamischen Kombinationsanalysen ausgewertet. In der *statischen Beurteilung* wird die ursprüngliche mit der modifizierten Zustandsbewertung zum *Prüfzeitpunkt t_i* einer jeden auswertbaren Bauwerksprüfung (5.492 Bauwerksprüfungen) miteinander verglichen. In der *dynamischen Beurteilung* wird untersucht, inwieweit Schadensverschlechterungen oder Instandsetzungsmaßnahmen nach der Bauwerksprüfung zum Zeitpunkt t_i die modifizierten Zustands- und Substanznoten in der Folgeprüfung zum *Zeitpunkt t_j* beinträchtigen.

5.5.2   Statische Beurteilung der Simulationsergebnisse

Für die Beurteilung der Simulationsergebnisse zum Prüfzeitpunkt t_i werden zunächst die Grenzwerte des modifizierten Wertebereichs einzeln mit den ursprünglichen Zustands- und Substanznoten verglichen. In Tabelle 27 ist dargestellt, mit welchem Prozentsatz die Zustands- und Substanznoten mit positiver und negativer Modifikation gleich, größer als oder kleiner als der ursprüngliche Zustandswert sind.

Tabelle 27:   Statische Auswertung der einzelnen modifizierten Wertebereichsgrenzen[452]

Zustandsnoten			Substanznoten		
Bedingung	**Anzahl an Prüfungen**	**Prozent von reduzierter Stichprobe**	**Bedingung**	**Anzahl an Prüfungen**	**Prozent von reduzierter Stichprobe**
$Z_{Ges} < Z_{Ges\,mod\,neg.}$	3.173	57,8 %	$S_{Ges\,orig} < S_{Ges\,mod\,neg.}$	2.460	44,8 %
$Z_{Ges} = Z_{Ges\,mod\,neg.}$	2.312	42,1 %	$S_{Ges\,orig} = S_{Ges\,mod\,neg.}$	3.032	55,2 %
$Z_{Ges} > Z_{Ges\,mod\,neg.}$	7	0,1 %	$S_{Ges\,orig} > S_{Ges\,mod\,neg.}$	0	0,0 %
$Z_{Ges} > Z_{Ges\,mod\,pos.}$	1.460	26,6 %	$S_{Ges\,orig} > S_{Ges\,mod\,pos.}$	310	5,7 %
$Z_{Ges} = Z_{Ges\,mod\,pos.}$	3.870	70,5 %	$S_{Ges\,orig} = S_{Ges\,mod\,pos.}$	5.060	92,1 %
$Z_{Ges} < Z_{Ges\,mod\,pos.}$	162	2,9 %	$S_{Ges\,orig} < S_{Ges\,mod\,pos.}$	122	2,2 %

Aus Tabelle 27 ist zu entnehmen, dass der negative Grenzwert des modifizierten Wertebereichs in 57,8 % der Stichprobe bei den Zustandsnoten ($Z_{Ges\,mod\,neg.}$) und in 44,8 % der Stichprobe bei den Substanznoten ($S_{Ges\,mod\,neg.}$) erreicht wird. Das bedeutet, dass bei ca. der Hälfte aller Bauwerksprüfungen der Stichprobe durch eine konsequente Anpassung der relevanten Einzelschadensbewertungen von $S = 1$ auf $S_{mod} = 1,5$ oder von $S = 2$ auf $S_{mod} = 2,5$ (siehe Abschnitt 5.4) eine schlechtere Zustandsnote/Substanznote erzielt wird. In diesen Prozentsätzen sind ebenfalls die vorgenommenen Anpassungen der ursprünglichen BZZ (siehe Abbildung 32) berücksichtigt. Das ist dadurch zu begründen, dass bei Gleichheit der modifizierten negativen Zustandsnoten (42,1 %) und modifizierten negativen Substanznoten (55,2 %) mit den ursprünglichen Noten auch die BZZ des modifizierten Bewertungsschlüssels (BZZ$_{mod}$) mit den BZZ des ursprünglichen Bewertungsschlüssels (BZZ$_{orig}$) übereinstimmen müssen. Abweichungen zwischen BZZ$_{orig}$ und BZZ$_{mod}$ des maßgeblichen Schadens (max Z_1, siehe Abbildung 20) führen zwangsläufig zu Änderungen in den Zustands- und Substanznoten.

---

[452]   Die Auswertung bezieht sich auf die reduzierte Anzahl von 5.492 Bauwerksprüfungen der Stichprobe.

Der positive Grenzwert des modifizierten Wertebereichs ($Z_{Ges\ mod\ pos.}$ und $S_{Ges\ mod\ pos.}$) führt bei konsequenter Einzelschadensanpassung von $S = 2$ auf $S_{mod} = 1,5$ und $S = 3$ auf $S_{mod} = 2,5$ weit weniger zu einer besseren Zustandsnote (26,6 %) oder Substanznote (5,7 %), als die Schadensanpassungen des negativen Grenzwertes. Ursächlich dafür sind zum einen die größere Häufigkeit von Einzelschäden mit geringer Schadensbewertung der Standsicherheit ($S = 0$, oder $S = 1$) gegenüber Schäden mit hoher Schadensbewertung ($S = 3$ oder $S = 4$) (siehe Abbildung 46), da die positive Modifikation nur für Schadensbewertungen mit $S = 2$ und $S = 3$ angewendet wird. Zum anderen wird durch die positive Anpassung des maßgeblichen Einzelschadens der zweitschlechteste oder gleichwertige Einzelschaden (ohne Anpassung) in einer Prüfung in den Rang des maßgeblichen Einzelschadens erhoben. Dadurch wird in vielen Prüfungen der Stichprobe keine Verbesserung der Zustands- und Substanznoten erzielt.

In einigen Fällen führt eine Verbesserung der Einzelschadensanpassung von $S = 2$ auf $S_{mod} = 1,5$ und von $S = 3$ auf $S_{mod} = 2,5$ sogar zu einer Verschlechterung der modifizierten Noten gegenüber den ursprünglichen Noten. Bei den Zustandsnoten betrifft dies 2,9 % und bei den Substanznoten 2,2 % aller Prüfungen. Die Ursache dafür ist nicht bei den neuen BZZ für die zusätzlichen Bewertungsstufen, sondern alleinig in den angepassten BZZ des modifizierten Bewertungsschlüssels (siehe Abbildung 32) zu identifizieren. Trotz der positiven Anpassung eines maßgeblichen Einzelschadens führen die angepassten BZZ des modifizierten Bewertungsschlüssels zu einer Verschlechterung der Zustands- und Substanznote. Dieser Effekt wird in Abbildung 52 verdeutlicht. In dem Beispiel verschlechtert sich die ursprüngliche $BZZ_{orig} = 2,9$ durch positive Anpassung von $S = 2$ zu $S_{mod} = 1,5$ auf $BZZ_{mod} = 3,25$. Die Ursache für die Bewertungsänderung in dem angeführten Beispiel ist in den angepassten BZZ des Spaltenranges V bei D = 2 zu lokalisieren.

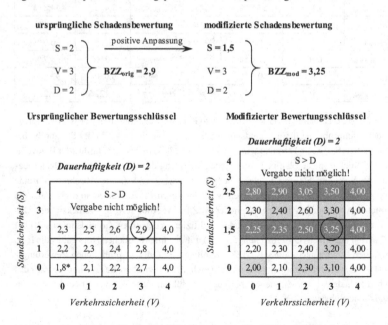

Abbildung 52: Beispiel für die Modifikation eines maßgeblichen Einzelschadens

Im Vergleich des modifizierten Wertebereichs (zwischen maximal positiver und maximaler negativer Bewertungsanpassung nach Abbildung 47) mit den ursprünglichen Zustands- und Substanznoten können sechs Varianten ausgewertet werden. Diese unterscheiden sich wie folgt:

- Variante 1: Die ursprüngliche Zustandsnote ist *gleich* der modifiziert positiven und modifiziert negativen Zustandsnote.

- Variante 2: Die modifiziert positive Zustandsnote und die modifiziert negative Zustandsnote sind *größer als* die ursprüngliche Zustandsnote.

- Variante 3: Die modifiziert positive Zustandsnote und die modifiziert negative Zustandsnote sind *kleiner als* die ursprüngliche Zustandsnote.

- Variante 4: Die modifiziert positive Zustandsnote ist *gleich* der ursprünglichen Zustandsnote und die modifiziert negative Zustandsnote ist *größer als* die ursprüngliche Zustandsnote.

- Variante 5: Die modifiziert positive Zustandsnote ist *kleiner als* die ursprüngliche Zustandsnote und die modifiziert negative Zustandsnote ist *gleich* der ursprünglichen Zustandsnote.

- Variante 6: Die modifiziert positive Zustandsnote ist *kleiner als* die ursprüngliche Zustandsnote und die modifiziert negative Zustandsnote ist *größer als* die ursprüngliche Zustandsnote.

Tabelle 28 enthält die Formeln zu den statischen Varianten zum Zeitpunkt t_i. Überdies ist jeder Variante ein Bewertungsbeispiel zugeordnet.

Tabelle 28:   Statische Varianten des modifizierten Wertebereichs

Variante	Formel (Zustandsnote/Substanznote)	Beispiel[453]
Variante 1	$Z_{Ges} = Z_{Ges\,mod\,pos.} = Z_{Ges\,mod\,neg.}$ $S_{Ges\,orig} = S_{Ges\,mod\,pos.} = S_{Ges\,mod\,neg.}$	Orig. = **2,0** / Mod$_{pos.}$ = **2,0** / Mod$_{neg.}$ = **2,0**
Variante 2	$Z_{Ges} < Z_{Ges\,mod\,pos.}$ und $Z_{Ges} < Z_{Ges\,mod\,neg}$ $S_{Ges\,orig} < S_{Ges\,mod\,pos.}$ und $S_{Ges\,orig} < S_{Ges\,mod\,neg.}$	Orig. = **2,0** / Mod$_{pos.}$ = **2,2** / Mod$_{neg.}$ = **2,4**
Variante 3	$Z_{Ges} > Z_{Ges\,mod\,pos.}$ und $Z_{Ges} > Z_{Ges\,mod\,neg.}$ $S_{Ges\,orig} > S_{Ges\,mod\,pos.}$ und $S_{Ges\,orig} > S_{Ges\,mod\,neg.}$	Orig. = **2,0** / Mod$_{pos.}$ = **1,8** / Mod$_{neg.}$ = **1,9**
Variante 4	$Z_{Ges} = Z_{Ges\,mod\,pos.}$ und $Z_{Ges} < Z_{Ges\,mod\,neg.}$ $S_{Ges\,orig} = S_{Ges\,mod\,pos.}$ und $S_{Ges\,orig} < S_{Ges\,mod\,neg..}$	Orig. = **2,0** / Mod$_{pos.}$ = **2,0** / Mod$_{neg.}$ = **2,4**
Variante 5	$Z_{Ges} > Z_{Ges\,mod\,pos.}$ und $Z_{Ges} = Z_{Ges\,mod\,neg.}$ $S_{Ges\,orig} > S_{Ges\,mod\,pos.}$ und $S_{Ges\,orig} = S_{Ges\,mod\,neg.}$	Orig. = **2,0** / Mod$_{pos.}$ = **1,9** / Mod$_{neg.}$ = **2,0**
Variante 6	$Z_{Ges} > Z_{Ges\,mod\,pos.}$ und $Z_{Ges} < Z_{Ges\,mod\,neg.}$ $S_{Ges\,orig} > S_{Ges\,mod\,pos.}$ und $S_{Ges\,orig} < S_{Ges\,mod\,neg.}$	Orig. = **2,0** / Mod$_{pos.}$ = **1,9** / Mod$_{neg.}$ = **2,3**

Den gesamten modifizierten Wertebereich im Verhältnis zu den ursprünglichen Noten zu betrachten, ist notwendig, um Aussagen zu den eingeschlossenen Bewertungsfällen 3 bis 6 treffen zu können. Die alleinige Untersuchung der Bereichsgrenzen ist dafür nicht ausreichend. Tabelle 29

---

[453] Für die gemeinsame Betrachtung von Zustands- und Substanznote werden die ursprüngliche Zustandsnote/Substanznote als *Orig.*, die modifiziert positive Zustandsnote/Substanznote als *Mod$_{pos.}$* und die modifiziert negative Zustandsnote/Substanznote als *Mod$_{neg.}$* bezeichnet.

enthält die Auswertung der Stichprobe zu den vorgestellten Varianten 1 bis 6, getrennt nach Zustandsnoten und Substanznoten.

Tabelle 29:   Statistische Auswertung des modifizierten Wertebereichs

Variante (Beispiel)	Zustandsnoten				Substanznoten			
	Anzahl	% von Stichprobe	davon mit Notenbereichssprung	% von Stichprobe	Anzahl	% von Stichprobe	davon mit Notenbereichssprung	% von Stichprobe
Variante 1 $(2,0_{Orig}/2,0_{Modpos}/2,0_{Modneg.})$	2.544	43,6 %	---	---	3.216	55,2 %	---	---
Variante 2 $(2,0_{Orig}/2,2_{Modpos}/2,4_{Modneg.})$	1.464	25,1 %	906	15,5 %	335	5,8 %	0	0,0 %
Variante 3 $(2,0_{Orig}/1,8_{Modpos}/1,9_{Modneg.})$	7	0,1 %	0	0,0 %	0	0,0 %	0	0,0 %
Variante 4 $(2,0_{Orig}/2,0_{Modpos}/2,4_{Modneg.})$	1.659	28,5 %	270	4,6 %	2.154	36,9 %	320	5,5 %
Variante 5 $(2,0_{Orig}/1,9_{Modpos}/2,0_{Modpos.})$	43	0,7 %	16	0,3 %	60	1,0 %	22	0,4 %
Variante 6 $(2,0_{Orig}/1,9_{Modpos}/2,3_{Modneg.})$	114	2,0 %	10	0,2 %	66	1,1 %	17	0,3 %
Summen	5.831	100 %	1.202	20,6 %	5.831	100 %	359	6,2 %

Die statische Auswertung zeigt, dass bei 43,6 % in den Zustandsnoten und bei 55,2 % in den Substanznoten aller Bauwerksprüfungen der Stichprobe die eingeführten Modifikationen im Bewertungsverfahren (zusätzliche Bewertungsstufen und Anpassungen der BZZ) zu *keiner geänderten Zustandsbewertung* führen. Anders ausgedrückt, ziehen die Modifikationen in 56,4 % bei den Zustandsnoten und in 44,8 % bei den Substanznoten aller Bauwerksprüfungen eine Änderung der Zustandsbewertung gegenüber der Bewertung nach RI-EBW-PRÜF nach sich. Mit einem Anteil von 25,1 % bei den Zustandsnoten und 5,7 % bei den Substanznoten aller Prüfungen führen die Modifikationen im Bewertungsverfahren *bei allen sechs modifizierten Bewertungsfällen* (siehe Abschnitt 5.4) *immer zu einer verschlechterten Zustandsbewertung*. In 15,5 % dieser Fälle ist bei den Zustandsnoten sogar ein Notenbereichssprung zu erwarten. Dadurch wird dem Träger der Straßenbaulast der Hinweis gegeben, in einem kürzeren Zeitraum Instandhaltungsmaßnahmen einzuleiten. In einigen Fällen ändert sich durch solch einen Notenbereichssprung auch die Priorisierung im BMS (siehe Abschnitt 2.2.4).

In der statischen Auswertung konnte nachgewiesen werden, dass das modifizierte Bewertungsverfahren bei ca. der Hälfte aller Bauwerksprüfungen der Stichprobe zu abweichenden Zustandsbewertungen gegenüber der Zustandsbewertung nach RI-EBW-PRÜF führt. Eine Aussage zum frühzeitigeren Erkennen von Schadensverschlechterungen kann daraus allerdings nicht abgeleitet werden. Um dafür Erkenntnisse zu erhalten, werden im folgenden Abschnitt die Simulationsergebnisse über zwei aufeinanderfolgende Prüfperioden in dynamischen Auswertungen untersucht und beurteilt.

5.5.3 Dynamische Beurteilung der Simulationsergebnisse

Die Auswertung der Simulationsergebnisse zum Prüfzeitpunkt t_j im Vergleich zu den Ergebnissen zum Prüfzeitpunkt t_i soll Erkenntnisse liefern, ob durch das modifizierte Verfahren, insbesondere durch die Einführung der zusätzlichen Bewertungsstufen, Schadensverschlechterungen frühzeitiger als im aktuellen Verfahren nach RI-EBW-PRÜF erkennbar sind. Dabei ist zu beachten, dass sich die Prüfberichte für zwei aufeinanderfolgende Prüfungen in der Prüfungsart unterscheiden. Regulär wird an jedem Ingenieurbauwerk alle drei Jahre eine Bauwerksprüfung durchgeführt, wobei sich Hauptprüfung (H) und Einfache Prüfung (E) abwechseln (siehe Abbildung 6).[454] Damit ergeben sich im regulären Vergleich entweder:

- E_i gefolgt von H_j oder

- H_i gefolgt von E_j.

Es ist offensichtlich, dass Schäden oder Mängel, die nur mit aufwendiger Zugangstechnik identifizierbar sind oder die nicht frei zugänglich sind, nur in Hauptprüfungen detailliert untersucht werden können. Dennoch sind nach DIN 1076 in Einfachen Prüfungen gekennzeichnete Mängel oder Schäden genau zu untersuchen. Bei Verdachtsfällen auf erhebliche Veränderungen ist diese ganz oder teilweise auf eine Hauptprüfung zu erweitern.[455] Somit kann davon ausgegangen werden, dass zum Zeitpunkt der Zustandsbewertungen in beiden Prüfungsarten die aktuelle Schadenssituation genau erfasst wird. Damit können diese Prüfungen eines Bauwerks im dreijährigen Prüfintervall miteinander verglichen werden.

Der ausschließliche Vergleich von aufeinander folgenden Hauptprüfungen würde die Unsicherheiten für Bewertungen von verdeckten oder schwer zugänglichen Schäden zwar reduzieren, jedoch können gerade bei älteren Bauwerken im sechsjährigen Prüfintervall neue Schäden oder gravierende Schadensverschlechterungen zu stark voneinander abweichenden Prüfergebnissen führen. Der in dieser Arbeit angestrebte Vergleich der Simulationsergebnisse hätte dadurch keine Aussagekraft. Rückschlüsse auf ein frühzeitigeres Erkennen von Schadensverschlechterungen können insbesondere dann abgeleitet werden, wenn sich die ursprüngliche Zustandsnote $Z_{Ges,i}$ in der Folgeprüfung $Z_{Ges,j}$ verschlechtert hat und Bewertungsabweichungen in den modifizierten Zustandsnoten zum Zeitpunkt i ($Z_{Ges\,mod,i}$) vorliegen.

Die dynamische Beurteilung der Simulationsergebnisse wird in drei Kategorien unterschieden:

- Perioden ohne Änderung in den ursprünglichen Noten, d. h.

  $Z_{Ges,i} = Z_{Ges,j}$ und/oder $S_{Ges\,orig,i} = S_{Ges\,orig,j}$,

- Perioden mit Instandsetzung, d. h.

  $Z_{Ges,i} > Z_{Ges,j}$ und/oder $S_{Ges\,orig,i} > S_{Ges\,orig,j}$ sowie

- Perioden mit Verschlechterung der ursprünglichen Noten, d. h.

  $Z_{Ges,i} < Z_{Ges,j}$ und/oder $S_{Ges\,orig,i} < S_{Ges\,orig,j}$.

In Perioden ohne Abweichung der Zustands- oder Substanznote sind keine Schadensverschlechterungen dokumentiert. Bei Verbesserung der Zustands- oder Substanznote zum Prüfzeitpunkt j

---

[454] Als nicht regulär sind die Prüfungen aus besonderem Anlass oder nach besonderen Vorschriften anzusehen, sowie die Ausweitung einer Einfachen Prüfung in den Grad einer Hauptprüfung.

[455] Vgl. DIN 1076:1999-11 Ingenieurbauwerke im Zuge von Straßen und Wegen, S. 5.

gegenüber der vorangegangenen Prüfung zum Zeitpunkt i ist schlussfolgernd davon auszugehen, dass eine Instandsetzung im dreijährigen Zeitraum zwischen den Prüfungen stattgefunden hat.[456] Da in den Einzelschadensdaten der Stichprobe keine Informationen zum Umfang von Instandsetzungsmaßnahmen vorliegen, ist ein Vergleich zwischen ursprünglicher und modifizierter Bewertung in diesen Perioden ohne Aussagekraft.

Verschlechtert sich die ursprüngliche Zustands- oder Substanznote vom Prüfzeitpunkt i zum Prüfzeitpunkt j, wird insbesondere durch Bewertungsverschlechterungen im modifizierten Verfahren zum Zeitpunkt i frühzeitig auf das Fortschreiten oder die Ausbreitung des Schadensbildes hingewiesen.

In Tabelle 30 wird der prozentuale Anteil aller Zustandsnoten der Stichprobe in den drei o. g. Kategorien der dynamischen Auswertung analysiert. In Tabelle 31 folgt diese Auswertung für die Substanznoten.

Tabelle 30:   Dynamische Auswertung der Zustandsnoten[457]

Bedingung	Anzahl	Prozent an Prüfungen nach 1998[458]
1) Perioden ohne Abweichung in den ursprünglichen Zustandsnoten		
$Z_{Ges,i} = Z_{Ges,j}$	1.458	30,4 %
$Z_{Ges,i} = Z_{Ges,j} = Z_{Ges\,mod,i} = Z_{Ges\,mod,j}$	568	11,9 %
2) Perioden mit Instandsetzung		
$Z_{Ges,i} > Z_{Ges,j}$	1.592	33,2 %
$Z_{Ges,i} > Z_{Ges,j}$ und $Z_{Ges,i} = Z_{Ges\,mod,i}$ und $Z_{Ges,j} = Z_{Ges\,mod,j}$	409	8,5 %
3) Perioden mit Verschlechterung der ursprünglichen Zustandsnoten		
a) **ohne Abweichungen** in den modifizierten Zustandsnoten		
$Z_{Ges,i} < Z_{Ges,j}$	1.740	36,3 %
$Z_{Ges,i} < Z_{Ges,j}$ und $Z_{Ges,i} = Z_{Ges\,mod,i}$ und $Z_{Ges,j} = Z_{Ges\,mod,j}$	421	8,8 %
b) modifizierte Zustandsnoten **größer bevor** Verschlechterung der ursprünglichen Zustandsnoten		
$Z_{Ges,i} < Z_{Ges,j}$ und $(Z_{Ges,i} = Z_{Ges\,mod\,pos.,i}) < Z_{Ges\,mod\,neg.,i}$	**407**	**8,5 %**
$Z_{Ges,i} < Z_{Ges,j}$ und $Z_{Ges,i} < Z_{Ges\,mod\,pos.,i}$ und $Z_{Ges,i} < Z_{Ges\,mod\,neg.,i}$	**285**	**5,9 %**
c) modifizierte Zustandsnoten **kleiner bevor** Verschlechterung der ursprünglichen Zustandsnoten		
$Z_{Ges,i} < Z_{Ges,j}$ und $(Z_{Ges,i} = Z_{Ges\,mod\,neg.,i}) > Z_{Ges\,mod\,pos.,i}$	11	0,2 %
$Z_{Ges,i} < Z_{Ges,j}$ und $Z_{Ges,i} > Z_{Ges\,mod\,pos.,i}$ und $Z_{Ges,i} > Z_{Ges\,mod\,neg.,i}$	0	0,0 %

---

[456] Eine Selbstheilung von Schäden, wie sie ggf. bei kleinen wasserführenden Rissen vorkommen kann, ist in der Stichprobe nicht vorhanden. Dieses Phänomen ist nur bei Schäden von geringer Rissweite (bis 0,20 mm) dokumentiert. Vgl. MEICHSNER et al. (2015) Die Selbstdichtung (Selbstheilung) von Trennrissen – ein Risiko in der WU-Richtlinie.

[457] Für die Einbeziehung des gesamten Wertebereichs (positive und negative Modifikation) in die Betrachtung wird die Schreibweise vereinfacht dargestellt. Zum Zeitpunkt i wird aus $Z_{Ges\,mod\,pos.,i}$ und $Z_{Ges\,mod\,neg.,i}$ und zum Zeitpunkt j wird aus $Z_{Ges\,mod\,pos.,j}$ und $Z_{Ges\,mod\,neg.,j}$ = $Z_{Ges\,mod,j}$.

[458] In dieser Betrachtung bezieht sich die Grundgesamtheit der Stichprobe auf die möglichen dynamischen Bewertungen je Bauwerk. Bei X-Prüfungen je Bauwerk können X-1 mögliche Bewertungen zwischen $Z_{Ges,i}$ und $Z_{Ges,j}$ bestimmt werden. Der prozentuale Anteil der Stichprobe für die dynamische Bewertung bezieht sich damit auf 4.790 Prüffälle = 1.458 + 1.592 + 1.740. Verallgemeinert wird der Anteil wie folgt berechnet: $\text{Anteil [\%]} = \dfrac{\text{Anzahl an Prüfungen}}{((\text{Gesamtanzahl Prüfungen je Bauwerk i. M.})-1)\times \text{Gesamtanzahl Teilbauwerke}}$.

Wie bereits vorgestellt, können aus den Prüfergebnissen der Perioden ohne Abweichungen der Zustandsnoten oder mit Instandsetzung keine Aussagen zur Vorteilhaftigkeit des modifizierten Bewertungsverfahrens abgeleitet werden. Hingegen ist festzustellen, dass in 36,3 % aller Bewertungsfälle der Stichprobe die ursprüngliche Zustandsnote zum Prüfzeitpunkt j größer ist als die Zustandsnote zum vorherigen Prüfzeitpunkt i. Diese Perioden mit Verschlechterung der Zustandsnote werden in drei Bedingungen (a, b, c – siehe Tabelle 30) unterschieden, wobei nur *Bedingung b* für die Bekräftigung der Hypothese 1 (siehe Abschnitt 4.2.2) ausschlaggebend ist.

Untermauert wird die Kernaussage der Hypothese 1 durch die Bedingung, bei der die modifizierten Zustandsnoten bereits zum Prüfzeitpunkt i größer (gleichbedeutend schlechter) als die ursprünglichen Zustandsnoten sind, bevor sich in der Folgeprüfung die ursprüngliche Zustandsnote vergrößert. Dabei ist in 8,5 % (407 Fälle) der Stichprobe (in der dynamischen Betrachtung = 4.790 Prüffälle) die negativ modifizierte Zustandsnote zum Prüfzeitpunkt i ($Z_{Ges\,mod\,neg.,i}$) größer als die ursprüngliche Zustandsnote zum Zeitpunkt i ($Z_{Ges,i}$), unter der Voraussetzung, dass auch die ursprüngliche Zustandsnote zum Prüfzeitpunkt j ($Z_{Ges,j}$) größer ist als zum Zeitpunkt i ($Z_{Ges,i}$). Von den 407 Fällen führt in 52 Fällen oder 1,1 % der Stichprobe die modifizierte Zustandsnote $Z_{Ges\,mod\,neg.,i}$ sogar zu einem Notenbereichssprung gegenüber $Z_{Ges,i}$. In 5,9 % der Stichprobe (285 Fälle) sind sogar die modifizierten Zustandsnoten zum Prüfzeitpunkt i für alle Bewertungsfälle (1 bis 6) nach Abschnitt 5.4 größer als die ursprüngliche Zustandsnote ($Z_{Ges,i} < Z_{Ges\,mod\,pos.,i}$ und $Z_{Ges,i} < Z_{Ges\,mod\,neg.,i}$). In 182 Fällen dieser Prüfergebnisse oder in 3,8 % der Stichprobe führen die modifizierten gegenüber den ursprünglichen Zustandsnoten zum Zeitpunkt i zu einem Notenbereichssprung.

In Abbildung 53 wird dieser Zusammenhang erläutert. Beispiel 1 entspricht den 407 Fällen, in denen lediglich die negativ modifizierte Zustandsnote größer ist als die ursprüngliche Zustandsnote zum Prüfzeitpunkt i. Im Beispiel 2 werden vergleichsweise die 285 Fälle der Stichprobe dargestellt, bei denen der gesamte modifizierte Wertebereich größer ist als die ursprüngliche Zustandsnote zum Prüfzeitpunkt i.

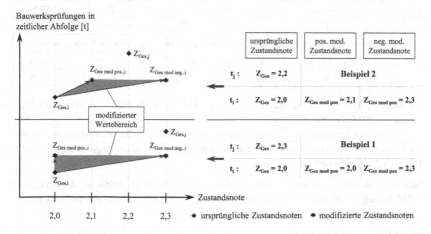

Abbildung 53: Dynamische Auswertung der Zustandsnoten an einem Beispiel

Die Notenabweichungen in den verschiedenen Perioden bei den Substanznoten sind ähnlich verteilt wie bei den Zustandsnoten (siehe Tabelle 31). In 34,3 % der Stichprobe ist die ursprüngliche Substanznote zum Prüfzeitpunkt j größer als zum Prüfzeitpunkt i. Davon sind in 513 Fällen oder 10,7 % der Stichprobe die negativ modifizierten Zustandsnoten zum Prüfzeitpunkt i ($S_{\text{Ges mod neg.},i}$) größer als die ursprünglichen Substanznoten zum Zeitpunkt i. Diese führen wiederum in 0,8 % der Stichprobe (38 Fälle) zu einem Notenbereichssprung zwischen $S_{\text{Ges orig},i}$ und $S_{\text{Ges mod neg.},i}$. Zusätzlich sind in 64 Fällen oder 1,3 % der Stichprobe beide Grenzwerte des gesamten modifizierten Wertebereichs ($S_{\text{Ges mod pos.},i}$ und $S_{\text{Ges mod neg.},i}$) größer als die ursprüngliche Substanznote zum Zeitpunkt i ($S_{\text{Ges orig},i}$). In 27 Fällen oder 0,6 % der Stichprobe kommt es dabei zu Notenbereichssprüngen.

Tabelle 31:   Dynamische Auswertung der Substanznoten[459]

Bedingung	Anzahl	Prozent an Prüfungen nach 1998
1) Perioden ohne Abweichung in den ursprünglichen Substanznoten		
$S_{\text{Ges orig},i} = S_{\text{Ges orig},j}$	1.596	33,3 %
$S_{\text{Ges orig},i} = S_{\text{Ges orig},j} = S_{\text{Ges mod},i} = S_{\text{Ges mod},j}$	847	17,7 %
2) Perioden mit Instandsetzung		
$S_{\text{Ges orig},i} > S_{\text{Ges orig},j}$	1.553	32,4 %
$S_{\text{Ges orig},i} > S_{\text{Ges orig},j}$ und $S_{\text{Ges orig},i} = S_{\text{Ges mod},i}$ und $S_{\text{Ges orig},j} = S_{\text{Ges mod},j}$	603	12,6 %
3) Perioden mit Verschlechterung der ursprünglichen Substanznoten		
a) ohne Abweichungen in den modifizierten Substanznoten		
$S_{\text{Ges orig},i} < S_{\text{Ges orig},j}$	1.641	34,3 %
$S_{\text{Ges orig},i} < S_{\text{Ges orig},j}$ und $S_{\text{Ges orig},i} = S_{\text{Ges mod},i}$ und $S_{\text{Ges orig},j} = S_{\text{Ges mod},j}$	551	11,5 %
b) modifizierte Substanznoten **größer bevor** Verschlechterung von ursprünglichen Substanznoten		
$S_{\text{Ges orig},i} < S_{\text{Ges orig},j}$ und $(S_{\text{Ges orig},i} = S_{\text{Ges mod pos.},i}) < S_{\text{Ges mod neg.},i}$	**513**	**10,7 %**
$S_{\text{Ges orig},i} < S_{\text{Ges orig},j}$ und $S_{\text{Ges orig},i} < S_{\text{Ges mod pos.},i}$ und $S_{\text{Ges orig},i} < S_{\text{Ges mod neg.},i}$	**64**	**1,3 %**
c) modifizierte Substanznoten **kleiner bevor** Verschlechterung von ursprünglichen Substanznoten		
$S_{\text{Ges orig},i} < S_{\text{Ges orig},j}$ und $(S_{\text{Ges orig},i} = S_{\text{Ges mod neg.},i}) > S_{\text{Ges mod pos.},i}$	9	0,2 %
$S_{\text{Ges orig},i} < S_{\text{Ges orig},j}$ und $S_{\text{Ges orig},i} > S_{\text{Ges mod pos.},i}$ und $S_{\text{Ges orig},i} > S_{\text{Ges mod neg.},i}$	0	0,0 %

Notenbereichssprünge sind deshalb von besonderer Bedeutung, da den Notenbereichsbeschreibungen nach RI-EBW-PRÜF Zeiträume zur Schadensbeseitigung und Instandsetzung zugeordnet sind. Ändert sich der Notenbereich einer Zustandsnote, kann dies im Bauwerk-Management-System unmittelbar eine Änderung der netzweiten Reihung für Instandhaltungsmaßnahmen (siehe Abschnitt 2.2.4) nach sich ziehen.

Zusammenfassend ist festzuhalten, dass, bezogen auf *alle Bauwerksprüfungen der Stichprobe (5.831 Prüfungen)*, bei 11,9 % der Zustandsnoten und bei 9,9 % der Substanznoten nach Bedin-

---

[459]   Die Schreibweise der Substanznoten wird wie bei den Zustandsnoten vereinfacht dargestellt. Zum Zeitpunkt i wird aus $S_{\text{Ges mod pos.},i}$ und $S_{\text{Ges mod neg.},i} = S_{\text{Ges mod},i}$ und zum Zeitpunkt j wird aus $S_{\text{Ges mod pos.},j}$ und $S_{\text{Ges mod neg.},j} = S_{\text{Ges mod},j}$.

gung 3b Tendenzen der Schadensfortschreitung und der Schadensausbreitung bei Standsicherheitsbeeinträchtigungen durch das modifizierte Bewertungsverfahren frühzeitiger als mit dem aktuellen Bewertungsverfahren der RI-EBW-PRÜF bewertet werden. Die 11,9 % zu Bedingung 3b
bei den Zustandsnoten wurden wie folgt ermittelt: Anteil $Z_{Ges} = \frac{(407+285)}{5.831} = 11,9\%$. Die 9,9 % zu
Bedingung 3b ergibt sich bei den Substanznoten aus Anteil $S_{Ges} = \frac{(513+64)}{5.831} = 9,9\%$. Damit ist
die Hypothese 1 aus Abschnitt 4.2.2 verifiziert.

5.6   Übertragung der Simulationsergebnisse auf die Grundgesamtheit

Die Simulationsergebnisse der Stichprobenuntersuchung sollen auf die Grundgesamtheit an Brücken (Teilbauwerke) der Bundesfernstraßen übertragen werden. Dies gelingt, indem die prozentualen Ansätze der Zustands- und Substanznoten nach Bedingung 3b auf alle durchgeführten Prüfungen der Grundgesamtheit angewendet werden. Da für die Grundgesamtheit an 51.608 Teilbauwerken[460] die Gesamtanzahl an auswertbaren Prüfberichten (H und E) statistisch nicht erfasst
ist, wird diese näherungsweise über Formel 5 ermittelt.

$$m_{BP,TBW} = \sum_{i=1}^{n} (m_{TBW} \cdot k_{i,TBW} \cdot r_{i,TBW}) \qquad (5)$$

mit

$$k_{TBW} = \frac{t_i}{3}$$

Legende:

$m_{BP,TBW}$	Anzahl auswertbare Bauwerksprüfungen für alle TBW
m_{TBW}	Anzahl TBW der Bundesfernstraßen ($\sum$ = 51.608 Stück)
$k_{i,TBW}$	Anzahl Bauwerksprüfungen je Teilbauwerk
t_i	Bauwerksalter je Teilbauwerk [a]
$r_{i,TBW}$	prozentualer Anteil je Altersklasse [%]

Formel 5:   Gesamtanzahl an Bauwerksprüfungen der Grundgesamtheit

Mit Hilfe der statistisch ausgewerteten Altersklassen der Teilbauwerke[461] (siehe Abbildung 43)
kann die Anzahl an Bauwerksprüfungen je Teilbauwerk ($k_{i,TBW}$) näherungsweise bestimmt werden. Dafür wird festgelegt, dass sowohl die Hauptprüfung und die einfache Prüfung an jedem
Bauwerk regelmäßig durchgeführt und Zustandsnoten bestimmt werden. Somit liegt für jedes
Bauwerk alle drei Jahre ein Prüfbericht vor, womit gilt $k_{TBW} = \frac{t_i}{3}$. Zu beachten ist dabei, dass Prüfungen nach aktueller RI-EBW-PRÜF erst seit 1999 durchgeführt werden (siehe Abschnitt 4.2.1).
Ältere Bauwerksprüfungen sind deshalb von der Berechnung auszuschließen. In Tabelle 32 wird

---

[460]   Vgl. Bundesanstalt für Straßenwesen (2018) Brücken an Bundesstraßen, Brückenstatistik 09/2018,
         [Stand: 07.06.2019].
[461]   Vgl. Bundesanstalt für Straßenwesen (2018) Brücken an Bundesstraßen, Brückenstatistik 09/2018,
         [Stand: 07.06.2019].

die Gesamtanzahl an Bauwerksprüfungen ($m_{BP,TBW}$) für alle Teilbauwerke der Bundesfernstraßen nach Formel 5 bestimmt.

Tabelle 32:   Ermittlung der Gesamtanzahl an Bauwerksprüfungen ($m_{BP,TBW}$)[462]

Baujahr	< 1930	1930 – 1939	1940 – 1949	1950 – 1959	1960 – 1969	1970 – 1979	1980 – 1989	1990 – 1999	2000 – 2009	2010 – 2014
$r_{i,TBW}$[463]	0,4 %	1,3 %	0,4 %	2,4 %	14,3 %	26,8 %	16,1 %	14,9 %	16,8 %	6,6 %
$k_{i,TBW}$[464]	6,3	6,3	6,3	6,3	6,3	6,3	6,3	6,3	4,3	2,0
Prüfungen je Periode	1.307	4.249	1.307	7.844	46.740	87.596	52.623	48.701	37.571	6.812
$m_{BP,TBW}$	294.750									

Nachdem die relevante Gesamtanzahl an Bauwerksprüfungen aller Teilbauwerke ermittelt wurde, wird mit Formel 6 die Anzahl aller Prüfungen der Grundgesamtheit an Teilbauwerken ($m_{TBW,3b}$) bestimmt, bei denen Tendenzen der Schadensverschlechterung durch das modifizierte Bewertungsverfahren frühzeitiger als mit dem aktuellen Bewertungsverfahren der RI-EBW-PRÜF bewertet werden. Durch die Multiplikation der prozentualen Anteile für die Zustands- und Substanznoten nach Bedingung 3b (r_{3b}) mit der berechneten Gesamtanzahl an Prüfungen ($m_{BP,TBW}$ = 294.750) und Teilung durch die i. M. durchgeführten Bauwerksprüfungen je Teilbauwerk ($m_{BP,TBW}/m_{TBW}$) wird die absolute Anzahl an Teilbauwerken, bei welchen Schadensverschlechterungen frühzeitiger erkannt werden, berechnet.

$$m_{TBW,3b} = \frac{m_{BP,TBW} \cdot r_{3b}}{\frac{m_{BP,TBW}}{m_{TBW}}} \quad \text{umgestellt:} \quad m_{TBW,3b} = m_{TBW} \cdot r_{3b} \qquad (6)$$

Legende:

$m_{TBW,3b}$ Anzahl Teilbauwerke nach Bedingung 3b (dynamische Bewertung)

$m_{BP,TBW}$ Anzahl auswertbare Bauwerksprüfungen für alle TBW (294.750)

m_{TBW} Anzahl Teilbauwerke der Bundesfernstraßen (51.608)

r_{3b} prozentualer Anteil Zustands-/Substanznote für Bedingung 3b [%]

Formel 6:   Zusammenhang Anzahl TBW mit Anzahl Bauwerksprüfungen

Wie in Formel 6 dargestellt, kann die Anzahl auswertbarer Bauwerksprüfungen für alle TBW ($m_{BP,TBW}$) aus der Gleichung gekürzt werden. Dadurch lassen sich die prozentualen Anteile der Zustands- und Substanznoten für Bedingung 3b direkt auf die statistischen Anteile an Teilbauwerken (Bauart, Brückenlänge) anwenden. In Tabelle 33 und Tabelle 34 sind diese dargestellt.

---

[462]   Die ausgewertete Statistik rundet die prozentualen Werte auf eine Stelle nach dem Komma. Dadurch ist die Summe aller prozentualen Anteile 100,2 %. Für die Auswertung wird deshalb das am häufigsten vertretene Baujahr (1970 – 1979) um 0,2 Prozentpunkte von 27,0 % auf 26,8 % reduziert.

[463]   Vgl. Bundesanstalt für Straßenwesen (2018) Brücken an Bundesstraßen, Brückenstatistik 09/2018, [Stand: 07.06.2019].

[464]   Für alle Bauwerke vor dem Jahr 1999 gilt $k_{TBW} = \frac{(2018 - 1999)}{3} = 6,3$. Für Bauwerke die ab 1999 errichtet wurden gilt $k_{TBW} = \frac{((\text{Zeitspanne i.M.}) - 1999)}{3}$.

So ergibt sich beispielsweise bei den insgesamt 11,9 % der Zustandsnoten nach Bedingung 3b der Anteil an Teilbauwerken $M_{TBW,3b}$ in Höhe von 51.608 TBW · 11,9 % = 6.141 TBW. Bei den insgesamt 9,9 % der Substanznoten beträgt der Anteil an Teilbauwerken $M_{TBW,3b}$ 51.608 TBW · 9,9 % = 5.109 TBW.

Tabelle 33:   Prozentualer Anteil an TBW mit Bedingung 3b nach Bauart[465]

| Bauart | Brücken[466] (51.608 TBW) | Stichprobe (1.014 TBW) | Bedingung 3b der Stichprobe (dynamische Auswertung) | | | |
			Z_{Ges}	Z_{Ges} mit Notensprung	S_{Ges}	S_{Ges} mit Notensprung
Spannbeton	69,5 %	77,0 %	9,3 %	3,1 %	7,6 %	0,8 %
Beton/Stahlbeton	17,1 %	12,0 %	0,9 %	0,4 %	0,8 %	0,1 %
Stahlverbund	6,8 %	8,2 %	1,2 %	0,4 %	1,1 %	0,1 %
Stahl/Leichtmetall	6,1 %	2,2 %	0,3 %	0,1 %	0,3 %	0,03 %
Stein	0,5 %	0,6 %	0,1 %	0,02 %	0,1 %	0,0 %
Summe	100,0 %	100,0 %	11,9 %	4,0 %	9,9 %	1,0 %

Tabelle 34:   Prozentualer Anteil an TBW mit Bedingung 3b nach Brückenlänge[467]

| Brückenlänge | Brücken (51.608 TBW) | Stichprobe (1.014 TBW) | Bedingung 3b der Stichprobe (dynamische Auswertung) | | | |
			Z_{Ges}	Z_{Ges} mit Notensprung	S_{Ges}	S_{Ges} mit Notensprung
l ≤ 30 m	64,0 %	15,9 %	1,3 %	0,3 %	0,9 %	0,1 %
30 m < l ≤ 50 m	15,9 %	29,8 %	2,2 %	0,7 %	1,6 %	0,1 %
50 m < l ≤ 100 m	12,8 %	28,4 %	3,6 %	1,3 %	3,0 %	0,2 %
100 m < l ≤ 500 m	6,5 %	31,6 %	4,1 %	1,4 %	3,8 %	0,5 %
l > 500 m	0,8 %	4,3 %	0,7 %	0,3 %	0,6 %	0,1 %
Summe	100,0 %	100,0 %	11,9 %	4,0 %	9,9 %	1,0 %

Werden für die so ermittelten Teilbauwerke (6.141 TBW bei den Zustandsnoten und 5.109 TBW bei den Substanznoten) Einsparungen bei den Instandsetzungskosten[468] angesetzt, können die wirtschaftlichen Auswirkungen des modifizierten Bewertungsverfahrens (siehe Abschnitt 6) für den Brückenbestand der Bundesfernstraßen abgeschätzt werden.

---

[465]   Die prozentualen Einzelwerte für Z_{Ges} und S_{Ges} (mit und ohne Notensprung) wurden in der dynamischen Auswertung durch eine Parameterabfrage der jeweiligen Bauart ermittelt.

[466]   Die ausgewertete Statistik rundet die prozentualen Werte auf eine Stelle nach dem Komma. Dadurch ist die Summe aller prozentualen Anteile 100,5 %. Für die Auswertung wird deshalb die häufigste Bauart (Spannbeton) um 0,5 Prozentpunkte von 70,0 % auf 69,5 % reduziert. Vgl. Bundesanstalt für Straßenwesen (2018) Brücken an Bundesstraßen, Brückenstatistik 09/2018, [Stand: 07.06.2019].

[467]   Wie Fußnote 465, jedoch Parameterabfrage nach Brückenlänge.

[468]   Einsparungen bei den Instandsetzungskosten entstehen bei der Instandsetzung eines maßgeblichen Schadens mit geringerem Schädigungsgrad. Durch die frühzeitigere Bewertung der Schadensverschlechterung bei gleichem Schadensbild durch das modifizierte Verfahren (siehe Ausführung in Abschnitt 4.1), können bei unmittelbarer Instandsetzung Kosten gegenüber einer Instandsetzung zu einem späteren Zeitpunkt, nachdem die Schadensverschlechterung durch das Verfahren nach RI-EBW-PRÜF bewertet wurde, eingespart werden.

5.7   Zusammenfassung der Analyse des modifizierten Bewertungsverfahrens

In Kapitel 5 wurde das in Kapitel 4 vorgestellte modifizierte Bewertungsverfahren für die Zustandsbeurteilung von Ingenieurbauwerken im Zuge von Wegen und Straßen nach RI-EBW-PRÜF analysiert. Dabei wurde das modifizierte Bewertungsverfahren mit dem aktuellen Verfahren nach RI-EBW-PRÜF verglichen. Zunächst wurde dargelegt, dass der Vergleich nur anhand einer ausgewählten Stichprobe von durchgeführten Bauwerksprüfungen mit Einzelschadensbewertungen erfolgen kann, denn für eine repräsentative Beurteilung wäre die Grundgesamtheit an Ingenieurbauwerken in Deutschland durch vergleichende Prüfungen abzubilden. Die dafür notwendigen enormen personellen und finanziellen Ressourcen standen für diese Arbeit nicht zur Verfügung.

Nach der Analyse des Stichprobenumfanges wurde der Versuchsaufbau zur Untersuchung von Hypothese 1, dass mit den neuen Bewertungsstufen Tendenzen der Schadensfortschreitung und der Schadensausbreitung bei Standsicherheitsbeeinträchtigungen frühzeitiger als im aktuellen Bewertungsverfahren erfassbar sind, erörtert. Im ersten Schritt wurden die Zustandsnoten nach RI-EBW-PRÜF für alle 5.831 Prüfungen der Stichprobe in Microsoft Excel nachgebildet. Im nächsten Schritt wurde der Wertebereich für die modifizierte Zustandsbewertung definiert, indem die Schadensbewertungen des ursprünglichen Bewertungsverfahrens an das modifizierte Bewertungsverfahren angepasst wurden. Dieser Wertebereich berücksichtigt sechs mögliche Bewertungsfälle angepasster Einzelschadensbewertungen in der Spannbreite zwischen der maximal positiven und der maximal negativen Bewertungsanpassung. Im Bewertungsfall der maximal positiven Anpassung (Bewertungsfall 1) werden alle Standsicherheitsbewertungen der Stichprobe nach dem Schema $S = 0$ wird zu $S_{mod} = 0$, $S = 1$ wird zu $S_{mod} = 1$, $S = 2$ wird zu $S_{mod} = 1,5$, $S = 3$ wird zu $S_{mod} = 2,5$ und $S = 4$ wird zu $S_{mod} = 4$ positiv modifiziert. Eine maximal negative Anpassung (Bewertungsfall 2) wird erzielt, wenn $S = 0$ zu $S_{mod} = 0$, $S = 1$ zu $S_{mod} = 1,5$, $S = 2$ zu $S_{mod} = 2,5$, $S = 3$ zu $S_{mod} = 3$ und $S = 4$ zu $S_{mod} = 4$ modifiziert werden (siehe Abschnitt 5.4). Als Ergebnis der durchgeführten Simulation wurden die ursprünglichen Zustandsnoten den Zustandsnoten mit modifizierter Standsicherheitsbewertung in den Wertebereichsgrenzen (Vergleich S_{Ges} mit $S_{Ges\ mod\ neg.}$ sowie Vergleich S_{Ges} mit $S_{Ges\ mod\ pos.}$) grafisch gegenübergestellt und Wertungsverschiebungen diskutiert. Abschließend wurden die Simulationsergebnisse statisch (Vergleich Z_{Ges} mit $Z_{Ges\ mod}$ zum *Prüfzeitpunkt i*) und dynamisch (Vergleich Z_{Ges} mit $Z_{Ges\ mod}$ zum *Prüfzeitpunkt i und j*) ausgewertet und auf die Grundgesamtheit an Brücken der Bundesfernstraßen übertragen.

Die *statische Auswertung* der Simulationsergebnisse zeigte, dass die eingeführten Modifikationen im Bewertungsverfahren bei 56,4 % in den Zustandsnoten und bei 44,8 % in den Substanznoten aller Bauwerksprüfungen der Stichprobe zu geänderten Zustandsbewertungen führten. Außerdem wurde aufgezeigt, dass bei 25,1 % in den Zustandsnoten und bei 5,7 % in den Substanznoten *jeder Bewertungsfall* (sowohl positive als auch negative Modifikation der Standsicherheitsbewertungen) zu einer *verschlechterten Zustandsbewertung* führt. In diesen Fällen wird der Baulastträger auf eine Schadensverschlechterung hingewiesen. Er wird dadurch in die Lage versetzt, Instandhaltungsmaßnahmen zu einem früheren Zeitpunkt als nach dem Bewertungsverfahren nach RI-EBW-PRÜF einzuleiten. Der ausschließlich statische Vergleich der Zustandsnoten beider Bewertungsverfahren lässt aber noch keinen Rückschluss auf dass frühzeitigere Erkennen von Tendenzen der Schadensfortschreitung und Schadensausbreitung (Hypothese 1) zu. Dafür sind Auswertungen über zwei aufeinanderfolgende Prüfperioden (dynamische Beurteilung) erforderlich.

In der *dynamischen Auswertung* der Simulationsergebnisse wurde nachgewiesen, dass in Perioden mit Verschlechterung der ursprüngliche Zustandsnote ($Z_{Ges\ orig,i} < Z_{Ges\ orig,j}$) bei 11,9 % der Zustandsnoten und 9,9 % der Substanznoten (bezogen auf alle 5.831 Prüfungen der Stichprobe) Tendenzen der Schadensfortschreitung und der Schadensausbreitung bei Standsicherheitsbeeinträchtigungen durch das modifizierte Bewertungsverfahren frühzeitiger, als mit dem aktuellen Bewertungsverfahren der RI-EBW-PRÜF erfassbar sind. Damit wurde Hypothese 1 verifiziert.

Durch die *Übertragung der Simulationsergebnisse auf die Grundgesamtheit an Brücken der Bundesfernstraßen* in Deutschland wird ersichtlich, für welche Anzahl an Brücken[469] Tendenzen der Schadensfortschreitung und der Schadensausbreitung nach Hypothese 1, frühzeitiger als nach dem Bewertungsverfahren nach RI-EBW-PRÜF bewertet werden können. Die Übertragung der Stichprobenergebnisse der dynamischen Auswertung ergab, dass bei der Substanznotenbewertung 5.109 Teilbauwerke der insgesamt 51.608 Teilbauwerke an Bundesfernstraßen von einer frühzeitigeren Bewertungsverschlechterung des modifizierten Bewertungsverfahrens erfasst würden. Dadurch ließen sich bei konsequenter Anwendung einer präventiven oder zustandsbestimmenden Instandhaltungsstrategie[470] Instandsetzungskosten einsparen. Dieser Ansatz mündet in der Hypothese 2, dass sich durch den frühzeitigeren Hinweis einer Zustandsverschlechterung, insbesondere bei kontinuierlicher Instandhaltung, Instandsetzungskosten einsparen lassen. Die wirtschaftlichen Auswirkungen des modifizierten Bewertungsverfahrens zur Verifizierung der Hypothese 2 werden in Kapitel 6 untersucht.

---

[469] Die Brücken an Bundesfernstraßen sind Grundlage der Stichprobe. Deshalb können die Simulationsergebnisse vorerst nur auf die Grundgesamtheit an Brücken (Teilbauwerken) übertragen werden. Allerdings ist das modifizierte Bewertungsverfahren auch bei allen anderen, durch die RI-EBW-PRÜF erfassten Ingenieurbauwerke, anwendbar. Prozentuale Anteile einer frühzeitigeren Erfassung von Schadensverschlechterungstendenzen für diese Bauwerke, sind nicht Gegenstand dieser Arbeit. Diese sind in nachgelagerten Untersuchungen zu dieser Arbeit zu ermitteln.

[470] Die *Präventivstrategie* verfolgt das Ziel ein Bauwerk über den gesamten Nutzungszeitraum in einem guten Zustand zu erhalten. Dazu ist es allerdings notwendig, die Schäden einer bewerteten Zustandsverschlechterung zeitnah durch Erhaltungs- und Instandsetzungsmaßnahmen zu beheben.
Bei der *zustandsbestimmenden Strategie* werden im Gegensatz zur Präventivstrategie Instandsetzungsmaßnahmen über mehrere Prüfzyklen gebündelt. Ein Bauwerk wird damit entweder vorausschauend und/oder reaktiv instandgehalten. Vgl. Beck et al. (2013) Instandhaltungsstrategien als Basis für die ganzheitliche Bewertung von Stahl- und Verbundbrücken nach Kriterien der Nachhaltigkeit, S. 6.

6.1   Methodischer Ansatz

Nach der Bestätigung von Hypothese 1, dass mit den neuen Bewertungsstufen Tendenzen der Schadensfortschreitung und der Schadensausbreitung bei Standsicherheitsbeeinträchtigungen frühzeitiger als im aktuellen Bewertungsverfahren erfassbar sind (siehe Abschnitt 4.2.2), wird in diesem Kapitel untersucht, *ob sich durch den frühzeitigeren Hinweis der Zustandsverschlechterung, insbesondere bei kontinuierlicher Instandhaltung, Instandsetzungskosten einsparen lassen (Hypothese 2)*.

Auf Basis der Erkenntnisse in den vorangegangenen Kapiteln wird in den nachfolgenden Abschnitten ein Verfahren (Untersuchungsmodell) vorgestellt, mit dem die wirtschaftlichen Auswirkungen des modifizierten Bewertungsverfahrens beurteilt werden können.

In den folgenden Ausführungen werden Instandhaltungskosten an einer Modellbrücke mit Hilfe der Szenariotechnik analysiert und auf den bundesweiten Brückenbestand an Bundesfernstraßen (BFS) übertragen. Dieses Vorgehen wird für das ursprüngliche und das modifizierte Bewertungsverfahren angewendet. Der anschließende Kostenvergleich beider Verfahren erfolgt mit den Methoden der Investitionsrechnung. Für die Beurteilung der Vorteilhaftigkeit beider Bewertungsverfahren werden lediglich Kosten im Nutzungszeitraum untersucht. Die Alterung und der Schädigungsverlauf von Brückenbauwerken sowie die Prognose von Instandhaltungskosten unterliegen zahlreichen Unsicherheiten. Diese Unsicherheiten werden in einer Risikoanalyse bewertet und über einen stochastischen Ansatz im Untersuchungsmodell berücksichtigt.

Das Untersuchungsmodell basiert auf dem modernen Investitionsrechenverfahren des Vollständigen Finanzplanes (VoFi).[471] Mit dem Konzept des vollständigen Finanzplanes lassen sich alle mit einer Investition zusammenhängenden Zahlungen in Tabellenform über einen definierten Betrachtungszeitraum erfassen. Im Gegensatz zu den formelbasierten Methoden werden in einem VoFi alle mit einer Investition verbundenen Zahlungen in tabellarischer Form explizit abgebildet. Die Zahlungen in einem VoFi beziehen sich auf den Betrachtungszeitraum und nicht wie bei den barwertorientierten Methoden[472] auf den Investitionszeitpunkt.[473] Die verschiedenen Zinssätze (z. B. Inflationsrate, Kreditzins, Baupreisindex) sind frei wählbar und an die tatsächliche Situation anpassbar. Durch die Tatsache, dass ein Baulastträger für seine Brückenbauwerke in der Nutzungsphase keine originären Einnahmen erzielt, werden im Untersuchungsmodell lediglich die Instandhaltungskosten beider Bewertungsverfahren in einem definierten Nutzungszeitraum miteinander verglichen. Üblicherweise wird für Stahlbeton-/Spannbetonbrücken eine theoretische Nutzungsdauer von 100 Jahren angenommen.[474] Darüber hinaus liefert die „Ablösungsbeträge-

---

[471]   Vgl. SCHULTE et al. (2016) Immobilieninvestition, S. 593 ff.

[472]   Zur Berücksichtigung der zukünftigen Einflussgrößen einer Investition zum Zeitpunkt K_0, werden für alle zu erwartenden Einnahmen und Ausgaben die Barwerte durch Abzinsung ermittelt. Die Summe aller einzelnen Barwerte ergibt den Kapitalwert einer Investition. Vgl. HERING (2014) Investitions- und Wirtschaftlichkeitsrechnung für Ingenieure, S. 14 f.; PERRIDON et al. (2017) Finanzwirtschaft der Unternehmung, S. 33 ff. und MÜLLER (2019) Investitionsrechnung und Investitionscontrolling, S. 338.

[473]   Vgl. SCHULTE et al. (2016) Immobilieninvestition, S. 604 f.

[474]   Tragwerke von Brückenbauwerken werden üblicherweise für theoretische Nutzungsdauern von 100 Jahren oder mehr konzipiert. Diese Nutzungsdauern können mit dem originalen Tragwerk nur bei fehlerfreier Errichtung, unveränderter Nutzung und kontinuierlicher Unterhaltung erreicht werden. Vgl. MEHLHORN et al. (2014) Handbuch Brücken, S. 292 f.

© Der/die Autor(en), exklusiv lizenziert durch
Springer Fachmedien Wiesbaden GmbH, ein Teil von Springer Nature 2021
C. Weller, *Zustandsbeurteilung von Ingenieurbauwerken*, Baubetriebswesen
und Bauverfahrenstechnik, https://doi.org/10.1007/978-3-658-32680-7_6

Berechnungsverordnung" (ABBV) detailliertere Vorgaben für theoretische Nutzungsdauern von Ingenieurbauwerken im Zuge von Wegen und Straßen.[475] Danach beträgt zum Beispiel die Nutzungsdauer für Brückenunterbauten aus Stahlbeton 110 Jahre und für Brückenüberbauten aus Stahl-/Spannbeton 70 Jahre.[476] Im Untersuchungsmodell wird der Abnutzungs- und Schädigungsverlauf lediglich über eine Nutzungsdauer von 50 Jahren abgebildet. Folgende Überlegungen führten zu diesem Betrachtungszeitraum:

- Die neuen Bewertungsstufen (S = 1,5 und S = 2,5) können in Bauwerksprüfungen erst bei einer gewissen Abnutzung/Schädigung vergeben werden. Bei einem realistischen Abnutzungs- und Schädigungsverlauf von Brücken aus Stahlbeton, Spannbeton oder Stahlverbund sind dafür Nutzungsdauern von mehr als 40 Jahren erforderlich.[477]

- Der Betrachtungszeitraum im Untersuchungsmodell sollte nicht zu lang sein, denn Zinsentwicklungen für Betrachtungszeiträume von mehr als 30 Jahren sind kaum noch präzise abschätzbar.[478] Schon kleine Unsicherheiten in der Zinsprognose können eine hohe Spannbreite der Endwerte begünstigen.

- Mit zunehmendem Bauwerksalter steigen Abnutzung und Schädigungsgrad stark an (siehe „Badewannenkurve" in Abbildung 17). Dadurch steigen auch die Kosten für laufende Unterhaltungs- und Instandsetzungsmaßnahmen über den Lebenszyklus progressiv. Zur Berücksichtigung dieser Schädigungs- und Kostenentwicklung sollten lange Nutzungsdauern, die mindestens die Hälfte des Lebenszyklus abbilden, dem Untersuchungsmodell zugrunde liegen.[479]

Anhand dieser Überlegungen wird für das Untersuchungsmodell ein Betrachtungszeitraum von 50 Jahren festgelegt. Einerseits wird dadurch die halbe Nutzungsdauer der üblicherweise in der Planung angenommenen Nutzungsdauer angesetzt und andererseits lassen sich dadurch alle wesentlichen Instandhaltungsstrategien (siehe Abschnitt 6.3.5) in das Modell integrieren. Es ist an-

---

[475] Ablöseträge nach ABBV sind monetäre Beträge, die zur Ablösung einer Beteiligung an einem Bauwerk ermittelt werden. Sind beispielsweise mehrere Baulastträger an einem Kreuzungsbauwerk beteiligt, müssen sich diese über die Kostenteilung bei Errichtung, Umbaumaßnahmen und Unterhaltung im Rahmen gesetzlicher Vorschriften verständigen. Die Ablösung einzelner Beteiligungen vereinfacht die Verwaltung. Vgl. BMVBS (2010) Verordnung zur Berechnung von Ablösungsbeträgen nach dem Eisenbahnkreuzungsgesetz, dem Bundesfernstraßengesetz und dem Bundeswasserstraßengesetz (Ablösungsbeträge-Berechnungsverordnung - ABBV), S. 1 ff.

[476] Vgl. BMVBS (2010) Verordnung zur Berechnung von Ablösungsbeträgen nach dem Eisenbahnkreuzungsgesetz, dem Bundesfernstraßengesetz und dem Bundeswasserstraßengesetz (Ablösungsbeträge-Berechnungsverordnung - ABBV), S. 11.

[477] Die Ermittlung der notwendigen Nutzungsdauer erfolgte auf Basis der Stichprobe (siehe Abschnitt 5.1.2).

[478] Schulte empfiehlt 10 bis 20 Jahre. Vgl. SCHULTE et al. (2016) Immobilieninvestition, S. 589. Die GEFMA empfiehlt einen maximalen Prognosezeitraum von 25 bis 30 Jahren. Vgl. GEFMA (2010) Lebenszykluskosten-Ermittlung im FM, S. 5.

[479] Die Lebenszykluskostenbetrachtung des DGNB-Systems gibt zur Berücksichtigung der Nutzungsdauern von Bauwerken einen generellen Betrachtungszeitraum von 50 Jahren vor. Die Betrachtung bezieht sich allerdings ausschließlich auf Gebäude. Vgl. Deutsche Gesellschaft für Nachhaltiges Bauen – DGNB e.V. (2018) DGNB System – Kriterienkatalog Gebäude Neubau, S. 209 ff. Die ISO 15686-05 definiert für die Lebenszyklusbetrachtung keine bauwerkspezifischen Betrachtungszeiträume, begrenzt aber den maximalen Zeithorizont auf 100 Jahre. Vgl. ISO 15686-5:2017-07 Buildings and constructed assets – Service life planning – Part 5: Life-cycle costing, S. 18.

zumerken, dass zur Reduzierung von Prognoseunsicherheiten, insbesondere durch den Zinses-zinseffekt, ein weitaus geringerer Zeithorizont gewählt werden müsste. Durch die notwendige Berücksichtigung realistischer Schadensverläufe und bauteilabhängiger Instandhaltungsstrate-gien können aus kürzeren Untersuchungszyklen keine belastbaren Ergebnisse abgeleitet werden. Deshalb muss dieser Unsicherheit durch eine möglichst realistische Prognose der Zinsentwick-lung begegnet werden. Mit Hilfe der Szenariotechnik werden in den folgenden Abschnitten ver-schiedene Prognosen untersucht und in anschließenden Sensitivitätsanalysen verifiziert.

6.2   Verfahren zur Beurteilung der Instandhaltungskosten

6.2.1   Tabellarisch-stochastische Kostenrechnung

Die Instandhaltungskosten der Modellbrücke[480] werden über den festgelegten Nutzungszeitraum von 50 Jahren in einer tabellarisch-stochastischen Kostenrechnung[481] bewertet. Das Grundkon-zept dieser Kostenrechnung beruht auf dem Investitionsrechenverfahren vollständiger Finanz-pläne. In diesen werden alle direkten (originäre)[482] und indirekten (derivative)[483] Zahlungen einer Investition über einen definierten Betrachtungszeitraum jahresweise in Tabellenform erfasst. Mit dieser chronologischen und verursachungsgerechten Aufnahme aller Zahlungen können die mo-netären Konsequenzen einer Investition oder Kostenaufstellung untersucht werden. Im Vergleich zu den klassischen Investitionsrechenverfahren werden im VoFi übliche Marktzinssätze (z. B. Verbraucherpreisindex, Baupreisindex) anstelle eines pauschalen Kalkulationszinssatzes verwen-det.[484] Da für die Auswertung von Instandhaltungskosten ausschließlich Ausgaben relevant sind, bleiben in dem hier angewendeten Verfahren alle mit Einnahmen verbundenen Zahlungen unbe-rücksichtigt.[485] Außerdem wird für die Kostenrechnung festgelegt, dass sämtliche Finanzierungs-kosten aus den Haushaltsmitteln des jeweiligen Baulastträgers zum erforderlichen Zeitpunkt be-reitgestellt werden.

---

[480] Der Kostenvergleich wird für die Brücken an Bundesfernstraßen durchgeführt. Dafür wird die durch-schnittliche Brückenfläche aller Teilbauwerke stochastisch ermittelt. Über verschiedene Kostenan-sätze wird anschließend eine durchschnittliche Herstellkostenverteilung für die Modellbrücke be-stimmt (siehe Abschnitt 6.3.3.1).

[481] In dieser Arbeit wird der Begriff Kostenrechnung allgemeingültig, zur Berechnung verschiedener Ge-samtkosten in einem vorgegebenen Betrachtungszeitraum, verwendet. Es besteht kein Bezug zur De-finition des Begriffs der Kostenrechnung nach Teilgebieten des Rechnungswesens. Vgl. ALISCH et al. (2004) Gabler-Wirtschafts-Lexikon // A-Z, S. 1775 oder zu den Kostenermittlungsverfahren nach DIN 276:2018-12. Vgl. DIN 276:2018-12 Kosten im Bauwesen, S. 1 ff.

[482] Originäre Zahlungen sind Ein- und Auszahlungen, die einer Investition direkt zugerechnet werden. Vgl. SCHULTE et al. (2016) Immobilieninvestition, S. 583 f.

[483] Derivative Zahlungen werden aus den Rahmenbedingungen und den vorgegebenen Eingangsgrößen (z. B. Abschreibungsmodalitäten, Steuer- und Zinssätze) des Projekts abgeleitet. Vgl. SCHULTE et al. (2016) Immobilieninvestition, S. 590; GROB (2006) Einführung in die Investitionsrechnung, S. 104 f. und SCHULTZ (2005) Anreizorientiertes Investitionscontrolling mit vollständigen Finanzplänen, S. 157.

[484] Vgl. GROB (2006) Einführung in die Investitionsrechnung, S. 105.

[485] Im VoFi sind das beispielsweise originäre Einzahlungen aus Miet- oder Verkaufserlösen.

Mit der tabellarisch-stochastischen Kostenrechnung lassen sich, wie in vollständigen Finanzplänen, keine Opportunitätskosten[486] abbilden. Deshalb sind Kosten für jede neue Entscheidungsalternative in einem separaten Tabellenblatt auszuwerten. Mit Hilfe der Szenariotechnik (siehe Abschnitt 6.2.5) werden solche alternativen Kostenrechnungen in verschiedenen Abnutzungs- und Instandhaltungsszenarien simuliert. Die Ergebnisse dieser Berechnungen werden anschließend in einer Kostenvergleichsanalyse gegenübergestellt und beurteilt.

In Abbildung 54 ist der konzeptionelle Aufbau eines Kostenrechnungsblattes dargestellt. Die tabellarische Unterteilung in die Kenngrößen Substanznote, Kosten der Modellbrücke, Gesamtkosten für Brücken an Bundesfernstraßen und Zusatzinformationen ermöglicht eine übersichtliche Darstellung der Kostenentwicklung im Betrachtungszeitraum.

Kenngrößen	Betrachtungszeitraum		
	Herstellung	Nutzung	
	t_0	t_1	t_n
Substanznote	Substanznote aus H1-Prüfung	Maßgebender Schaden (S|V|D)	
		Substanznotenentwicklung	
Kosten der Modellbrücke	Realisierungskosten	Überwachungskosten	
		Instandhaltungskosten	
Gesamtkosten für Brücken an Bundesfernstraßen		Nutzungskosten	
Zusatzinformationen	Jährliche und kumulierte Gesamtkosten		
	Preissteigerung		
	Nebenrechnungen		

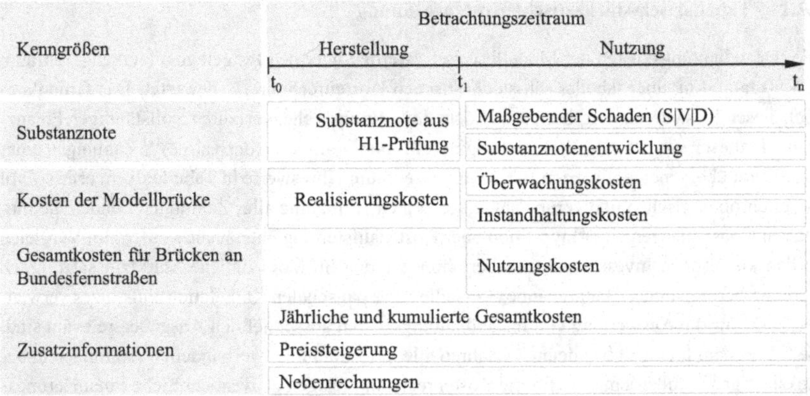

Abbildung 54: Konzeptioneller Aufbau der Kostenrechnung[487]

In der Kenngröße *Substanznote* wird die prognostizierte Abnutzung oder Schädigung für die Modellbrücke festgelegt. Die jeweilige Substanznote im Nutzungszeitraum (t_0 bis t_n) resultiert aus dem modellierten Schädigungsverlauf und den festgelegten Instandsetzungszyklen. Im prognostizierten Schädigungsverlauf wird von einer kontinuierlichen Abnutzung mit verschleißbedingter Schädigung ausgegangen (siehe Abbildung 4). Die Instandsetzungszyklen sind individuell nach geplanter Instandhaltungsstrategie (siehe Abschnitt 6.3.5) und dem zugrundeliegenden Bewertungsverfahren festzulegen. Da Schadensbewertungen regulär in Bauwerksprüfungen im Rhythmus von drei Jahren (E und H)[488] vorgenommen werden, entwickelt sich die Substanznote im Betrachtungszeitraum treppenartig.

[486] Opportunitätskosten sind vergleichbare Kosten einer nicht gewählten Handlungsalternative. Vgl. ALISCH et al. (2004) Gabler-Wirtschafts-Lexikon // A–Z, S. 2236.
[487] Eigene Darstellung in Anlehnung an die schematischen Darstellungen zu vollständigen Finanzplänen bei SCHMUCK (2017) Wirtschaftliche Umsetzbarkeit saisonaler Wärmespeicher, S. 93 und GÜRTLER (2007) Stochastische Risikobetrachtung bei PPP-Projekten, S. 45.
[488] Im Untersuchungsmodell – mit Prognose eines zukünftigen Schädigungsverlaufs – bleiben Prüfungen aus besonderem Anlass (DIN 1076:199-11 Abschnitt 5), die zwischen dem regulären Prüfintervall von E und H (siehe Abbildung 6) liegen, unberücksichtigt.

Die *Kosten der Modellbrücke* setzen sich aus den durchschnittlichen Realisierungs-, Überwachungs- und Instandhaltungskosten zusammen. Im Untersuchungsmodell der Kostenrechnung dienen die Realisierungskosten der Modellbrücke als Bezugsgröße für die betriebliche und bauliche Unterhaltung[489] sowie für sämtliche Überwachungskosten.[490] Die nach DIN 1076 geregelte Überwachung von Ingenieurbauwerken mit den verschiedenen durchzuführenden Prüfungen wurde bereits im Grundlagenkapitel dieser Arbeit vorgestellt (siehe Abschnitt 2.2.3.2). Die Kosten für regelmäßige Überwachungsmaßnahmen (laufende Besichtigungen, Beobachtungen, Einfache Prüfungen und Hauptprüfungen) werden zum jeweiligen Prüfzeitpunkt (siehe Abbildung 6) in das Modell integriert. Weitere Kosten für Prüfungen nach besonderen Vorschriften oder für Sonderprüfungen[491] bleiben im Modell unberücksichtigt, da diese vom individuellen Aufbau (z. B. bewegliche Besichtigungseinrichtung) oder unvorhersehbaren Ereignissen (z. B. Hochwasser, Anprall) abhängig sind. Ferner liegen für diese Prüfungen bei Brücken an Bundesfernstraßen keine statistisch belastbaren Daten vor. Die Integration in das Untersuchungsmodell würde die Unsicherheiten der Ergebnisse zusätzlich erhöhen.

Die jährlichen *Gesamtkosten für den Brückenbestand an Bundesfernstraßen* werden aus den jährlichen Gesamtkosten der Modellbrücke je Quadratmeter Brückenüberbaufläche, multipliziert mit der Brückenüberbaufläche aller Brücken an Bundesfernstraßen, ermittelt.[492]

Unter den *Zusatzinformationen* werden im Untersuchungsmodell Kenngrößen erfasst, die zur Berechnung der Zielgrößen (siehe Abschnitt 6.3.3) und zur Beurteilung der Kostenrechnung erforderlich sind. Diese Kenngrößen sind die aufsummierten und kumulierten Gesamtkosten der Modellbrücke und für den gesamten Brückenbestand an Bundesfernstraßen. Außerdem enthalten die Zusatzinformationen die festgelegten Preissteigerungen für Baupreise, Erzeugerpreise und Verbraucherpreise sowie individuelle Nebenrechnungen (z. B. zur Bestimmung der Eingangsgrößenverteilungen oder Zwischenergebnisse).

6.2.2 Zielgrößen der tabellarisch-stochastischen Kostenrechnung

Das Verfahren der vorgestellten Kostenrechnung basiert auf dem Investitionsrechenverfahren vollständiger Finanzpläne. Während im VoFi die Zielgrößen Entnahme, Rentabilität und Amortisationsdauer[493] im Mittelpunkt stehen, sind bei einer rein kostenmäßigen Betrachtung der *Endwert* und die daraus resultierenden Kennzahlen *Kosteneinsparung im Vergleich zu den Gesamtnutzungskosten* und der *Zins aus dem Verhältnis Gesamtnutzungskosten zu Realisierungskosten* wesentliche Zielgrößen. Allerdings ist die Aussagekraft der Kennzahlen als Einzelgröße gering. Einerseits besteht durch den festgelegten Betrachtungszeitraum von 50 Jahren ein erhöhtes Risiko

---

[489] Vgl. SCHACH et al. (2006) Lebenszykluskosten von Brückenbauwerken, S. 348.

[490] Angaben zu Überwachungskosten können verschiedenen Quellen entnommen werden, z. B. BMVBS (2013) Bauwerksprüfung nach DIN 1076 Bedeutung, Organisation, Kosten, S. 68 und SCHACH et al. (2006) Lebenszykluskosten von Brückenbauwerken, S. 347.

[491] Neben der einfachen Prüfung und der Hauptprüfung zählen die Prüfung aus besonderem Anlass (Sonderprüfung) und die Prüfung nach besonderen Vorschriften zu den Bauwerksprüfungen. Vgl. DIN 1076:1999-11 Ingenieurbauwerke im Zuge von Straßen und Wegen, S. 3.

[492] Die Brückenüberbaufläche der Modellbrücke wird als Verteilungsfunktion in das Untersuchungsmodell integriert, die aus der Brückenstatistik 09/2018 generiert wurde. Vgl. Bundesanstalt für Straßenwesen (2018) Brücken an Bundesstraßen, Brückenstatistik 09/2018, [Stand: 07.06.2019].

[493] Vgl. SCHULTE et al. (2016) Immobilieninvestition, S. 593.

für Fehlinterpretationen (siehe Abschnitt 6.1) und andererseits sind die Kennzahlen für Haushalts-analysen[494] ungeeignet. Werden jedoch die Kennzahlen beider Bewertungsverfahren in Relation zueinander gesetzt, lassen sich Aussagen zu Einsparpotenzialen in der Bauwerksunterhaltung ableiten.

Den *Endwert (Kₙ)* der Kostenrechnung bilden die Gesamtnutzungskosten am Ende eines definierten Planungshorizonts. Für den Vergleich verschiedener Nutzungskostenverläufe ist derjenige relativ vorteilhaft, dessen Endwert kleiner als die Endwerte der anderen alternativen Varianten ist. Zur Bewertung dieser relativen Vorteilhaftigkeit ist es notwendig, für jede Variante eine gesonderte Kostenrechnung zu erstellen.[495]

Im *Vergleich der Endwerte der Gesamtnutzungskosten* verschiedener Alternativen können absolute und relative Kostenunterschiede bestimmt werden. Die absoluten Kosteneinsparungen sind für die langfristige Budgetplanung in den verschiedenen Verwaltungsebenen[496] nutzbar und mit den relativen Kostenunterschieden wird die wirtschaftlichste Alternative bestimmt.

Eine weitere Möglichkeit, die Vorteilhaftigkeit von Untersuchungsalternativen in Kostenrechnungen zu bewerten, bietet der *Zins aus dem Verhältnis Gesamtnutzungskosten zu Realisierungskosten (kurz: Kostenzins)*. Dieser kann in Kostenrechnungen als ein Instrumentarium zur Bewertung von Kostenalternativen dienen. Er wird wie die Eigenkapitalrentabilität in vollständigen Finanzplänen berechnet, berücksichtigt aber ausschließlich Kosten, weshalb er in dieser Arbeit als *Kostenzins* bezeichnet wird.[497] Ein wesentliches Ziel des Vergleichs von Untersuchungsalternativen besteht darin die Gesamtnutzungskosten in den Kostenrechnungen zu minimieren. Damit ist die Untersuchungsalternative mit der geringsten Verzinsung die wirtschaftlichste. Der *Kostenzins* (r_{GNK}) ist in dieser Arbeit als ein konstanter Zinssatz definiert, der die Wachstumsrate zwischen den Realisierungskosten (K_0) zum Startzeitpunkt (t_0) und den Gesamtnutzungskosten (K_n) zum Zeitpunkt (t_n) beschreibt.[498] Der Kostenzins wird mit der Formel 7 bestimmt.

$$r_{GNK} = \sqrt[t_n]{\frac{K_n}{K_0}} - 1 \tag{7}$$

Legende:

r_{GNK}	Kostenzins
K_n	Endwert = Gesamtnutzungskosten [€]
K_0	Realisierungskosten [€]
t_n	Betrachtungszeitraum in der Nutzungsphase [a]

Formel 7:   Kostenzins der Kostenrechnung[499]

---

[494] Für volkswirtschaftliche Analysen ist die Untersuchung der reinen Nutzungskosten an einer Modellbrücke unbrauchbar. Zur Beurteilung ökonomischer Tatbestände sind die realen Aufwendungen der Bauwerksunterhaltung und sekundäre Auswirkungen im gesamten Verkehrswegenetz zu untersuchen.

[495] Das Vorgehen in der Kostenrechnung ist anlog zu dem Vorgehen in vollständigen Finanzplänen. Vgl. GÖTZE (2014) Investitionsrechnung, S. 127 und SCHULTE et al. (2016) Immobilieninvestition, S. 605.

[496] Bundeseigene und landeseigene Verwaltung (siehe Abschnitt 2.2.1 und Abschnitt 2.2.4).

[497] Vgl. GROB (2006) Einführung in die Investitionsrechnung, S. 250.

[498] Vgl. ROPETER (1998) Investitionsanalyse für Gewerbeimmobilien, S. 179 und SCHMUCK (2017) Wirtschaftliche Umsetzbarkeit saisonaler Wärmespeicher, S. 94 f.

[499] In Anlehnung an GROB (2006) Einführung in die Investitionsrechnung, S. 250.

Mit dem vorgestellten Untersuchungsmodell der Kostenrechnung sind Unsicherheiten verbunden, die im nachfolgenden Abschnitt 6.2.3 diskutiert werden.

6.2.3 Berücksichtigung von Unsicherheiten

Die Abschätzung zukünftiger Nutzungskosten von Ingenieurbauwerken ist mit Unsicherheiten verbunden. Bereits in der Planungsphase müssen zukünftige Entwicklungen der auf das Bauwerk einwirkenden Einflussgrößen (z. B. Verkehrsbelastung, Umwelteinflüsse) berücksichtigt werden. Indem alle geometrischen, konstruktiven und materialtechnischen Parameter mit Sicherheitsbeiwerten[500] versehen werden, lässt sich die Abnutzung für die bekannten Einwirkungen im geplanten Nutzungszeitraum auf ein definiertes Niveau begrenzen. Unbekannte oder durch extreme Ereignisse (z. B. Hochwasserschäden) hervorgerufene Einwirkungen werden über die angesetzten Sicherheitsbeiwerte nur in geringem Maße berücksichtigt und können zu einer beschleunigten Abnutzung (z. B. erhöhter Verschleiß, Schädigungen) und damit zu erhöhten Instandhaltungskosten führen. Folglich sind sämtliche Planungsentscheidungen mit finanziellen Risiken und Unsicherheiten verbunden.[501] Ob eine geplante Nutzungsdauer mit den kalkulierten Nutzungskosten tatsächlich erreicht werden kann, ist vom Eintreffen der prognostizierten Annahmen abhängig.[502]

Zur Bewertung und Bewältigung der zuvor benannten Unsicherheiten im Sinne der Nutzungskostenentwicklung müssen die komplexen Zusammenhänge aus Bauwerkszustand (Schadensbewertung), Instandhaltungsstrategie, Nutzungsentwicklung und Kostenprognose in einem Untersuchungsmodell vereinfacht abgebildet werden. Für die Untersuchung der wirtschaftlichen Auswirkungen des modifizierten Verfahrens wird eine tabellarisch-stochastische Kostenrechnung nach dem Vorbild der vollständigen Finanzplanung verwendet. In der tabellarisch-stochastischen Kostenrechnung werden die Eingangsgrößen im gesamten Nutzungszeitraum durch Zufallswerte (stochastisches Merkmal) und Veränderungen der Eingangsgrößen zum Zeitpunkt ihres Eintretens (dynamisches Merkmal) berücksichtigt. In Abbildung 55 sind die wesentlichen Unterscheidungsmerkmale von Berechnungsmodellen dargestellt. Die grau unterlegten Merkmale finden Anwendung in der tabellarisch-stochastischen Kostenrechnung.

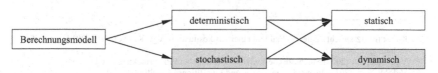

Abbildung 55: Modellbildung[503]

Während in deterministischen Modellen den Eingangsgrößen nur jeweils ein Wert zugeordnet wird, können diese in stochastischen Modellen mehrere Werte annehmen. Dies gelingt, indem

---

[500] Vgl. MEHLHORN et al. (2014) Handbuch Brücken, S. 728.
[501] Vgl. GÜRTLER (2007) Stochastische Risikobetrachtung bei PPP-Projekten, S. 40 und SCHMUCK (2017) Wirtschaftliche Umsetzbarkeit saisonaler Wärmespeicher, S. 97.
[502] Vgl. GÖTZE (2014) Investitionsrechnung, S. 368.
[503] In Anlehnung an HILDENBRAND (1988) Systemorientierte Risikoanalyse in der Investitionsplanung, S. 88.

stochastische Eingangsgrößen durch Wahrscheinlichkeitsverteilungen beschrieben werden. Voraussetzung ist allerdings, dass die Eintrittswahrscheinlichkeit der alternativen Zukunftslagen bekannt ist.[504] Neben der Wertvielfalt der Eingangsgrößen werden Berechnungsmodelle auch nach dem Zeiteinfluss von Zahlungen im Betrachtungszeitraum unterschieden. Eingangsgrößen statischer Modelle beziehen sich auf einen Zeitpunkt. In dynamischen Modellen wird zudem *„die zeitliche Veränderung der Eingangsgrößen zum Zeitpunkt ihres Eintritts"* berücksichtigt.[505] Somit sind individuelle Eingangsgrößen (z. B. Kosten, Zahlungen) zum Zeitpunkt t_i (angenommenes Eintreten im Betrachtungszeitraum) mit den wahrscheinlichen und individuellen Kosten- oder Preissteigerungen (z. B. Preissteigerung nach Baupreisindex, Verbraucherpreisindex, Erzeugerpreisindex) bezogen auf den Zeitpunkt t_0 zu berücksichtigen (siehe Abschnitt 6.3.3.5).

Unsicherheiten in einem stochastisch-dynamischen Berechnungsmodell (tabellarisch-stochastische Kostenrechnung) können mit Hilfe verschiedener Verfahren der Risikobewertung[506] beurteilt werden. Mit diesen Verfahren lassen sich Risiken[507] qualitativ oder quantitativ bewerten. Im Nutzungskostenvergleich zwischen ursprünglichem und modifiziertem Bewertungsverfahren werden ausschließlich quantifizierbare Kostenelemente (z. B. Betriebskosten, Instandhaltungskosten, Inspektionskosten) untersucht. Für diesen Kostenvergleich eignen sich deshalb besonders die Sensitivitätsanalyse, die Szenarioanalyse und die Risikoanalyse.[508] Aufgrund der Bedeutung für den Kostenvergleich werden diese Verfahren in den Abschnitten 6.2.4 bis 6.2.6 zunächst allgemein vorgestellt und ab Abschnitt 6.3.4 projektspezifisch angewendet.

6.2.4 Sensitivitätsanalyse

Die Sensitivitätsanalyse ist ein Verfahren, um Zusammenhänge zwischen den festgelegten Eingangsgrößen und den Zielgrößen aufzuzeigen. Mit dieser Methode wird die Empfindlichkeit der Zielgrößen bei Veränderung einer oder mehrerer Werte der Eingangsgrößen untersucht.[509] Sensitivitätsanalysen sind für zwei Problemstellungen anwendbar:

---

[504] KRUSCHWITZ spricht in diesem Fall von einer Risikosituation. Vgl. KRUSCHWITZ (2014) Investitionsrechnung, S. 288.

[505] Vgl. GÜRTLER (2007) Stochastische Risikobetrachtung bei PPP-Projekten, S. 62.

[506] Vgl. MÜLLER (2019) Investitionsrechnung und Investitionscontrolling, S. 591.

[507] In der Literatur wird der Begriff Risiko fachbezogen unterschiedlich definiert. Der Begriff Risiko wird in dieser Arbeit nach den Auffassungen von GIRMSCHEID, NEMUTH, und GÜRTLER als Teilmenge aus Wagnis und Chance verstanden. Die Chance wird als positive und das Wagnis als negative Zielabweichung von einem wahrscheinlichen Zielniveau angesehen. Vgl. GIRMSCHEID (2010) Strategisches Bauunternehmensmanagement, S. 700 ff.; NEMUTH (2006) Risikomanagement bei internationalen Bauprojekten, S. 8 und GÜRTLER (2007) Stochastische Risikobetrachtung bei PPP-Projekten, S. 56.

[508] Weitere entscheidungstheoretische Verfahren zur Entscheidungsfindung unter Unsicherheit sind nach MÜLLER beispielsweise das *Korrekturverfahren*, das *Entscheidungsbaumverfahren* oder *Realoptionsmodelle*. Beim *Korrekturverfahren* werden alle eingehenden Faktoren mit einem Risikozuschlag oder -abschlag nach subjektiver Einschätzung belegt. Beim *Entscheidungsbaumverfahren* werden optionale Handlungsfolgen grafisch aufbereitet und Entscheidungen in eine Folge aus Teilentscheidungen zerlegt. *Realoptionsmodelle* versuchen die Veränderbarkeit von Risiken im Betrachtungszeitraum und die sich daraus ergebenden Optionen unter wirtschaftlichen Gesichtspunkten (z. B. Projekt zu beginnen, fortzuführen, zeitlich zu verschieben, abzubrechen) zu bewerten. Vgl. MÜLLER (2019) Investitionsrechnung und Investitionscontrolling, S. 591 ff.

[509] Vgl. MÜLLER (2019) Investitionsrechnung und Investitionscontrolling, S. 593.

- Das *Verfahren der kritischen Werte* untersucht, wie stark der Wert einer Eingangsgröße (oder auch bei Kombination mehrerer Eingangsgrößen) maximal variieren darf, um einen definierten Grenzwert der Zielgröße nicht zu über- oder zu unterschreiten.[510]

- Im *Verfahren der Alternativrechnung* wird die Stabilität der Zielgröße bei schrittweiser Änderung einer risikobehafteten Eingangsgröße untersucht.[511] Die Anwendung auf alle wesentlichen Eingangsgrößen gibt Aufschluss darüber, welche Eingangsgrößen die Zielgröße am stärksten beeinflussen.

Sensitivitätsanalysen bieten zwar die Möglichkeit, Einflüsse der gewählten Eingangswerte auf die Zielgröße zu untersuchen, beinhalten allerdings keine Entscheidungsregel. Es obliegt dem Entscheidungsträger, eine Alternative unter den vorliegenden Unsicherheiten auszuwählen.[512] Außerdem können zur Wahrscheinlichkeit von Abweichungen und zu den Wechselwirkungen zwischen den Eingangsgrößen keine Aussagen getroffen werden.[513]

6.2.5 Szenarioanalyse

Mit dem Modell der Kostenrechnung können unterschiedliche Entwicklungen während der Nutzung eines Ingenieurbauwerks nicht direkt abgebildet werden. Die Szenarioanalyse bietet die Möglichkeit, zukünftige Entwicklungen durch definierte Ereignisbilder darzustellen und zu bewerten.[514] Dabei beinhaltet ein Szenario alle relevanten Informationen hinsichtlich einer zukünftigen Entwicklung. Die Berechnung der Zielgrößen aller definierten Szenarien ermöglicht es, günstige und ungünstige Projektentwicklungen zu identifizieren.[515] Neben Szenarien, die Extremwerte der Zielgrößen nach sich ziehen (Best Case, Worst Case), können aus der Bandbreite individueller Szenarien gezielt wahrscheinliche oder erwünschte Szenarien festgelegt werden.[516]

Zur Abbildung unterschiedlicher Entwicklungen und Ereignisse im Lebenszyklus von Ingenieurbauwerken sind in den Szenarien, die individuellen Einflussparameter und deren Ausgangswerte abzuschätzen. Dazu eignen sich die verschiedenen Methoden der Risikobewertung.[517] Die Einflussparameter der Szenarien (nicht die Eingangsgrößen des Modells) sind bevorzugt durch ein Expertengremium zu bestimmen und die Beurteilung der Eintrittswahrscheinlichkeit des jeweiligen Szenarios kann mithilfe statistischer Auswertungen oder Expertenbefragungen erfolgen.[518]

---

[510] Vgl. KEGEL (1991) Risikoanalyse von Investitionen, S. 31.
[511] Vgl. GÜRTLER (2007) Stochastische Risikobetrachtung bei PPP-Projekten, S. 63.
[512] Vgl. GÖTZE (2014) Investitionsrechnung, S. 388.
[513] Vgl. MÜLLER (2019) Investitionsrechnung und Investitionscontrolling, S. 594.
[514] Vgl. KOSOW et al. (2008) Methoden der Zukunfts- und Szenarioanalyse, S. 9 f.
[515] Vgl. SCHÄFERS et al. (2016) Immobilien-Risikomanagement, S. 1052.
[516] Vgl. KOSOW et al. (2008) Methoden der Zukunfts- und Szenarioanalyse, S. 13 ff.
[517] Als Risikobewertung wird die qualitative oder quantitative Eingrenzung von einzelnen Risiken bezeichnet. Vgl. GÜRTLER (2007) Stochastische Risikobetrachtung bei PPP-Projekten, S. 58. Methoden der Risikobewertung sind nach GLEIßNER und IEC 62198 beispielsweise: ABC-Analysen, Entscheidungsbaumverfahren, Risikodiagramme, Expertenbefragungen (Delphi-Methode), Ratingmodelle, Benchmarking-Analysen. Vgl. IEC 62198:2013-11 Managing risk in projects, S. 22 ff. und GLEIßNER (2017) Grundlagen des Risikomanagements, S. 101 ff.
[518] Vgl. GÜRTLER (2007) Stochastische Risikobetrachtung bei PPP-Projekten, S. 64.

6.2.6   Risikoanalyse

In der Fachliteratur existieren unterschiedliche Auffassungen zur Abgrenzung des Begriffs Risikoanalyse. Während einige Autoren die Risikoanalyse in die Risikobewertung mit einbeziehen,[519] ist für andere Autoren die Risikoanalyse eine eigenständige Aufgabe im Risikomanagement.[520] Durch die Vielzahl von Veröffentlichungen und unterschiedlichen Auffassungen lässt sich keine einheitliche Definition für den Begriff der Risikoanalyse finden. Die Mehrheit der Veröffentlichungen charakterisiert die Risikoanalyse als ein Verfahren, bei dem „[...] die möglichen Ausprägungen unsicherer Eingangsgrößen in Form von Wahrscheinlichkeitsverteilungen dargestellt werden".[521] Für die ausgewählten Zielgrößen im Untersuchungsmodell wird durch Verknüpfung der einzelnen Eingangsgrößen ebenfalls eine Wahrscheinlichkeitsverteilung abgeleitet.[522] Die Berücksichtigung der hohen Anzahl an alternativen Entwicklungen ermöglicht es, die Wahrscheinlichkeitsverteilung der Zielgrößen zur Entscheidungsfindung unter Unsicherheit zu analysieren.[523]

Für den Kostenvergleich im Untersuchungsmodell ist die Risikoanalyse ein wichtiges Mittel zur Bewertung von Unsicherheiten, die mit den Prognosen der Eingangsgrößen im Betrachtungszeitraum einhergehen. Deshalb wird das prinzipielle Vorgehen einer Risikoanalyse in den nachfolgenden Abschnitten 6.2.6.1 bis 6.2.6.4 erläutert.

6.2.6.1 Verfahrensschritte einer Risikoanalyse

Bei einer Risikoanalyse sind prinzipiell folgende Verfahrensschritte durchzuführen:[524]

1. Formulierung des Untersuchungsmodells (siehe Abschnitt 6.1),

2. Festlegung der unsicheren Eingangsgrößen (siehe Abschnitt 6.2.1),

3. Bestimmung der Wahrscheinlichkeitsverteilungen für die unsicheren Eingangsgrößen und der stochastischen Abhängigkeiten zwischen diesen Eingangsgrößen (siehe Abschnitt 6.2.6.2),

4. Berechnung der Wahrscheinlichkeitsverteilung der zu untersuchenden Zielgröße (siehe Abschnitt 6.2.6.3) und

5. Interpretation der Zielgrößenverteilung (siehe Abschnitt 6.2.6.4).

Die ersten beiden Verfahrensschritte wurden bereits ausführlich in den angegebenen Abschnitten zum Aufbau des Untersuchungsmodells erörtert. Danach basiert das Untersuchungsmodell der

---

[519] Vgl. GÖCKE (2002) Risikomanagement für Angebots- und Auftragsrisiken von Bauprojekten, S. 147 ff. und BUSCH (2005) Holistisches und probabilistisches Risikomanagement-Prozessmodell für projektorientierte Unternehmen der Bauwirtschaft, S. 55 ff.

[520] Vgl. GÖTZE (2014) Investitionsrechnung, S. 400 und KRUSCHWITZ (2014) Investitionsrechnung, S. 322.

[521] Vgl. GÖTZE (2014) Investitionsrechnung, S. 400 ff.

[522] Vgl. SCHINDEL (1977) Risikoanalyse, S. 30 f.

[523] Vgl. KRUSCHWITZ (2014) Investitionsrechnung, S. 322 ff.

[524] In Anlehnung an BLOHM et al. (2012) Investition, S. 243; MÜLLER (2019) Investitionsrechnung und Investitionscontrolling, S. 595 ff.; GÖTZE (2014) Investitionsrechnung, S. 400 ff.; SCHMUCK (2017) Wirtschaftliche Umsetzbarkeit saisonaler Wärmespeicher, S. 98 und POGGENSEE (2015) Investitionsrechnung, S. 297 f.

tabellarisch-stochastischen Kostenrechnung auf dem Investitionsrechenverfahren eines VoFi.

Als unsichere Eingangsgrößen werden in der Risikoanalyse *alle Kosten einer Modellbrücke im Betrachtungszeitraum* (Realisierungskosten, Überwachungskosten, Instandhaltungskosten) untersucht. Die restlichen Verfahrensschritte werden in den zugeordneten Abschnitten nachfolgend erläutert.

6.2.6.2 Wahrscheinlichkeitsverteilungen der Eingangsgrößen

Mit Wahrscheinlichkeitsverteilungen lässt sich die Variabilität der Eingangsgrößen modellieren,[525] um in Zufallsexperimenten die Wahrscheinlichkeit von Ereignisgrößen (Zielgrößen) zu bestimmen.[526] Die Verteilungsfunktionen zur Beschreibung der Eingangsgrößen sind so zu wählen, dass diese deren Eintrittswahrscheinlichkeit bestmöglich abbilden. Zur Wahl der Verteilungsfunktion stehen entweder Erfahrungswerte und statistische Auswertungen zur Verfügung, oder es sind Annahmen (z. B. aus Expertenbefragungen) zu treffen.[527]

Verteilungsfunktionen zur Beschreibung der Eintrittswahrscheinlichkeit werden in diskrete und stetige Funktionen eingeteilt. Da in diskreten Verteilungen die Zufallsvariable nicht jeden Wert in einem vorgegebenen Intervall annehmen kann, dies aber zur Beschreibung unsicherer Zukunftslagen notwendig ist, eignen sich besonders stetige Verteilungen zur Beschreibung der unsicheren Eingangsgrößen für Investitions- oder Kostenrechnungen.[528] Stetige Verteilungen können ein endliches ($a \leq x \leq b$),[529] einseitig unendliches ($-\infty < x \leq b$ oder $a \leq x < +\infty$) oder beidseitig unendliches Intervall ($-\infty < x < +\infty$) aufweisen.[530] Für Investitions- oder Kostenrechnungen mit Lebenszyklusbetrachtungen sind vornehmlich Wahrscheinlichkeitsverteilungen mit endlichem Intervall von Bedeutung, für die die Intervallgrenzen festgelegt werden können.[531] Als wichtigste gelten:[532]

- die Dreiecksverteilung (auch Simpson-Verteilung genannt),

- die Rechteckverteilung (auch Gleichverteilung genannt),

- die Pertverteilung als eine Sonderform der Beta-Verteilung und

- die Trapezverteilung.

In Abbildung 56 sind die Dichtefunktionen dieser Wahrscheinlichkeitsverteilungen dargestellt.

---

[525] Vgl. FLEMMING (2012) Modifikation der Vergütungsform beim Einheitspreisvertrag, S. 131.
[526] Vgl. STIEFL (2011) Wirtschaftsstatistik, S. 84.
[527] Vgl. GÜRTLER (2007) Stochastische Risikobetrachtung bei PPP-Projekten, S. 65.
[528] Vgl. DÜRR et al. (2017) Wahrscheinlichkeitsrechnung und schließende Statistik, S. 60 ff.; BEICHELT (1995) Stochastik für Ingenieure, S. 99 ff. und STIEFL (2011) Wirtschaftsstatistik, S. 97 ff.
[529] Zufallsgröße x im Intervall [a, b].
[530] Vgl. BEICHELT (1995) Stochastik für Ingenieure, S. 379.
[531] Vgl. GÜRTLER (2007) Stochastische Risikobetrachtung bei PPP-Projekten, S. 67.
[532] Vgl. unter anderem DÜRR et al. (2017) Wahrscheinlichkeitsrechnung und schließende Statistik, S. 60 ff.; GIRMSCHEID et al. (2013) Kalkulation, Preisbildung und Controlling in der Bauwirtschaft, S. 359 ff.; GÖTZE (2014) Investitionsrechnung, S. 401 und GÜRTLER (2007) Stochastische Risikobetrachtung bei PPP-Projekten, S. 67.

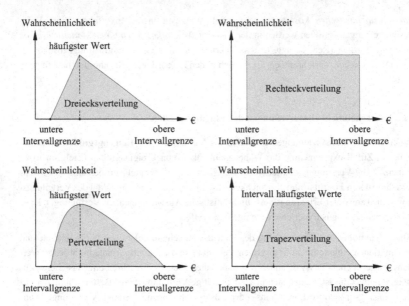

Abbildung 56:   Dichtefunktionen für verschiedene Wahrscheinlichkeitsverteilungen

Die *Dreiecksverteilung* wird verwendet, wenn für die risikobehaftete Variable (z. B. Kosten in €) ein Minimalwert (untere Intervallgrenze), ein wahrscheinlichster Wert und ein Maximalwert (obere Intervallgrenze) festgelegt werden kann. Ausgehend vom wahrscheinlichsten Wert nimmt die Wahrscheinlichkeit aller anderen Werte innerhalb des Intervalls in Richtung Intervallgrenzen ab,[533] wobei sich die Wahrscheinlichkeit aus den drei verteilungsbestimmenden Variablen implizit ergibt.[534] Die Dichtefunktion der Dreiecksverteilung ist in Abhängigkeit vom wahrscheinlichsten Wert entweder linksschief (rechtssteil), symmetrisch oder rechtsschief (linkssteil).[535]

Bei der *Rechteckverteilung* wird jedem Wert zwischen den Intervallgrenzen die gleiche Wahrscheinlichkeit zugewiesen. Sie wird verwendet, wenn keine Angaben zur Eintrittswahrscheinlichkeit vorhanden sind.[536]

Für die *Pertverteilung*, als eine Sonderform der Beta-Verteilung,[537] ist ebenfalls die Abschätzung der Intervallgrenzen (Minimalwert und Maximalwert) sowie des wahrscheinlichsten Wertes erforderlich. Im Gegensatz zur Dreiecksverteilung weisen die Werte um den wahrscheinlichsten

533   Vgl. FLEMMING (2012) Modifikation der Vergütungsform beim Einheitspreisvertrag, S. 131.
534   Vgl. GLEIßNER (2017) Grundlagen des Risikomanagements, S. 184.
535   Vgl. POGGENSEE (2015) Investitionsrechnung, S. 56 f.
536   Vgl. GLEIßNER (2017) Grundlagen des Risikomanagements, S. 189.
537   Die Beta-Verteilung wird zusätzlich über zwei Formparameter definiert. Bei der Pertverteilung werden diese aus dem wahrscheinlichsten Wert berechnet. Vgl. GLEIßNER (2017) Grundlagen des Risikomanagements, S. 185.

Wert eine höhere Eintrittswahrscheinlichkeit auf. Damit gehen die Werte nahe der Intervallgrenzen vergleichsweise geringer in die Berechnung ein.[538] Pertverteilungen sind wie Dreiecksverteilungen linksschief, symmetrisch oder rechtsschief.

Die Dreiecksverteilung ist eine Sonderform der *Trapezverteilung*. Deshalb wird die *Trapezverteilung* wie auch die Dreiecksverteilung durch einen Minimal- und einen Maximalwert begrenzt. Allerdings besitzt die Trapezverteilung, anstelle eines einzigen wahrscheinlichen Wertes, ein Teilintervall mit wahrscheinlichen Werten gleicher Wahrscheinlichkeit.[539]

Nachdem alle relevanten Eingangsgrößen identifiziert und deren Wahrscheinlichkeitsverteilungen festgelegt sind, sollten Überlegungen zu den Abhängigkeiten zwischen den unsicheren Eingangsgrößen angestellt werden. Oft zieht das Eintreten einer unsicheren Eingangsgröße eine weitere nach sich. Als Beispiel dafür sind die Folgekosten einer fehlerhaften Instandsetzung zu nennen. Hierbei sind nicht nur die Wahrscheinlichkeitsverteilungen für a) eine fehlerhafte Instandsetzung und für b) die Zusatzkosten festzulegen, sondern es ist auch die stochastische Abhängigkeit zwischen diesen unsicheren Eingangsgrößen zu bewerten. Dies kann mit Hilfe von Korrelationskoeffizienten oder sogenannten bedingten Verteilungen erfolgen. Mit Korrelationskoeffizienten wird die Abhängigkeit zweier Wahrscheinlichkeitsverteilungen zueinander berücksichtigt. Werden mehrere Wahrscheinlichkeitsverteilungen für eine Eingangsgröße definiert, deren Verwendung allerdings vom Werteverlauf einer anderen Eingangsgröße abhängig ist, wird von einer bedingten Verteilung gesprochen.[540]

Im Untersuchungsmodell werden die Eingangsgrößen, die lediglich einen Wertebereich mit unterem und oberem Grenzwert aufweisen, als Rechteckverteilung modelliert. Kann außerdem noch ein wahrscheinlichster Wert innerhalb dieses Wertebereichs festgelegt werden, dann werden diese Eingangsgrößen als Dreiecksverteilung modelliert (siehe Abschnitt 6.3.3).

6.2.6.3 Wahrscheinlichkeitsverteilung der Zielgröße

Ziel der Untersuchung ist es, aus den festgelegten Wahrscheinlichkeitsverteilungen der Eingangsgrößen eine Wahrscheinlichkeitsverteilung für die zu untersuchende Zielgröße zu ermitteln.[541] Dafür eignen sich besonders Simulationsexperimente, bei denen über die Generierung künstlicher Zufallszahlen eine Stichprobenauswahl erzeugt wird.[542] Diese Art der Simulation wird als Monte-Carlo-Simulation bezeichnet.[543] Außerdem können mit Hilfe analytischer Methoden Wahrscheinlichkeitsverteilungen der Zielgrößen aus den einzelnen Verteilungen der Eingangsgrößen berechnet werden. Auf Grund der hohen Komplexität zur Berechnung aller Kombinationen der Eingangsgrößen wird diese Methode praktisch nicht angewendet und im Folgenden nicht weiter betrachtet.[544]

---

[538] Vgl. Glossar von Palisade Corporation (2019) @RISK.
[539] Vgl. FLEMMING (2012) Modifikation der Vergütungsform beim Einheitspreisvertrag, S. 131.
[540] Vgl. BLOHM et al. (2012) Investition, S. 247 ff.
[541] Vgl. HILDENBRAND (1988) Systemorientierte Risikoanalyse in der Investitionsplanung, S. 12.
[542] Vgl. PERRIDON et al. (2017) Finanzwirtschaft der Unternehmung, S. 136.
[543] Die Monte-Carlo-Simulation wird auch als stochastische Simulation bezeichnet. Vgl. RUBINSTEIN et al. (2017) Simulation and the Monte Carlo method, S. 11.
[544] Vgl. GÖTZE (2014) Investitionsrechnung, S. 401 f.

In einer Monte-Carlo-Simulation wird mit Hilfe eines Zufallszahlengenerators aus einer vorge-gebenen Wahrscheinlichkeitsverteilung ein Stichprobenwert gezogen und ein erster Zielgrößen-wert berechnet. Durch das wiederholte Ziehen von Zufallszahlen in einer definierten Anzahl von Rechenläufen (Simulationsläufe) entsteht aus den Einzelwerten eine Wahrscheinlichkeitsvertei-lung für die Zielgröße. Die Rechenläufe sind dabei in einer ausreichend großen Anzahl durchzu-führen, damit die Gesamtheit der Stichprobenwerte die Wahrscheinlichkeitsverteilungen der Ein-gangsgrößen repräsentativ wiedergeben.[545] Dadurch bildet die Gesamtverteilung der Zielgröße eine repräsentative Anzahl risikobedingter Zukunftsszenarien ab.[546] Die Gesamtverteilung der Zielgröße ist zu interpretieren und dient als Entscheidungsgrundlage für die Untersuchung.

Die Generierung von Zufallszahlen kann mit verschiedenen Simulationsverfahren erfolgen. Ne-ben der klassischen Monte-Carlo-Simulation kann auch die Latin-Hypercube-Simulation für Si-mulationsexperimente angewendet werden. Bei der Monte-Carlo-Simulation werden Zufallszah-len aus dem gesamten Wahrscheinlichkeitsintervall erzeugt. Dabei können Zufallszahlen in Teil-abschnitten der Verteilungsfunktion häufiger oder weniger gezogen werden.[547] Bei der Latin-Hy-percube-Simulation werden Wahrscheinlichkeitsverteilungen in Abschnitte unterteilt, aus denen die Zufallszahlen gleichmäßig gezogen werden.[548] In Abbildung 57 ist die Auswahl der Zufalls-zahlen beider Simulationsmethoden gegenübergestellt.

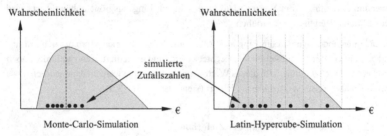

Abbildung 57: Generierung von Zufallszahlen in Simulationsmethoden[549]

Simulationsexperimente werden mit Simulationsprogrammen durchgeführt. Beispielsweise kön-nen mit den Programmen @RISK, Crystal Ball oder Insight.xla als Add-In-Anwendung zu Micro-soft Excel Monte-Carlo- und Latin-Hypercube-Simulationen durchgeführt werden. Zur Beurtei-lung der Instandhaltungskosten in dieser Arbeit wird Microsoft Excel mit dem Add-In @RISK, Version 7.5.0 von Palisade verwendet.[550]

---

[545] Vgl. GÖTZE (2014) Investitionsrechnung, S. 402.
[546] Vgl. GLEIßNER (2017) Grundlagen des Risikomanagements, S. 254.
[547] Vgl. FLEMMING (2012) Modifikation der Vergütungsform beim Einheitspreisvertrag, S. 129 und
        BUSCH (2005) Holistisches und probabilistisches Risikomanagement-Prozessmodell für projektorien-
        tierte Unternehmen der Bauwirtschaft, S. 66.
[548] Vgl. FANG et al. (2006) Design and modeling for computer experiments, S. 47 ff.
[549] In Anlehnung an KAUTT et al. (2001) Modeling the future, S. 80 ff. und FLEMMING (2012) Modifika-
        tion der Vergütungsform beim Einheitspreisvertrag, S. 129.
[550] Vgl. Palisade Corporation (2019) @RISK.

6.2.6.4 Interpretation der Zielgrößenverteilung

Als Ergebnis der Simulationsexperimente wird die Wahrscheinlichkeitsverteilung der zu untersuchenden Zielgröße bestimmt. Aus der Zielgrößenverteilung lassen sich signifikante Kennzahlen ableiten, die als Entscheidungshilfe dienen und die Risiken der Untersuchungsvariante[551] aufzeigen.[552] Aus der grafischen Darstellung der Zielgrößenverteilung (siehe Abbildung 58), insbesondere als Dichte- und Verteilungsfunktion, sind wesentliche Kenngrößen ablesbar.[553]

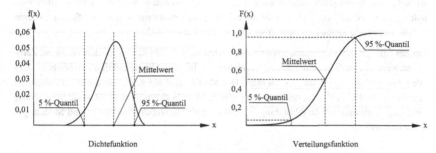

Abbildung 58: Darstellungsformen einer Wahrscheinlichkeitsverteilung[554]

Aus der *Dichtefunktion* ist die Wahrscheinlichkeit für das Eintreten einzelner Ereignisse (x) ablesbar. Außerdem lassen sich aus dem Funktionsverlauf Bereiche identifizieren, in denen die wesentlichen Ereignisse (z. B. 90 % aller Ereignisse) auftreten. Durch die kumulierte Darstellung der Wahrscheinlichkeiten in einer *Verteilungsfunktion* können Schwellenwerte bestimmt werden, bei denen die Wahrscheinlichkeit von Ereignissen über- oder unterschritten wird.[555] Zudem sind aus der Form der Verteilungsfunktion Höhe und Streuung der Zielgrößenwerte ablesbar. Verläuft zum Beispiel eine Verteilungsfunktion steil, so ist die Streuung der Zielgrößenwerte gering.[556] Außerdem lassen sich aus einer Verteilungsfunktion signifikante Kennzahlen, zum Beispiel Erwartungswert (Mittelwert), Median, Modus oder Quantile ableiten.

Der *Erwartungswert* charakterisiert als arithmetischer *Mittelwert* durch einen Zahlenwert den Schwerpunkt einer Verteilung und dient in vielen Fällen als Entscheidungsgrundlage.[557] Er wird bei stetigen Zufallsvariablen nach Formel 8 berechnet.

---

[551] Untersuchungsvarianten in dieser Arbeit sind die einzelnen Kostenrechnungen der Szenarien (siehe Abschnitt 6.3.4).
[552] Vgl. GÖTZE (2014) Investitionsrechnung, S. 402.
[553] Vgl. GIRMSCHEID et al. (2013) Kalkulation, Preisbildung und Controlling in der Bauwirtschaft, S. 360
[554] In Anlehnung an FAHRMEIR et al. (2016) Statistik, S. 48 ff. und SCHMUCK (2017) Wirtschaftliche Umsetzbarkeit saisonaler Wärmespeicher, S. 102.
[555] Vgl. HÖLSCHER et al. (2015) Mathematik und Statistik in der Finanzwirtschaft, S. 49 f. und GLEIßNER (2017) Grundlagen des Risikomanagements, S. 27.
[556] Vgl. GÖTZE (2014) Investitionsrechnung, S. 403.
[557] Vgl. GLEIßNER (2017) Grundlagen des Risikomanagements, S. 28; BECKER et al. (2016) Stochastische Risikomodellierung und statistische Methoden, S. 55. und DÜRR et al. (2017) Wahrscheinlichkeitsrechnung und schließende Statistik, S. 66.

$$E(x) = \int\limits_{-\infty}^{+\infty} x \cdot f(x)dx \tag{8}$$

Formel 8:   Erwartungswert

Der *Median* (auch Zentralwert) ist ebenfalls ein Lagekennwert, der die simulierten Zielgrößenwerte in zwei gleich große Hälften aufteilt.[558] Er entspricht damit dem 50 %-Quantil einer Verteilung. Im Gegensatz zur Durchschnittsberechnung des Erwartungswertes beeinflussen extreme Zufallswerte (sehr kleine oder sehr große Werte) den Median nicht.[559]

Der am häufigsten vorkommende Wert einer Verteilung wird als *Modus* (auch Modalwert, Zentralitätswert, Wahrscheinlichkeitswert) bezeichnet.[560] In einer Dichtefunktion entspricht er dem Wert mit der höchsten Wahrscheinlichkeit. Der Modus wird nur selten für statistische Auswertungen verwendet, da eine Verteilung auch mehrere Modi besitzen kann. Er ist somit nicht immer eindeutig bestimmbar.[561] In Abbildung 59 sind in einer Dichtefunktion Modus und Median gekennzeichnet.

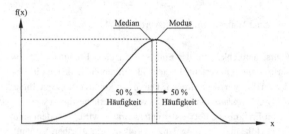

Abbildung 59: Modus und Median einer Dichtefunktion

Quantile sind ebenfalls Lageparameter, die einen festgelegten prozentualen Anteil einer Wahrscheinlichkeitsverteilung vom Rest abgrenzen.[562] Sie dienen der Beschreibung einer Verteilung, um Aussagen zur Streuung und Abgrenzung von bestimmten Intervallen (z. B. die wahrscheinlichsten 90 %) abzuleiten.[563] Für statistische Auswertungen wird besonders häufig das 5 %-Quantil verwendet, um 5 % der Werte, die unterhalb der zugehörigen Häufigkeit liegen, von der Ergebnisauswertung auszuschließen. Mit dem 95 %-Quantil werden in gleicher Weise die 5 % der Werte, die oberhalb der zugehörigen Häufigkeit liegen, ausgeschlossen. Damit werden nur die 90 % häufigsten Simulationsergebnisse berücksichtigt und sogenannte Ausreißer, die das Ergebnis verfälschen können, vermieden.[564]

---

[558]   Vgl. BOSCH (2007) Basiswissen Statistik, S. 120.
[559]   Vgl. COTTIN et al. (2013) Risikoanalyse, S. 105.
[560]   Vgl. DORMANN (2017) Parametrische Statistik, S. 6, COTTIN et al. (2013) Risikoanalyse, S. 105 und ECKSTEIN (2014) Repetitorium Statistik, S. 39 f.
[561]   Vgl. BECKER et al. (2016) Stochastische Risikomodellierung und statistische Methoden, S. 55 und COTTIN et al. (2013) Risikoanalyse, S. 105.
[562]   Vgl. ZWERENZ (2015) Statistik, S. 98.
[563]   Vgl. ZWERENZ (2015) Statistik, S. 298.
[564]   Vgl. ECKSTEIN (2014) Repetitorium Statistik, S. 41.

6.3   Anwendung der tabellarisch-stochastischen Kostenrechnung

6.3.1   Aufbau des Kostenrechnungsblattes

Im Kostenrechnungsblatt sind die Kenngrößen aus Abbildung 54 integriert (siehe Abschnitt 6.2.1). Das Kostenrechnungsblatt ist die Eingabemaske für alle Einzelkosten im kompletten Betrachtungszeitraum. Es beinhaltet alle Verknüpfungen zur Integration von Preissteigerungen und zur Berechnung der Zielgrößen (Endwert, Kostenzins). In Tabelle 35 ist der Aufbau eines Kostenrechnungsblattes dargestellt. Darin werden im Tabellenkopf das jeweilige Nutzungsjahr und die Fälligkeit der Zahlungen zum 31.12. eines jeden Jahres angezeigt. In der ersten Spalte werden die Eingabe- und Ausgabewerte durchnummeriert und in Spalte zwei benannt. Diese einzelnen Kenngrößen werden in den folgenden Abschnitten 6.3.2 bis 6.3.6 vorgestellt.

Tabelle 35:   Kostenrechnungsblatt[565]

Nr.	Jahr	0	1	...	50
	Ereignis	0. Jahr Herstellung	1. Jahr Nutzung	... Jahr Nutzung	50. Jahr Nutzung
	Betrachtungszeitpunkt	31.12.	31.12.	31.12.	31.12.
	Substanznote				
[1]	Maßgebender Mangel/Schaden (S|V|D)	0|0|0	0|0|0	...	1|0|3
[2]	Prognostizierte Substanznotenentwicklung	1,0	1,0	...	2,7
	Kosten der Modellbrücke				
[3]	Realisierungskosten				
[4]	Laufende Unterhaltung				
[5]	Instandsetzungskosten				
[6]	Überwachungskosten				
[7]	Einfache Prüfung				
[8]	Hauptprüfung				
[9]	**Summe Nutzungskosten p. a. aus [3] bis [8]**				
[10]	Nutzungskosten je Bauwerk kumuliert				
[11]	Prozent an Herstellkosten kumuliert				
	Gesamtkostenbetrachtung Brücken Bundesfernstraßen				
[12]	Kosten p. a. aus [9] bezogen auf m² Brückenüberbaufläche				
[13]	**Gesamtkosten Instandhaltung Bundesfernstraßen p. a.**				
[14]	Gesamtkosten Instandhaltung Bundesfernstraßen kumuliert				

6.3.2   Vorgehensweise

Die tabellarisch-stochastische Kostenrechnung beinhaltet Instandhaltungskosten und Berechnungen zur Ermittlung der Zielgrößen für eine Modellbrücke und der Extrapolation (Hochrechnung) auf den Brückenbestand an Bundesfernstraßen. Das Kostenrechnungsblatt wird für jedes Szenario (Variante) nach folgendem Vorgehen erstellt:

1. Ermittlung der stochastischen Eingangsgrößen (Abschnitt 6.3.3),

2. Festlegung von Szenarien (Abschnitt 6.3.4),

    a) szenarienspezifische Schädigungsverläufe und Instandsetzungszyklen (Abschnitt 6.3.5),

---

[565] Siehe Abbildung 54.

b)   Kostenszenarien (Abschnitt 6.3.6),

3.   Berechnung der jährlichen Nutzungskosten (Abschnitt 6.4),

4.   Extrapolation der Kosten auf den gesamten Brückenbestand an Bundesfernstraßen (Abschnitt 6.4) und

5.   Ermittlung der Zielgrößen (Abschnitt 6.4).

Nach der Zielgrößenberechnung werden die Szenarien in einer Kostenvergleichsanalyse miteinander verglichen und die Ergebnisse interpretiert. Abschließend werden in Sensitivitätsanalysen die Ergebnisse auf ihre Empfindlichkeit bei Änderungen in den Eingangsgrößen untersucht.

6.3.3   Ermittlung der stochastischen Eingangsgrößen

6.3.3.1 Realisierungskosten

Die *Realisierungskosten (Zeile [3])* sind bei ausschließlicher Betrachtung von Nutzungskosten für die Zielgröße *Endwert* nicht von Bedeutung. Hingegen dienen sie bei der Ermittlung des *Kostenzinses* nach Formel 7 als Bezugsgröße für K_0.

Die Realisierungskosten werden für eine Modellbrücke ermittelt, die auf Basis einer stochastischen Verteilung für die Brückenüberbaufläche aller Brücken an Bundesfernstraßen (BFS) und einem gemittelten sowie normierten Baukostenkennwert beruht. Die Brückenüberbauflächenverteilung wurde nach der Brückenstatistik (09/2018)[566] aufgestellt und nach Tabelle 36 berechnet.

Die Brückenlängen liegen in Intervallen mit oberem und unterem Grenzwert vor. Zur Modellierung der relativen Häufigkeit wurde die Rechteckverteilung gewählt. Lediglich für sehr große Brücken wurde eine Dreiecksverteilung mit einer minimalen Länge von 500 m dem Modus von 600 m und einer maximalen Länge von 1.000 m angenommen, damit die in der Realität seltenen großen Brücken die Verteilung nicht zu sehr verfälschen.[567] Als Brückenbreite wurde eine Rechteckverteilung zwischen den Regelquerschnitten RQ 10,5 (10,5 m breite einbahnige Straße, i. d. R. für Bundesstraßen) und RQ 29,5 (29,5 m breite zweibahnige Straße mit je 2 Fahrstreifen, i. d. R. für Autobahnen) als mittlerer Querschnitt von 20,0 m für Bundesfernstraßen gewählt. Die Summation der Zeilenprodukte aus Brückenflächenverteilung und prozentualen Anteilen an Teilbauwerken ergibt die dargestellte Brückenflächenverteilung mit wahrscheinlichstem Wert von 1.077 m² (5 %-Quantil = 730 m² und 95 %-Quantil = 1.490 m²).

---

[566]   Vgl. Bundesanstalt für Straßenwesen (2018) Brücken an Bundesstraßen, Brückenstatistik 09/2018, [Stand: 07.06.2019].

[567]   Mit dem Modus von 600 m ergibt sich der Erwartungswert (Mittelwert) von 700 m $= \frac{(500 + 600 + 1000)}{3}$.

Tabelle 36:   Ermittlung der Brückenüberbauflächenverteilung

Brückenlänge [m]			Verteilung für Brückenlänge [a]	Brückenbreite[*3] [m]			Verteilung für Brückenbreite [b]	Brückenflächenverteilung [c] = [a] · [b]	Anteil von Gesamt[568] (51.608 Teilbauwerke) [d]
von	bis	Art	Mittelwert [m]	von	bis	Art	Mittelwert [m]	Mittelwert [m²]	[%]
10 [*1]	30	Rechteck	20					400	64,0
30	50	Rechteck	40					800	15,9
50	100	Rechteck	75	10,5	29,5	Rechteck	20,0	1.500	12,8
100	500	Rechteck	300					6.000	6,5
500	1.000 [*2]	Dreieck	700					14.000	0,8
Brückenflächenverteilung gesamt (Mittelwert) = $(\sum_{Zelle=1}^{5}([c] \cdot [d])$								1.077 m²	

Histogramm: Relative Häufigkeit (y-Achse, 0,0 % bis 6,0 %) über Brückenüberbaufläche [m²] (x-Achse, 400 bis 2.200). Markierungen: 5 % und 95 %.

5 %-Quantil: 730 m²
Mittelwert: 1.077 m²
95 %-Quantil: 1.490 m²

[*1] Annahme für untere Grenze,[569] [*2] Annahme für obere Grenze,[569] [*3] Annahme Brückenbreite für RQ 10,5 bis RQ 29,5

Der Baukostenkennwert setzt sich aus dem Mittelwert verschiedener Quellen zusammen und wurde mit einem mittleren Baupreisindex von 2,6 auf das Jahr 2018 normiert.[570] Tabelle 37 zeigt die Ermittlung der Realisierungskostenverteilung auf Basis verschiedener Kostenkennwerte.

---

[568] Vgl. Bundesanstalt für Straßenwesen (2018) Brücken an Bundesstraßen, Brückenstatistik 09/2018, [Stand: 07.06.2019].

[569] Um Ausreißer nicht übermäßig zu bewerten, wurden sehr kleine Brücken mit einem unteren Grenzwert von 10 m berücksichtigt und sehr große Brücken auf einen oberen Grenzwert von 1.000 m begrenzt. Vgl. Bundesanstalt für Straßenwesen (2018) Brücken an Bundesstraßen, Brückenstatistik 09/2018, [Stand: 07.06.2019].

[570] Der mittlere Baupreisindex von 2,6 bezieht sich auf die Mittelwerte für Brücken im Straßenbau der Jahre 2013 bis 2018. Vgl. Statistisches Bundesamt (Destatis) (2019) Preisindizes für die Bauwirtschaft, [Stand: 17.06.2019].

Tabelle 37: Ermittlung der Realisierungskostenverteilung

Brücken-flächen-verteilung	Anteil von Gesamt	Kosten nach SMWA[571] [€/m²]			Kosten nach BMVI[572] [€/m²]			Kosten nach Krause-Zahlentafeln[573] [€/m²]			Gesamtkosten
Mittelwert [m²]	[%]	von	mittel	bis	von	mittel	bis	von	mittel	bis	Mittelwert [€]
400	64,0	1.850		3.250							673.735
800	15,9	1.850		2.350							315.682
1.500	12,8	1.850	---*1	2.350	2.297	2.475	3.827	1.330	2.358	2.479	476.501
6.000	6,5	1.250		2.300							925.643
14.000	0,8	1.000		1.650							249.026
								Realisierungskostenverteilung (Mittelwert)			2.640.587

*1 Kosten liegen nur als Kostenspanne (von/bis) vor

Aus den angegebenen Quellen wurden Kostenverteilungen für die verschiedenen Brückenlängen-Kategorien nach Tabelle 36 bestimmt. Dazu sind in Tabelle 37 die in jeder Kategorie ermittelten Brückenflächenverteilungen (400 m² bis 14.000 m²) vorangestellt. Aus den Kostenintervallen wurden Kostenverteilungen für jede Kategorie bestimmt. Liegen Kostenkennwerte im Bereich „von", „mittel" und „bis" vor, gehen die Kosten als Dreiecksverteilung ein. Sind die Kosten lediglich als Kostenspanne („von" und „bis") angegeben, werden diese als Rechteckverteilung modelliert. Zur Berechnung der Gesamtkostenverteilung je Kategorie werden die Brückenflächenverteilung (Spalte 1), der Anteil von Gesamt (Spalte 2) und der Durchschnitt aus den drei Kostenverteilungen („SMWA", „BMVI" und „Krause-Zahlentafeln") bestimmt. Die Summe aller fünf Gesamtkostenverteilungen (Zeile 3 bis 7) ergibt die dargestellte Realisierungskostenverteilung der Modellbrücke mit wahrscheinlichstem Wert von 2,641 Mio. € (5 %-Quantil = 1,778 Mio. € und 95 %-Quantil = 3,680 Mio. €).

---

571 Realisierungskosten pro m² Brückenüberbaufläche für verschiedene Stützweiten. Vgl. Staatsministerium für Wirtschaft, Arbeit und Verkehr Sachsen, Ausbau und Erhaltungsstrategie Staatsstraßen 2030, [Stand: 27.03.2019], Anlage 5-1.

572 Durchschnittliche Kostenansätze für die Wiederbeschaffung von Brücken aus Beton (1.534 €/m²), Stahl (2.454 €/m²) und andere Materialen (2.556 €/m²) wurden mit einem BPI von 2,6 auf die Kostenansätze von 2018 hochgerechnet. Vgl. ROMMERSKIRCHEN et al. (2002) Wegekostenrechnung für das Bundesfernstraßennetz (Schlussbericht), [Stand: 27.03.2019].

573 Realisierungskosten pro m² Brückenüberbaufläche von 1983 normiert auf 2018. Vgl. KRAUSE et al. (2016) Zahlentafeln für den Baubetrieb, S. 496.

6.3.3.2 Laufende Unterhaltungskosten

Die *laufenden Unterhaltungskosten ([Zeile 4])* enthalten Leistungen der betrieblichen und der baulichen Unterhaltung sowie sämtliche Betriebskosten. Die betriebliche Unterhaltung umfasst alle Leistungen zur Erhaltung der Verkehrssicherheit und zur Sicherung der Bausubstanz,[574] z. B. die Erneuerung von Schutzplanken, Verkehrssicherungsmaßnahmen oder punktuelle Ausbesserungen des Fahrbahnbelages. Die bauliche Unterhaltung beinhaltet kleinere Reparaturmaßnahmen an der Bausubstanz (z. B. Betoninstandsetzungen, Graffiti-Entfernung). Größere Maßnahmen zur Gewährleistung der Dauerhaftigkeit werden in den Instandsetzungskosten (Zeile [5]) berücksichtigt. Diese Maßnahmen umfassen meist mehrere Teilleistungen, die je nach Instandhaltungsstrategie und vorhandenem Haushaltsbudget gebündelt geplant und ausgeführt werden. Die Betriebskosten enthalten regelmäßig im Jahresverlauf wiederkehrende Leistungen oder Verbrauchsgüter (z. B. Reinigungsarbeiten, Wartung von technischen Anlagen, Verbrauch von Elektrizität, Winterdienst).

In der Kostenrechnung wurde für die laufende Unterhaltung ein Betrag von 3,50 €/m² Brückenüberbaufläche (Stand: 2006) nach SCHACH[575] angenommen. Da die Unterhaltungsmaßnahmen überwiegend Dienstleitungen beinhalten, wurde für den Preisanstieg der Erzeugerpreisindex (EPI) verwendet (siehe Abschnitt 6.3.3.5). Die Normierung auf das Jahr 2018 mit einer Preissteigerung des EPI von i. M. 1,5 % ergibt einen Betrag von 4,18 €/m² Brückenüberbaufläche.[576] Die jährlichen Unterhaltungskosten betragen bei Anwendung auf die Brückenflächenverteilung der Modellbrücke (siehe Abschnitt 6.3.3.1) im Mittel 4.503 € (5 %-Quantil = 3.034 € und 95 %-Quantil = 6.222 €).

6.3.3.3 Instandsetzungskosten

Die Eingangsgröße der Instandsetzungskosten ist die wesentliche Komponente im Untersuchungsmodell, denn sie bildet den monetär größten Anteil an den Nutzungskosten im Betrachtungszeitraum von 50 Jahren. Da die Höhe der Instandsetzungskosten und der Zeitpunkt der Durchführung von Instandsetzungsmaßnahmen die Zielgrößen (Endwert, Kostenzins) maßgeblich beeinflussen, werden die Instandsetzungskosten in verschiedenen Szenarien untersucht (siehe Abschnitt 6.3.6).

Die Instandsetzungszeitpunkte orientieren sich an üblichen Instandhaltungsmaßnahmen (z. B. Fahrbahnbelag, Lager, Üko, Kappe etc.).[577]

---

[574] Vgl. SCHACH et al. (2006) Lebenszykluskosten von Brückenbauwerken, S. 348.
[575] Vgl. SCHACH et al. (2006) Lebenszykluskosten von Brückenbauwerken, S. 348.
[576] Mittelwert aus den Preissteigerungen von 2006 bis 2018. Vgl. Statistisches Bundesamt (Destatis) (2019) Erzeugerpreisindex für Dienstleistungen, [Stand: 28.03.2019].
[577] Im Forschungsprojekt „Ganzheitliche Bewertung von Stahl- und Verbundbrücken nach Kriterien der Nachhaltigkeit (NaBrü)" wurden Erneuerungszyklen für einzelne Bauteilgruppen untersucht. Beispielsweise wurden für Elastomerlager, für Lamellenübergänge der Üko oder für die komplette Erneuerung des Fahrbahnbelags auf Brückenbauwerken Erneuerungszyklen von 33 Jahre bestimmt. Reparaturen oder Teilerneuerungen sind in Zyklen von 16 Jahren z. B. für den Korrosionsschutz, für Deckschichten des Fahrbahnbelages oder für Dichtprofile der Üko erforderlich. Vgl. BECK et al. (2013) Instandhaltungsstrategien als Basis für die ganzheitliche Bewertung von Stahl- und Verbundbrücken nach Kriterien der Nachhaltigkeit, S. 6 f.

Zum Beispiel untersuchte ZINKE[578] in seiner Dissertation Instandhaltungs- und Erneuerungszyklen von Brücken für drei verschiedene Instandhaltungsstrategien. Diese sind auszugsweise in Tabelle 38 dargestellt.

Tabelle 38:   Erneuerungszyklen von Bauteilgruppen an Brücken[579, 580]

Bauteilgruppe	Maßnahme	Präventiv-strategie	Zustands bestimmende Strategie	Gezielte Alterung
		Maßnahme nach Jahren der Nutzung (a_1 | a_2 | a_t)		
Fahrbahnübergänge	Dichtprofil Lamellenübergang	17 | 50 | 83	17 | 50 | 83	17 | 33 | 67 | 83
	Austausch Lamellenübergang	33 | 67	33 | 67	50
Lager	Erneuerung Elastomerlager	33 | 67	33 | 67	50
	Erneuerung Kalottenlager[1]	100	100	50
Kappen	Erneuerung	33 | 67	33 | 67	50
Korrosionsschutz	Ausbesserung	17 | 42 | 67 | 92	---	---
	Teilerneuerung	33 | 83	---	---
	Vollerneuerung	50	33 | 67	50
Betoninstandsetzung	Widerlager, Pfeiler, Untersicht Überbau	33 | 67	67	50
Straßenbau	Deckschicht	jedes 11. Jahr	17 | 50 | 83	17 | 33 | 67 | 83
	Deckschicht und Abdichtung	33 | 67	33 | 67	50
Ausstattung	Geländer / Schutzeinrichtungen	33 | 67	33 | 67	50
	Entwässerung	33 | 67	33 | 67	50

[1] bei regelmäßiger Instandhaltung

Die Höhe der Instandsetzungskosten wird ebenfalls in Szenarien untersucht. Die Kosten werden dabei auf Basis verschiedener Quellen[581] abgeschätzt und im Anschluss an die Vorstellung der stochastischen Eingangsgrößen des Kostenrechnungsblattes im Abschnitt 6.3.6 untersucht.

6.3.3.4 Prüf- und Überwachungskosten

In den Prüf- und Überwachungskosten sind die Leistungen enthalten, die für die Zustandserfassung des Bauwerks erforderlich sind. Sie sind nach DIN 1076 in jährliche *Überwachungskosten (Zeile [6])* und Kosten für die turnusmäßig wiederkehrende *Einfache Prüfung (Zeile [7])* und die *Hauptprüfung (Zeile [8])* unterteilt.[582] Die Überwachungskosten beinhalten die Aufwendungen

---

[578] Vgl. ZINKE (2016) Nachhaltigkeit von Infrastrukturbauwerken, S. 81.
[579] In Anlehnung an ZINKE (2016) Nachhaltigkeit von Infrastrukturbauwerken, S. 81.
[580] Die Ziele der Präventivstrategie und der zustandsbestimmenden Strategie wurden bereits in der Fußnote 470 beschrieben. Bei der *gezielten Alterung* werden Instandhaltungsmaßnahmen nur bei Notwendigkeit durchgeführt. Vorausschauende Erhaltungsmaßnahmen werden nicht durchgeführt. Dadurch erhöhen sich die Kosten für einzelne Instandsetzungsmaßnahmen. Vgl. BECK et al. (2013) Instandhaltungsstrategien als Basis für die ganzheitliche Bewertung von Stahl- und Verbundbrücken nach Kriterien der Nachhaltigkeit, S. 6.
[581] Kostenansätze nach Preisauskunft eines deutschen Baukonzerns und nach Thüringer Landesamt für Bau und Verkehr (2011) Kostenkatalog für die Empfehlung von Erhaltungsmaßnahmen an Ingenieurbauwerken im Zuge von Bundes- und Landesstraßen im Rahmen von Bauwerksprüfungen nach DIN 1076, [Stand: 25.06.2019].
[582] Siehe Abschnitt 2.2.3.2.

der Bauwerksüberwachung für die jährlich durchzuführende Besichtigung und die zweimal jährlich erforderliche Beobachtung.[583] Leistungen für Prüfungen aus besonderem Anlass (Sonderprüfung) und nach besonderen Vorschriften wurden nicht berücksichtigt. Das lässt sich dadurch begründen, dass zum einen Sonderprüfungen nach „[...] größeren, den Zustand der Ingenieurbauwerke beeinflussenden Ereignissen"[584] durchzuführen sind und diese im Untersuchungsmodell weder zeitlich noch monetär abschätzbar sind.[585] Zum anderen sind Prüfungen von maschinellen und elektrischen Anlagen (Prüfung nach besonderen Vorschriften) nicht der Regelfall beim Großteil aller Bauwerke im Untersuchungsmodell. Dennoch wird ein Teil dieser Kosten durch die laufenden Unterhaltungskosten (Zeile [4]) berücksichtigt, der Rest für spezielle Prüfungen (z. B. Anlagenprüfung bei Klappbrücken) bleibt unberücksichtigt.

In der Kostenrechnung wurden die Überwachungskosten nach SCHACH (Stand: 2006) für die jährliche Besichtigung mit 0,25 €/m² Brückenüberbaufläche und die Kosten für die halbjährliche laufende Beobachtung mit 0,10 €/m² Brückenüberbaufläche angenommen.[586] Ebenso wie bei den Unterhaltungskosten (siehe Abschnitt 6.3.3.2) wurden die Überwachungskosten mit einer Preissteigerung des EPI von i. M. 1,5 % auf das Jahr 2018 normiert. Damit ergeben sich 0,30 €/m² für die Besichtigung und 0,12 €/m² für die laufende Beobachtung. Bei Anwendung auf die Brückenflächenverteilung der Modellbrücke ergeben sich jährliche Überwachungskosten von i. M. 580 € (5 %-Quantil = 393 € und 95 %-Quantil = 797 €).[587]

Die Prüfkosten (Einfache Prüfung und Hauptprüfung) wurden nach den Kostenvorgaben des BMVBS (Stand: 2013) ermittelt und mit der Preissteigerung (EPI) von i. M. 1,7 % auf das Jahr 2018 normiert.[588] Tabelle 39 zeigt die Ermittlung der Prüfkostenverteilungen (E, H) für die Modellbrücke auf Basis der Kennwerte des BMVBS.

Aus den Kennwerten „von", „mittel" und „bis" wurden Dreiecksverteilungen generiert, die anschließend mit den Brückenflächenverteilungen [m²] und den prozentualen Anteilen am Brückenbestand überlagert wurden. Die Zusammenfassung aller Einzelverteilungen zu einer gesamten Prüfkostenverteilung ergibt für die Einfache Prüfung Prüfkosten von i. M. 2.188 € (5 %-Quantil = 1.267 € und 95 %-Quantil = 3.440 €) und für die Hauptprüfung von i. M. 4.871 € (5 %-Quantil = 3.104 € und 95 %-Quantil = 7.087 €).

---

[583] Vgl. DIN 1076:11/1999 Ingenieurbauwerke im Zuge von Straßen und Wegen, S. 5.

[584] Vgl. DIN 1076:1999-11 Ingenieurbauwerke im Zuge von Straßen und Wegen, S. 5.

[585] Das Risiko für solch ein Ereignis ist im Betrachtungszeitraum zwar als gering einzuschätzen, hingegen können die Auswirkungen (Kosten zur Wiederherstellung des Gebrauchszustandes) sehr groß sein.

[586] Vgl. SCHACH et al. (2006) Lebenszykluskosten von Brückenbauwerken, S. 347.

[587] Die Überwachungskosten wurden wie folgt bestimmt: $(0,30 € + 2 \cdot 0,12 €) \cdot 1.077 m^2 \cong$ i. M. 580 €/a.

[588] Vgl. BMVBS (2013) Bauwerksprüfung nach DIN 1076 Bedeutung, Organisation, Kosten, S. 66. Der EPI von 1,7 % ist der Mittelwert aus den Preissteigerungen von 2013 bis 2018. Vgl. Statistisches Bundesamt (Destatis) (2019) Erzeugerpreisindex für Dienstleistungen, [Stand: 28.03.2019].

Tabelle 39:   Ermittlung der Prüfkostenverteilungen[589]

Brücken-flächen-verteilung	Anteil von Gesamt	Kosten-gruppierung für E	Prüfkosten (E) normiert 2018 [€/m²]			Kosten-gruppierung für H	Prüfkosten (H) normiert 2018 [€/m²]		
Mittelwert [m²]	[%]	[m²]	von	mittel	bis	[m²]	von	mittel	bis
400	64,0	bis 400	2,57	6,06	10,10	bis 400	4,36	10,17	18,01
800	15,9	bis 800	0,78	1,57	2,48	bis 800	1,40	4,80	8,08
1.500	12,8	bis 1.500	0,64	0,97	1,43	bis 1.500	1,08	3,64	6,14
6.000	6,5	> 1.500	0,45	0,50	0,56	1.500 bis 14.000	0,76	2,09	3,44
14.000	0,8					> 14.000	0,59	1,27	2,05
Prüfkostenverteilungen	Mittelwert [E]		2.188 €			Mittelwert [H]		4.871 €	

6.3.3.5 Preissteigerung

In der dynamischen Kostenrechnung mit dem Betrachtungszeitraum von 50 Jahren sind verschiedene Preissteigerungen zu berücksichtigen. Die Kostenansätze vom Jahr 0 (Herstellung) bis zum Jahr 50 des Betrachtungszeitraumes werden mit folgenden Indizes fortgeschrieben:

- Verbraucherpreisindex (VPI) für laufende Unterhaltungskosten,

- Baupreisindex (BPI) für Instandsetzungskosten und

- Erzeugerpreisindex (EPI) für Prüf- und Überwachungskosten.

Der *Verbraucherpreisindex (VPI)* gibt an, wie sich die Preise für Waren und Dienstleistungen privater Haushalte entwickeln. Dabei werden beispielsweise Mieten, Reinigungsdienstleistungen oder Reparaturen berücksichtigt.[590] Die laufenden Unterhaltungskosten an Ingenieurbauwerken werden zwar nicht von privaten Haushalten finanziert, aber die Preisentwicklung folgt diesem *„[...] zentralen Indikator zur Beurteilung der Geldentwicklung in Deutschland".*[591]

Für den langen Betrachtungszeitraum von 50 Jahren im Untersuchungsmodell ist eine Preissteigerung der Verbraucherpreise mit einem vergleichbar langen Zeitraum zu wählen. Die Statistik für Deutschland hat die Verbraucherpreise erst ab 1991 statistisch ausgewertet. Der durchschnittliche jährliche Anstieg der Verbraucherpreise von 1991 bis 2018 beträgt 1,7 %. Dieser Preisanstieg wird im Untersuchungsmodell verwendet, da Prognosen in die Zukunft über einen langen

---

[589]   Die einzelnen Kostenkennwerte (Prüfkosten für E und H) wurden den Diagrammen des BMVBS (2013) Bauwerksprüfung nach DIN 1076 Bedeutung, Organisation, Kosten, S. 66 entnommen.

[590]   Vgl. Statistisches Bundesamt (Destatis) (2019) Verbraucherpreisindex (VPI), [Stand: 17.06.2019].

[591]   Vgl. Statistisches Bundesamt (Destatis) (2019) Verbraucherpreisindex (VPI), [Stand: 17.06.2019].

Betrachtungszeitraum nicht realistisch abschätzbar sind und keine Preisentwicklung über 50 Jahre vorliegt.

Der *Baupreisindex (BPI)* ist ein Maß für die Preisentwicklung ausgewählter Bauleistungen des Neubaus und der Instandhaltung. Im Ingenieurbau werden Preisentwicklungen für den „Straßenbau" und die „Brücken im Straßenbau" statistisch ausgewertet.[592] Das Statistische Bundesamt hat die Baupreisentwicklung für Brücken im Straßenbau ab 1958 herausgegeben. Die durchschnittliche jährliche Preissteigerung der letzten 60 Jahre (1958 bis 2018) betrug dabei 3,2 %. Da diese Entwicklung auch extreme Preisanpassungen beinhaltet (z. B. 1969 bis 1970: BPI = 19,5 % oder 1966 bis 1967: BPI = -3,7 %) wird im Untersuchungsmodell die Entwicklung im Zeitraum von 2013 bis 2018 zugrunde gelegt. Der Preisanstieg betrug dabei durchschnittlich 2,6 % pro Jahr.[593]

Auf den *Erzeugerpreisindex (EPI)* wurde bereits in Abschnitt 6.3.3.2 eingegangen. Der EPI gibt an, wie sich der durchschnittliche Verkaufspreis einzelner Wirtschaftszweige im Bereich der Erzeuger (Hersteller) entwickelt hat.[594] Im Untersuchungsmodell wird der EPI auf die Prüf- und Überwachungsleistungen angewendet. Die größte Schnittmenge dieser Leistungen besteht mit der Dienstleitungsart „andere baubezogene Dienstleistungen", die vom statistischen Bundesamt seit dem Jahr 2006 erfasst werden.[595] Im Zeitraum von 2006 bis 2018 betrug der durchschnittliche jährliche Anstieg des Erzeugerpreises für diese Dienstleistungsart 1,5 %. Dieser Wert wird für die Preisanpassung im Untersuchungsmodell und die Normierung der Kennwerte für die Eingangsgrößen verwendet.

6.3.4   Szenarienbeschreibung

Mit Hilfe verschiedener Szenarien wird untersucht, wie sich die Nutzungskosten bei Anwendung des modifizierten Bewertungsverfahrens im Vergleich zum ursprünglichen Verfahren entwickeln. Die Verifizierung der Hypothese 1, dass Tendenzen der Schadensfortschreitung und der Schadensausbreitung bei Standsicherheitsbeeinträchtigungen frühzeitiger mit dem modifizierten Bewertungsverfahren erfasst werden können (siehe Abschnitt 5.5.3), wird als zentrales Element dieser Untersuchung in die Szenarienbeschreibung integriert. Deshalb werden in den entwickelten Szenarien wesentliche Schadensverschlechterungen beim modifizierten Verfahren sechs Jahre früher dokumentiert als mit dem ursprünglichen Bewertungsverfahren. Damit aus dieser Dokumentation überhaupt Einsparungen in den Instandhaltungskosten abgeleitet werden können, sind Instandsetzungen schnellstmöglich durchzuführen. In allen Szenarien werden unmittelbar nach der Feststellung einer Verschlechterung des maßgeblichen Schadens, der gleichzeitig zu einer

---

[592] Vgl. Statistisches Bundesamt (Destatis) (2019) Preisindizes für die Bauwirtschaft, [Stand: 17.06.2019].

[593] Vgl. Statistisches Bundesamt (Destatis) (2019) Preisindizes für die Bauwirtschaft, [Stand: 17.06.2019].

[594] Vgl. Statistisches Bundesamt (Destatis) (2019) Erzeugerpreisindex für Dienstleistungen, [Stand: 17.06.2019].

[595] Die Dienstleistungsart „andere baubezogene Dienstleistungen (Code: DL-IN-02)" ist im Wirtschaftszweig WZ 2008 erfasst und berücksichtigt die Preisentwicklung von Gutachter- und Sachverständigentätigkeiten sowie von bautechnischen Prüfungen und Überwachungen. Vgl. Statistisches Bundesamt (Destatis) (2018) Erzeugerpreisindizes für Dienstleistungen, [Stand: 17.06.2019], S. 13.

Bewertungsverschlechterung führt, die Instandsetzungen durchgeführt. Dies entspricht einer zustandsbestimmenden Instandhaltungsstrategie.[596] Somit werden im modifizierten Bewertungsverfahren Instandsetzungen sechs Jahre früher durchgeführt als im ursprünglichen Verfahren. Die Instandsetzungszeitpunkte in der Nutzungsphase orientieren sich dabei an den üblichen Instandhaltungsmaßnahmen nach Tabelle 38 (Abschnitt 6.3.3.3). Die Planung und Ausschreibung der Instandsetzungsmaßnahmen soll innerhalb eines Jahres abgeschlossen sein, sodass die Maßnahmen ein Jahr nach Feststellung der Schadensverschlechterung ausgeführt werden. Abbildung 60 zeigt ein solches – nach diesen Vorgaben aufgestelltes – Szenario.[597]

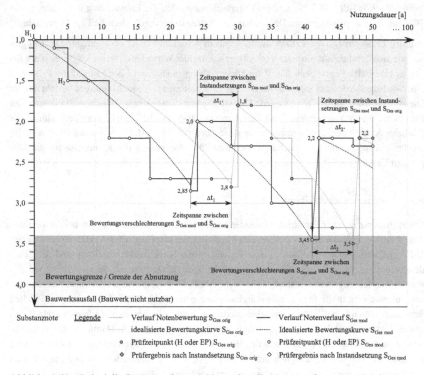

Abbildung 60: Beispielhafte Zustandsentwicklung über die Nutzungsdauer von 50 Jahren

Die dargestellte Substanznotenentwicklung[598] erfasst alle regulären Prüfungen eines Ingenieurbauwerks (Einfache Prüfungen und Hauptprüfungen) im Nutzungszeitraum von 50 Jahren. Im grau hinterlegten Bereich bis Note 1,8 sind definitionsgemäß keine Maßnahmen erforderlich,

---

[596]   Nach BECK et al. werden „bei der zustandsbestimmenden Strategie [...] Maßnahmen gebündelt, indem die Brücke vorausschauend und/oder reaktiv instandgehalten wird". Vgl. BECK et al. (2013) Instandhaltungsstrategien als Basis für die ganzheitliche Bewertung von Stahl- und Verbundbrücken nach Kriterien der Nachhaltigkeit.

[597]   Das Szenario entspricht dem Instandhaltungsfall B. (siehe Abschnitt 6.3.5.2).

[598]   Die auf der vertikalen Achse aufgetragene Substanznote wurde verwendet, damit Bewertungen der Verkehrssicherheit, die Zustandsnotenentwicklung nicht beeinträchtigen (siehe Abschnitt 3.4.2.2).

während ab einer Note von 3,4 akuter Handlungsbedarf besteht.[599] Die stufenartigen Kurven verbinden die ursprünglichen Substanznoten ($S_{Ges\ orig}$) und die modifizierten Substanznoten ($S_{Ges\ mod}$) zum jeweiligen Bewertungszeitpunkt. Die gestrichelten Bewertungskurven verdeutlichen idealisiert die jeweilige Schadensverschlechterung. Es ist ersichtlich, dass bis zur Hauptprüfung im Jahr 23 keine Bewertungsabweichung zwischen ursprünglichem und modifiziertem Verfahren dokumentiert ist. Im Jahr 23 wird erstmals ein Schaden mit S =1,5 (im Beispiel: S|V|D = 1,5|0|3 und damit BZZ = 2,85) im modifizierten Verfahren bewertet. Dies führt zur dargestellten Abweichung im Verlauf der Zustandsnotenentwicklung zwischen beiden Verfahren. Erst sechs Jahre später wird im ursprünglichen Verfahren diese Schadensverschlechterung mit S = 2 (im Beispiel: S|V|D = 2|0|3 und damit BZZ = 2,8) bewertet. Im Folgejahr dieser bewerteten Schadensverschlechterung wird der Schaden instandgesetzt. Die Zeitspanne zwischen den Bewertungsunterschieden (Δt_1) und den Instandsetzungen ($\Delta t_1'$) beträgt 6 Jahre gemäß der Szenarienvorgabe. Dieses Vorgehen wiederholt sich ab Jahr 41 mit der Schadensbewertung S = 2,5 (im Beispiel: S|V|D = 2,5|0|4 und damit BZZ = 3,45) im modifizierten Verfahren. Im ursprünglichen Verfahren wird der Schaden 6 Jahre später mit S|V|D = 3|0|4 und damit BZZ = 3,5 bewertet.

Mit der frühzeitigeren Schadensbewertung im modifizierten Verfahren und der dadurch frühzeitigeren Initiierung einer Instandsetzung ist nach Hypothese 2 davon auszugehen, dass durch einen geringeren Instandsetzungsaufwand Kosten eingespart werden können. Zur Beurteilung dieser Hypothese sind im Untersuchungsmodell Instandsetzungskosten anzusetzen, die verschiedene Kostenszenarien berücksichtigen.

In Tabelle 40 sind die für die Untersuchung definierten Szenarien dargestellt. Aus der Kombination von drei Instandhaltungsfällen und drei Kostenszenarien werden neun Untersuchungsszenarien entwickelt. Für jedes dieser neun Szenarien ist eine Kostenrechnung nach ursprünglichem und modifiziertem Verfahren aufzustellen, die anschließend nach dem in Abschnitt 6.3.2 beschriebenen Vorgehen ausgewertet werden.

Tabelle 40:   Untersuchungsszenarien

Szenarienmerkmale	Instandsetzungsfall		
Kostenszenario	Fall A	Fall B	Fall C
Szenario 1 (üblich)	1A-orig / 1A-mod	1B-orig / 1B-mod	1C-orig / 1C-mod
Szenario 2 (vorausschauend)	2A-orig / 2A-mod	2B-orig / 2B-mod	2C-orig / 2C-mod
Szenario 3 (extrem)	3A-orig / 3A-mod	3B-orig / 3B-mod	3C-orig / 3C-mod

Im Abschnitt 6.3.5 werden die drei Instandhaltungsfälle (Fall A, Fall B und Fall C) beschrieben, nach denen die Szenarien hinsichtlich der Substanznotenentwicklung (Zeitpunkte wesentlicher Schadensverschlechterung) und den Instandsetzungszeitpunkten charakterisiert sind. Die drei Kostenszenarien (1, 2 und 3) für die Instandsetzungsmaßnahmen werden in Abschnitt 6.3.6 vorgestellt.

---

[599] Siehe Tabelle 13 (Abschnitt 3.4.2.2) und vgl. BECK et al. (2013) Instandhaltungsstrategien als Basis für die ganzheitliche Bewertung von Stahl- und Verbundbrücken nach Kriterien der Nachhaltigkeit, S. 6.

6.3.5 Instandhaltungsfälle

6.3.5.1 Fall A – regelmäßige Instandsetzung

Im Fall A (regelmäßige Instandsetzung) sind drei Instandsetzungen im Nutzungszeitraum von 50 Jahren vorgesehen. Im Modell wird von einer kontinuierlichen Schadensverschlechterung ausgegangen. Das führt dazu, dass nach ursprünglichem Verfahren Schadensverschlechterungen mit Standsicherheitsbeeinträchtigung des maßgeblichen Schadens in den Bauwerksprüfungen der Jahre 17, 35 und 47 festgestellt werden. Nach dem Ansatz der zustandsbestimmenden Strategie[600] werden für die anschließenden Instandsetzungen in den Folgejahren (18, 36 und 48) die üblicherweise notwendigen Instandhaltungsmaßnahmen und die Maßnahmen zur Instandsetzung der an der Schadensverschlechterung beteiligten Bauteilgruppen gebündelt. Mit dem Ansatz, dass das Fortschreiten oder die Ausbreitung eines maßgeblichen Schadens im modifizierten Verfahren bereits sechs Jahre vor der Bewertung im ursprünglichen Verfahren dokumentiert wird, sind die Instandsetzungen dafür in den Jahren 12, 30 und 42 vorgesehen.

In Tabelle 41 ist die festgelegte Substanznotenentwicklung von Fall A für das ursprüngliche Bewertungsverfahren nach RI-EBW-PRÜF und das modifizierte Verfahren dargestellt.[601]

Tabelle 41: Substanznotenentwicklung Fall A

Jahr	1	2	3	4	5	6	7	8	9	10	11	12	13	14	15	16
Prüfung	-	-	E	-	H₂	-	-	E	-	-	H	-	-	E	-	-
S|V|D (Orig)	0|0|0	0|0|0	1|0|1	1|0|1	1|0|1	1|0|1	1|0|1	1|0|1	1|0|2	1|0|2	1|0|2	1|0|2	1|0|2	1|0|2	1|0|2	1|0|2
$S_{Ges\ orig}$	1,0	1,0	1,5	1,5	1,5	1,5	1,5	2,2	2,2	2,2	2,2	2,2	2,2	2,2	2,2	2,2
S|V|D (Mod)	0|0|0	0|0|0	1|0|1	1|0|1	1|0|1	1|0|1	1|0|1	1|0|1	1|0|2	1|0|2	1|0|2	**1,5|0|2**	**1|0|1**	1|0|1	1|0|1	1|0|1
$S_{Ges\ mod}$	1,0	1,0	1,5	1,5	1,5	1,5	1,5	2,2	2,2	2,2	2,25	**1,5**	1,5	1,5	1,5	1,5

Jahr	17	18	19	20	21	22	23	24	25	26	27	28	29	30	31	32	33
Prüfung	H	-	-	E	-	-	H	-	-	E	-	-	H	-	-	E	-
S|V|D (Orig)	2|0|2	1|0|1	1|0|1	1|0|1	1|0|1	1|0|1	1|0|2	1|0|2	1|0|2	1|0|2	1|0|2	1|0|2	1|0|2	1|0|2	1|0|2	1|0|3	1|0|3
$S_{Ges\ orig}$	2,3	**1,5**	1,5	1,5	1,5	1,5	2,2	2,2	2,2	2,2	2,2	2,2	2,2	2,2	2,2	2,7	2,7
S|V|D (Mod)	1|0|2	1|0|2	1|0|2	1|0|2	1|0|2	1|0|2	1|0|2	1|0|2	1|0|2	1|0|3	1|0|3	1|0|3	**1,5|0|3**	**1|0|1**	1|0|1	1|0|2	1|0|2
$S_{Ges\ mod}$	2,2	2,2	2,2	2,2	2,2	2,2	2,2	2,2	2,2	2,7	2,7	2,7	2,85	**1,5**	1,5	2,2	2,2

Jahr	34	35	36	37	38	39	40	41	42	43	44	45	46	47	48	49	50
Prüfung	-	H	-	-	E	-	-	H	-	-	E	-	-	H	-	-	E
S|V|D (Orig)	1|0|3	2|0|3	**0|0|2**	0|0|2	0|0|2	0|0|2	0|0|2	1|0|3	1|0|3	1|0|3	1|0|3	1|0|3	1|0|3	2|0|4	**0|0|2**	0|0|2	0|0|2
$S_{Ges\ orig}$	2,7	2,8	**1,8**	1,8	1,8	1,8	1,8	2,7	2,7	2,7	2,7	2,7	2,7	3,3	**1,8**	1,8	1,8
S|V|D (Mod)	1|0|2	1|0|3	1|0|3	1|0|3	1|0|3	1|0|3	1|0|3	**1,5|0|3**	**0|0|2**	0|0|2	1|0|2	1|0|2	1|0|2	1|0|3	1|0|3	1|0|3	1|0|3
$S_{Ges\ mod}$	2,2	2,7	2,7	2,7	2,7	2,7	2,7	2,85	**1,8**	1,8	2,2	2,2	2,2	2,7	2,7	2,7	2,7

6.3.5.2 Fall B – reduziert vorgezogene Instandsetzung

Im Fall B (reduziert vorgezogene Instandsetzung) sind nur zwei Instandsetzungen im Nutzungszeitraum von 50 Jahren eingeplant. Genau wie im Fall A wird von einer zustandsbestimmenden Instandhaltungsstrategie und von einer relativ gleichmäßigen Schadensverschlechterung im Betrachtungszeitraum ausgegangen. Nachdem eine wesentliche Verschlechterung des maßgeblichen

---

[600] Vgl. BECK et al. (2013) Instandhaltungsstrategien als Basis für die ganzheitliche Bewertung von Stahl- und Verbundbrücken nach Kriterien der Nachhaltigkeit, S. 6.

[601] Die dunkelgrau hervorgehobenen Bewertungen markieren Zustandsnotenverbesserungen nach den ausgeführten Instandsetzungsmaßnahmen.

Schadens in den Bauwerksprüfungen bewertet wurde, werden im Fall B die Instandsetzungen auch wie im Fall A im Folgejahr durchgeführt. Somit werden die Bauwerke im Modell nach dem ursprünglichen Bewertungsverfahren im Anschluss an die vorjährigen Hauptprüfungen (Jahr 23 und 41), in den Jahren 24 und 42 instandgesetzt. Wie im Fall A wird im modifizierten Verfahren das Fortschreiten oder die Ausbreitung des maßgeblichen Schadens bereits sechs Jahre früher (Jahr 17 und 35) bewertet. Die Instandsetzungen werden ebenfalls in den jeweils darauffolgenden Jahren 18 und 36 durchgeführt. Tabelle 42 zeigt diese Substanznotenentwicklung. Außerdem wurde der Instandsetzungsfall B im Diagramm der Abbildung 60 grafisch dargestellt.

Tabelle 42:   Substanznotenentwicklung Fall B

Jahr	1	2	3	4	5	6	7	8	9	10	11	12	13	14	15	16
Prüfung	-	-	E	-	H₂	-	-	E	-	-	H	-	-	E	-	-
S|V|D (Orig)	0|0|0	0|0|0	1|0|1	1|0|1	1|0|1	1|0|1	1|0|1	1|0|2	1|0|2	1|0|2	1|0|3	1|0|3	1|0|3	1|0|3	1|0|3	1|0|3
S$_{Ges\ orig}$	1,0	1,0	1,5	1,5	1,5	1,5	1,5	2,2	2,2	2,2	2,7	2,7	2,7	2,7	2,7	2,7
S|V|D (Mod)	0|0|0	0|0|0	1|0|1	1|0|1	1|0|1	1|0|1	1|0|1	1|0|2	1|0|2	1|0|2	1,5|0|2	1|0|3	1|0|3	1|0|3	1|0|3	1|0|3
S$_{Ges\ mod}$	1,0	1,0	1,5	1,5	1,5	1,5	1,5	2,2	2,2	2,2	2,25	2,7	2,7	2,7	2,7	2,7

Jahr	17	18	19	20	21	22	23	24	25	26	27	28	29	30	31	32	33
Prüfung	H	-	-	E	-	-	H	-	-	E	-	-	H	-	-	E	-
S|V|D (Orig)	1|0|3	1|0|3	1|0|3	1|0|3	1|0|3	1|0|3	2|0|3	0|0|2	0|0|2	0|0|2	0|0|2	0|0|2	1|0|2	1|0|2	1|0|2	1|0|2	1|0|2
S$_{Ges\ orig}$	2,7	2,7	2,7	2,7	2,7	2,7	2,8	1,8	1,8	1,8	1,8	1,8	2,2	2,2	2,2	2,2	2,2
S|V|D (Mod)	1,5|0|3	0|0|2	0|0|2	0|0|2	0|0|2	0|0|2	1|0|2	1|0|2	1|0|2	1|0|2	1|0|2	1|0|2	1|0|3	1|0|3	1|0|3	1|0|3	1|0|3
S$_{Ges\ mod}$	2,85	2,0	2,0	2,0	2,0	2,0	2,2	2,2	2,2	2,2	2,2	2,2	2,7	2,7	2,7	2,7	2,7

Jahr	34	35	36	37	38	39	40	41	42	43	44	45	46	47	48	49	50
Prüfung	-	H	-	-	E	-	-	H	-	-	E	-	-	H	-	-	E
S|V|D (Orig)	1|0|2	1|0|3	1|0|3	1|0|3	1|0|3	1|0|3	1|0|3	2|0|4	1|0|2	1|0|2	1|0|2	1|0|2	1|0|2	1|0|3	1|0|3	1|0|3	1|0|3
S$_{Ges\ orig}$	2,2	2,7	2,7	2,7	2,7	2,7	2,7	3,3	2,2	2,2	2,2	2,2	2,2	2,7	2,7	2,7	2,7
S|V|D (Mod)	1|0|3	1,5|0|3	1|0|2	1|0|2	1|0|2	1|0|2	1|0|2	1|0|2	1|0|2	1|0|2	1|0|3	1|0|3	1|0|3	1|0|3	1|0|3	1|0|3	1|0|3
S$_{Ges\ mod}$	2,7	2,85	2,2	2,2	2,2	2,2	2,2	2,2	2,2	2,2	2,7	2,7	2,7	2,7	2,7	2,7	2,7

6.3.5.3 Fall C – reduziert hinausgeschobene Instandsetzung

Im Fall C sind ebenfalls zwei Instandsetzungen innerhalb von 50 Jahren vorgesehen. Im Gegensatz zu Fall B wird im Fall C davon ausgegangen, dass sich das Bauwerk über einen längeren Zeitraum in einem guten bis befriedigenden Zustand befindet und erst nach 30 Jahren einen Schädigungsgrad aufweist, der eine Instandsetzung erfordert. Verschleißanfällige Komponenten (z. B. Fahrbahnbelag, Korrosionsschutz) werden nicht nach üblichen Instandhaltungszyklen erneuert, sondern mit den Instandsetzungen anderer Schädigungen zusammengelegt. In den Jahren 30 und 48 werden die Instandsetzungen nach dem ursprünglichen Bewertungsverfahren und in den Jahren 24 und 42 nach dem modifizierten Verfahren durchgeführt.

Tabelle 43:　Substanznotenentwicklung Fall C

Jahr	1	2	3	4	5	6	7	8	9	10	11	12	13	14	15	16
Prüfung	-	-	E	-	H$_2$	-	-	E	-	-	H	-	-	E	-	-
S|V|D (Orig)	0|0|0	0|0|0	1|0|1	1|0|1	1|0|1	1|0|1	1|0|1	1|0|1	1|0|1	1|0|1	1|0|2	1|0|2	1|0|2	1|0|2	1|0|2	1|0|2
S$_{Ges\ orig}$	1,0	1,0	1,5	1,5	1,5	1,5	1,5	1,5	1,5	1,5	2,2	2,2	2,2	2,2	2,2	2,2
S|V|D (Mod)	0|0|0	0|0|0	1|0|1	1|0|1	1|0|1	1|0|1	1|0|1	1|0|1	1|0|1	1|0|1	1|0|2	1|0|2	1|0|2	1|0|2	1|0|2	1|0|2
S$_{Ges\ mod}$	1,0	1,0	1,5	1,5	1,5	1,5	1,5	1,5	1,5	1,5	2,2	2,2	2,2	2,2	2,2	2,2

Jahr	17	18	19	20	21	22	23	24	25	26	27	28	29	30	31	32	33
Prüfung	H	-	-	E	-	-	H	-	-	E	-	-	H	-	-	E	-
S|V|D (Orig)	1|0|3	1|0|3	1|0|3	1|0|3	1|0|3	1|0|3	1|0|3	1|0|3	1|0|3	1|0|3	1|0|3	1|0|3	2|0|3	0|0|2	0|0|2	0|0|2	0|0|2
S$_{Ges\ orig}$	2,7	2,7	2,7	2,7	2,7	2,7	2,7	2,7	2,7	2,7	2,7	2,7	2,8	1,8	1,8	1,8	1,8
S|V|D (Mod)	1|0|3	1|0|3	1|0|3	1|0|3	1|0|3	1|0|3	1,5|0|3	0|0|2	0|0|2	0|0|2	0|0|2	0|0|2	2|0|2	2|0|2	2|0|2	2|0|2	2|0|2
S$_{Ges\ mod}$	2,7	2,7	2,7	2,7	2,7	2,7	2,85	2,0	2,0	2,0	2,0	2,0	2,3	2,3	2,3	2,3	2,3

Jahr	34	35	36	37	38	39	40	41	42	43	44	45	46	47	48	49	50
Prüfung	-	H	-	-	E	-	-	H	-	-	E	-	-	H	-	-	E
S|V|D (Orig)	0|0|2	1|0|2	1|0|2	1|0|2	1|0|3	1|0|3	1|0|3	2|0|4	2|0|4	2|0|4	2|0|4	2|0|4	2|0|4	3|0|4	1|0|2	1|0|2	1|0|2
S$_{Ges\ orig}$	1,8	2,2	2,2	2,2	2,7	2,7	2,7	3,3	3,3	3,3	3,3	3,3	3,5	2,2	2,2	2,2	2,2
S|V|D (Mod)	2|0|2	2|0|3	2|0|3	2|0|3	2|0|3	2|0|3	2|0|3	2,5|0|4	1|0|2	1|0|2	1|0|2	1|0|2	1|0|2	2|0|2	2|0|2	2|0|2	2|0|2
S$_{Ges\ mod}$	2,3	3,0	3,0	3,0	3,0	3,0	3,0	3,45	2,2	2,2	2,2	2,2	2,2	2,3	2,3	2,3	2,3

6.3.6　Kostenszenarien

Mit der Definition verschiedener Kostenszenarien kann ein breites Spektrum an möglichen Instandsetzungskosten im Untersuchungszeitraum abgebildet werden. Im Untersuchungsmodell werden drei Szenarien angenommen (siehe Tabelle 40). Szenario 1 enthält die „üblichen" Kosten der Instandsetzung. Diese werden realitätsnah nach Bauwerksalter und Bauwerkszustand (Substanznote) ermittelt. Im Szenario 2 werden die Kosten „vorausschauend" abgeschätzt, so dass die Instandsetzungskosten zu jedem Instandsetzungszeitpunkt annähernd gleich sind. Damit wird die Maßnahmenbegrenzung durch ein konstantes jährliches Haushaltsbudget abgebildet. Im Szenario 3 variieren die Kosten sehr stark und die Kostenspanne zwischen den beiden Bewertungsverfahren ist sehr groß. Damit berücksichtigt dieses Szenario „extreme" Zustandsverschlechterungen zwischen den Instandsetzungszeitpunkten und zwischen den Bewertungsverfahren. In den nachfolgenden Abschnitten werden die Kostenszenarien vorgestellt.

6.3.6.1　Kostenszenario 1 (üblich)

In diesem Kostenszenario werden die Instandsetzungskosten bauteilbezogen nach den üblichen Erneuerungszyklen (siehe Tabelle 38) ermittelt. Die Kostenermittlung erfolgt auf Basis deterministischer Kostenansätze des Thüringer Landesamtes für Bau und Verkehr (TLBV)[602] und eines deutschen Baukonzerns. Die Kosten liegen als Bandbreite mit den Einzelgrößen unterer, mittlerer und oberer Wert vor. Für die Integration in die stochastischen Kostenrechnungen werden aus den Einzelgrößen jeder Maßnahme Wahrscheinlichkeitsverteilungen erzeugt. Als Verteilungsfunktion für die Kostenansätze wird generell die Dreiecksverteilung verwendet. Mit dieser lässt sich die Eintrittswahrscheinlichkeit aus den Eingangswerten bestmöglich abbilden. Die Rechteckverteilung kommt zusätzlich für die Bestimmung der Mengenansätze einzelner Maßnahmen zum

---

[602]　Vgl. Thüringer Landesamt für Bau und Verkehr (2011) Kostenkatalog für die Empfehlung von Erhaltungsmaßnahmen an Ingenieurbauwerken im Zuge von Bundes- und Landesstraßen im Rahmen von Bauwerksprüfungen nach DIN 1076, [Stand: 25.06.2019].

Einsatz. Sie wird verwendet, wenn Eingangswerte nur in einer Bewertungsspanne (unterer und oberer Grenzwert) vorliegen. Für die Verwendung dieser Kostenansätze in den Kostenrechnungen werden alle Eingangswerte auf das Jahr 2018 normiert. Die Kosten des TLBV von 2011 werden dabei mit einer mittleren jährlichen Preissteigerung (BPI) von 2,4 % extrapoliert.[603] Alle anderen Kostenansätze liegen aus dem Jahr 2018 vor. Da die Abschätzung zukünftiger Instandsetzungskosten mit zahlreichen Unsicherheiten verbunden ist, wird eine möglichst breite Kostenspanne der Eingangswerte zur Erzeugung der Wahrscheinlichkeitsverteilungen verwendet. Deshalb werden jeweils die Extremwerte (kleinster unterer, größter mittlerer und größter oberer Eingangswert) der o. g. Datenquellen verwendet. Die Eingangswerte der Instandsetzungskosten werden mit einem auf die Modellbrücke bezogenen Mengenansatz multipliziert, um daraus die maßnahmenbezogenen Kostenverteilungen zu ermitteln. Die Eingangswerte und Kennwerte der Kostenverteilungen sind in Tabelle 44 dargestellt.

Tabelle 44:   Maßnahmenbezogene Instandsetzungskostenverteilungen[604]

Maßnahme	Einheit	Eingangswerte				Kostenverteilungen[605] für Instandsetzungsmaßnahmen [€]		
		Kostenansätze [€/Einheit]			Mengenverteilung			
		von	mittel	bis	Mittelwert	5 %	Mittelwert	95 %
Üko Dichtprofil [1)]	m	50	700	1.000	20 m	3.920	11.670	21.050
Austausch Üko [1)]	m	1.300	3.200	4.250	20 m	28.840	58.310	94.750
Austausch Elastomer [2)]	Stück	3.000	4.000	5.500	8 Stück	17.670	33.330	51.250
Erneuerung Lager [2)]	Stück	4.500	6.000	7.500	8 Stück	25.800	48.010	72.620
Kappenerneuerung [3)]	m	250	600	700	108 m	33.380	55.670	79.250
Korrosionsschutz [3)]	m²	70	120	180	108 m²	9.330	13.290	17.430
Betoninstandsetzung [4)]	m²	240	300	480	575 m²	75.530	195.360	356.600
Rissinstandsetzung [5)]	m²	220	240	600	93 m	13.080	32.980	64.330
Deckschicht Fahrbahn [6)]	m²	30	40	50	1.077 m²	28.010	43.070	61.470
Abdichtung Fahrbahn [6)]	m²	90	100	120	1.077 m²	74.570	111.270	155.660
Geländer, Schutzeinr. [3)]	m	170	200	270	108 m	16.220	22.980	30.550
Entwässerung [3)]	m	200	250	300	54 m	9.630	13.470	17.610

Mengenverteilungsansätze

[1)] Üko-Länge = 20 m: Rechteckverteilung der Brückenbreite von 10,5 m bis 29,5 m
[2)] Lager-Anzahl = 8 Stück: Rechteckverteilung von 4 Stück (Einfeldträger mit 2 Stück/Widerlager) bis 12 Stück (Zweifeldträger mit 4 Stück pro Auflager)
[3)] Kappen/Korrosionsschutz/Ausstattung: aus der Brückenlängenverteilung der Modellbrücke (Mittelwert = 54 m)
Kappen/Geländer/Schutzeinrichtung (beidseitig): 2 · 54 m = 108 m
Korrosionsschutz (beidseitig, pro 1 m Höhe): 2 · 54 m · 1 m = 108 m²
Entwässerung (einseitig): 54 m
[4)] Betoninstandsetzung-Fläche = 575 m²: Dreiecksverteilung von 10 %, mittel 50 %, bis 100 % Überbaufläche (alle Bauteile)
[5)] Rissinstandsetzung-Länge = 93 m: Dreiecksverteilung von 30 m, mittel 50 m, bis 200 m (alle Bauteile)
[6)] Fahrbahn-Fläche = 1.077 m²: Mittelwert der Brückenüberbauflächenverteilung (vgl. Tabelle 36)

---

[603] Der Baupreisindex ändert sich von 2011 mit BPI = 95 auf 2018 mit BPI = 111,5 mit einer mittleren Preissteigerung von 2,4 %. Vgl. Statistisches Bundesamt (Destatis) (2019) Preisindizes für die Bauwirtschaft, [Stand: 17.06.2019].
[604] Aus den Kostenansätzen eines deutschen Baukonzerns und des TLBV ermittelte gerundete Werte. Vgl. Thüringer Landesamt für Bau und Verkehr (2011) Kostenkatalog für die Empfehlung von Erhaltungsmaßnahmen an Ingenieurbauwerken im Zuge von Bundes- und Landesstraßen im Rahmen von Bauwerksprüfungen nach DIN 1076, [Stand: 25.06.2019].
[605] Die ermittelten Kennwerte der Kostenverteilungen werden auf eine Genauigkeit von 10 € gerundet.

Die Kostenansätze nach ursprünglichem Bewertungsverfahren der einzelnen Maßnahmen werden in Anlehnung an die Erneuerungszyklen von Bauteilgruppen an Brücken (siehe Tabelle 38) für die einzelnen Instandsetzungszeitpunkte eines jeden Instandsetzungsfalls bestimmt. Diese Zuordnung der Maßnahmen und die daraus ermittelten Instandsetzungskosten werden in Tabelle 45 vorgestellt. Dabei werden die Instandsetzungskosten für die Instandsetzungsfälle nach modifiziertem Bewertungsverfahren prozentual auf Basis der Instandsetzungskosten nach ursprünglichem Bewertungsverfahren festgelegt. Unter der Annahme, dass im modifizierten Bewertungsverfahren durch die frühzeitigere Dokumentation der Verschlechterung des maßgeblichen Schadens ein reduzierter Schadensumfang instand zu setzen ist (siehe Abschnitt 6.3.4), werden diese Instandsetzungskosten mit einer Rechteckverteilung in den Grenzen von 50 % bis 80 % modelliert.

Tabelle 45:   Kostenbestandteile und Instandsetzungskosten für Kostenszenario 1

Szenario	Jahr	Maßnahmen/Ansatz	Kostenverteilung [€][606]		
			5 %	Mittelwert	95 %
1A-orig	18	Üko Dichtprofil, Korrosionsschutz, Deckschicht	48.980	68.020	89.940
	36	Austausch Üko, Betoninstandsetzung, Erneuerung Lager, Kappe, Deckschicht, Abdichtung	341.700	511.700	725.830
	48	Üko Dichtprofil, Korrosionsschutz, Deckschicht, Geländer, Betoninstandsetzung, Schutzeinrichtung, Entwässerung	168.480	299.830	475.210
1A-mod	12	Rechteckverteilung von 50 % bis 80 % der Kostenansätze aus 1A-orig	29.390	44.220	62.400
	30		206.170	332.660	497.190
	42		103.630	194.950	321.770
1B-orig	24	Austausch Üko und Lager-Elastomer, Korrosionsschutz, Deckschicht, Abdichtung, Kappen	234.610	315.000	404.290
	42	Üko Dichtprofil, Korrosionsschutz, Betoninstandsetzung, Rissinstandsetzung, Lager, Geländer, Schutzeinrichtung, Entwässerung	207.510	337.700	507.310
1B-mod	18	Rechteckverteilung von 50 % bis 80 % der Kostenansätze aus 1B-orig	139.730	204.740	282.720
	36		126.870	219.470	343.330
1C-orig	30	Austausch Üko, Erneuerung Lager und Elastomer, Betoninstandsetzung, Deckschicht, Abdichtung, Kappen	371.390	545.040	762.100
	48	Üko Dichtprofil, Korrosionsschutz, Rissinstandsetzung, Deckschicht, Geländer, Schutzeinrichtung, Entwässerung	102.160	137.470	178.580
1C-mod	24	Rechteckverteilung von 50 % bis 80 % der Kostenansätze aus 1C-orig	224.470	354.250	522.400
	42		60.810	89.370	124.240

6.3.6.2 Kostenszenario 2 (vorausschauend)

Im Kostenszenario 2 werden die Kosten „vorausschauend" über den gesamten Betrachtungszeitraum von 50 Jahren abgeschätzt. Ziel ist es dabei, die Instandsetzungskosten auf die Instandsetzungszeitpunkte gleichmäßig zu verteilen. In der Szenariobetrachtung werden dafür die Instandsetzungskosten aus dem arithmetischen Mittel der Kostenverteilungen des Kostenszenario 1 bestimmt (siehe Tabelle 46).

---

[606] Rundung auf eine Genauigkeit von 10 €.

Tabelle 46:   Instandsetzungskosten für Kostenszenario 2

Szenario	Jahr	Ansatz	Kostenverteilung [€][607]		
			5 %	Mittelwert	95 %
2A-orig	18	Arithmetisches Mittel der Kostenverteilungen aller Instandsetzungszeitpunkte (Jahre) aus 1A-orig	186.390	293.180	430.330
	36		186.390	293.180	430.330
	48		186.390	293.180	430.330
2A-mod	12	Arithmetisches Mittel der Kostenverteilungen aller Instandsetzungszeitpunkte (Jahre) aus 1A-mod	113.060	190.610	293.790
	30		113.060	190.610	293.790
	42		113.060	190.610	293.790
2B-orig	24	Arithmetisches Mittel der Kostenverteilungen aller Instandsetzungszeitpunkte (Jahre) aus 1B-orig	221.060	326.350	455.800
	42		221.060	326.350	455.800
2B-mod	18	Arithmetisches Mittel der Kostenverteilungen aller Instandsetzungszeitpunkte (Jahre) aus 1B-mod	133.300	212.110	313.030
	36		133.300	212.110	313.030
2C-orig	30	Arithmetisches Mittel der Kostenverteilungen aller Instandsetzungszeitpunkte (Jahre) aus 1C-orig	236.780	341.260	470.340
	48		236.780	341.260	470.340
2C-mod	24	Arithmetisches Mittel der Kostenverteilungen aller Instandsetzungszeitpunkte (Jahre) aus 1C-mod	142.640	221.810	646.640
	42		142.640	221.810	646.640

6.3.6.3 Kostenszenario 3 (extrem)

Mit dem Kostenszenario 3 werden „extreme" Zustandsverschlechterungen zwischen den Instandsetzungszeitpunkten berücksichtigt, wodurch die Instandsetzungskosten zwischen den Instandsetzungszeitpunkten stark variieren. Außerdem sollen durch die Abbildung großer Kostenunterschiede zwischen den Bewertungsverfahren die maximal möglichen Kosteneinsparungen ermittelt werden. Da für diese Extremwertbetrachtung keine üblichen Instandhaltungsmaßnahmen wie im Kostenszenario 1 angesetzt werden können, sind die Instandsetzungskosten zum Bezugsjahr 2018 deterministisch zu schätzen. Tabelle 47 zeigt die Kostenabschätzungen für die einzelnen Szenarien im Untersuchungsmodell.

Tabelle 47:   Instandsetzungskosten für Kostenszenario 3

Instandsetzungsfall A				Instandsetzungsfall B				Instandsetzungsfall C			
3A-orig		3A-mod		3B-orig		3B-mod		3C-orig		3C-mod	
Jahr	Kosten	Jahr	Kosten	Jahr	Kosten	Jahr	Kosten	Jahr	Kosten	Jahr	Kosten
18	100.000	12	30.000	24	250.000	18	100.000	30	500.000	24	150.000
36	500.000	30	150.000	42	1.000.000	36	300.000	48	1.000.000	42	250.000
48	1.000.000	42	300.000	---	---	---	---	---	---	---	---

6.4   Durchführung der Simulationsexperimente

Für den Szenarienvergleich der Zielgrößenverteilungen sind zunächst die tabellarisch-stochastischen Kostenrechnungsblätter nach Tabelle 35 für alle Szenarien zu erstellen. Dafür werden alle stochastischen Eingangsgrößen (siehe Abschnitt 6.3.3) und alle Instandsetzungskosten (siehe Ab-

---

[607] Rundung auf eine Genauigkeit von 10 €.

schnitt 6.3.6) in die szenarienspezifischen Kostenrechnungsblätter integriert. Die darin enthaltenen Werte beziehen sich, wie in Abschnitt 6.3.3 beschrieben, auf eine Modellbrücke mit stochastischen Ansätzen und einer mittleren Brückenfläche von 1.077 m² (5 %-Quantil = 730 m² und 95 %-Quantil = 1.490 m²). In Tabelle 48 bis Tabelle 53 ist das vollständige Kostenrechnungsblatt für das Szenario *1A-orig* abgebildet.[608]

---

[608] Die Kosten in dem dargestellten Kostenrechnungsblatt enthalten die statistischen Erwartungswerte der Simulationsexperimente. Diese statistischen Erwartungswerte weichen geringfügig von den tatsächlichen Mittelwerten der einzelnen Kostenverteilungen ab. Auf die Ausgabe der genauen Mittelwerte wurde verzichtet, da mit dem Add-In @RISK bei jedem Öffnen der Simulationsdatei und bei jeder Simulation (auch ohne Änderung von Eingangswerten) leicht geänderten Ergebnisse simuliert werden. Vgl. Glossar Palisade Corporation (2019) @RISK.

Tabelle 48:   1A-orig (Jahr 0 bis 8)

Nr. Ereignis	0 Herstellung 31.12.	1 1. Jahr Nutzung 31.12.	2 2. Jahr Nutzung 31.12.	3 3. Jahr Nutzung 31.12.	4 4. Jahr Nutzung 31.12.	5 5. Jahr Nutzung 31.12.	6 6. Jahr Nutzung 31.12.	7 7. Jahr Nutzung 31.12.	8 8. Jahr Nutzung 31.12.
Substanznote									
[1] Maßgebender Mangel/Schaden (SI/VID)		0|0	0|0	1|0	1|0	1|0	1|0	1|0	1|0
[2] prognostizierte Substanznotenentwicklung		1,0	1,0	1,5	1,5	1,5	1,5	1,5	2,2
Kosten Modellbrücke									
[3] Realisierungskosten	2.640.587 €								
[4] laufende Unterhaltung (inkl. Betriebskosten)		4.503 €	4.579 €	4.657 €	4.736 €	4.817 €	4.899 €	4.982 €	5.067 €
[5] Instandsetzungskosten		- €	- €	- €	- €	- €	- €	- €	- €
[6] Überwachungskosten		580 €	588 €	597 €	606 €	615 €	624 €	634 €	643 €
[7] Einfache Prüfung		- €	- €	2.275 €	- €	- €	- €	- €	2.451 €
[8] Hauptprüfung		- €	- €	- €	- €	5.217 €	- €	- €	- €
[9] Kosten p.a. ∑ [3] bis [8]		5.082 €	5.168 €	7.529 €	5.342 €	10.649 €	5.523 €	5.616 €	8.161 €
[10] Kosten kumuliert je Bauwerk		5.082 €	10.250 €	17.779 €	23.121 €	33.770 €	39.293 €	44.909 €	53.070 €
[11] Prozent kumuliert an Herstellkosten		0,2 %	0,4 %	0,7 %	0,9 %	1,3 %	1,5 %	1,7 %	2,0 %
Gesamtkostenbetrachtung Brücken an BFS									
[12] Kosten p.a. ∑ [3] bis [8] bezogen auf m² Oberbaufläche		4,72 €	4,80 €	6,99 €	4,96 €	9,89 €	5,13 €	5,21 €	7,58 €
[13] Gesamtkosten Instandhaltung BFS p.a.		145.138.000 €	147.594.000 €	215.022.000 €	152.563.000 €	304.127.000 €	157.733.000 €	160.389.000 €	233.072.000 €
[14] Gesamtkosten Instandhaltung BFS kumuliert		145.138.000 €	292.732.000 €	507.754.000 €	660.317.000 €	964.444.000 €	1.122.177.000 €	1.282.566.000 €	1.515.638.000 €

Tabelle 49:   1A-orig (Jahr 9 bis 17)

Nr. Ereignis	9 9. Jahr Nutzung 31.12.	10 10. Jahr Nutzung 31.12.	11 11. Jahr Nutzung 31.12.	12 12. Jahr Nutzung 31.12.	13 13. Jahr Nutzung 31.12.	14 14. Jahr Nutzung 31.12.	15 15. Jahr Nutzung 31.12.	16 16. Jahr Nutzung 31.12.	17 17. Jahr Nutzung 31.12.
Substanznote									
[1] Maßgebender Mangel/Schaden (SI/VID)	1|0	1|0	1|0	1|0	1|0	1|0	1|0	1|0	1|0
[2] prognostizierte Substanznotenentwicklung	2,2	2,2	2,2	2,2	2,2	2,2	2,2	2,2	2,3
Kosten Modellbrücke									
[3] Realisierungskosten	- €	- €	- €	- €	- €	- €	- €	- €	- €
[4] laufende Unterhaltung (inkl. Betriebskosten)	5.153 €	5.240 €	5.329 €	5.420 €	5.512 €	5.606 €	5.701 €	5.798 €	5.897 €
[5] Instandsetzungskosten	- €	- €	- €	- €	- €	- €	- €	- €	- €
[6] Überwachungskosten	653 €	663 €	673 €	683 €	693 €	703 €	714 €	725 €	735 €
[7] Einfache Prüfung	- €	- €	- €	- €	- €	2.680 €	- €	- €	- €
[8] Hauptprüfung	- €	- €	5.704 €	- €	- €	- €	- €	- €	6.237 €
[9] Kosten p.a. ∑ [3] bis [8]	5.806 €	5.903 €	11.706 €	6.103 €	6.205 €	8.989 €	6.415 €	6.523 €	12.870 €
[10] Kosten kumuliert je Bauwerk	58.876 €	64.779 €	76.485 €	82.588 €	88.793 €	97.782 €	104.197 €	110.720 €	123.590 €
[11] Prozent kumuliert an Herstellkosten	2,2 %	2,5 %	2,9 %	3,1 %	3,4 %	3,7 %	3,9 %	4,2 %	4,7 %
Gesamtkostenbetrachtung Brücken an BFS									
[12] Kosten p.a. ∑ [3] bis [8] bezogen auf m² Oberbaufläche	5,39 €	5,48 €	10,87 €	5,67 €	5,76 €	8,34 €	5,96 €	6,06 €	11,95 €
[13] Gesamtkosten Instandhaltung BFS p.a.	165.815.000 €	168.585.000 €	334.314.000 €	174.297.000 €	177.210.000 €	256.719.000 €	183.207.000 €	186.292.000 €	367.557.000 €
[14] Gesamtkosten Instandhaltung BFS kumuliert	1.681.453.000 €	1.850.038.000 €	2.184.352.000 €	2.358.649.000 €	2.535.859.000 €	2.792.578.000 €	2.975.785.000 €	3.162.077.000 €	3.529.634.000 €

Tabelle 50: 1A-orig (Jahr 18 bis 26)

Nr.	Ereignis	18. Jahr Nutzung	19. Jahr Nutzung	20. Jahr Nutzung	21. Jahr Nutzung	22. Jahr Nutzung	23. Jahr Nutzung	24. Jahr Nutzung	25. Jahr Nutzung	26. Jahr Nutzung
	Betrachtungszeitpunkt	31.12.	31.12.	31.12.	31.12.	31.12.	31.12.	31.12.	31.12.	31.12.
	Substanzquote									
[1]	Maßgebender Mangel/Schaden (S[V]ID)	1|01	1|01	1|01	1|01	1|01	1|02	1|02	1|02	1|02
[2]	prognostizierte Substanzentwicklung	1,5	1,5	1,5	1,5	1,5	2,2	2,2	2,2	2,2
	Kosten Modellbrücke									
[3]	Realisierungskosten	- €	- €	- €	- €	- €	- €	- €	- €	- €
[4]	laufende Unterhaltung (inkl. Betriebskosten)	5.997 €	6.099 €	6.203 €	6.308 €	6.415 €	6.524 €	6.635 €	6.748 €	6.863 €
[5]	Instandsetzungskosten	108.294 €	- €	- €	- €	- €	- €	- €	- €	- €
[6]	Überwachungskosten	747 €	758 €	769 €	781 €	792 €	804 €	816 €	829 €	841 €
[7]	Einfache Prüfung	- €	- €	2.930 €	- €	- €	- €	- €	- €	3.204 €
[8]	Hauptprüfung	- €	- €	- €	- €	- €	6.820 €	- €	- €	- €
[9]	Kosten p.a. ∑ [3] bis [8]	115.037 €	6.857 €	9.902 €	7.089 €	7.208 €	14.149 €	7.451 €	7.577 €	10.908 €
[10]	Kosten kumuliert je Bauwerk	238.627 €	245.484 €	255.386 €	262.475 €	269.683 €	283.832 €	291.283 €	298.860 €	309.768 €
[11]	Prozent kumuliert an Herstellkosten	9,0 %	9,3 %	9,7 %	9,9 %	10,2 %	10,7 %	11,0 %	11,3 %	11,7 %
	Gesamtkostenbetrachtung Brücken an BFS									
[12]	Kosten p.a. ∑ [3] bis [8] bezogen auf m² Überbaufläche	106,79 €	6,37 €	9,19 €	6,58 €	6,69 €	13,13 €	6,92 €	7,03 €	10,13 €
[13]	Gesamtkosten Instandhaltung BFS p.a.	3.285.368.000 €	195.831.000 €	282.793.000 €	202.456.000 €	205.855.000 €	404.085.000 €	212.795.000 €	216.393.000 €	311.524.000 €
[14]	Gesamtkosten Instandhaltung BFS kumuliert	6.815.002.000 €	7.010.833.000 €	7.293.626.000 €	7.496.082.000 €	7.701.937.000 €	8.106.022.000 €	8.318.817.000 €	8.535.210.000 €	8.846.734.000 €

Tabelle 51: 1A-orig (Jahr 27 bis 35)

Nr.	Ereignis	27. Jahr Nutzung	28. Jahr Nutzung	29. Jahr Nutzung	30. Jahr Nutzung	31. Jahr Nutzung	32. Jahr Nutzung	33. Jahr Nutzung	34. Jahr Nutzung	35. Jahr Nutzung
	Betrachtungszeitpunkt	31.12.	31.12.	31.12.	31.12.	31.12.	31.12.	31.12.	31.12.	31.12.
	Substanzquote									
[1]	Maßgebender Mangel/Schaden (S[V]ID)	1|02	1|02	1|02	1|02	1|02	1|03	1|03	1|03	2|03
[2]	prognostizierte Substanzentwicklung	2,2	2,2	2,2	2,2	2,2	2,7	2,7	2,7	2,8
	Kosten Modellbrücke									
[3]	Realisierungskosten	- €	- €	- €	- €	- €	- €	- €	- €	- €
[4]	laufende Unterhaltung (inkl. Betriebskosten)	6.979 €	7.098 €	7.219 €	7.341 €	7.466 €	7.593 €	7.722 €	7.854 €	7.987 €
[5]	Instandsetzungskosten	- €	- €	- €	- €	- €	- €	- €	- €	- €
[6]	Überwachungskosten	854 €	866 €	879 €	893 €	906 €	920 €	933 €	947 €	962 €
[7]	Einfache Prüfung	- €	- €	7.458 €	- €	- €	- €	- €	- €	8.154 €
[8]	Hauptprüfung	- €	- €	- €	- €	- €	3.503 €	- €	- €	- €
[9]	Kosten p.a. ∑ [3] bis [8]	7.833 €	7.964 €	15.556 €	8.234 €	8.372 €	12.016 €	8.656 €	8.801 €	17.103 €
[10]	Kosten kumuliert je Bauwerk	317.601 €	325.565 €	341.121 €	349.355 €	357.727 €	369.743 €	378.399 €	387.200 €	404.303 €
[11]	Prozent kumuliert an Herstellkosten	12,0 %	12,3 %	12,9 %	13,2 %	13,5 %	14,0 %	14,3 %	14,7 %	15,3 %
	Gesamtkostenbetrachtung Brücken an BFS									
[12]	Kosten p.a. ∑ [3] bis [8] bezogen auf m² Überbaufläche	7,27 €	7,39 €	14,44 €	7,64 €	7,77 €	11,15 €	8,04 €	8,17 €	15,88 €
[13]	Gesamtkosten Instandhaltung BFS p.a.	223.704.000 €	227.446.000 €	444.267.000 €	235.157.000 €	239.098.000 €	343.168.000 €	247.209.000 €	251.350.000 €	488.448.000 €
[14]	Gesamtkosten Instandhaltung BFS kumuliert	9.070.438.000 €	9.297.884.000 €	9.742.151.000 €	9.977.308.000 €	10.216.406.000 €	10.559.574.000 €	10.806.783.000 €	11.058.133.000 €	11.546.581.000 €

Tabelle 52:   1A-orig (Jahr 36 bis 44)   Tabelle 53:   1A-orig (Jahr 45 bis 50)

Tabelle 52: 1A-orig (Jahr 36 bis 44)

Nr.	Ereignis	36	37	38	39	40	41	42	43	44
	Jahr	36. Jahr Nutzung	37. Jahr Nutzung	38. Jahr Nutzung	39. Jahr Nutzung	40. Jahr Nutzung	41. Jahr Nutzung	42. Jahr Nutzung	43. Jahr Nutzung	44. Jahr Nutzung
	Betrachtungszeitpunkt	31.12.	31.12.	31.12.	31.12.	31.12.	31.12.	31.12.	31.12.	31.12.
	Substanznote									
[1]	Maßgebender Mangel/Schaden (S|V|D)	0|0|2	0|0|2	0|0|2	0|0|2	0|0|2	1|0|3	1|0|3	1|0|3	1|0|3
[2]	prognostizierte Substanznotenentwicklung	1,8	1,8	1,8	1,8	1,8	2,7	2,7	2,7	2,7
	Kosten Modellbrücke									
[3]	Realisierungskosten	- €	- €	- €	- €	- €	- €	- €	- €	- €
[4]	laufende Unterhaltung (inkl. Betriebskosten)	8.123 €	8.261 €	8.401 €	8.544 €	8.689 €	8.837 €	8.987 €	9.140 €	9.296 €
[5]	Instandsetzungskosten	1.276.912 €	- €	- €	- €	- €	- €	- €	- €	- €
[6]	Überwachungskosten	976 €	991 €	1.005 €	1.021 €	1.036 €	1.051 €	1.067 €	1.083 €	1.099 €
[7]	Einfache Prüfung	- €	- €	3.831 €	- €	- €	- €	- €	- €	- €
[8]	Hauptprüfung	- €	- €	- €	- €	- €	8.916 €	- €	- €	- €
[9]	Kosten p.a. ∑ [3] bis [8]	1.286.011 €	9.251 €	13.237 €	9.565 €	9.725 €	18.805 €	10.055 €	10.223 €	14.584 €
[10]	Kosten kumuliert je Bauwerk	1.690.314 €	1.699.565 €	1.712.802 €	1.722.367 €	1.732.092 €	1.750.897 €	1.760.952 €	1.771.175 €	1.785.759 €
[11]	Prozent kumuliert an Herstellkosten	64,0 %	64,4 %	64,9 %	65,2 %	65,6 %	66,3 %	66,7 %	67,1 %	67,6 %
	Gesamtkostenbetrachtung Brücken an BFS									
[12]	Kosten p.a. ∑ [3] bis [8] bezogen auf m² Überbaufläche	1.193,85 €	8,59 €	12,29 €	8,88 €	9,03 €	17,66 €	9,33 €	9,49 €	13,54 €
[13]	Gesamtkosten Instandhaltung BFS p.a.	36.727.481.000 €	264.201.000 €	378.038.000 €	273.169.000 €	277.738.000 €	537.056.000 €	287.163.000 €	291.961.000 €	416.508.000 €
[14]	Gesamtkosten Instandhaltung BFS kumuliert	48.274.062.000 €	48.538.263.000 €	48.916.301.000 €	49.189.470.000 €	49.467.208.000 €	50.004.264.000 €	50.291.427.000 €	50.583.388.000 €	50.999.896.000 €

Tabelle 53: 1A-orig (Jahr 45 bis 50)

Nr.	Ereignis	45	46	47	48	49	50
	Jahr	45. Jahr Nutzung	46. Jahr Nutzung	47. Jahr Nutzung	48. Jahr Nutzung	49. Jahr Nutzung	50. Jahr Nutzung
	Betrachtungszeitpunkt	31.12.	31.12.	31.12.	31.12.	31.12.	31.12.
	Substanznote						
[1]	Maßgebender Mangel/Schaden (S|V|D)	1|0|3	1|0|3	2|0|4	0|0|2	0|0|2	0|0|2
[2]	prognostizierte Substanznotenentwicklung	2,7	2,7	3,3	1,8	1,8	1,8
	Kosten Modellbrücke						
[3]	Realisierungskosten	- €	- €	- €	- €	- €	- €
[4]	laufende Unterhaltung (inkl. Betriebskosten)	9.454 €	9.614 €	9.778 €	9.944 €	10.113 €	10.285 €
[5]	Instandsetzungskosten	- €	- €	- €	1.002.414 €	- €	- €
[6]	Überwachungskosten	1.116 €	1.133 €	1.150 €	1.167 €	1.184 €	1.202 €
[7]	Einfache Prüfung	- €	- €	9.750 €	- €	- €	- €
[8]	Hauptprüfung	- €	- €	- €	- €	- €	4.580 €
[9]	Kosten p.a. ∑ [3] bis [8]	10.569 €	10.747 €	20.677 €	1.013.525 €	11.297 €	16.067 €
[10]	Kosten kumuliert je Bauwerk	1.796.328 €	1.807.075 €	1.827.752 €	2.841.277 €	2.852.574 €	2.868.641 €
[11]	Prozent kumuliert an Herstellkosten	68,0 %	68,4 %	69,2 %	107,6 %	108,0 %	108,6 %
	Gesamtkostenbetrachtung Brücken an BFS						
[12]	Kosten p.a. ∑ [3] bis [8] bezogen auf m² Überbaufläche	9,81 €	9,98 €	19,20 €	940,89 €	10,49 €	14,92 €
[13]	Gesamtkosten Instandhaltung BFS p.a.	301.842.000 €	306.926.000 €	590.519.000 €	28.945.491.000 €	322.634.000 €	458.861.000 €
[14]	Gesamtkosten Instandhaltung BFS kumuliert	51.301.738.000 €	51.608.664.000 €	52.199.183.000 €	81.144.674.000 €	81.467.308.000 €	81.926.169.000 €

Für die erstellten 18 Kostenrechnungsblätter der 9 Szenarien (siehe Tabelle 40, jeweils mit ursprünglichem und modifiziertem Bewertungsverfahren) werden Latin-Hypercube-Simulationen
(siehe Abschnitt 6.2.6.3) durchgeführt. Die Ergebnisse werden im nachfolgenden Abschnitt 6.4.1
vorgestellt und diskutiert.

6.4.1 Simulationsergebnisse der tabellarisch-stochastischen Kostenrechnungen

Die Zielgrößen der Kostenrechnungen sind die *Kosteneinsparung* und der *Kostenzins*.[609] In allen
Kostenrechnungsblättern werden für diese Zielgrößen aus den durchgeführten Simulationen die
resultierenden Wahrscheinlichkeitsverteilungen ermittelt (siehe Abschnitt 6.2.2).

Wie in Abschnitt 6.2.6.3 vorgestellt, sind für eine stabile Häufigkeitsverteilung Zufallszahlen in
ausreichend großer Anzahl zu generieren. Deshalb wurde für jede Kostenrechnung eine Latin-
Hypercube-Simulation mit 50.000 Iterationsschritten durchgeführt. Da die aktuell verfügbare Re-
chenleistung kein begrenzender Faktor[610] ist – wie es noch vor einigen Jahren der Fall war –, kann
die Anzahl an Iterationsschritten beliebig hoch gewählt werden. Die wesentlichen Ergebnisgrö-
ßen (z. B. Mittelwert, Quantile) der Zielwertverteilungen ändern sich ab 5.000 Iterationsschritten
zwar nur noch sehr gering,[611] die hohe Anzahl an Iterationen führt jedoch zu einer feingliedrigeren
Darstellung der Wahrscheinlichkeitsverteilungen.

In Tabelle 54 sind die Mittelwerte der Zielgrößenverteilungen aller Szenarien und beispielhaft für
Szenario *1A-orig* die Wahrscheinlichkeitsdichten der Gesamtnutzungskosten und des Kostenzinses dargestellt.

Tabelle 54:   Szenarienspezifische Mittelwerte der Zielgrößenverteilungen

Szenario	Mittelwerte der Zielgrößenverteilungen (Nutzungszeitraum 50 Jahre)				
	Modellbrücke		Brücken Bundesfernstraßen		
	Gesamtnutzungs-kosten [€]	Anteil an Realisie-rungskosten [%]	Gesamtnutzungs-kosten [Mio. €]	Mittlere Nutzungs-kosten [Mio. €/a]	Mittlerer Kosten-zins [% p. a.]
1A-orig	2.869.000	108,6	**83.570**	1.671	**1,496**
1A-mod	1.836.000	69,5	53.270	1.065	1,069
1B-orig	2.032.000	77,0	59.680	1.194	1,169
1B-mod	1.346.000	51,0	39.840	797	0,849
1C-orig	2.107.000	79,8	61.820	1.236	1,202
1C-mod	1.388.000	52,6	41.070	821	0,870

---

[609] Der Kostenzins ist im Abschnitt 6.2.2 definiert.
[610] Mit der Latin-Hypercube-Simulation wird eine stabile Häufigkeitsverteilung wesentlich früher erreicht, als mit der klassischen Monte-Carlo-Simulation (siehe Abschnitt 6.2.6.3). Sämtliche Kostenrechnungen mit einem handelsüblichen Computer wurden in weniger als fünf Minuten durchgeführt.
Zudem wird in zahlreichen Veröffentlichungen bestätigt, dass sich bereits bei 1.000 bis 5.000 Iterationsschritten ein akzeptables Ergebnis mit hoher Genauigkeit einstellt. Vgl. BLOHM et al. (2012) Investition, S. 250; vgl. NEMUTH (2006) Risikomanagement bei internationalen Bauprojekten, S. 161; vgl.
GÜRTLER (2007) Stochastische Risikobetrachtung bei PPP-Projekten, S. 164 und SCHMUCK (2017)
Wirtschaftliche Umsetzbarkeit saisonaler Wärmespeicher, S. 131.
[611] Simulationen im Untersuchungsmodell mit mehr als 5.000 Iterationsschritten ändern die Ergebnisgrö-
ßen kleiner-gleich der dritten Nachkommastelle.

2A-orig	2.684.000	101,7	77.540	1.551	1,419
2A-mod	1.773.000	67,1	50.840	1.017	1,032
2B-orig	2.022.000	76,6	59.320	1.186	1,164
2B-mod	1.362.000	51,6	39.640	793	0,846
2C-orig	2.387.000	90,4	69.070	1.381	1,305
2C-mod	1.555.000	58,9	45.110	902	0,939
3A-orig	5.205.000	197,1	155.800	3.116	2,246
3A-mod	1.375.000	52,1	41.170	823	0,870
3B-orig	3.797.000	143,8	113.600	2.272	1,839
3B-mod	1.372.000	52,0	41.080	822	0,868
3C-orig	4.875.000	184,6	145.900	2.918	2,158
3C-mod	1.468.000	55,6	43.930	879	0,917

Wahrscheinlichkeitsdichten Brücken Bundesfernstraßen für Szenario 1A-orig[612]

Gesamtnutzungskosten [Mio. €]	Mittlerer Kostenzins [% p. a.]

Gesamtnutzungskosten [Mio. €]

5 % 95 %

5 %-Quantil: 61.780 Mio. €

Mittelwert: 83.570 Mio. €

95 %-Quantil: 108.500 Mio. €

Nutzungskosten [Mio. €]

Mittlerer Kostenzins [% p. a.]

5 % 95 %

5 %-Quantil: 1,196 %

Mittelwert: 1,496 %

95 %-Quantil: 1,811 %

Mittlerer Kostenzins [%]

Aus der tabellarischen Übersicht ist abzulesen, dass zwischen den Szenarien große Unterschiede in den Gesamtnutzungskosten bestehen. Eine wesentliche Ursache dafür ist der szenarienspezifische Ansatz von Instandsetzungskosten. Diese und weitere Ursachen, sowie deren Wirkung auf die Zielgrößen werden in Sensitivitätsanalysen in Abschnitt 6.5 untersucht. Die Unterschiede in den Gesamtnutzungskosten sind auf die Ansätze des „üblichen", „vorausschauenden" und „extremen" Kostenszenarios zurückzuführen. In allen Instandsetzungsfällen wird dieses angesetzte Kostenniveau wiedergegeben. Zum Beispiel ist die Kosteneinsparung zwischen ursprünglichem und modifiziertem Bewertungsverfahren in den „extremen" Kostenszenarien am größten (3A-orig – 3A-mod: 155.800 – 41.170 = 114.630 Mio. €;   3B-orig – 3B-mod: 113.600 – 41.080 = 72.520 Mio. € und 3C-orig – 3CA-mod: 145.900 – 43.930 = 101.970 Mio. €). Außerdem liegen die Gesamtnutzungskosten für diese „extremen" Szenarien ca. 85 % bis 140 % über den Kosten der üblichen Szenarien (3A-orig / 1A-orig: 155.800 : 83.570 = 1,86 und 3C-orig / 1C-orig: 145.900 : 61.820 = 2,37). Die dargestellten Wahrscheinlichkeitsdichten für Szenario 1A-orig entsprechen in gleicher Weise denen aller anderen Szenarien.

---

[612] Der Mittelwert der stochastischen Verteilung von 83.570 Mio. € für das Szenario 1A-orig weicht vom tabellarisch angegebenen Wert in Tabelle 53 von 81.926 Mio. € ab. Die Ursache dafür ist, dass @RISK in tabellarischen Darstellungen statistisch berechnete Werte (≠ Mittelwert) verwendet. Vgl. Palisade Corporation (2019) @RISK.

Die alleinige Betrachtung der Gesamtnutzungskosten und des Kostenzinses genügt jedoch nicht zur Untersuchung von Hypothese 2. Dafür ist es notwendig, die ermittelten dynamischen Einsparpotenziale aus Abschnitt 5 in die Auswertung zu integrieren. Die bisher vorgestellten Zielgrößen der neun Szenarien nach modifiziertem Bewertungsverfahren (z. B. 1A-mod, 1B-mod usw.) berücksichtigen zu 100 % Bewertungen nach modifiziertem Verfahren. Nach Auswertung der Stichprobe (siehe Abschnitt 5.1.1) wird aber nur in 9,9 % aller Prüfungen (siehe Tabelle 33 für S_{Ges}) die modifizierte Substanznote frühzeitiger schlechter bewertet als die ursprüngliche Substanznote. Zur Ermittlung der Einsparpotenziale sind deshalb die Gesamtnutzungskosten aller Brücken an Bundesfernstraßen nach ursprünglichem Bewertungsverfahren mit den Gesamtnutzungskosten der anteilig frühzeitiger bewerteten Zustandsverschlechterung im modifizierten Bewertungsverfahrens zu vergleichen. Aus diesem Vergleich ableitbare Einsparpotenziale werden im nachfolgenden Szenarienvergleich (siehe Abschnitt 6.4.2) diskutiert.

6.4.2 Szenarienvergleich

Tabelle 55 enthält die Mittelwerte der Zielgrößenverteilungen aus dem Szenarienvergleich. Diese stellen die erzielbaren Einsparungen im Betrachtungszeitraum von 50 Jahren zwischen den Bewertungsverfahren (anteilig modifiziertes gegenüber ursprünglichem) im jeweiligen Szenario dar.

Tabelle 55: Einsparpotenziale aus dem szenarienspezifischen Verfahrensvergleich

Szenario			Mittelwerte der Zielgrößenverteilungen über 50 Jahre an Brücken der Bundesfernstraßen					
			Gesamtnutzungskosten [Mio. €] orig. Verfahren	Gesamtnutzungskosten [Mio. €] mit anteilig mod. Verfahren (90,1 % orig. + 9,9 % mod.)	Einsparung Gesamtnutzungskosten [Mio. €]	Mittlerer Kostenzins [%] orig. Verfahren	Mittlerer Kostenzins [% p. a.] mit anteilig mod. Verfahren (90,1 % orig. + 9,9 % mod.)	Einsparung Mittlerer Kostenzins [% p. a.]
üblich	1A	1A-orig	83.570	---	3.000	1,496	---	2,81
		1A-mod	---	80.570		---	1,454	
	1B	1B-orig	59.680	---	1.970	1,169	---	2,77
		1B-mod	---	57.710		---	1,137	
	1C	1C-orig	61.820	---	2.060	1,202	---	2,78
		1C-mod	---	59.760		---	1,169	
vorausschauend	2A	2A-orig	77.540	---	2.650	1,419	---	2,66
		2A-mod	---	74.890		---	1,381	
	2B	2B-orig	59.320	---	1.940	1,164	---	2,67
		2B-mod	---	57.380		---	1,133	
	2C	2C-orig	69.070	---	2.370	1,305	---	2,80
		2C-mod	---	66.700		---	1,269	
extrem	3A	3A-orig	155.800	---	11.400	2,246	---	6,11
		3A-mod	---	144.400		---	2,110	
	3B	3B-orig	113.600	---	7.100	1,839	---	5,27
		3B-mod	---	106.500		---	1,743	
	3C	3C-orig	145.900	---	10.100	2,158	---	5,74
		3C-mod	---	135.800		---	2,035	

Aus dem Verfahrensvergleich in Tabelle 55 ist abzulesen, dass in allen Szenarien Einsparungen zwischen ursprünglichem und anteilig modifiziertem Verfahren in den Gesamtnutzungskosten der Brücken an Bundesfernstraßen im Betrachtungszeitraum von 50 Jahren erzielt werden. Die Gesamteinsparungen (Mittelwerte) variieren dabei im „üblichen" Kostenszenario 1 von 1.970 bis

3.000 Millionen Euro, im „vorausschauenden" Kostenszenario 2 von 1.940 bis 2.650 Millionen Euro und im „extremen" Kostenszenario 3 von 7.100 bis 11.400 Millionen Euro. In gleichem Maße reduziert sich der mittlere Kostenzins[613] in allen Szenarien. Der jährliche Kostenzins wird im „üblichen" Kostenszenario 1 um 2,77 % bis 2,81 % im „vorausschauenden" Kostenszenario 2 um 2,66 % bis 2,80 % und im „extremen" Kostenszenario um 5,27 % bis 6,11 % reduziert. In der vorliegenden Szenariobetrachtung wurde nachgewiesen, dass durch den frühzeitigeren Hinweis der Zustandsverschlechterung im modifizierten Verfahren Instandsetzungskosten eingespart werden. Damit wurde Hypothese 2 für die vorliegende Untersuchung verifiziert.

Die Wahrscheinlichkeitsdichten der monetären Gesamtnutzungskosteneinsparungen und der prozentualen Kostenzinsreduzierungen sind beispielhaft für das Szenario *1A* in Abbildung 61 und Abbildung 62 abgebildet.

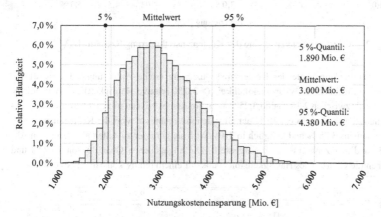

Abbildung 61: Wahrscheinlichkeitsdichte der Nutzungskosteneinsparung Szenario 1A[614]

Die für das Szenario 1A beispielhaft dargestellte Wahrscheinlichkeitsdichte (siehe Abbildung 61) ist linkssteil (rechtsschief). Damit treten Werte, die kleiner sind als der Mittelwert häufiger auf, als Werte größer des Mittelwertes. Das heißt, die Nutzungskosteneinsparungen im gesamten Betrachtungszeitraum werden häufiger kleiner ausfallen als der angegebene Mittelwert. Ein solcher Kurvenverlauf stellt sich in gleichem Maße in allen anderen Szenarien ein.

---

[613] Der Kostenzins ist im Abschnitt 6.2.2 definiert.

[614] Die Nutzungskosteneinsparung (Gesamtnutzungskosten) und die Kostenzinsreduzierung sind Kenngrößen zur Bestimmung der Einsparpotenziale des anteilig modifizierten Bewertungsverfahrens gegenüber dem ursprünglichen Bewertungsverfahren nach RI-EBW-PRÜF.

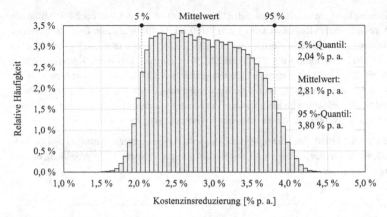

Abbildung 62: Wahrscheinlichkeitsdichte der Kostenzinsreduzierung Szenario 1A[614]

Die Wahrscheinlichkeitsdichte der Kostenzinsreduzierung (siehe Abbildung 62) verdeutlicht, dass die Werte mit höchster Wahrscheinlichkeit (> 3,0 % relative Häufigkeit) in einem relativ großen Intervall (zwischen 2,15 % und 3,25 %) ein konstantes Niveau mit ca. 60 % aller Simulationsergebnisse) ausbilden. In ca. 30 % der Simulationsergebnisse wird die Kostenzinsreduzierung größer sein als 3,25 % und lediglich in 10 % wird sie geringer ausfallen als 2,15 %. In Abbildung 63 ist dieser Zusammenhang dargestellt. Die angegebenen Quantile von 10,2 % und 70,3 % geben die Grenzen des Häufigkeitsintervalls mit einem relativ konstanten Niveau an.

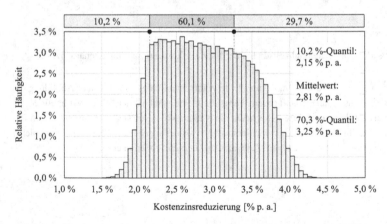

Abbildung 63: Angepasste Darstellung der Wahrscheinlichkeitsdichte von Abbildung 62

Es wird deutlich, dass sich die Wahrscheinlichkeitsdichte der Kostenzinsreduzierung dem Kurvenverlauf einer Trapezverteilung annähert. Deshalb sollte der Kostenzins als Eingangsgröße für Lebenszyklusuntersuchungen als eine Trapezverteilung modelliert werden.

6.5 Sensitivitätsanalysen der Kostenrechnungen

6.5.1 Vorgehensweise zur Variation der Einflussfaktoren

Im Anschluss an die Auswertung der Simulationsexperimente werden, wie bereits in Abschnitt 6.2.4 theoretisch erläutert, Sensitivitätsanalysen nach dem Verfahren der Alternativrechnung durchgeführt. In diesen werden die Auswirkungen veränderlicher Ansätze der Eingangswerte auf die Zielgrößen der monetären Gesamtnutzungskosteneinsparungen und der prozentualen Kostenzinsreduzierungen untersucht. Dafür werden Variationen der folgenden deterministischen und stochastischen Einflussfaktoren vorgenommen:

- Variation der deterministischen Eingangsgrößen: Preissteigerungen BPI, EPI und VPI, die Unterhaltungskosten sowie der prozentuale Anteil der modifizierten Bewertung für $S_{Ges\,mod}$ (Abschnitt 6.5.2) und

- Variation der Eingangsparameter stochastisch modellierter Eingangsgrößen: unterer Grenzwert, oberer Grenzwert und Schiefe der Verteilungsfunktion durch Änderung des wahrscheinlichen Wertes (Abschnitt 6.5.3).

6.5.2 Variation deterministischer Eingangsgrößen

Im ersten Schritt werden die deterministischen Eingangsgrößen der Kostenrechnungen einzeln verändert und die Auswirkungen auf das Simulationsergebnis untersucht. Dafür werden die Preissteigerungen aller Preisindizes (BPI, EPI und VPI), das „dynamische Einsparpotenzial" des modifizierten Bewertungsverfahrens (S_{Ges} von 9,9 %) und die Unterhaltungskosten nacheinander um − 30 %, − 20 %, − 10 %, + 10 %, + 20 % sowie + 30 % variiert. Die pauschalen Ansätze der Instandsetzungskosten des „extremen" Kostenszenarios 3 werden erst nach der Prüfung des Einflusses der zugehörigen stochastischen Instandsetzungskosten des „üblichen" und „vorausschauenden" Kostenszenarios untersucht (siehe Abschnitt 6.5.5), da die extremen Ansätze aus diesen Szenarien abgeleitet wurden.

Die Auswirkungen von Änderungen der benannten Eingangsgrößen werden beispielhaft für die Zielgröße der Kostenzinsreduzierung am Szenario 1A in Tabelle 56 analysiert. Die Gegenüberstellung der Sensitivitätsanalysen für die identifizierten wesentlichen Eingangsgrößen aller anderen Szenarien erfolgt in Abschnitt 6.5.5.

Die Übersicht in Tabelle 56 zeigt, dass durch die Variationen der deterministischen Eingangsgrößen zwischen − 30 % und + 30 % mittlere Kostenzinsreduzierungen von 1,95 % bis 3,68 % möglich sind. Da beide Extremwerte dem prozentualen Anteil für die dynamische Bewertung der Substanznote (S_{Ges}) zugeordnet werden können, hat dieser bei den deterministischen Eingangsgrößen auch den größten Einfluss auf die Zielgröße. Je höher dabei der Anteil frühzeitig identifizierter Schadensverschlechterungen angesetzt wird, desto höher ist die Kostenzinsreduzierung. Ein höherer Prozentsatz als die 9,9 % für $S_{Ges\,mod}$ nach Abschnitt 5.5.3 sollte allerdings nur angesetzt werden, wenn dies in einer größeren Stichprobe, als die für diese Arbeit verwendete (siehe Abschnitt 5.1.1), nachgewiesen werden kann.

Tabelle 56: Auswirkungen von Änderungen deterministischer Eingangsgrößen auf die Kostenzinsreduzierung am Beispiel von Szenario 1A

Eingangsgröße	Zielgröße	Sensitivität der Kostenzinsreduzierung bei Änderung der Eingangsgröße						
		– 30 %	– 20 %	– 10 %	± 0 %	+ 10 %	+ 20 %	+ 30 %
Preissteigerung VPI	Eingangswert	1,19 %	1,36 %	1,53 %	1,70 %	1,87 %	2,04 %	2,21 %
	5 %-Quantil	2,08 %	2,06 %	2,05 %	2,04 %	2,02 %	2,00 %	1,99 %
	Mittelwert	2,87 %	2,85 %	2,83 %	2,81 %	2,79 %	2,77 %	2,75 %
	95 %-Quantil	3,88 %	3,84 %	3,83 %	3,80 %	3,78 %	3,77 %	3,73 %
Preissteigerung BPI	Eingangswert	1,82 %	2,08 %	2,34 %	2,60 %	2,86 %	3,12 %	3,38 %
	5 %-Quantil	1,80 %	1,87 %	1,96 %	2,04 %	2,12 %	2,19 %	2,25 %
	Mittelwert	2,56 %	2,65 %	2,73 %	2,81 %	2,88 %	2,95 %	3,01 %
	95 %-Quantil	3,57 %	3,64 %	3,73 %	3,80 %	3,87 %	3,93 %	3,98 %
Preissteigerung EPI	Eingangswert	1,05 %	1,20 %	1,35 %	1,50 %	1,65 %	1,80 %	1,95 %
	5 %-Quantil	2,06 %	2,05 %	2,05 %	2,04 %	2,03 %	2,02 %	2,01 %
	Mittelwert	2,84 %	2,83 %	2,82 %	2,81 %	2,80 %	2,79 %	2,78 %
	95 %-Quantil	3,84 %	3,83 %	3,82 %	3,80 %	3,79 %	3,78 %	3,77 %
Dynamische Bewertung S_{Ges}	Eingangswert	6,93 %	7,92 %	8,91 %	9,90 %	10,89 %	11,88 %	12,87 %
	5 %-Quantil	1,43 %	1,63 %	1,84 %	2,04 %	2,25 %	2,44 %	2,64 %
	Mittelwert	**1,95 %**	2,24 %	2,53 %	2,81 %	3,10 %	3,39 %	**3,68 %**
	95 %-Quantil	2,67 %	3,04 %	3,43 %	3,80 %	4,19 %	4,57 %	4,94 %
Unterhaltungskosten	Eingangswert	2,93 €/m²	3,34 €/m²	3,76 €/m²	4,18 €/m²	4,60 €/m²	5,02 €/m²	5,43 €/m²
	5 %-Quantil	2,14 %	2,11 %	2,07 %	2,04 %	2,01 %	1,97 %	1,95 %
	Mittelwert	2,95 %	2,90 %	2,86 %	2,81 %	2,77 %	2,73 %	2,69 %
	95 %-Quantil	3,96 %	3,91 %	3,85 %	3,80 %	3,76 %	3,71 %	3,66 %

Der BPI ist ebenfalls eine Eingangsgröße mit großem Einfluss auf die Zielgröße. Die Preissteigerung des BPI wird im Betrachtungszeitraum ausschließlich auf die Instandsetzungskosten angewendet. Daraus schlussfolgernd werden Variationen der Instandsetzungskosten die Bandbreite der Extremwerte zusätzlich vergrößern.

Außerdem ist festzustellen, dass die jährlichen Unterhaltungskosten und regelmäßigen Überwachungskosten sowie die Preissteigerungen des VPI und EPI kaum Auswirkungen auf den mittleren jährlichen Kostenzins haben. Änderungen dieser Eingangsgrößen beeinflussen im Vergleich zur Preissteigerung des BPI und dem modifizierten Bewertungsansatz (S_{Ges}) kaum die Zielgrößen Gesamtnutzungskosten und mittlerer Kostenzins.

Der Einfluss von Variationen der deterministischen Eingangsgrößen auf die Kostenzinsreduzierung wird in Abbildung 64 zusammenfassend grafisch ausgewertet.

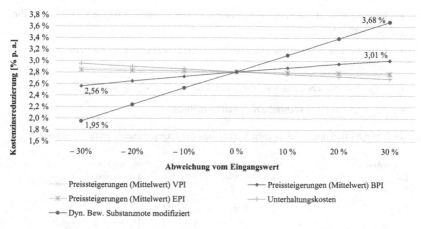

Abbildung 64: Sensitivität der Kostenzinsreduzierung durch deterministische Eingangsgrößen

6.5.3 Variation stochastischer Eingangsgrößen

Stochastisch modellierte Eingangsgrößen des Untersuchungsmodells sind die Realisierungskosten, die Prüf- und Überwachungskosten (E, H, Besichtigung und laufende Beobachtung) und die Instandsetzungskosten des „üblichen" und „vorausschauenden" Kostenszenarios (siehe Abschnitt 6.3.6.1 und 6.3.6.2).

Die Realisierungskosten sind für die Betrachtung der Gesamtnutzungskosten nicht relevant. Sie dienen lediglich als Bezugsgröße zur Bestimmung des mittleren jährlichen Kostenzinses. Eine Variation der Realisierungskosten würde lediglich die Zielgröße der Kostenzinsreduzierung in allen Szenarien gleichmäßig ändern.

Wie die Variation der Unterhaltungskosten bei den deterministischen Eingangsgrößen zeigt, beeinflussen Änderungen von – 30 % bis + 30 % der mittleren jährliche Kosten von 4.503 € (mit 4,18 €/m² bezogen auf 1.077 m² mittlere Brückenüberbaufläche) die Zielgrößen nur gering. Daraus schlussfolgernd beeinflussen die Prüf- und Überwachungskosten mit folgenden Werten (siehe Abschnitt 6.3.3.4):

- Hauptprüfung mit 4.871 €/Prüfung (Mittelwert) jedes 6. Jahr,

- Einfache Prüfung mit 2.188 €/Prüfung (Mittelwert) jedes 6. Jahr und

- Überwachungskosten (Besichtigung und laufende Beobachtungen) mit 580 € (Mittelwert) jährlich

die Zielgrößen weitaus geringer. Deshalb werden die Prüf- und Überwachungskosten in der Sensitivitätsanalyse nicht weiter berücksichtigt.

Von den stochastischen Eingangsgrößen werden somit einzig die Instandsetzungskosten in die Sensitivitätsbetrachtung einbezogen. Zur Untersuchung der Sensitivität der stochastisch modellierten Instandsetzungskosten („übliches" und „vorausschauendes" Szenario) auf die Zielgrößen werden die Eingangsparameter der zugrundeliegenden Verteilungsfunktionen wie folgt variiert:

- Lage der unteren Intervallgrenze (Minimalwert) als Parameter für die Verteilung der Eingangsgrößen,

- Lage der oberen Intervallgrenze (Maximalwert) als Parameter für die Verteilung der Eingangsgrößen,

- Lage des wahrscheinlichsten Wertes zur Variation der Schiefe und

- Lage der gesamten Wahrscheinlichkeitsverteilung.

In Abbildung 65 sind die verschiedenen Variationen der Lageparameter grafisch dargestellt.

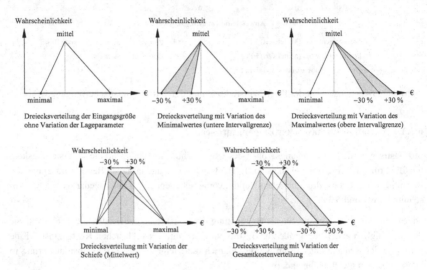

Abbildung 65: Veränderung von Lageparametern der Eingangsgrößenverteilungen

Tabelle 57 enthält die Zielgrößenkennwerte (5 %-Quantil, Mittelwert und 95 %-Quantil) der Kostenzinsreduzierung für die Sensitivitätsanalyse der stochastischen Instandsetzungskosten von Szenario 1A. In der Untersuchung wurden die Lageparameter nach Abbildung 65 jeweils um – 30 %, – 20 %, – 10 %, + 10 %, + 20 % sowie + 30 % verändert.

Für die Ermittlung der Zielgrößenkennwerte wurden die jeweiligen Lageparameter aller Instandsetzungsmaßnahmen aus Tabelle 44 nach den oben genannten Variationsschritten verändert. Dies betrifft zum Beispiel zur Untersuchung des Einflusses der unteren Intervallgrenze alle „von"-Werte der Eingangsgrößenverteilungen für „Üko Dichtprofil" (50 €/m), „Austausch Üko" (1.300 €/m), „Austausch Elastomer" (3.000 €/Stück), „Erneuerung Lager" (4.500 €/Stück) usw. Nach Änderung all dieser Werte werden im jeweiligen Szenario die variierten Kostenverteilungen der Instandsetzungsmaßnahmen integriert. Somit variieren alle Instandsetzungskostenverteilungen innerhalb eines Szenarios. Beispielsweise ändern sich im Szenario 1A die Mittelwerte der angesetzten Instandsetzungskosten (vgl. Tabelle 45) bei Variation der unteren Intervallgrenze um – 30 % für 1A-orig im Jahr 18 von 68.020 € auf 63.970 €, im Jahr 36 von 511.700 € auf 476.360 € und im Jahr 48 von 299.830 auf 279.220 €. Für das Szenario 1A-mod ändern sich diese im Jahr 12 von 44.220 € auf 41.580 €, im Jahr 30 von 332.660 € auf 309.650 € und im Jahr 42 von 194.950

auf 181.550 €. Diese Variationen beeinflussen die Zielgröße kaum. Die Zielgröße der Kostenzinsreduzierung ändert sich dadurch maximal von 2,81 % auf 2,80 % (Mittelwerte). Alle anderen Variationen der Lageparameter beeinflussen ebenfalls kaum die Kennwerte der Zielgrößenverteilungen.

Eine wesentliche Ursache für diese Entwicklung ist, dass die Variationen der Instandsetzungskosten immer für beide Bewertungsverfahren angesetzt werden. Somit bleibt die Kostenspanne zwischen den zugehörigen Instandsetzungszeitpunkten annähernd gleich (z. B. bei ± 0 % Variation der unteren Intervallgrenze von 1A-orig Jahr 18 minus 1A-mod Jahr 12 (Mittelwerte): 68.020 € – 44.220 € = *23.800 €* zu – 30 % Variation: 63.970 € – 41.580 € = *22.390 €*).

Tabelle 57:   Auswirkungen geänderter Eingangsparameter am Beispiel von Szenario 1A

Zielgröße	Sensitivität der Kostenzinsreduzierung bei Änderung der Eingangsgrößen						
	– 30 %	– 20 %	– 10 %	± 0 %	+ 10 %	+ 20 %	+ 30 %
Variation der unteren Intervallgrenze (Minimalwert) [Spalte „von"]							
5 %-Quantil	2,03 %	2,03 %	2,04 %	2,04 %	2,04 %	2,04 %	2,05 %
Mittelwert	2,80 %	2,81 %	2,81 %	2,81 %	2,81 %	2,82 %	2,82 %
95 %-Quantil	3,80 %	3,80 %	3,80 %	3,80 %	3,80 %	3,80 %	3,81 %
Variation der obere Intervallgrenze (Maximalwert) [Spalte „bis"]							
5 %-Quantil	2,03 %	2,04 %	2,04 %	2,04 %	2,04 %	2,05 %	2,05 %
Mittelwert	2,80 %	2,80 %	2,81 %	2,81 %	2,81 %	2,82 %	2,83 %
95 %-Quantil	3,79 %	3,79 %	3,80 %	3,80 %	3,80 %	3,81 %	3,82 %
Variation der Schiefe (wahrscheinlichster Wert) [Spalte „mittel"]							
5 %-Quantil	2,01 %	2,02 %	2,03 %	2,04 %	2,04 %	2,05 %	2,05 %
Mittelwert	2,79 %	2,80 %	2,81 %	2,81 %	2,82 %	2,82 %	2,82 %
95 %-Quantil	3,77 %	3,78 %	3,79 %	3,80 %	3,81 %	3,81 %	3,81 %
Variation der Gesamtkostenverteilung [Spalte „Kostenverteilung"]							
5 %-Quantil	2,02 %	2,03 %	2,04 %	2,04 %	2,04 %	2,04 %	2,05 %
Mittelwert	2,79 %	2,79 %	2,80 %	2,81 %	2,81 %	2,82 %	2,83 %
95 %-Quantil	3,77 %	3,79 %	3,79 %	3,80 %	3,81 %	3,82 %	3,83 %

Aus diesem Grund werden im nachfolgenden Abschnitt 6.5.4 die Kostenspannen zwischen den Zeitpunkten der Instandsetzungsmaßnahmen verändert und deren Einfluss auf die Zielgröße untersucht.

6.5.4 Variation der Kostenspanne zwischen den Instandsetzungszeitpunkten

Die Variation der Kostenspannen wird beispielhaft am Szenario 1A durchgeführt. Dabei werden die Kostenspannen zwischen den Gesamtkostenverteilungen zum jeweiligen Instandsetzungszeitpunkt um – 30 %, – 20 %, – 10 %, + 10 %, + 20 % und + 30 % variiert. Dabei wird folgendermaßen vorgegangen:

1. Bestimmung der Kostenspannen zwischen den Instandsetzungszeitpunkten 1A-orig im Jahr 18 und 1A-mod im Jahr 12, 1A-orig im Jahr 36 und 1A-mod im Jahr 30 sowie 1A-orig im Jahr 48 und 1A-mod im Jahr 40,

2. Variation der ermittelten Kostenspannen (– 30 % bis + 30 %),

3. Beaufschlagung oder Minderung der jeweiligen Instandsetzungskostenverteilungen zur Gewährleistung der variierten Kostenspannen nach dem jeweiligen Kostenverhältnis,[615]

4. Durchführung der Simulation zur Bestimmung der Zielgrößenabweichung.

Die Ergebnisse dieser Sensitivitätsanalyse für das Szenario 1A sind in Tabelle 58 wiedergegeben.

Tabelle 58:   Auswirkungen der Kostenspannenveränderung zwischen ursprünglichen und modifizierten Instandsetzungen am Beispiel von Szenario 1A

Zielgröße	Sensitivität der Kostenzinsreduzierung bei Änderung der Eingangsgrößen						
	– 30 %	– 20 %	– 10 %	± 0 %	+ 10 %	+ 20 %	+ 30 %
5 %-Quantil	1,68 %	1,80 %	1,92 %	2,04 %	2,17 %	2,28 %	2,41 %
Mittelwert	2,23 %	2,43 %	2,62 %	2,81 %	3,00 %	3,18 %	3,36 %
95 %-Quantil	3,01 %	3,46 %	3,54 %	3,80 %	4,05 %	4,30 %	4,53 %

Die Tabelle 58 zeigt, dass durch die Variationen der Kostenspanne zwischen – 30 % und + 30 % mittlere Kostenzinsreduzierungen von 2,23 % bis 3,36 % möglich sind. Somit ist die Kostenspanne neben der Preissteigerung des BPI und dem prozentualen Anteil für die dynamische Bewertung $S_{Ges\,mod}$ ein weiterer Eingangsparameter, der die Kostenzinsreduzierung maßgeblich beeinflusst.

Für diese identifizierten wesentlichen Einflussgrößen werden im folgenden Abschnitt 6.5.5 in allen neun Szenarien Sensitivitätsanalysen durchgeführt.

6.5.5   Vergleich der Sensitivitätsanalysen zwischen den Szenarien

In Tabelle 59 wird die Veränderung der Zielgröße Kostenzinsreduzierung bei Variation der Preissteigerung des BPI, der dynamischen Bewertung $S_{Ges\,mod}$ und der Instandsetzungskostenspanne dargestellt.

Die Ergebnisse der Simulation in Tabelle 59 zeigen, dass die „extremen" Kostenszenarien 3A, 3B und 3C die Zielgröße der Kostenzinsreduzierung am stärksten beeinflussen. Bei Variation der Preissteigerung des BPI von – 30 % bis + 30 % ergibt sich im Szenario 3A die größte Bandbreite der Kostenzinsreduzierung von 5,34 % bis 6,71 %. Bei der dynamischen Bewertung von $S_{Ges\,mod}$ ergibt sich im Szenario 3A ebenfalls die größte Abweichung in einer Bandbreite von 4,26 % bis 7,95 %. Die Variation der Instandsetzungskostenspanne ändert die Zielgröße am stärksten im Szenario 3C von 4,75 % bis 6,56 %.

---

[615]   Zum Beispiel beträgt die Kostenspanne der Gesamtkostenverteilung zwischen 1A-orig Jahr 18 und 1A-mod Jahr 12: 68.020 € – 44.220 € = 23.800 € im Mittel. Bei Variation um – 30 % ändert sich die Kostenspanne auf 16.660 € im Mittel (23.800 € · 0,7 = 16.660 €). Zur Annährung der Kostenverteilungen um diesen Wert, ist die Verteilungsfunktion von 1A-orig im Verhältnis 1 – 44.220/68.020 = 0,35 abzumindern und die Verteilungsfunktion von 1A-mod im Verhältnis 44.220/68.020 = 0,65 zu beaufschlagen. Damit ergibt sich für 1A-orig: 68.020 € – (23.800 € – 16.660 €) · 0,35 = 65.521 € i. M. und für 1A-mod: 44.220 € + (23.800 € – 16.660 €) · 0,65 = 48.861 € i. M. Kontrolle: 65.521 – 48.861 = 16.660.

Tabelle 59: Auswirkungen der wesentlichen Eingangsgrößen auf die Kostenzinsreduzierung in allen Szenarien

Eingangsgröße	Szenario	Sensitivität der Kostenzinsreduzierung bei Änderung der Eingangsgrößen						
		− 30 %	− 20 %	− 10 %	± 0 %	+ 10 %	+ 20 %	+ 30 %
Preissteigerung BPI	1A	2,56 %	2,65 %	2,73 %	2,81 %	2,88 %	2,95 %	3,01 %
	1B	2,48 %	2,58 %	2,67 %	2,77 %	2,86 %	2,94 %	3,02 %
	1C	2,50 %	2,59 %	2,69 %	2,78 %	2,87 %	2,95 %	3,03 %
	2A	2,44 %	2,52 %	2,59 %	2,66 %	2,73 %	2,79 %	2,84 %
	2B	2,38 %	2,48 %	2,57 %	2,67 %	2,76 %	2,84 %	2,92 %
	2C	2,52 %	2,62 %	2,71 %	2,80 %	2,89 %	2,96 %	3,04 %
	3A	5,34 %	5,61 %	5,87 %	6,11 %	6,32 %	6,53 %	6,71 %
	3B	5,06 %	5,14 %	5,21 %	5,27 %	5,33 %	5,38 %	5,42 %
	3C	5,58 %	5,64 %	5,70 %	5,74 %	5,78 %	5,81 %	5,83 %
Dynamische Bewertung $S_{Ges\,mod}$	1A	1,95 %	2,24 %	2,53 %	2,81 %	3,10 %	3,39 %	3,68 %
	1B	1,92 %	2,20 %	2,48 %	2,77 %	3,05 %	3,33 %	3,61 %
	1C	1,93 %	2,21 %	2,49 %	2,78 %	3,06 %	3,35 %	3,63 %
	2A	1,82 %	2,10 %	2,38 %	2,66 %	2,94 %	3,22 %	3,50 %
	2B	1,82 %	2,10 %	2,38 %	2,67 %	2,95 %	3,23 %	3,51 %
	2C	1,94 %	2,23 %	2,51 %	2,80 %	3,09 %	3,38 %	3,68 %
	3A	4,26 %	4,87 %	5,49 %	6,11 %	6,72 %	7,34 %	7,95 %
	3B	3,67 %	4,21 %	4,74 %	5,27 %	5,81 %	6,34 %	6,87 %
	3C	4,00 %	4,58 %	5,16 %	5,74 %	6,32 %	6,90 %	7,78 %
Instandsetzungskostenspanne	1A	2,23 %	2,43 %	2,62 %	2,81 %	3,00 %	3,18 %	3,36 %
	1B	2,32 %	2,47 %	2,62 %	2,77 %	2,92 %	3,07 %	3,22 %
	1C	2,21 %	2,41 %	2,59 %	2,78 %	2,96 %	3,14 %	3,32 %
	2A	2,07 %	2,27 %	2,47 %	2,66 %	2,85 %	3,04 %	3,23 %
	2B	2,11 %	2,30 %	2,48 %	2,67 %	2,85 %	3,03 %	3,20 %
	2C	2,23 %	2,42 %	2,61 %	2,80 %	2,99 %	3,17 %	3,35 %
	3A	5,29 %	5,58 %	5,85 %	6,11 %	6,34 %	6,57 %	6,79 %
	3B	4,31 %	4,64 %	4,97 %	5,27 %	5,56 %	5,84 %	6,10 %
	3C	4,75 %	5,11 %	5,44 %	5,74 %	6,03 %	6,30 %	6,56 %

6.6 Zusammenfassung und Fazit zur Wirtschaftlichkeitsuntersuchung

In Kapitel 6 wurden die wirtschaftlichen Auswirkungen des modifizierten Bewertungsverfahrens im Vergleich zum Bewertungsverfahren der RI-EBW-PRÜF untersucht. Dafür wurde zunächst ein Untersuchungsmodell konzipiert, mit dcm die monetären Auswirkungen von Instandhaltungsmaßnahmen über einen definierten Nutzungszeitraum und durch eine szenarienspezifische Bauwerksabnutzung beurteilt werden konnten. Der Betrachtungszeitraum wurde mit 50 Jahren festgelegt, um relevante Schädigungen mit den neu eingeführten Bewertungsstufen S = 1,5 und S = 2,5 im Untersuchungsmodell abbilden zu können. Damit einhergehenden Unsicherheiten in der Zinsprognose, wurde durch eine detaillierte Auswertung statistischer Preisentwicklungen (VPI, BPI und EPI) begegnet. Dies führte im Untersuchungsmodell zu individuellen Preissteigerungen in den einzelnen Kostenbestandteilen (1,7 % p. a. für Unterhaltungskosten, 2,6 % p. a. für Instandsetzungskosten und 1,5 % p. a. für Prüf- und Überwachungskosten).

Im Untersuchungsmodell mussten verschiedene Eingangsgrößen (Kosten) berücksichtigt sowie chronologisch und verursachungsgerecht erfasst werden. Deshalb wurde auf Basis des Investitionsrechenverfahrens Vollständiger Finanzpläne (VoFi) die *tabellarisch-stochastische Kostenrechnung* als Untersuchungsmodell eingeführt. Mit dieser Kostenrechnung können alle direkten und indirekten Instandhaltungskosten jahresweise in Tabellenform erfasst werden. Da aber alle Kostenelemente im Untersuchungsmodell mit Risiken verbunden sind und diese ausschließlich quantifizierbare Kostenbestandteile enthalten, wurden für den Verfahrensvergleich die *Szenario-analyse*, die *Risikoanalyse* und die *Sensitivitätsanalyse* angewendet.

In der *Szenarioanalyse* wurden zukünftige Entwicklungen verschiedener Untersuchungsszenarien anhand einer Modellbrücke beschrieben. Die Modellbrücke bildet dabei den geometrischen (Mittelwert der Brückenflächenverteilung: $1.077 \ m^2$) und kostenmäßigen (Mittelwert der Realisierungskostenverteilung: 2,641 Mio. €) Durchschnittswert aller Brücken an Bundesfernstraßen ab. Zur Berücksichtigung günstiger und ungünstiger Entwicklungen wurden aus drei verschiedenen Instandhaltungsfällen mit unterschiedlichen Substanznotenentwicklungen (regelmäßige, reduziert vorgezogene und reduziert hinausgeschobene Instandsetzung) und aus drei Kostenszenarien (übliche, vorausschauende und extreme Kostenentwicklung) neun Untersuchungsszenarien aufgestellt und analysiert (siehe Tabelle 40). Für jedes dieser neun Szenarien wurde jeweils eine tabellarisch-stochastische Kostenrechnung nach ursprünglichem und nach modifiziertem Bewertungsverfahren erstellt. Anschließend wurden die Ergebnisse der Szenarioanalysen von der Modellbrücke auf den Brückenbestand an Bundesfernstraßen übertragen (siehe Tabelle 54).

In der *Risikoanalyse* wurden alle identifizierten stochastischen Eingangsgrößen im Untersuchungsmodell bewertet und durch Wahrscheinlichkeitsverteilungen beschrieben. In Tabelle 60 werden die wesentlichen Kennzahlen dieser Verteilungen zusammengefasst.

Tabelle 60:   Kennzahlen der Eingangsgrößenverteilungen

Eingangsgröße	5 %-Quantil	Mittelwert	95 %-Quantil
Realisierungskosten der Modellbrücke	1,778 Mio. €	2,641 Mio. €	3,680 Mio. €
Jährliche Unterhaltungskosten	3.034 €/a	4.503 €/a	6.222 €/a
Jährliche Überwachungskosten	393 €/a	580 €/a	797 €/a
Kosten für die Einfache Prüfung (E)	1.267 €/E	2.188 €/E	3.440 €/E
Kosten für die Hauptprüfung (H)	3.104 €/H	4.871 €/H	7.087 €/H
Instandsetzungskosten	szenarienspezifisch (siehe Tabelle 45 bis Tabelle 47)		

Nach der Integration aller Eingangsgrößen in die szenarienspezifischen Kostenrechnungen wurde die Simulation durchgeführt. Der anschließende Szenarienvergleich der Zielgrößenverteilungen zeigte, dass große Unterschiede zwischen den Szenarien bestehen. So liegen die Gesamtnutzungskosten der „extremen" Szenarien 85 % bis 140 % über den Gesamtnutzungskosten der „üblichen" Szenarien. Für die Untersuchung der wirtschaftlichen Auswirkungen wurde das ursprüngliche Bewertungsverfahren mit dem anteilig modifizierten Bewertungsverfahren auf den Brückenbestand an Bundesfernstraßen angewendet und über den Betrachtungszeitraum von 50 Jahren miteinander verglichen (siehe Abschnitt 6.4.2). Dafür wurde im modifizierten Bewertungsverfahren der ermittelte Anteil der frühzeitiger schlechter bewerteten Substanznoten von 9,9 % gegenüber den ursprünglichen Substanznoten angesetzt. Somit beinhalten die anteilig modifizierten Zielgrößen Gesamtnutzungskosten und Kostenzins (siehe Abschnitt 6.2.2), Kosten die zu 90,1 % nach dem ursprünglichen und zu 9,9 % nach dem modifizierten Verfahren ermittelt wurden. Die wesentlichen Ergebnisse des szenarienspezifischen Verfahrensvergleichs (Abschnitt 6.4.2) sind in Tabelle 61 zusammengefasst.

Tabelle 61:   Kurztabelle zu den Einsparpotenzialen des Verfahrensvergleichs

Brücken an Bundesfernstraßen (Nutzungszeitraum 50 Jahre)				
Kostenszenario	**Einsparung mittlerer Gesamtnutzungskosten**		**Einsparung mittlerer Kostenzins**	
	von [Mio. €]	bis [Mio. €]	von [% p. a.]	bis [% p. a.]
Szenario 1 (üblich)	1.970	3.000	2,77	2,81
Szenario 2 (vorausschauend)	1.940	2.650	2,66	2,80
Szenario 3 (extrem)	7.100	11.400	5,27	6,11

Im Anschluss an die Auswertung der Simulationsergebnisse wurden die tabellarisch-stochastischen Kostenrechnungen in *Sensitivitätsanalysen* nach dem Verfahren der Alternativrechnung ausgewertet. Dafür wurden die wesentlichen deterministischen und stochastisch modellierten Eingangsgrößen schrittweise von - 30 % bis + 30 % geändert, um beurteilen zu können, welche Eingangsgrößen die Zielgröße am stärksten beeinflussen. Die Auswertung der Sensitivitätsanalysen in Abschnitt 6.5 ergab, dass Änderungen der Eingangsgrößen *Preissteigerung des BPI*, *dynamische Bewertung $S_{Ges\ mod}$* und *Instandsetzungskostenspanne* die Zielgröße Kostenzinsreduzierung in den „extremen" Kostenszenarien am stärksten beeinflussen. In Tabelle 62 werden die Ergebnisse mit den größten Bandbreiten zusammengefasst.

Tabelle 62:   Kurztabelle zu den Auswirkungen wesentlicher Eingangsgrößen auf die Kostenzinsreduzierung

Eingangsgröße	**Sensitivität der Kostenzinsreduzierung bei Änderung der Eingangsgröße**		
	– 30 %	± 0 %	+ 30 %
Preissteigerung BPI	5,34 %	6,11 %	6,71 %
Dynamische Bewertung $S_{Ges\ mod}$	4,26 %	6,11 %	7,95 %
Instandsetzungskostenspanne	4,75 %	5,74 %	6,56 %

Es bleibt festzuhalten, dass durch die Anwendung des modifizierten Bewertungsverfahrens, bei konsequenter Einhaltung einer zustandsbestimmenden Instandhaltungsstrategie, Instandhaltungskosten eingespart werden können. Dabei kann der mittlere jährliche Kostenzins für diese Aufwendungen im „üblichen Fall" um ca. 2,7 % und im „Extremfall" um bis zu 6,1 % reduziert werden. Damit ist Hypothese 2 für die durchgeführte Untersuchung verifiziert.

Die Wirtschaftlichkeitsuntersuchung in dieser Arbeit bestätigt die Möglichkeit von Einsparungen mit dem modifizierten Bewertungsverfahren. Die praktische Umsetzung der vorgestellten Instandhaltungsszenarien wird aber von zahlreichen Faktoren beeinflusst, die zu abweichenden Ergebnissen führen können. Kritische Faktoren sind beispielsweise:

- Die prognostizierte Substanznotenentwicklung ist im modifizierten Bewertungsverfahrens bei 9,9 % aller Prüfungen frühzeitiger schlechter bewertet, als im ursprünglichen Bewertungsverfahrens. Der ermittelte Anteil ist durch die praktische Anwendung des modifizierten Bewertungsverfahrens in Bauwerksprüfungen zu validieren, denn in der Sensitivitätsanalyse wurde ermittelt, dass diese Eingangsgröße die Zielgröße am stärksten beeinflusst.

- Individuelle Kosten für zusätzliche Prüfungen und Instandhaltungsmaßen sind im Bewertungsmodell dieser Arbeit nicht enthalten und können dadurch das Ergebnis (auch erheblich) beeinträchtigen. Zum Beispiel sind Prüfungen aus besonderem Anlass oder Objektbezogene Schadensanalysen (siehe Abschnitt 2.2.3) im Modell nicht berücksichtigt. Des Weiteren können schwer zugängliche Bauwerksteile hohe Kosten für die Zugangstechnik nach sich ziehen oder hochfrequentierte Bauwerke an zentralen Verkehrsknotenpunkten aufwendige Verkehrssicherungs- und Umleitungsmaßnahmen erfordern. Auch solche individuellen Kosten sind im Untersuchungsmodell dieser Arbeit nicht enthalten.

- Die Qualität durchgeführter Instandsetzungsmaßnahmen beeinflusst den Schädigungs- und Abnutzungsverlauf von Ingenieurbauwerken (siehe Abbildung 4). Qualitativ hochwertige Instandsetzungen sind zum Teil kostenintensiv reduzieren aber Folgekosten, während mangelhafte Instandsetzungen gegebenenfalls die Ausbreitung von Schäden begünstigen und hohe Folgekosten nach sich ziehen.

- Finanzierungsmittel für Instandhaltungsmaßnahmen stehen nicht oder nicht rechtzeitig nach präventiver oder zustandsbestimmender Strategie zur Verfügung. Dadurch wird die Vorteilhaftigkeit des frühzeitigeren Hinweises auf Schadensverschlechterungen (Hypothese 1) aufgehoben. Verschiebungen oder Versäumnisse von Instandsetzungsmaßnahmen verringern somit das monetäre Einsparpotenzial des modifizierten Bewertungsverfahrens.

7 Schlussbetrachtung

7.1 Zusammenfassung und Ergebnisse

Die kontinuierliche Überwachung und Instandhaltung von Ingenieurbauwerken des Straßenverkehrs ist eine wesentliche Voraussetzung für ein funktionsfähiges Verkehrswegenetz. Versäumnisse der Bauwerksunterhaltung, die geprägt von geringen Haushaltsbudgets und fehlenden Fachkräften in den Verwaltungen zu Unterlassungen bei der Überwachung oder von notwendigen Instandsetzungsmaßnahmen führen, begünstigen die Zustandsverschlechterung von Ingenieurbauwerken. Die Folge sind Nutzungseinschränkungen oder gar komplette Ausfälle von einzelnen Bauwerken. Im hochfrequentierten und dichten Verkehrswegenetz von Deutschland führen solche Störstellen sehr schnell zu Staus und überlasteten Umleitungen, die die Umwelt und die Volkswirtschaft belasten. Die Verhinderung von neuen oder die Reduzierung bereits vorhandener Störstellen ist somit ein zentrales Ziel der Bauwerksunterhaltung.

Grundlage jeder Instandsetzungsmaßnahme ist die Kenntnis des aktuellen Bauwerkszustandes. In Deutschland wurde dazu die DIN 1076 geschaffen, welche die Überwachung und Prüfung von Ingenieurbauwerken des Straßenverkehrs regelt. In ihr sind Prüfintervalle mit unterschiedlicher Prüfintensität definiert. Für die tatsächliche Einschätzung des aktuellen Bauwerkszustandes wurde mit der „Richtlinie zur einheitlichen Erfassung, Bewertung, Aufzeichnung und Auswertung von Ergebnissen der Bauwerksprüfungen nach DIN 1076" (RI-EBW-PRÜF) ein einheitliches Bewertungssystem vorgegeben. Darin ist festgelegt, dass der Bauwerkszustand eines Ingenieurbauwerkes über die Bewertung von Schäden und Mängeln und nicht wie beispielsweise in den USA über eine Bauteilbewertung zu ermitteln ist. Nach RI-EBW-PRÜF sind alle vom Prüfer identifizierten Schäden und Mängel jeweils in den Kriterien Standsicherheit, Verkehrssicherheit und Dauerhaftigkeit mit einer diskreten natürlichen Zahl von 0 bis 4 zu bewerten. Mit diesen Zahlen wird die Intensität des Schädigungseinflusses auf das Bauteil/Bauwerk bewertet. Bei 0 hat ein Schaden oder Mangel im jeweiligen Kriterium keinen Einfluss auf das Bauteil/Bauwerk, wohingegen Schäden/Mängel mit 4 zu bewerten sind, wenn durch diese die Standsicherheit, Verkehrssicherheit oder Dauerhaftigkeit des Bauteils/Bauwerks nicht mehr gegeben ist. Aus allen Einzelschadensbewertungen wird mit Hilfe des Programmsystems SIB-Bauwerke durch einen Berechnungsalgorithmus die Zustandsnote des Bauwerks bestimmt. Anschließend wird die errechnete Zustandsnote einem von sechs Notenbereichen zugeordnet, die Beschreibungen der Schadensauswirkungen enthalten und Fristen für Unterhaltungs- und Instandsetzungsmaßnahmen definieren.

Die Untersuchungen der Grundlagen (siehe Kapitel 2) und der Einflussfaktoren (siehe Kapitel 3) auf die Zustandsbeurteilung zeigen, dass Zustandsbewertungen durch Entscheidungen des Menschen als Bauwerksprüfer – trotz detaillierter Verfahrensregeln – stark variieren können. Zur Beurteilung von Bauwerkszuständen muss der Prüfer in Bauwerksprüfungen zwei wesentliche Aufgaben erfüllen. Er muss Schäden oder Mängel *identifizieren* und deren Einfluss auf das Bauteil/Bauwerk *bewerten*. Das Erkennen (Identifizieren) von Schäden oder Mängeln wird durch die Qualifikation, die Erfahrung und die physische und psychische Kondition des Prüfers sowie durch äußere Einflüsse (Tageszeit, Wetter, Ausrüstung u. a.) beeinflusst. Die anschließende Bewertung der identifizierten Schäden oder Mängel wird durch Prüf- und Überwachungsvorschriften (DIN 1076, RI-EBW-PRÜF, ASB-ING u. a.) vorgegeben und eingegrenzt. Umfassende Schadensbeispiele sollen dabei eine einheitliche Schadensbewertung gewährleisten.

© Der/die Autor(en), exklusiv lizenziert durch
Springer Fachmedien Wiesbaden GmbH, ein Teil von Springer Nature 2021
C. Weller, *Zustandsbeurteilung von Ingenieurbauwerken*, Baubetriebswesen
und Bauverfahrenstechnik, https://doi.org/10.1007/978-3-658-32680-7_7

Ausgelöst durch ein Forschungsprojekt, bei dem gravierende Bewertungsunterschiede zwischen verschiedenen Prüfern am gleichen Untersuchungsobjekt festgestellt wurden, verfolgt diese Arbeit das Ziel, eine Methodik zur Reduzierung subjektiver Bewertungseinflüsse zu entwickeln.

Die Identifikation von Schäden und Mängeln durch den Prüfer ist ein rein subjektiver Vorgang. Deshalb werden in dieser Arbeit aus der Analyse aller Einflussfaktoren auf die Bewertungsentscheidung Vorschläge zur Optimierung der Schadensidentifikation unterbreitet.

Bauwerksprüfungen nach DIN 1076 sollten nur von qualifizierten Ingenieuren durchgeführt werden, die die Teilnahme am Lehrgang des VFIB mit einem gültigen Zertifikat nachweisen können. Außerdem sollten alle Einflussfaktoren, die auf den Prüfer zur festgelegten Prüfungszeit einwirken (z. B. Sichtbarkeit von Schäden, Witterung), in der Prüfungsvorbereitung analysiert werden. Abweichungen bei der Schadensidentifikation könnten reduziert werden, wenn Prüfungen an einem Bauwerk von mehreren Prüfern gleichzeitig oder Folgeprüfungen stets von verschiedenen Prüfern durchgeführt werden.

Im Rahmen der Untersuchung der Bewertungsvorschrift (siehe Kapitel 3) wurde festgestellt, dass in den Beschreibungen der Schadensbewertungsstufen im Kriterium Standsicherheit Interpretationsspielräume in der Schadenszuordnung durch den Prüfer bestehen. Zur Begrenzung dieser Bewertungsspielräume wird das ursprüngliche Bewertungsverfahren nach RI-EBW-PRÜF durch Einführung von zwei zusätzlichen Bewertungsstufen im Kriterium Standsicherheit modifiziert. Die Analyse in Kapitel 3 zeigt, dass zwischen den Bewertungsstufen S = 1, S = 2 und S = 3 ungleiche Bewertungsräume aufgespannt werden, die Bewertungsabweichungen für vergleichbare Schadensbilder begünstigen. Deshalb wird zwischen den Bewertungen S = 1 und S = 2 die zusätzliche Bewertungsstufe S = 1,5 und zwischen S = 2 und S = 3 die zusätzliche Bewertungsstufe S = 2,5 eingeführt. Dadurch wird die Standsicherheitsbewertung mit ungleichen Bewertungsspannen in eine Bewertung mit weitestgehend gleichen Bewertungsintervallen überführt. Die Beschreibungen der neu eingeführten Bewertungsstufen und die geänderten Beschreibungen der angrenzenden Bewertungsstufen sind in Tabelle 15 dieser Arbeit enthalten.

Durch die Einführung zusätzlicher Bewertungsstufen wird es notwendig, neben den Beschreibungsanpassungen der Bewertungsstufen auch den Berechnungsalgorithmus anzugleichen. Die Basiszustandszahlen des ursprünglichen Bewertungsschlüssels werden dahingehend angepasst, dass für die neuen Bewertungsstufen zusätzliche Basiszustandszahlen eingeführt und die vorhandenen Basiszustandszahlen zur Angleichung der Bewertungsintervalle nachjustiert werden (siehe Kapitel 4). In diesem Zusammenhang werden die Basiszustandszahlen hinsichtlich Konsistenz zu den Beschreibungen der Bewertungsstufen und den Zustandsnotenbereichen überprüft und an den Verlauf einer progressiven Schadensverschlechterung angepasst. Als Ergebnis wurde ein modifizierter Bewertungsschlüssel mit angepassten Zustandsnotenbereichen entwickelt.

Anschließend wurden in einer Fallbetrachtung die Auswirkungen des modifizierten Bewertungsverfahrens untersucht, die zu folgenden zwei Hypothesen führten:

Hypothese 1: „*Mit den neuen Bewertungsstufen werden Tendenzen der Schadensfortschreitung und der Schadensausbreitung bei Standsicherheitsbeeinträchtigungen frühzeitiger als im Bewertungsverfahren nach RI-EBW-PRÜF (2017) erfasst.*"

Hypothese 2: „*Durch den frühzeitigeren Hinweis der Zustandsverschlechterung lassen sich, insbesondere bei kontinuierlicher Instandhaltung, Instandsetzungskosten einsparen.*"

Zur Überprüfung von Hypothese 1 wurde das modifizierte Bewertungsverfahren anhand einer repräsentativen Stichprobe, die rund 220.000 Einzelschäden an Brücken umfasst, verifiziert. Dafür wurde zunächst der Berechnungsalgorithmus des ursprünglichen und des modifizierten Bewertungsverfahrens in Microsoft Excel nachgebildet. Nach der durchgeführten Simulation mit allen Einzelschadensdaten wurde aus der maximal positiven und maximal negativen Abweichung zur ursprünglichen Bewertung die Spannbreite des modifizierten Wertebereichs bestimmt. Der Ergebnisvergleich zwischen beiden Verfahren (grafische Auswertungen im Abschnitt 5.5.1) zeigt, dass die Zustandsnoten im modifizierten Bewertungsverfahren gegenüber dem ursprünglichen Bewertungsverfahren deutlich schlechter ausfallen. Dieses Ergebnis untersetzt die Modifikationen im Bewertungsschlüssel hin zu einer progressiven Schadensverschlechterung.

Mittels statischer und dynamischer Vergleichsanalysen wurde die Zustands- und Substanznotenentwicklung zwischen den Verfahren und aufeinanderfolgenden Prüfungen untersucht. Danach werden die modifizierten Zustandsnoten der Stichprobe in 11,9 % aller Bewertungsfälle frühzeitiger mit einer schlechteren Zustandsnote bewertet, als es bei den Bewertungen nach ursprünglichem Verfahren der Fall ist. Bei den Substanznoten sind es im modifizierten Verfahren 9,9 %. Mit diesem Ergebnis wurde Hypothese 1 verifiziert.

Für die Untersuchung von Hypothese 2 wurden die wirtschaftlichen Auswirkungen des modifizierten Bewertungsverfahrens im Vergleich zum ursprünglichen Bewertungsverfahren in einem tabellarisch-stochastischen Kostenrechnungsmodell untersucht (siehe Kapitel 6). Das Modell basiert dabei auf dem Investitionsrechenverfahren Vollständiger Finanzpläne (VoFi). In dem Modell wurden originäre Zahlungen der Instandhaltung über einen definierten Nutzungszeitraum von 50 Jahren in Tabellenform erfasst. Da das Kostenrechnungsmodell auf den gesamten Brückenbestand an Bundesfernstraßen angewendet wurde, konnten Aussagen zu volkswirtschaftlichen Einsparpotenzialen in der Brückenunterhaltung abgeleitet werden. Die Eingangsgrößen des Kostenrechnungsmodells sind im wesentlichen Kosten der Instandhaltung und Preissteigerungen über den Nutzungszeitraum. Die Höhe aller Nutzungskosten ist von den Bauwerksparametern (Konstruktionsart, Größe, Verkehrsbelastung u. a.) abhängig, weshalb die Untersuchung anhand der stochastisch modellierten Überbaufläche einer Modellbrücke durchgeführt wurde. Basis der aus diesen Parametern ermittelten Überbauflächenverteilung ist der gesamte Brückenbestand an Bundesfernstraßen. Alle weiteren Eingangsgrößen des Modells wurden ebenfalls durch Verteilungsfunktionen beschrieben. Zielgrößen des Kostenrechnungsmodells sind die Kosteneinsparung im Vergleich der Gesamtnutzungskosten zwischen den Bewertungsverfahren und der daraus ableitbare jährliche Zins aus dem Verhältnis Gesamtnutzungskosten zu Realisierungskosten.

In Szenarioanalysen wurden die Zielgrößen aus der Kombination von drei verschiedenen Instandhaltungsfällen, die unterschiedliche Zustandsentwicklungen und Instandsetzungszeitpunkte berücksichtigen und von drei verschiedenen Kostenszenarien bestimmt. Der Szenarienvergleich dieser neun möglichen Kombinationen zeigt, dass bei kontinuierlicher Instandhaltungsphilosophie in allen Szenarien Nutzungskosten eingespart werden. Im Ergebnis können so Einsparungen beim mittleren jährlichen Kostenzins von 2,66 % bis 6,11 % (i. M.) durch die Anwendung des modifizierten Bewertungsverfahrens gegenüber dem ursprünglichen Bewertungsverfahren erzielt werden.

Die Bewertung der wirtschaftlichen Auswirkungen auf Basis des tabellarisch-stochastischen Kostenrechnungsmodells kann darüber hinaus nur in Kombination mit Sensitivitätsanalysen erfolgen. Aus diesen ist ersichtlich, welche Eingangsgrößen die Zielgröße am stärksten beeinflussen. Die durchgeführten Analysen ergaben, dass die Höhe von Kosteneinsparungen im Wesentlichen von der prozentual frühzeitigeren Bewertung der Zustandsverschlechterung (z. B. bei den Substanznoten 9,9 %), der im Modell angesetzten Instandsetzungskostenspanne zwischen den Bewertungsverfahren und der Preissteigerung des BPI beeinflusst wird.

7.2   Ausblick

Vor dem Hintergrund einer stetigen Alterung aller Ingenieurbauwerke und der dokumentierten Zustandsnotenverschlechterung deutscher Brücken des Straßen- und Bahnverkehrs sind Maßnahmen notwendig, um das bestehende Verkehrswegenetz auch bei steigender Verkehrsbelastung für zukünftige Generationen in einem guten Gebrauchszustand zu erhalten. Einen Beitrag dazu liefert das in dieser Arbeit vorgestellte modifizierte Bewertungsverfahren. Durch den frühzeitigeren Hinweis auf Zustandsverschlechterungen wird der Baulastträger in die Lage versetzt, Maßnahmen mit geringeren monetären Aufwendungen zu ergreifen, als es mit dem ursprünglichen Bewertungsverfahren nach RI-EBW-PRÜF möglich ist.

Der Erhalt der Bauwerkssubstanz wird allerdings maßgeblich von den zur Verfügung stehenden Haushaltsmitteln der zuständigen Baulastträger bestimmt. Deshalb ist es wünschenswert, dass die zur Verfügung gestellten Haushaltsbudgets für Instandhaltungsmaßnahmen an das Abnutzungsverhalten von Ingenieurbauwerken angepasst werden. Weiterhin sollten Ingenieurbauwerke auf hochfrequentierten Verkehrswegen nach der zustandsbestimmenden Instandhaltungsstrategie unterhalten werden. Dadurch lassen sich, neben der Einsparung von Nutzungskosten in den Straßenverwaltungen, auch volkswirtschaftliche Schäden durch Nutzungseinschränkungen oder unplanmäßige Bauwerksausfälle reduzieren.

Damit das vorgestellte modifizierte Bewertungsverfahren in Bauwerksprüfungen angewendet werden kann, sind zunächst praktische Pilotanwendungen zur Kalibrierung des Berechnungsalgorithmus und zur Bestimmung von Anpassungsfaktoren durchzuführen. Dies ist notwendig, da die vorgenommenen Änderungen in den Basiszustandszahlen zu abweichenden Zustandsnoten führen und damit die Zustandsnoten beider Verfahren nicht unmittelbar miteinander vergleichbar sind. Der Zustandsnotenabgleich zwischen den Verfahren wäre nur der erste Schritt in Richtung Anwendung des modifizierten Bewertungsverfahrens in Bauwerksprüfungen. Ein weiterer erforderlicher Schritt sind Änderungen der normativen Regelungen. Dafür muss die RI-EBW-PRÜF das modifizierte Bewertungsverfahren vorgeben und die Schadensbeispiele sind an die neuen Bewertungsstufen anzupassen. Ergänzend ist das Programmsystem SIB-Bauwerke zu überarbeiten. Zuletzt sind die Regeländerungen in das deutsche Bauwerk-Management-System zu integrieren und die BMS-Datenbank ist anzupassen, um die modifizierten Zustandsinformationen in allen Teilprozessen verarbeiten und modifizierte Wirkungsdaten erzeugen zu können.

Im Rahmen solch eines umfassenden Eingriffs in Regelwerke und Datenbanken ist es überlegenswert, die sieben Bewertungsstufen im Kriterium Standsicherheit des vorgestellten modifizierten Bewertungsverfahrens (0 / 1 / 1,5 / 2 / 2,5 / 3 / 4) durch ein ganzzahliges System (0 bis 6) zu ersetzen. Dadurch würde die angestrebte Angleichung der Bewertungsintervalle auch in einheitlichen Abständen zwischen den Bewertungsstufen ersichtlich.

Es wäre wünschenswert, wenn das modifizierte Bewertungsverfahren durch fortführende Forschungsaktivitäten validiert und für die Zustandsbeurteilung von Ingenieurbauwerken angewendet wird.

Literaturverzeichnis

Monographien, Hochschulschriften und Aufsätze in Fachzeitschriften

A

Äkerman, H. (2008) Die Bedeutung objektiver Prüfergebnisse für das Bauwerkmanagement, In: VFIB e. V. (Hrsg.): Tagungsunterlagen des Lehrgangs Bauwerkprüfingenieur

Alisch, Katrin; Arentzen, Ute; Winter, Eggert (2004) Gabler-Wirtschafts-Lexikon // A-Z. 16., vollst. überarb. und aktualisierte Aufl., Gabler; Betriebswirtschaftl. Verl. Gabler, Wiesbaden

Altmüller, Patrick (2012) Entwicklung einer differenzierten Preisgleitklausel für Funktionsbauverträge im Strassenbau. Kassel University Press, Kassel

AASHTO (2010), American Association of State Highway and Transportation Officials. AASHTO Bridge Element Inspection Guide Manual, Fassung vom 2010, zuletzt geändert 2010, URL: https://live.iplanevents.com/.../AASHTO2010/bridge_element_guide%20manual%20, [Stand: 19.09.2018]

AASHTO (2018), American Association of State Highway and Transportation Officials. The Manual for Bridge Evaluation, Fassung vom 2018, zuletzt geändert 2018, URL: https://store.transportation.org/Common/DownloadContentFiles?, [Stand: 19.09.2018]

B

Bauer, Carl-Otto; Warnecke, Hans-Jürgen (Hrsg.) (1992) Instandhaltungsmanagement. 2., völlig überarb. Aufl., Verl. TÜV Rheinland, Köln

Baumhauer, Andreas (2010) Beurteilung geschädigter Brückenbauwerke unter Berücksichtigung unscharfer Tragwerksparameter, München

Beck, Tabea; Fischer, Matthias; Friedrich, Heinz; Kaschner, Rolf; Kuhlmann, Ulrike; Lenz, Katrin; Maier, Philippa; Mensinger, Martin; Pfaffinger, Marjolaine; Sedlbauer, Klaus; Ummenhofer, Thomas; Zinke, Tim (2013) Instandhaltungsstrategien als Basis für die ganzheitliche Bewertung von Stahl- und Verbundbrücken nach Kriterien der Nachhaltigkeit, In: Stahlbau, Jg. 82/1, S. 3–10

Becker, Torsten; Herrmann, Richard; Sandor, Viktor; Schäfer, Dominik; Wellisch, Ulrich (2016) Stochastische Risikomodellierung und statistische Methoden. Springer Spektrum, Berlin, Heidelberg

Beichelt, Frank (1995) Stochastik für Ingenieure. Teubner, Stuttgart

Berner, Fritz; Kochendörfer, Bernd; Schach, Rainer (2013) Grundlagen der Baubetriebslehre 1. 2., akt. Aufl. 2013, Springer Fachmedien Wiesbaden, Wiesbaden

Berner, Fritz; Kochendörfer, Bernd; Schach, Rainer (2013) Grundlagen der Baubetriebslehre 2. 2., akt. Aufl. 2013, Springer Fachmedien Wiesbaden, Wiesbaden

Bertsche, Bernd (1989) Zur Berechnung der System-Zuverlässigkeit von Maschinenbau-Produkten, Stuttgart

Blohm, Hans; Lüder, Klaus; Schaefer, Christina (2012) Investition. 10., bearb. und aktualisierte Aufl., Vahlen, München

Bosch, Karl (2007) Basiswissen Statistik. 3., vollst. überarb. Aufl., Oldenbourg, München

Braml, Thomas (2010) Zur Beurteilung der Zuverlässigkeit von Massivbrücken auf der Grundlage der Ergebnisse von Überprüfungen am Bauwerk. Als Ms. gedr, VDI-Verl., Düsseldorf

BMJV (2013) Bundesministerium der Justiz und Verbraucherschutz. Verordnung über die Honorare für Architekten- und Ingenieurleistungen (Honorarordnung für Architekten und Ingenieure – HOAI), Fassung vom 10.07.2013, zuletzt geändert 10.07.2013

BMJV (2015) Bundesministerium der Justiz und Verbraucherschutz. Eisenbahn-Bau- und Betriebsordnung, Fassung vom 08.05.1967, zuletzt geändert 19.11.2015

BMJV (2017) Bundesministerium der Justiz und Verbraucherschutz. Allgemeines Eisenbahngesetz, Fassung vom 27.12.1993, zuletzt geändert 20.07.2017

BMJV (2017) Bundesministerium der Justiz und Verbraucherschutz. Bundesfernstraßengesetz, Fassung vom 06.08.1953, zuletzt geändert 14.08.2017

BMV (1997) Bundesministerium für Verkehr. Bauwerksprüfung nach DIN 1076 Bedeutung, Organisation, Kosten. Verkehrsblatt Verlag Borgmann GmbH & Co KG, Dortmund

BMV (1997) Bundesministerium für Verkehr. Richtlinie für die bauliche Durchbildung und Ausstattung von Brücken zur Überwachung, Prüfung und Erhaltung (RBA-BRÜ), Fassung vom 1997, zuletzt geändert 1997

BMVBS (2004) Bundesministerium für Verkehr, Bau und Stadtentwicklung. Leitfaden Objektbezogene Schadensanalyse, Fassung vom 2004, zuletzt geändert 2004, URL: https://www.bast.de/BASt_2017/DE/Ingenieurbau/Publikationen/Regelwerke/Erhaltung/RI-ERH-ING-OSA-Leitfaden-Erhaltung.pdf?__blob=publicationFile&v=3, [Stand: 10.10.2018]

BMVBS (2004) Bundesministerium für Verkehr, Bau und Stadtentwicklung. Richtlinie zur Durchführung von Wirtschaftlichkeitsuntersuchungen im Rahmen von Instandsetzungs-/Erneuerungsmaßnahmen bei Straßenbrücken, Fassung vom 2004, zuletzt geändert 2004

BMVBS (2006) Bundesministerium für Verkehr, Bau und Stadtentwicklung. Richtlinie für die Erhaltung des Korrosionsschutzes von Stahlbauten, Fassung vom 2006, zuletzt geändert 2006, URL: https://www.bast.de/BASt_2017/DE/Ingenieurbau/Publikationen/Regelwerke/Erhaltung/RI-ERH-KOR-Erhaltung.pdf?__blob=publicationFile&v=2, [Stand: 10.10.2018]

BMVBS (2007) Bundesministerium für Verkehr, Bau und Stadtentwicklung. Richtlinie zur einheitlichen Erfassung, Bewertung, Aufzeichnung und Auswertung vorn Ergebnissen der Bauwerksprüfungen nach DIN 1076, Fassung vom 2007-11, zuletzt geändert 2007-11

BMVBS (2008) Bundesministerium für Verkehr, Bau und Stadtentwicklung. Richtlinie für die Überwachung der Verkehrssicherheit von baulichen Anlagen des Bundes, Fassung vom 2008-07, zuletzt geändert 2008-07

BMVBS (2010) Bundesministerium für Verkehr, Bau und Stadtentwicklung. Richtlinien für die Erhaltung von Ingenieurbauten, Fassung vom 31.05.2010, zuletzt geändert 31.05.2010

BMVBS (2010) Bundesministerium für Verkehr, Bau und Stadtentwicklung. Verordnung zur Berechnung von Ablösungsbeträgen nach dem Eisenbahnkreuzungsgesetz, dem Bundesfernstraßengesetz und dem Bundeswasserstraßengesetz (Ablösungsbeträge-Berechnungsverordnung - ABBV), zuletzt geändert 2010-07, URL: https://www.gesetze-im-internet.de

BMVBS (2012) Bundesministerium für Verkehr, Bau und Stadtentwicklung. Allgemeines Rundschreiben Straßenbau Nr. 22/2012, Fassung vom 2012, zuletzt geändert 2012

BMVBS (2012) Bundesministerium für Verkehr, Bau und Stadtentwicklung. Zusätzliche Technische Vertragsbedingungen – Wasserbau für Wasserbauwerke aus Beton und Stahlbeton (Leistungsbereich 215), Fassung vom 17.08.2012, zuletzt geändert 17.08.2012

BMVBS (2013) Bundesministerium für Verkehr, Bau und Stadtentwicklung. Bauwerksprüfung nach DIN 1076 Bedeutung, Organisation, Kosten, Fassung vom 06.09.2013, zuletzt geändert 06.09.2013

BMVBS (2013) Bundesministerium für Verkehr, Bau und Stadtentwicklung. Anweisung Straßeninformationsbank Teilsystem Bauwerksdaten ASB-ING, Fassung vom 2013-10, zuletzt geändert 2013-10

BMVBS (2013) Bundesministerium für Verkehr und digitale Infrastruktur. Richtlinie zur einheitlichen Erfassung, Bewertung, Aufzeichnung und Auswertung von Ergebnissen der Bauwerksprüfungen nach DIN 1076, Fassung vom 25.03.2013, zuletzt geändert 25.03.2013

BMVBS (2017) Bundesministerium für Verkehr und digitale Infrastruktur. Richtlinie zur einheitlichen Erfassung, Bewertung, Aufzeichnung und Auswertung von Ergebnissen der Bauwerksprüfungen nach DIN 1076, Fassung vom 22.02.2017, zuletzt geändert 22.02.2017

BMVBS (2017) Bundesministerium für Verkehr, Bau und Stadtentwicklung. Richtlinien für die Sicherung von Arbeitsstellen an Straßen, Fassung vom 1995, zuletzt geändert 30.05.2017

BMVI (2016) Bundesministerium für Verkehr und digitale Infrastruktur. Bundesverkehrswegeplan 2030. Stand August 2016

BMVI (2017) Bundesministerium für Verkehr und digitale Infrastruktur. Handbuch für die Vergabe und Ausführung von freiberuflichen Leistungen im Straßen- und Brückenbau (HVA F-StB). URL: https://www.bmvi.de/SharedDocs/DE/Anlage/VerkehrUndMobilitaet/Strasse/hva-b-stb-vordrucke-teil1-04-2016.pdf?__blob=publicationFile, [Stand: 10.09.2018]

BMVI (2019) Bundesministerium für Verkehr und digitale Infrastruktur. RIZ-ING – Richtzeichnungen für Ingenieurbauten, Fassung vom 2019-02, zuletzt geändert 2019, URL: https://www.bast.de/BASt_2017/DE/Ingenieurbau/Publikationen/Regelwerke/Entwurf/RIZ-ING.html, [Stand: 28.09.2019]

Bundesanstalt für Straßenwesen (Hrsg.) (1999) Berichte der Bundesanstalt für Straßenwesen, Heft 22, 1999

Bundesanstalt für Straßenwesen (2013) Auszug aus „Algorithmen der Zustandsbewertung von Ingenieurbauwerken", P. Haardt, Berichte der Bundesanstalt für Straßenwesen, Brücken und Ingenieurbau, Heft B 22. URL: https://www.bast.de/BASt_2017/DE/Ingenieurbau/Fachthemen/b4-Bauwerkspruefung-RI-EBW-PRUEF/b4-ZN-Algorithmus-RI-EBW-PRUEF.pdf?__blob=publicationFile&v=3, [Stand: 02.11.2018]

Bundesanstalt für Straßenwesen (Hrsg.) (2014) Erarbeitung von Modellen zur Bestimmung der Schadensumfangsentwicklung an Brücken. Technische Informationsbibliothek u. Universitätsbibliothek; Fachverl. NW, Hannover, Bremen

Bundesanstalt für Straßenwesen (2014), Bundesanstalt für Straßenwesen. Zusätzliche Technische Vertragsbedingungen und Richtlinien für Ingenieurbauten, Fassung vom 2014-12, zuletzt geändert 2014-12

Bundesanstalt für Straßenwesen (2018) Bauwerk-Management-System (BMS). URL: http://www.bast.de/DE/Ingenieurbau/Fachthemen/b4-bms/b4-bms.html?nn=605138#Start, [Stand: 11.09.2018]

Bundesanstalt für Straßenwesen (2018) Brücken an Bundesstraßen, Brückenstatistik 09/2018. URL: https://www.bast.de/BASt_2017/DE/Statistik/Bruecken/Brueckenstatistik.pdf?__blob=publicationFile&v=11, [Stand: 07.06.2019]

Bundesanstalt für Straßenwesen (2018) Bundesinformationssystem Straße (BISStra). URL: https://www.bast.de/BASt_2017/DE/Verkehrstechnik/Fachthemen/v2-bisstra.html;jsessionid=463DBD95D1EDA5C7F0C81C305E8EE713.live11291?nn=1816396, [Stand: 11.09.2018]

Bundesanstalt für Straßenwesen (2018) Zustandsnoten der Brücken. URL: https://www.bast.de/BASt_2017/DE/Statistik/Bruecken/Zustandsnoten.pdf?__blob=publicationFile&v=8, [Stand: 30.07.2019]

Bundesanstalt für Straßenwesen (2018) Zustandsnoten der Teilbauwerke Bundesfernstraßen. URL: https://www.bast.de/BASt_2017/DE/Statistik/Bruecken/Zustandsnoten.pdf?__blob=publicationFile&v=8, [Stand: 28.01.2019]

Bundesanstalt für Straßenwesen (Hrsg.); Fischer, Johannes; Straub, Daniel; Schneider, Ronald; Thöns, Sebastian; Rücker, Werner (2014) Intelligente Brücke – Zuverlässigkeitsbasierte Bewertung von Brückenbauwerken unter Berücksichtigung von Inspektions- und Überwachungsergebnissen. Wirtschaftsverlag NW; Fachverlag NW, Bremen

Busch, Thorsten Alexander (2005) Holistisches und probabilistisches Risikomanagement-Prozessmodell für projektorientierte Unternehmen der Bauwirtschaft. ETH Zurich

Bydlinski, F. (1991) Juristische Methodenlehre und Rechtsbegriff. 2., erg. Aufl., Springer, Wien, New York

Bydlinski, F. (2003) Grundzüge der juristischen Methodenlehre, Vienna

C

Cottin, Claudia; Döhler, Sebastian (2013) Risikoanalyse. 2., überarb. u. erw. Aufl. 2013, Springer, Wiesbaden

D

DAfStb (1989) Deutscher Ausschuss für Stahlbeton e. V. Anleitung zur Bestimmung des Chloridgehaltes von Beton, Heft 401, Beuth, Berlin, Köln

DB AG (2015), DB Netz AG. Richtlinie 804 – Eisenbahnbrücken (und sonstige Ingenieurbauwerke) planen, bauen und instand halten, Fassung vom 01.08.2015

De Kraker, A.; Tichler, J. W.; Vrouwenvelder, A. C. W. M. (1982) Safety, Reliability and Service Life of Structures, In: Heron, Jg. 27, Heft 1

Deutsche Gesellschaft für Nachhaltiges Bauen – DGNB e.V. (2018) DGNB System – Kriterienkatalog Gebäude Neubau. 2. Auflage, Stuttgart

Deutscher Beton- und Bautechnik-Verein e. V. (2006) Merkblatt Rissbildung, Begrenzung der Rissbildung im Stahlbeton- und Spannbetonbau, Berlin

Deutscher Bundestag (2018) Gesetzgebungszuständigkeiten. URL: https://www.bundestag.de/bundestag/aufgaben/gesetzgebung_neu/gesetzgebung/bundesstaatsprinzip/255460, [Stand: 11.10.2018]

Deutscher Wetterdienst (2019) Wettervorhersage. URL: https://www.dwd.de/DE/forschung/wettervorhersage/num_modellierung/numerischemodellierung_node.html, [Stand: 27.12.2019]

DGUV (2014), Bundesverband der Unfallkassen. Sicherheitsregeln Brücken-Instandhaltung, Fassung vom 2014-05, zuletzt geändert 2014-05

DIN EN 14630:2007-01 Produkte und Systeme für den Schutz und die Instandsetzung von Betontragwerken - Prüfverfahren - Bestimmung der Karbonatisierungstiefe im Festbeton mit der Phenolphthalein-Prüfung. Beuth Verlag, Berlin

DIN EN 1337-10:2003-11 Lager im Bauwesen, Teil 10: Inspektion und Instandhaltung. Beuth Verlag, Berlin

DIN 276:2018-12 Kosten im Bauwesen. Beuth Verlag, Berlin

DIN 276-4:2009-08 Kosten im Bauwesen – Teil-4: Ingenieurbau. Beuth Verlag, Berlin

DIN 1076:1999-11 Ingenieurbauwerke im Zuge von Straßen und Wegen. Beuth Verlag, Berlin

DIN EN 13306:2012-12 Instandhaltung – Begriffe der Instandhaltung. Beuth Verlag, Berlin

DIN 31051:2019-06 Grundlagen der Instandhaltung. Beuth Verlag, Berlin

DIN EN 13084-1:2007-05 Freistehende Schornsteine – Teil 1: Allgemeine Anforderungen. Beuth Verlag, Berlin

Dormann, Carsten F. (2017) Parametrische Statistik. 2., überarbeitete und erweiterte Auflage, Springer Spektrum, Berlin, Heidelberg

Dornseiff, Franz; Wiegand, Herbert Ernst; Quasthoff, Uwe (2004) Der deutsche Wortschatz nach Sachgruppen. 8., völlig neu bearbeitete und mit einem vollständigen alphabetischen Zugriffsregister versehenen Aufl., W. De Gruyter, Berlin, New York

Duden (2018) Begrifflichkeiten. URL: https://www.duden.de/, [Stand: 11.10.2018]

Duden (2018) Schicksalsschlag. URL: https://www.duden.de/rechtschreibung/Schicksalsschlag, [Stand: 13.09.2018]

Dürr, Walter; Mayer, Horst (2017) Wahrscheinlichkeitsrechnung und schließende Statistik. 8., aktualisierte Auflage, Hanser, München

E

Ebert, Andreas; Stork, Karlgeorg; Aschenbrenner, Franz (2015) Praxiskommentar zur HOAI 2013. De Gruyter, Berlin

Eckstein, Peter P. (2014) Repetitorium Statistik. 8., aktualisierte u. erw. Aufl., Springer Gabler, Wiesbaden

EIBS GmbH (27.03.2019) Übermittlung von Schadensfotos für spezifische Bauwerksschäden zur Verwendung in der Dissertation.

Ell, Renate (2010) Frühwarnsystem stoppt Zug vor der Brücke, In: VDI Nachrichten 7, S. 5

EUGH (2019) Vertragsverletzung – Dienstleistungen im Binnenmarkt – Richtlinie 2006/123/EG – Art. 15 – Art. 49 AEUV – Niederlassungsfreiheit – Honorare für Architekten und Ingenieure für Planungsleistungen – Mindest- und Höchstsätze [Stand: 04.07.2019]

Everett, Thomas D.; Weykamp, Peter; Capers, Harry A.; Cox, William R.; Drda, Thomas S.; Hummel, Lawrence; Jensen, Paul; Juntunen, David A.; Kimball, Tod;Washer, Glenn A. (2008) Bridge Evaluation Quality Assurance in Europe. URL: https://www.vfib-ev.de/img/uploads/files/70_pl08016.pdf, [Stand: 23.07.2019]

F

F. A. Brockhaus (Hrsg.) (2002) Der Brockhaus. 2., aktualisierte Aufl., Brockhaus, Leipzig, Mannheim

Fahrmeir, Ludwig; Heumann, Christian; Künstler, Rita; Pigeot, Iris; Tutz, Gerhard (2016) Statistik. 8., überarbeitete und ergänzte Auflage, Springer Spektrum, Berlin, Heidelberg

Fang, Kai-Tai; Li, Runze; Sudjianto, Agus (2006) Design and modeling for computer experiments. Chapman & Hall/CRC, Boca Raton

Fechner, Johannes (2002) Altbaumodernisierung. Springer, Wien

FHWA (1995) U.S. Department of Transportation/Federal Highway Administration. Recording and Coding Guide for the Structure Inventory and Appraisal of the Nation's Bridges, Fassung vom 1995-12, zuletzt geändert 1995-12, URL: https://www.fhwa.dot.gov/bridge/ mtguide.pdf, [Stand: 19.09.2018]

FHWA (2006) U.S. Department of Transportation/Federal Highway Administration. Getting Started with the Pontis Bridge Management System. URL: https://www.fhwa.dot.gov/publications/focus/06sep/06.cfm, [Stand: 19.09.2018]

FHWA (2009) U.S. Department of Transportation/Federal Highway Administration. Code of Federal Regulations, Title 23, Part 650. URL: https://www.govregs.com/regulations/title23_chapterI_part650, [Stand: 09.10.2018]

FHWA (2012) U.S. Department of Transportation/Federal Highway Administration. Bridge Inspector's Reference Manual, Fassung vom 2012-12, zuletzt geändert 2012-12, URL: https://www.fhwa.dot.gov/bridge/nbis.cfm, [Stand: 19.09.2018]

FHWA (2013) U.S. Department of Transportation/Federal Highway Administration. Bridge Investment Analysis Methodology. URL: https://www.fhwa.dot.gov/policy/2013cpr/appendixb.cfm, [Stand: 19.09.2018]

FHWA (2013) U.S. Department of Transportation/Federal Highway Administration. Collection of Element Level Data for National Highway System Bridges. URL: https://www.fhwa.dot.gov/map21/guidance/guideeldnhsb.cfm, [Stand: 25.09.2018]

FHWA (2017) U.S. Department of Transportation/Federal Highway Administration. Additional Guidance on 23 CFR 650 D. URL: https://www.fhwa.dot.gov/bridge/0650dsup.cfm, [Stand: 24.09.2018]

Flemming, Christian (2012) Modifikation der Vergütungsform beim Einheitspreisvertrag. expert-Verl., Renningen

FGSV (2013), Forschungsgesellschaft für Straßen- und Verkehrswesen. Zusätzliche Technische Vertragsbedingungen und Richtlinien für den Bau von Verkehrsflächenbefestigungen aus Asphalt (ZTV Asphalt-StB)

Freistaat Sachsen (2016) Straßengesetz für den Freistaat Sachsen (Sächsisches Straßengesetz). Fassung vom 21.01.1993, zuletzt geändert 24.02.2016

G

GEFMA (2010), GEFMA e.V. Deutscher Verband für Facility Management. Lebenszykluskosten-Ermittlung im FM, Fassung vom 2010-09, zuletzt geändert 2010-09

Girmscheid, Gerhard (2010) Strategisches Bauunternehmensmanagement. 2. Aufl., Springer-Verlag, Berlin

Girmscheid, Gerhard; Motzko, Christoph (2013) Kalkulation, Preisbildung und Controlling in der Bauwirtschaft. 2. Auflage, Springer Vieweg, Berlin

Gleißner, Werner (2017) Grundlagen des Risikomanagements. 3., vollständig überarbeitete und erweiterte Auflage, Verlag Franz Vahlen, München

Göcke, Bettina (2002) Risikomanagement für Angebots- und Auftragsrisiken von Bauprojekten. DVP-Verl., Wuppertal

Götze, Uwe (2014) Investitionsrechnung. 7. Aufl., Springer Gabler, Berlin

Graf, Otto (1960) Arbeitsphysiologie. Gabler Verlag, Wiesbaden

Grob, Heinz Lothar (2006) Einführung in die Investitionsrechnung. 5., vollständig überarbeitete und erweiterte Auflage, Verlag Franz Vahlen, München

Gürtler, Volkhard (2007) Stochastische Risikobetrachtung bei PPP-Projekten. expert-Verl., Renningen

H

Haardt, Peter (1997) Erarbeitung von Kriterien zur Zustandserfassung und Schadensbeurteilung von Brücken- und Ingenieurbauwerken, Forschungsbericht 97243/B4, Bergisch Gladbach

Haardt, Peter (1999) Algorithmen zur Zustandsbewertung von Ingenieurbauwerken, In: Bundesanstalt für Straßenwesen (Hrsg.): Berichte der Bundesanstalt für Straßenwesen, Heft 22, 1999

Haardt, Peter; Gehrlicher, Klaus; Prehn, Wolfgang (2004) Bauwerks-Management-System (BMS), In: Bautechnik, Jg. 81 10, S. 794–798

Harlfinger, Thomas (2006) Referenzvorgehensmodell zum Redevelopment von Bürobestandsimmobilien. Books on Demand, Norderstedt

Heinen, Edmund (1985) Einführung in die Betriebswirtschaftslehre. 9., verb. Aufl., Nachdruck, Gabler, Wiesbaden

Hering, Ekbert (2014) Investitions- und Wirtschaftlichkeitsrechnung für Ingenieure. Springer Vieweg, Wiesbaden

Hildenbrand, Karlheinz (1988) Systemorientierte Risikoanalyse in der Investitionsplanung. Duncker & Humblot, Berlin

Hölscher, Reinhold; Kalhöfer, Christian (2015) Mathematik und Statistik in der Finanzwirtschaft. de Gruyter Oldenbourg, Berlin, München, Boston

I

IEC 62198:2013-11 Managing risk in projects. International Electrotechnical Commission, Geneva

ISO 6707-1:2014-03 Buildings and civil engineering works – Vocabulary – Part 1: General terms.

ISO 15686-5:2017-07 Buildings and constructed assets – Service life planning – Part 5: Lifecycle costing.

J

Jacob, Rüdiger; Heinz, Andreas; Décieux, Jean Philippe (2013) Umfrage. Online-Ausg, Oldenbourg, München

K

Kalusche, (Hrsg.) (2013) BKI Handbuch HOAI 2013. BKI, Stuttgart

Kautt, Glenn; Wieland, Fred (2001) Modeling the future, In: Journal of Financial Planning, Heft 14, S. 78–88

Kegel, Klaus-Peter (1991) Risikoanalyse von Investitionen. Toeche-Mittler, Darmstadt

Kohlbrei, Ulf (2012) Messen ist Wissen, In: Deutsches Ingenieurblatt 03, S. 28–32

Kosow, Hannah; Gaßner, Robert; Erdmann, Lorenz; Luber, Beate-Josephine (2008) Methoden der Zukunfts- und Szenarioanalyse. IZT, Berlin

Kracke, Ernst-August; Lodde, Klaus (Hrsg.) (2011) Leitfaden Straßenbrücken. Ernst, Berlin

Kramer, Ernst A. (2005) Juristische Methodenlehre. 2. Aufl., Beck; Stämpfli; Manz, München, Bern, Wien

Krätzig, Wilfried; Başar, Yavuz (1997) Tragwerke 3. Springer, Berlin, Heidelberg

Krause, Thomas; Ulke, Bernd (Hrsg.) (2016) Zahlentafeln für den Baubetrieb. 9., überarbeitete und aktualiesierte Auflage, Springer Vieweg, Wiesbaden

Kromrey, Helmut; Strübing, Jörg (2009) Empirische Sozialforschung. 12., überarb. und erg. Aufl., Lucius & Lucius, Stuttgart

Kruschwitz, Lutz (2014) Investitionsrechnung. 14., aktualisierte Aufl., de Gruyter Oldenbourg, Berlin

L

LISt Gesellschaft für Verkehrswesen und ingenieurtechnische Dienstleistungen mbH (2018) TT-SIB – Straßeninformationssystem. URL: http://www.list.sachsen.de/fis_ttsib.html, [Stand: 11.09.2018]

Lücken, Theda (2004) Schadensanalysen an Stahlbeton- und Spannbetonbrücken unter Einsatz eines Fuzzy-Expertensystems, In: Beton- und Stahlbetonbau, Jg. 99 11, S. 870–876

M

Mader, David; Blaskow, Robert; Westfeld, Patrick; Weller, Cornell (2016/07) Potential of UAV-Based Laser Scanner and Multispectral Camera Data in Building Inspection, In: ISPRS Congress (Hrsg.): The International Archives of the Photogrammentry, Remote Sensing and Spatial Information Sciences, Prag, S. 1135–1142

Mehlhorn, Gerhard; Curbach, Manfred (2014) Handbuch Brücken. 3. Aufl. 2014, Springer Fachmedien Wiesbaden, Wiesbaden

Meichsner, Heinz; Röhling, Stefan (2015) Die Selbstdichtung (Selbstheilung) von Trennrissen – ein Risiko in der WU-Richtlinie, In: Bautechnik, Heft 5

Mertens, Martin, Hrsg. (2015) Handbuch Bauwerksprüfung. Rudolf Müller, Köln

Minister für öffentliche Arbeiten (1904) Vorschriften für die Überwachung und Prüfung eiserner Brücken, In: Vereinigte Preussische und Hessische Staatseisenbahnen (Hrsg.): Zusammenstellung allgemeiner Erlasse über eiserne Brücken und Dächer zum Dienstgebrauch, Berlin, S. 26–33

Moore, Mark; Phares, Brent; Graybeal, Benjamin; Rolander, Dennis (2001) Reliability of Visual Inspection for Highway Bridges, Georgetown Pike

Müller, David (2019) Investitionsrechnung und Investitionscontrolling. 2. Auflage, Springer Gabler, Berlin

N

Naumann, Joachim (2004) Bauwerksprüfung nach DIN 1076 – Bedeutung, Verantwortung, Durchführung, In: Curbach, Manfred (Hrsg.): 14. Dresdner Brückenbausymposium, Planung, Bauausführung und Ertüchtigung von Massivbrücken. Verein „Freunde des Bauingenieurwesens der Technischen Universität Dresden e.V.", Dresden, S. 53–64

Nemuth, Tilo (2006) Risikomanagement bei internationalen Bauprojekten. expert-Verl., Renningen

Neyer, Franz J.; Asendorpf, Jens (2018) Psychologie der Persönlichkeit. 6., vollständig überarbeitete Auflage, Springer, Berlin

Niedek, Inge (2004) Naturkatastrophen. Springer, Berlin, Heidelberg, New York, Hongkong, London, Mailand, Paris, Tokio

Nürnberger, Ulf (1995) Korrosion und Korrosionsschutz im Bauwesen. Bauverlag, Wiesbaden, Berlin

O

Oberlandesgericht Hamm (1994) Entscheidung zu Mängeln der Werkleistung. Urteil vom 13.04.1994 – 12 U 171/93. URL: https://www.justiz.nrw.de/nrwe/olgs/hamm/j1994/12_U_171_93urteil19940413.html, [Stand: 04.11.2019]

O'Connor, P. D. T. (Hrsg.) (1981) Practical Reliability Engineering. Heyden, London

Otto, Jens; Weller, Cornell (2018) Einsatz unbemannter Flugsysteme im Brückenbau, In: Curbach, Manfred (Hrsg.): Tagungsband 28. Dresdner Brückenbausymposium, 12. und 13. März 2018. Technische Universität Dresden, Institut für Massivbau, Dresden, S. 87–97

P / Q

Palisade Corporation (2019) Glossar zum Softwareprogramm @RISK, London

Perridon, Louis; Rathgeber, Andreas W.; Steiner, Manfred (2017) Finanzwirtschaft der Unternehmung. 17., überarbeitete und erweiterte Auflage, Verlag Franz Vahlen, München

Poggensee, Kay (2015) Investitionsrechnung. 3. Aufl., Springer Gabler, Wiesbaden

Pötzl, Michael (1996) Robuste Brücken. Vieweg, Braunschweig

Quatember, Andreas (2017) Statistik ohne Angst vor Formeln. 5., aktualisierte Auflage, Pearson, Hallbergmoos, München

R

Reason, James T. (2009) Human error. 20. print, Cambridge University Press; Cambridge Univ. Press, Cambridge

Reibetanz, Olaf; Schindler, Erik (2016) Angemessene Honorare für die Bauwerksprüfung nach DIN 1076, In: Deutsches Ingenieurblatt 11, S. 56–61

Riwe, Axel (2015) Methoden zur Berechnung der Versagenswahrscheinlichkeit von Straßenplatten aus Beton, Dresden

Rommerskirchen, Stefan; Helms, Maja; Vödisch, Michael; Rothengatter, Werner; Liedtke, Gernot;Doll, Claus (2002) Wegekostenrechnung für das Bundesfernstraßennetz (Schlussbericht). URL: https://www.bmvi.de/SharedDocs/DE/Anlage/VerkehrUndMobilitaet/Strasse/2002/wkg-2002-einleitung-wegekosten-und-wegeentgelte-im-ueberblick.pdf?__blob=publicationFile, [Stand: 27.03.2019]

Ropeter, Sven-Eric (1998) Investitionsanalyse für Gewerbeimmobilien. Müller, Köln

Roßteutscher, I.; Wohlleben, P.; Waizenhöfer, U. (2016) Intelligente Zustandsüberwachung von Brückenbauwerken mit Hilfe faseroptischer Sensoren basierend auf der Rayleigh-Rückstreuung, In: AMA Association for Sensors and Measurement (Hrsg.): 18. GMA/ITG-Fachtagung Sensoren und Messsysteme 2016, S. 703–708

Rubinstein, Reuven Y.; Kroese, Dirk P. (2017) Simulation and the Monte Carlo method. Third edition, Wiley, Hoboken, New Jersey

S

Sächsische Staatskanzlei (2009) Sächsische Straßenunterhaltungs- und instandsetzungsverordnung, Fassung vom 02.04.2009, zuletzt geändert 02.04.2009

Schach, Rainer; Otto, Jens; Häupel, Hendrik; Fritzsche, Michael (2006) Lebenszykluskosten von Brückenbauwerken, In: Bauingenieur, Jg. 81 7, S. 343–350

Schach, Rainer; Weller, Cornell (2015) Bauwerksüberwachung mit Flugrobotern, In: Kaliske, M. & Graf, W. (Hrsg.): 19. Dresdner Baustatik-Seminar, Herausforderungen und neue Lösungen für die Tragwerksplanung, S. 91–114

Schach, Rainer; Weller, Cornell (2017) Bauwerksinspektion mit unbemannten Flugsystemen, In: Bauingenieur, Jg. 92 06, S. 271–279

Schäfers, Wolfgang; Wurstbauer, Daniel (2016) Immobilien-Risikomanagement, In: Schulte, Karl-Werner; Bone-Winkel, Stephan & Schäfers, Wolfgang (Hrsg.): Immobilienökonomie I, Betriebswirtschaftliche Grundlagen. De Gruyter, Oldenbourg, S. 1035–1062

Schindel, Volker (1977) Risikoanalyse. 2. Aufl., Florentz, München

Schmid, Manfred (2009) Überwachung und Prüfung von Ingenieurbauwerken bei Kreis- und Gemeindestraßen, In: Bayerischer Kommunaler Prüfungsverband (Hrsg.): Geschäftsbericht 2009, S. 149–188

Schmuck, Martin (2017) Wirtschaftliche Umsetzbarkeit saisonaler Wärmespeicher.

Schneider, Ronald; Fischer, Johannes; Straub, Daniel; Thöns, Sebastian; Bügler, Maximilian; Bormann, André (Oktober 2015) Intelligente Bauwerke – Prototyp zur Ermittlung der Schadens- und Zustandsentwicklung für Elemente des Brückenmodells. Fachverlag NW, Bremen

Schulte, Karl-Werner; Sotelo, Ramon; Allendorf, Georg J.; Ropeter-Ahlers, Sven-Eric; Lang, Stephan (2016) Immobilieninvestition, In: Schulte, Karl-Werner; Bone-Winkel, Stephan & Schäfers, Wolfgang (Hrsg.): Immobilienökonomie I, Betriebswirtschaftliche Grundlagen. De Gruyter, Oldenbourg, S. 579–650

Schultz, Martin B. (2005) Anreizorientiertes Investitionscontrolling mit vollständigen Finanzplänen. Logos-Verl., Berlin

Schulz, Joachim (2015) Architektur der Bauschäden. Springer Fachmedien Wiesbaden, Wiesbaden

Schwarz, Karl-Peter (10.09.2018) Symbol für den Zerfall des Projekts der Moderne. URL: https://www.welt.de/debatte/kommentare/article181481974/Katastrophe-von-Genua-Der-Konstrukteur-warnte-vor-seiner-Bruecke.html, [Stand: 28.12.2019]

Seidl, Ernst (Hrsg.) (2012) Lexikon der Bautypen. Reclam, Philipp, Ditzingen

Seiwert, Lothar (2018) Das 1 x 1 des Zeitmanagement. 40., aktualisierte Auflage 2018, Gräfe und Unzer Verlag, München

SMWA (2019) Staatsministerium für Wirtschaft, Arbeit und Verkehr Sachsen. Ausbau und Erhaltungsstrategie Staatsstraßen 2030. URL: http://www.smwa.sachsen.de/Erhaltungsstrategie.htm, [Stand: 27.03.2019]

Springer Fachmedien Wiesbaden, (Hrsg.) (2013) HOAI 2013-Textausgabe/HOAI 2013-Text Edition. 5., vollst. akt. Aufl., Springer Vieweg, Wiesbaden

Stadt Regensburg (2016) Steinerne Brücke. URL: https://www.regensburg.de/steinerne/wahrzeichen-steinerne/geschichte, [Stand: 11.03.2016]

Stark, Jochen; Wicht, Bernd (2013) Dauerhaftigkeit von Beton. 2., aktualisierte und erweiterte Auflage, Springer Vieweg, Berlin, Heidelberg

Statistisches Bundesamt (2018) Erzeugerpreisindizes für Dienstleistungen, [Stand: 17.06.2019]

Statistisches Bundesamt (2019) Erzeugerpreisindex für Dienstleistungen. URL: https://www.destatis.de/DE/Themen/Wirtschaft/Preise/Erzeugerpreisindex-Dienstleistungen/_inhalt.html, [Stand: 17.06.2019]

Statistisches Bundesamt (2019) Erzeugerpreisindex für Dienstleistungen. URL: https://www. genesis.destatis.de/genesis/online/data;sid=D4F259E88DC242AB8D3D621E1C16931A. GO_1_4?operation=abruftabelleBearbeiten&levelindex=1&levelid=1553788658691&auswahloperation=abruftabelleAuspraegungAuswaehlen&auswahlverzeichnis=ordnungsstruktur&auswahlziel=werteabruf&selectionname=61311-0006&auswahltext=&werteabruf=Werteabruf, [Stand: 28.03.2019]

Statistisches Bundesamt (2019) Preisindizes für die Bauwirtschaft. URL: https://www.destatis.de/DE/Themen/Wirtschaft/Konjunkturindikatoren/Preise/bpr210.html, [Stand: 17.06.2019]

Statistisches Bundesamt (2019) Verbraucherpreisindex (VPI). URL: https://www.destatis.de/DE/Themen/Wirtschaft/Preise/Verbraucherpreisindex/Methoden/Erlaeuterungen/verbraucherpreisindex.html?nn=214056, [Stand: 17.06.2019]

Stiefl, Jürgen (2011) Wirtschaftsstatistik. 2., überarb. und erw. Aufl., Oldenbourg, München

Stimpel, Michael (2018) Leben mit Herzerkrankungen. Springer, Berlin

Strauss, Alfred; Bergmeister, Konrad; Santa, Ulrich (2007) Historische Inspektionstätigkeiten im Ingenieurwesen, In: Beton- und Stahlbetonbau, Jg. 102/12

T

TLBV (2011) Thüringer Landesamt für Bau und Verkehr. Kostenkatalog für die Empfehlung von Erhaltungsmaßnahmen an Ingenieurbauwerken im Zuge von Bundes- und Landesstraßen im Rahmen von Bauwerksprüfungen nach DIN 1076. URL: https://www.thueringen.de/th9/tlbv/service/bauwerkserhaltung/index.aspx, [Stand: 25.06.2019]

TÜV Nord Systems GmbH & Co. KG (2015) Prüfpflichtige Anlagen – Prüfungen – Prüffristen. URL: https://www.tuev-nord.de/cps/rde/xbcr/SID-BECA58F9-C684454C/tng_de/pruefpflichtige-anlagen.pdf, [Stand: 11.10.2018]

U

U. S. Government Publishing Office (2004) Code of Federal Regulations. URL: https://www.gpo.gov/fdsys/browse/collectionCfr.action?collectionCode=CFR, [Stand: 19.09.2018]

Universität Leipzig (2018) Wortschatz-Lexikon. URL: http://wortschatz.uni-leipzig.de/de, [Stand: 11.10.2018]

V

VDI (2010), Verein Deutscher Ingenieure. VDI Richtlinie: Standsicherheit von Bauwerken, Regelmäßige Überprüfung (VDI 6200), Fassung vom 2010-02, zuletzt geändert 2010-02

VEB Bibliographisches Institut Leipzig (Hrsg.) (1973) Meyers neues Lexikon. 2., völlig neu erarbeitete Auflage

Verlagsgruppe Bertelsmann (Hrsg.) (1991) Die große Bertelsmann-Lexikothek. Bertelsmann-Lexikothek-Verl., Gütersloh

VFIB e. V. (2016) Empfehlung zur Leistungsbeschreibung, Aufwandsermittlung und Vergabe von Leistungen der Bauwerksprüfung nach DIN 1076, München

VFIB e.V. (2018) Qualifikation. URL: http://www.vfib-ev.de/qualifizierung/, [Stand: 11.10.2018]

W

Weller, Cornell (2019) Subjektive Einflüsse bei der Zustandsbewertung von Ingenieurbauwerken, In: Haghsheno, Shervin; Lennerts, Kunibert & Gentes, Sascha (Hrsg.): 30. BBB-Assistententreffen 2019 in Karlsruhe, Fachkongress der wissenschaftlichen Mitarbeiter Bauwirtschaft Baubetrieb Bauverfahrenstechnik : 10. - 12. Juli 2019, Institut für Technologie und Management im Baubetrieb (TMB) Karlsruher Institut für Technologie (KIT). KIT Scientific Publishing, Karlsruhe, S. 374–389

WPM - Ingenieure (2013) SIB-Bauwerke Dokumentation 1.9 (Handbuch zum Programmsystem), Neunkirchen - Heinitz

WPM - Ingenieure (2019) SIB-Bauwerke. Bundesanstalt für Straßenwesen, Neunkirchen - Heinitz

X / Y / Z

Zanner, Christian (2015) Die allgemein anerkannten Regeln der Technik – Bedeutung in der Praxis, In: Viering, Markus; Rodde, Nina & Zanner, Christian (Hrsg.): Immobilien- und Bauwirtschaft aktuell - Entwicklungen und Tendenzen, Festschrift für Professor Bernd Kochendörfer. Springer Vieweg, Wiesbaden, S. 223–230

Zinke, Tim (2016) Nachhaltigkeit von Infrastrukturbauwerken, Karlsruher Institut für Technologie (KIT)

Zwerenz, Karlheinz (2015) Statistik. 6th ed., de Gruyter Oldenbourg, Berlin/Boston

Stichwortverzeichnis

Printed in the United States
By Bookmasters